쉽게 배워 알차게

PLC제어 이론과 실습

김원회 · 김수한 지음

BM (주)도서출판 성안당

■ 도서 A/S 안내

성안당에서 발행하는 모든 도서는 저자와 출판사, 그리고 독자가 함께 만들어 나갑니다.

좋은 책을 펴내기 위해 많은 노력을 기울이고 있습니다. 혹시라도 내용상의 오류나 오탈자 등이 발견되면 **"좋은 책은 나라의 보배"**로서 우리 모두가 함께 만들어 간다는 마음으로 연락주시기 바랍니다. 수정 보완하여 더 나은 책이 되도록 최선을 다하겠습니다.

성안당은 늘 독자 여러분들의 소중한 의견을 기다리고 있습니다. 좋은 의견을 보내주시는 분께는 성안당 쇼핑몰의 포인트(3,000포인트)를 적립해 드립니다.

잘못 만들어진 책이나 부록 등이 파손된 경우에는 교환해 드립니다.

본서 기획자 e-mail : coh@cyber.co.kr(최옥현)

홈페이지 : http://www.cyber.co.kr

전화 : 031) 950-6300

PREFACE

1969년 General Motors사의 요구에 따라 유연 자동화(FMS) 시스템을 제어하기 위해 프로그램 변경이 가능한 논리연산 제어기란 의미로 등장한 PLC(Programmable Logic Controller)는 개발 초기 주된 기능이 로직연산인 1세대 PLC로 시작하여 90년대에는 PC와 통신이 가능한 2세대 시대를 거쳐 이제는 모든 제어기능을 처리할 수 있는 3세대 PLC로 발전되어 왔다.

PLC의 응용분야도 과거에는 제조 산업에 국한되었지만 이제는 반도체 산업이나 IT산업 등의 초정밀 산업에서부터 프로세스 산업인 석유화학이나 발전, 철강 산업은 물론이고 빌딩관리나 물류 산업, 수처리 설비, 방송국, 병원 등 모든 분야에서 사용되고 있다.

때문에 PLC 관련 업무 종사자의 수도 갈수록 증가하고 있어서 과거에는 주로 자동화 관련 학과에서만 PLC교육을 실시하였으나 이제는 기계공학과, 기계설계과, 계측제어과, 공조냉동과, 전기과 등 고등학교에서부터 전문대학, 4년제 대학교에서까지 교육하고 있는 실정이다.

다만 PLC를 학습하기 위해서는 선수학습 교과인 전기전자 기초, 시퀀스 제어, 전동기 제어, 유공압 제어, 센서기술 등을 학습한 후 PLC를 공부해야만 능률적인 학습이 가능하고 PLC 활용능력도 배가 된다고 할 수 있다.

이에 이 책에서는 자동제어의 기본인 시퀀스 제어부분을 먼저 학습하고 PLC하드웨어를 이해한 후 프로그래밍 기법을 학습하도록 구성하였다. 특히 현재 산업현장에서 많이 사용되고 있는 LS산전의 XGT PLC와 미쓰비시사의 멜섹 Q시리즈 PLC의 명령어 활용과 실습편을 수록하여 실전에 적용할 수 있는 회로 예와 PLC제조사마다 차이점을 동시에 이해하도록 역점을 두어 구성하였다.

따라서 이 책이 PLC제어기술 교육에 있어 초석이 되길 바라며, 이 책의 출판을 위해 애써주신 성안당 관계자분께 감사를 드리는 바이다.

2023년 1월

저자 씀.

CONTENTS

CHAPTER 01 PLC 기초

CHAPTER 02 시퀀스 제어

CONTENTS

CHAPTER 03 PLC의 구성과 원리

CHAPTER 04 PLC 프로그래밍

CHAPTER 05 PLC 실장과 유지 보수

CHAPTER 06 XGT PLC 명령어 활용

CONTENTS

CONTENTS

CONTENTS

부 록 PLC가 쉬워지는 핵심 포인트

CHAPTER 01

PLC 기초

CHAPTER 01

PLC 기초

01 PLC 개요

1 제어장치의 발달과 PLC의 출현배경

로봇이나 자동 조립기, 검사기, 자동 체결기, 가공기, 포장기 등과 같이 사람의 개입 없이도 스스로 목적수행을 하는 기계 장치를 자동기계라 한다.

자동기계는 줄여서 자동기라 하며 사람 대신에 일을 하기 위해서는 사람의 신체기관과 같은 역할을 요소가 수행해야 하므로 그 구성요소는 그림 1-1에 보인 것과 같이 기계구조물을 위주로 액추에이터, 센서, 제어장치(프로세서)로 구성되며, 이 세가지 구성요소를 자동기의 필수 3요소라 한다.

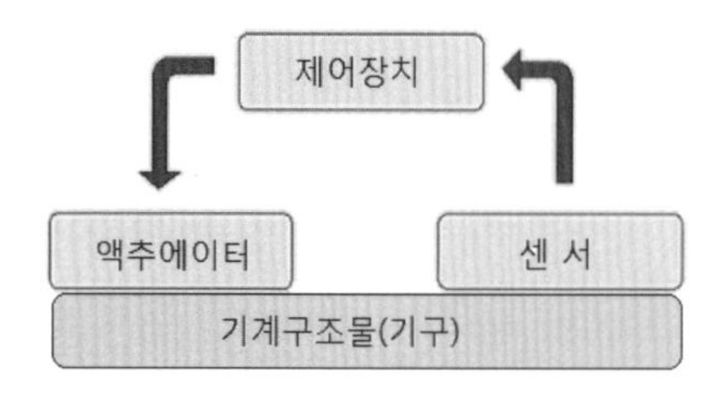

[그림 1-1] 자동기의 개념적 구조

액추에이터는 산업동력을 일로 변환시키는 기기로, 에너지 방식에 따라 전기식 액추에이터, 공압식 액추에이터, 유압식 액추에이터가 있으며, 사람의 신체기관에서 손이나 발과 같은 역할을 담당한다.

센서는 우리말로 검출기 또는 정보 검지기라 하며, 위치나 각도와 같은 변위량이나 압력, 온도, 유량과 같은 물리량, pH와 같은 화학량의 절대값이나 변화량 또는 빛, 소리 전파 등의 강도를 검지하여 유용한 신호로 변환하는 장치라고 정의한다. 센서는 사람의 신체기관에서 눈, 코, 귀, 피부 등 감각기관과 같은 역할을 수행한다.

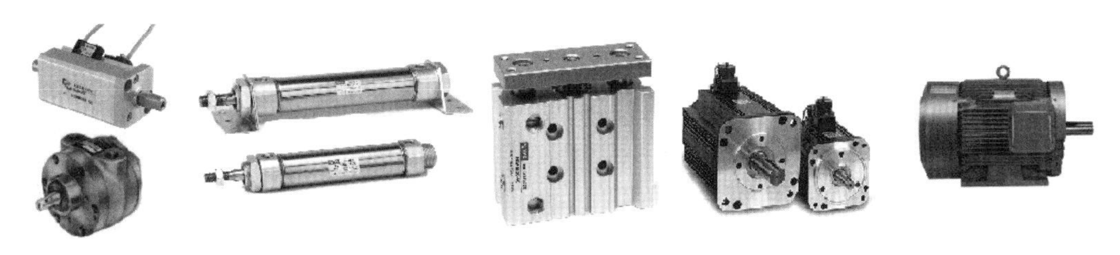

[그림 1-2] 각종 액추에이터

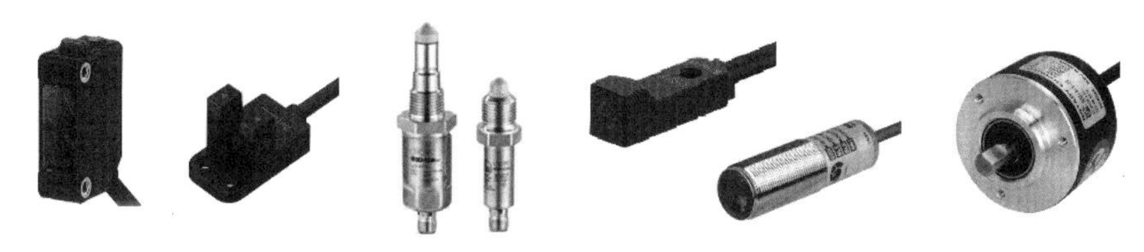

[그림 1-3] 각종 센서

제어장치란 인간의 신체기관에서 두뇌와 같은 역할을 수행하는 것으로 프로세스를 총괄적으로 지휘한다는 의미로 프로세서라고 한다. 생산수단이 기계화를 거쳐 자동화로 옮겨가는 시점에서 무엇보다도 중요한 것이 이 제어장치인 것이다.

즉, 자동화된 기계는 동력을 발생시키고 전달하는 기구적인 하드웨어와 그 기구를 목적하는 바대로 움직여서 기계나 설비가 유용한 일을 할 수 있도록 제어하는 소프트웨어가 필요하며, 자동화는 이 제어의 뒷받침 없이는 진전될 수 없는 중요한 요소인 것이다.

제어장치는 산업의 발달과 더불어 그 기능이나 신뢰성 면에서 점차 발달되어 왔으며, 산업용 제어장치를 발달 순서에 따라 그 특징을 요약하면 다음과 같다.

(1) 기계적 제어방식

가장 먼저 등장한 제어장치는 기계구조물인 링크, 레버, 캠축 등의 연속적인 물림운동에 의한 자동장치이다. 주로 공작기계의 자동선반이나 방적기, 인쇄기 등에 많이 사용되었고 현재까지도 우리 주변에서 볼 수 있다.

이러한 기계적 제어는 동작제어가 매우 확실하고 눈에 보이는 물상적 장치라는 장점이 있으나 마모에 따른 불확실성, 제조원가의 과다, 사양변경에 따른 동작 프로그램 변경이 곤란하다는 이유 등으로 점점 축소되어 가고 있다.

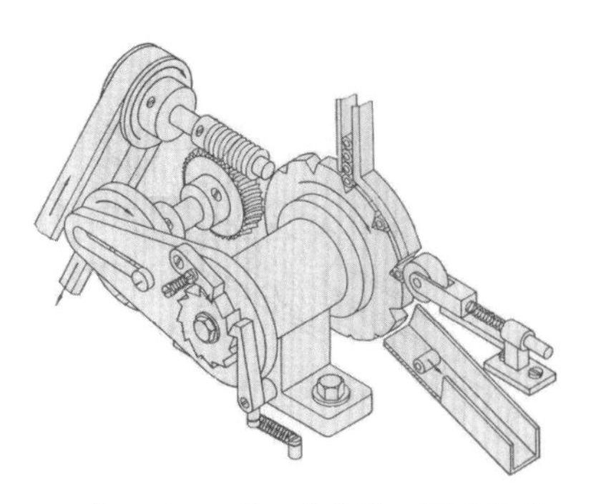

[그림 1-4] 기계적 제어장치

(2) 유체적 제어방식

[그림 1-5] 각종 공압 밸브

기계적 제어방식 다음으로 등장한 것으로 공압과 유압을 이용한 유체적 제어방식이다.

유체의 압력 에너지를 기계적 힘이나 운동 또는 회전 에너지로 변환시키는 공압, 유압 기기가 개발되면서부터 생산현장에서의 자동화는 비약적으로 발전되었다고 해도 과언은 아니다. 이것은 전용기나 산업기계의 자동화 장치에 이용되는 구동 에너지를 기계적 방식, 전기·전자 방식, 유체방식으로 분류하여 비교할 때 유체방식인 공압과 유압이 동력전달과 제어성 면에서 나름대로의 우수한 점이 있기 때문이다.

우선 동력전달 측면에서 살펴보면 유체적 방식은 이동이나 가압(加壓), 또는 반전 등의 기구적 조작이 전기나 기계적인 방식에 비하여 매우 간단하며, 또한 출력이 크고 출력의 유지도 용이할 뿐만 아니라 보수성도 용이하다.

제어성 면에서도 작동매체로 유체를 이용하므로 압력 조정만으로 출력을 단계적 또는 무단으로 자유롭게 조절할 수 있으며, 속도나 회전수는 유량을 조정하므로써 무단으로 쉽게 제어할 수 있다. 또한 과부하에 대한 안전대책도 간단히 해결할 수 있으며, 특히 공압은 작동유체인 공기가 압축성이 있으므로 에너지 축적이 용이하며, 공기탱크를 이용하면 정전시 비상운전을 할 수 있다는 큰 장점을 가지고 있다.

그러나 한편으로 신호의 검출이나 전달, 명령처리 등은 유체소자들의 구조적인 면과 에너지의 특성으로 인해 전기적인 방식이 훨씬 편리하다는 것은 부정할 수 없다.

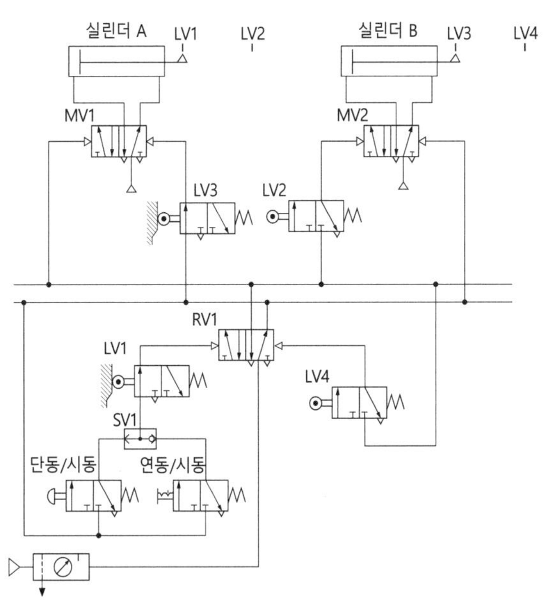

[그림 1-6] 2개 에어 실린더를 제어하는 회로 예

따라서 명령처리까지를 전기적으로 행하고 그 이후부터는 유체적으로 조작하면 각 방식의 장점을 살릴 수가 있어서 전체적으로 합리적인 제어계를 형성할 수 있을 것이다. 실제로도 액추에이터의 구동 에너지는 공압이나 유압을 사용하고 제어는 전기적으로 실현하는 경우가 대부분이다.

그러나 명령처리가 비교적 단순한 경우에는 일부를 전기적으로 하는 것보다는 제어계 전체를 공압이나 유압 방식으로 통일하는 편이 사용상이나 보수성 면에서 오히려 편리하다. 또한 작업장 환경 내에 가스가 존재한다든지 또는 수분이 많은 장소에서는 폭발의 위험성이나 감전의 우려 때문에 전기의 사용이 제한되기도 한다. 이러한 환경하에서는 유체적 방식이 그 진가를 발휘하기 때문에 지금도 사용되고 있는 이유 중의 하나이다.

(3) 유접점 제어방식

유체적 제어방식 다음으로 등장한 제어방식이 전기 에너지를 사용한 유접점 제어방식으로 제어회로에 사용되는 소자로서 유접점 릴레이 즉, 전자 계전기에 의하여 구성되는 시퀀스를 접점(接点)을 가진 기기를 사용한다 해서 유접점 시퀀스라 하며, 릴레이 시퀀스라고도 부른다.

이 릴레이 시퀀스는 기계적 가동접점이 전자석(電磁石)에 의해 동작되어 통전(On), 또는 단전(Off) 시키는 것으로 비교적 단순하고 저렴하다는 장점 때문에 한때 양적으로 가장 많이 사용되어 왔던 방식이지만 수명의 한계점과 프로그램 변경이 곤란하다는 이유 등으로 현재 그 사용이 점점 축소되어 가고 있다.

[그림 1-7] 유접점의 신호처리기기

그림 1-8은 릴레이 시퀀스의 대표적인 회로 예로 3상 유도전동기의 정역제어를 릴레이와 전자 개폐기를 사용한 제어회로이다.

유접점 시퀀스는 릴레이 접점들의 개폐(開閉)에 의해 제어가 이루어지는 것으로 무접점 시퀀스와 비교할 때 표 1-1과 같은 특징을 가지고 있다.

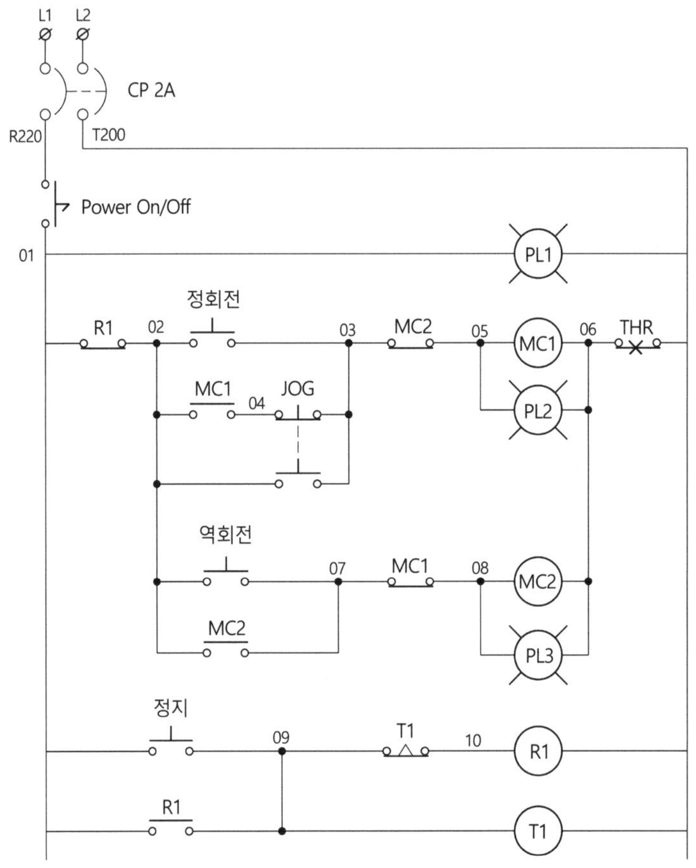

[그림 1-8] 릴레이 시퀀스 회로 예

[표 1-1] 유접점 시퀀스의 특징

장 점	단점
① 개폐부하 용량이 크다. ② 과부하에 견디는 힘이 크다. ③ 독립된 다수의 출력을 동시에 얻을 수 있다. ④ 전기적 잡음에 안정적이다. ⑤ 온도특성이 비교적 양호하다. ⑥ 입력과 출력이 분리되어 있다. ⑦ 동작상태의 확인이 용이하다.	① 접점이 마모되므로 수명에 한계가 있다. ② 동작속도가 느리다. ③ 소비전력이 비교적 크다. ④ 진동·충격에 약하다. ⑤ 외형이 크다.

(4) 무접점 제어방식

제어회로에 사용되는 소자로서 반도체 스위칭 소자를 이용한 무접점 릴레이에 의하여 구성되는 시퀀스를 무접점 시퀀스 또는 로직 시퀀스라 한다.

무접점 릴레이로는 트랜지스터, 다이오드, IC 등의 반도체 스위칭 소자를 사용하며, 이들의 상태 변화인 전압 레벨(voltage level)의 고·저나 신호의 유·무는 유접점 릴레이의 On(1), Off(0)에 대응된다.

[그림 1-9] 무접점 제어의 기판 예

무접점 제어는 기판제어, PCB제어 등으로 호칭되며, 소형이면서 수명이 길다는 장점이 있으나, 보수가 어렵고 전기적 환경에 취약하다는 단점이 있으며, 다량 생산의 전용기의 제어에 적합한 방식이다.

무접점 시퀀스를 릴레이 시퀀스와 비교하여 정리한 것을 표 1-2에 나타냈는데 자세히 살펴보면 표 1-1의 유접점 시퀀스와는 정반대의 특성을 가지고 있음을 알 수 있다.

[표 1-2] 무접점 시퀀스의 특징

장 점	단 점
① 동작속도가 빠르다. ② 수명이 길다. ③ 진동·충격에 강하다. ④ 장치가 소형화된다. ⑤ 소비전력이 작다.	① 전기적 노이즈에 약하다. ② 개폐부하 용량이 작으므로 증폭회로가 필요하다. ③ 온도변화에 약하다. ④ 동작상태의 확인이 어렵다.

2 하드 와이어드 로직방식의 문제점

유체적 제어나 유접점 제어, 무접점 제어방식은 모두 시퀀스를 실현하기 위해서는 배관 작업이나 결선 또는 납땜작업 없이는 제어장치화될 수 없는 하드 와이어드(hard wired) 방식이다.

즉 시퀀스의 로직을 완성하는 방법에는 하드 와이어드 로직방식과 소프트 와이어드(soft wired) 방식으로 분류되는데 하드 와이어드 로직은 그림 1-10의 (a)에서 보인 바와 같이 로직변경을 위해서는 배선작업을 변경해야만 가능하나 소프트 와이어드 로직은 프로그램 변경만으로 로직변경이 가능하다는 특성이 있다.

로직 변경 ⇒ 배선 변경

(a) 하드 와이어드 로직

로직 변경 ⇒ 프로그램 변경

(b) 소프트 와이어드 로직

[그림 1-10] 하드 와이어드와 소프트 와이어드 로직 방식

결론적으로 PLC 탄생 이전의 제어장치들은 하드 와이어드 로직방식이어서 시퀀스 제어를 실현하는데 있어 다음과 같은 문제점을 안고 있는 것이다.

① 실제로 제어장치에 연결하여 그 동작을 실현하기까지는 로직을 확정시키기 곤란하고 따라서 현장에서의 수정, 변경이 많아지게 된다.

② 제어장치가 완성되기까지 시간이 많이 소요되고 장치가 대형화된다.

③ 현대의 생산방식인 다품종 소량생산 방식에서는 빈번한 프로그램 변경이 요구되는데 이때는 제어장치의 배선 변경 외에는 대응할 수 없고 그 작업이 간단하지 않다.

이상의 구조적인 문제점 때문에 새로운 제어장치의 출현이 요구되었고, 그 해결책의 일환으로 탄생한 제어장치가 PLC이다.

즉, 1969년 미국의 General Motors(GM)사는 자기 회사의 자동차 조립라인에 설치하기 위해 새로운 제어장치가 갖추어야 할 10가지 요구조건을 제시하였는데 이것이 바로 PLC 탄생의 기틀이 된 것이다.

[PLC에 대한 GM사의 10가지 요구조건]

1. 프로그램의 작성 및 변경이 가능할 것. 즉 동작 시퀀스를 쉽게 변경할 수 있고, 현장에서도 실시 가능해야 할 것
2. 점검 및 보수가 용이하고 부품은 플러그 인(Plug In) 방식이어야 한다.
3. 유닛은 플랜트의 주위 환경 속에서 릴레이 제어반보다 신뢰성이 높은 조작능력을 가지고 있어야 한다.
4. 바닥설치 면적의 코스트를 절감하기 위해 릴레이 제어반보다 소형일 것
5. 중앙에 있는 제어장치와 통신기능이 있어야 한다.
6. 릴레이식 제어장치나 반도체식 제어장치보다 가격면에서 유리해야 한다.
7. 입력은 교류 115V를 직접 적용할 수 있어야 한다.
8. 출력은 교류 115V, 2A 이상의 용량이어야 한다.
9. 시스템 변경을 최소화하면서 기본 시스템을 확장할 수 있어야 한다.
10. 각 유닛은 최저 4k Word까지 확장 가능한 프로그래머블한 메모리를 갖추어야 한다.

이상의 10가지 조건을 만족하는 새로운 장치를 미국의 Allen-Bradley사나 Modicon사 등이 개발하여 탄생시킨 것이 PLC인 것이다.

02 PLC 정의

PLC는 Programmable Logic Controller의 약어로서 프로그램 변경이 가능한 논리연산 제어장치를 말한다.

즉 각종 제어반에서 사용해 오던 여러 종류의 릴레이, 타이머, 카운터 등의 기능을 반도체 소자인 IC 등으로 대체시킨 일종의 마이컴(μ -com)이다. 각 제어소자 사이의 배선은 프로그램이라고 하는 소프트웨어(software)적인 방법으로 처리하는 기기로서

논리연산이 뛰어난 컴퓨터를 시퀀스 제어에 채용한 무접점 시퀀스의 일종이다.

무접점 시퀀스는 제어조건에 따라 회로를 설계하고 제어장치를 완성해 나가지만, PLC는 소프트웨어적으로 처리함으로써 프로그램의 변경이 자유롭다는 것이 큰 장점이다.

초창기 PLC는 논리연산 기능이 주된 기능이라는 점에서 PLC라 명명되었으나 오늘날의 PLC들은 GM사에서 설정한 최초의 조건들을 충족시킬 뿐만 아니라 훨씬 능가한 여러 가지 기능을 처리하고 있다.

[그림 1-11] LS산전의 XGT PLC

즉, PLC는 사용자가 요구하는 방향으로 점차 발전되었고 그 결과 논리연산 기능 외에 산술연산, 비교연산, 데이터 처리기능, 통신기능 등이 가미되면서 Logic이라는 말이 무의미해짐에 따라 Programmable Controller(PC)라 부르게 되었고, 주된 용도가 산업용 시퀀스 제어장치이기 때문에 Sequence Controller라는 의미의 시퀀서(Sequencer)라 불리기도 한다.

1969년 최초로 탄생한 새로운 제어장치의 PLC는 1976년에 이르러 미국의 전기협회 규격인 NEMA(National Electrical Manufacturing Association)에서 PLC에 대한 규격을 제정하면서 비약적으로 발전하게 되었고, PLC에 대한 NEMA의 정의는 다음과 같다.

「PLC는 논리연산, 순서제어, 타이밍, 카운팅, 산술연산 등의 제어동작을 실현하기 위해 제어순서를 일련의 명령어 형식으로 기억하는 메모리를 갖추고, 이 메모리의 내용에 따라 디지털, 아날로그 입출력 모듈을 통해 각종 기계와 프로세스를 제어하는 디지털 조작형의 전자장치이다.」

03 PLC의 특징과 이용효과

릴레이 제어방식이 전성을 이룬 것은 1970년대까지로 종래의 릴레이 제어방식은 사양서를 회로도로 전개하여 거기에 필요한 제어기기를 설치하고 납땜이나 전기 배선작업을 실시하여 요구하는 동작을 실현하는 방식이었다.

이 방식은 릴레이나 타이머, 카운터 등을 조합하여 시퀀스를 실행해 가면 간단한 제어에는 그다지 문제가 없었지만 제어장치가 복잡해지고 고도의 사양이 되어갈수록 여러 가지 문제가 발생했다.

1 릴레이 제어시 발생되는 문제점

① 경험축적에 의한 설계가 대부분이므로 숙련된 제어 기술자의 확보가 요구된다.

② 제어가 고도화되면 릴레이로서는 제어속도, 신뢰성, 제어반의 크기, 연산제어, 통신 등에 대한 대응이 곤란하다.

③ 제조시에는 납땜처리 등의 숙련자가 필요하고, 배선작업 불량 등의 수정에 긴 시간을 필요로 한다.

④ 부품의 수가 많으므로 그 관리가 어렵고 납기 트러블이 발생한다.

⑤ 기기의 트러블이 발생하면 원인추구가 곤란하고 트러블 제거시에도 숙련을 필요로 한다.

⑥ 일부 같은 성격으로부터도 사양변경이 요구된다.

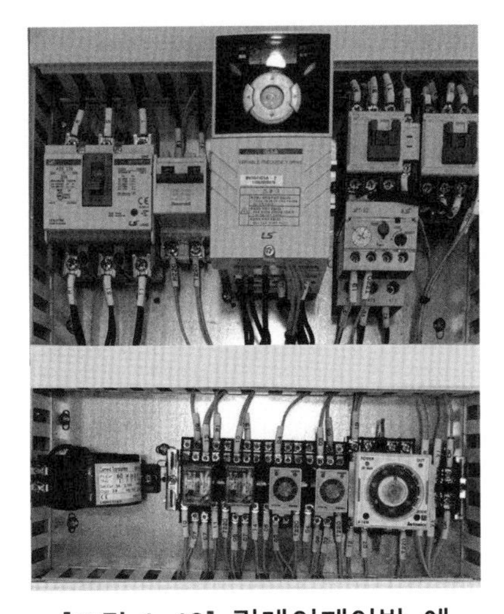

[그림 1-12] 릴레이제어반 예

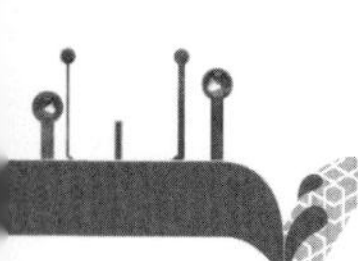

이상과 같은 요인이 중복되어 발생되므로 릴레이 제어방식의 이점은 점점 축소되는 반면, 급속한 반도체 기술의 발전으로 컴퓨터 활용의 기술로 대체되었다. PLC는 대부분이 마이크로프로세서 내장형이나 마이크로컴퓨터 제품으로 기본적으로는 컴퓨터와 같다. 다만, 일반 사무실에서 사용하는 컴퓨터와의 차이점은 다입력, 다출력을 실시간 온라인 처리한다는 점이며 그 특징은 다음과 같다.

2 PLC의 특징

① 릴레이 논리뿐만 아니라 카운터, 타이머, 래치 릴레이 기능까지 간단히 프로그램 할 수 있다.
② 산술 연산, 비교 연산 및 데이터 처리까지 쉽게 할 수 있다.
③ 동작상태를 자기 진단하여 이상시에는 그 정보를 출력한다.
④ 컴퓨터와 정보교환을 할 수 있다.
⑤ 시퀀스의 진행상황이나 내부 논리 상태를 모니터할 수 있다.
⑥ PLC의 본체와 입출력부분을 별개로 하여 먼 거리까지 하나의 케이블로 연결하여 제어할 수 있다.
⑦ 풍부한 내부 메모리를 사용하여 다수 패턴의 프로그램을 저장·운전할 수 있고, 논리적인 프로그램 변경이 자유롭다.

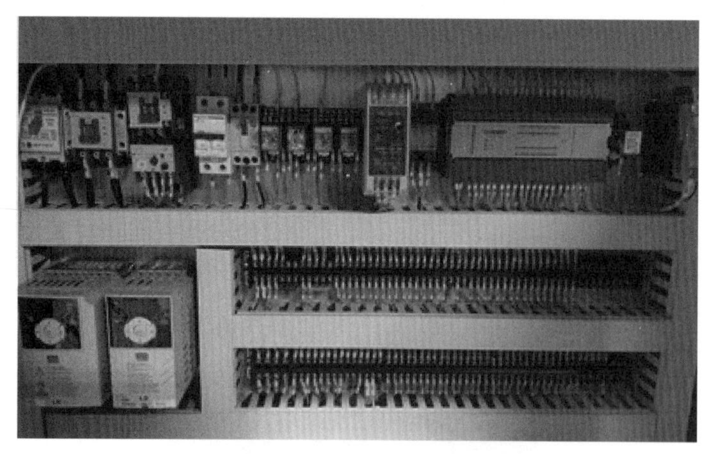

[그림 1-13] PLC제어반 예

3 PLC 사용시 기대 효과

① 경제성이 우수하다.
반도체 기술의 발달과 대량생산 등에 힘입어 릴레이 시퀀스에 견주어 볼 때 릴

레이 10개나 타이머 1~2개 이상의 제어장치에는 PLC 사용이 더 경제적이다.

② 설계의 성력화(省力化)가 이루어진다.
시퀀스 설계의 용이성과 부품 배치도의 간략화, 시운전 및 조정의 용이함 때문에 설계가 용이하다.

③ 신뢰성이 향상된다.
무접점 회로를 이용하기 때문에 유접점 기기에서 발생되는 접점사고에 의한 문제가 없어 신뢰성이 향상된다.

④ 보수성이 향상된다.
대부분의 PLC는 동작표시 기능, 자기진단 기능, 모니터 기능 등을 내장하고 있어 보수성이 대폭 향상된다.

⑤ 소형·표준화된다.
반도체 소자를 이용하므로 릴레이나 공압식 제어반의 크기에 비해 현저하게 소형이며 제품의 표준화가 가능하다.

⑥ 납기가 단축된다.
수배 부품의 감소와 기계장치와 제어반의 동시 수배, 사양변경에 대응하는 유연성, 배선작업의 간소화 등으로 납기가 단축된다.

⑦ 제어내용의 보존성이 향상된다.
제어내용을 컴퓨터에 쉽게 보존할 수 있어서 동일 시퀀스 제작시에는 간단히 해결할 수 있다.

CHAPTER 02

시퀀스 제어

CHAPTER 02

시퀀스 제어

01 시퀀스 제어의 정의

제어(Control)란 목적에 적합한 결과를 얻기 위해 제어대상에 적당한 조작이나 동작을 주는 것을 말하며 수동제어와 자동제어로 대별된다. 즉 제어란 어떤 물체의 형태나 현상의 추이를 자신의 의지대로 지배하는 일로서 사람이 주체가 되어 행해지는 제어를 수동제어라 하고, 사람의 개입 없이 제어장치에 의해 자동적으로 수행되는 제어를 자동제어라 한다.

수동제어는 명령처리를 사람의 두뇌에 의존하는 것으로 횡단보도를 건너는 일이나 자전거를 타는 일, 자동차를 운전하는 일 등이 수동제어의 대표적인 예라 할 수 있으며 인간생활의 거의 모든 활동이 이 수동제어에 해당된다.

자동제어는 제어장치의 명령처리부의 지시대로 사물을 움직이거나 조절하는 형태의 제어로 엘리베이터를 구동하거나 로봇이 움직이는 일, 포장기가 제품을 포장하는 일 등이 이 자동제어에 의해 구동된다고 할 수 있다.

자동제어를 분류하는 일반적 방법에는 제어계의 구성방법에 따라 분류하는데 개회로 제어계와 폐회로 제어계로 대별된다.

1 개회로 제어계(open－loop control system)

개회로 제어계는 간단하고 복잡하지 않은 제어로서 좋은 점은 있으나, 제어동작이 출력과 관계가 없어 오차가 생길 수도 있고, 설령 오차가 발생되었다 하더라도 이를 정정할 수 없는 단점이 있다.

이 제어계는 미리 정해 놓은 순서에 따라 제어의 각 단계를 순차적으로 진행시키는 것으로 시퀀스 제어(sequential control)라고도 한다.

그림 2-1은 개회로 제어계의 제어 흐름도를 나타낸 것이다.

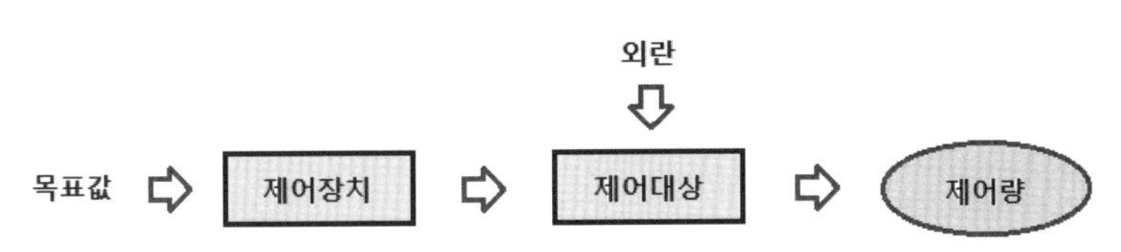

[그림 2-1] 개회로 제어계의 제어 흐름도

개회로 제어에는 세부적으로 순서제어, 타임제어 및 조건제어 등으로 나누어진다.

(1) 순서제어

제어의 각 단계를 순차적으로 실행하는데 있어 각각의 동작이 완료되었는지의 여부를 검출기 등으로 확인한 후 다음 단계의 동작을 실행해 나가는 제어로서 컨베이어(conveyor)장치, 전용 공작기계, 자동 조립기계 등과 같은 주로 생산공장에서 많이 적용되는 제어이다.

(2) 타임제어

타임제어는 검출기를 사용하지 않고 시간의 경과에 따라 작업의 각 단계를 진행시켜 나가는 제어로서, 대표적인 실용 예로서는 가정의 세탁기 제어나 교통 신호기 제어, 네온사인(neon sign)의 점등 및 소등 제어와 같은 우리들의 일상생활과 밀접한 곳에서 많은 실용 예를 볼 수가 있다.

(3) 조건제어

조건제어는 입력 조건에 상응된 여러 가지 패턴제어를 실행하는 것으로서, 자동화기계 등에서 각종의 위험 방지조건이나 불량품 처리 제어, 빌딩이나 아파트의 엘리베이터(elevator) 제어 등에 주로 적용된다.

시퀀스 제어계는 대표적인 실용 예에서도 쉽게 알 수 있는 바와 같이 그 목적, 제어 대상의 규모, 제어의 방법 등에 따라서 간단한 제어에서부터 복잡하고 거대한 것까지 넓은 범위에 적용되고 있으며 다음과 같은 특징을 가지고 있다.

① 제어계의 구성이 간단하다.
② 조작이 쉽고 고도의 기술이 필요하지 않다.
③ 설치비용이 저렴하다.

2 폐회로 제어계(closed-loop control system)

폐회로 제어계는 그림 2-2에 제어 흐름도를 나타낸 것과 같이 좀 더 정확하고 신뢰성 높은 제어를 실현하기 위해 제어계의 출력값이 항상 목표 값과 일치하는가를 비교하여 만일 일치하지 않을 때에는 그 차이값에 비례하는 동작신호가 제어계에 다시 보내져서 오차를 수정하도록 하는 귀환경로를 가지고 있는 제어계이다. 따라서 귀환경로가 있기 때문에 이러한 제어계를 피드백 제어계(feedback control system)라고도 한다.

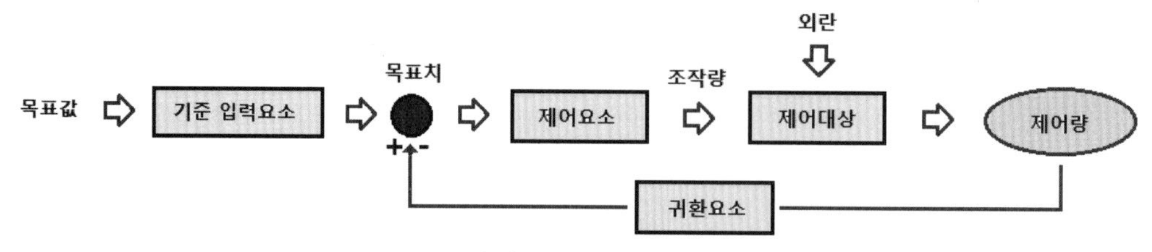

[그림 2-2] 폐회로 제어계의 제어 흐름도

따라서 오차를 정정하는 동작이 수행되기 때문에 폐회로 제어계는 개회로 제어계에 비해 다음과 같은 특징을 갖는다.

① 품질이 향상된다.
② 연료, 원료 및 동력을 절감할 수 있다.
③ 생산속도를 상승시켜 생산량을 증대시킬 수 있다.
④ 설비의 수명을 연장시킬 수 있고 생산원가를 절감할 수 있다.
⑤ 제어의 설비에 비용이 많이 들고, 고도화된 기술이 필요하다.
⑥ 제어장치의 운전 및 수리에 고도의 지식과 능숙한 기술이 필요하다.

02 시퀀스 도(圖)의 종류

시퀀스 제어계를 도면화(圖面化)시키는 방법에는 실체(實體) 배선도와 선도(線圖)가 있다. 실체 배선도란 그림 2-3에 나타낸 예와 같이 기기의 접속과 배치를 중심으로 나타낸 그림으로서, 상대적인 제어기기의 배치를 그림기호에 의하여 표시함과 동시에 배선의 접속관계를 각 기기의 단자간 배선으로서 구체적으로 명시한 것으로 실제로 회로를 배선하는 경우에 유용하게 사용된다.

그러나 실체 배선도는 회로가 복잡하면 표현이 어려울 뿐만 아니라 회로의 판독에도 어려움이 있어 그다지 많이 이용되지는 않는다. 그러므로 시퀀스도의 표현에는 2차원적 표시가 가능한 선도를 주로 이용하며, 이 선도에는 다시 구조도와 기능도, 특성도로 대별된다.

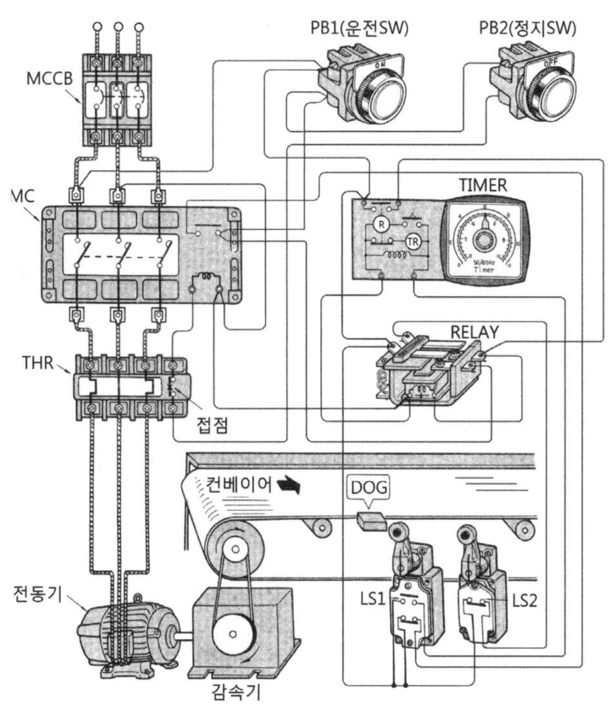

[그림 2-3] 실체 배선도 예

구조도에는 전개(展開) 접속도, 배선도, 제어대상 구성도 등이 있으며, 기능도에는 논리도, 블록도 등이 있다. 또한 타임차트나 플로차트 등을 특성도라 한다.

우리가 일반적으로 시퀀스도라 하는 것은 대부분 전개 접속도를 말하며, 제어대상 구성도로서 기계제어장치에는 공유압 회로도, 전력제어장치에는 전기 접속도, 플랜트 제어에는 계장도 등이 이용된다.

03 시퀀스 회로도 작성규정

시퀀스 회로도는 복잡한 제어회로의 동작을 순서에 따라 정확하게 또 쉽게 이해할 수 있게 고안된 접속도로서, 각 기기의 기구적 관련을 생략하고 그 기기에 속하는 제어회로를 각각 단독으로 꺼내어 동작순서에 따라 배열하여 분산된 부분이 어느 기기에 속하는가를 기호에 의해 표시한 것이다.

이와 같이 시퀀스 회로도는 그 표현방법이 통상의 실체 배선도와는 크게 다르므로 시퀀스도를 그리는데 따른 원칙적인 생각을 충분히 이해하여 기본적인 방법에 익숙하

지 않으면 매우 이해하기 힘든 것이 되고 만다.

시퀀스 회로도 작성 기본원칙은 다음과 같다.

① 제어전원 모선은 일일이 상세하게 그리지 않고, 수평 평행(종서방식)하게 2줄로 나타내거나 수직 평행(횡서방식)하게 나타낸다.

② 모든 기능은 제어전원 모선 사이에 나타내며, 전기기기의 기호를 사용하여 위에서 아래로 또는 좌에서 우로 그린다.

③ 제어기기를 연결하는 접속선은 상하의 제어전원 모선 사이에 곧은 종선(세로선)으로 나타내거나, 또는 좌우의 제어전원 모선 사이에 곧은 횡선(가로선)으로 나타낸다.

④ 스위치나 검출기 및 접점 등은 회로의 위쪽(횡서일 경우는 좌측)에 그리고, 릴레이 코일, 전자 접촉기 코일, 솔레노이드, 표시등 등은 회로의 아래쪽(횡서일 경우는 우측)에 그린다.

⑤ 개폐 접점을 갖는 제어기기는 그 기구 부분이나 지지, 보호부분 등의 기구적 관련을 생략하고 단지 접점, 코일 등으로 표현하며 각 접속선과 분리해서 나타낸다.

⑥ 회로의 전개순서는 기계의 동작 순서에 따라 좌측에서 우측(횡서일 경우는 위에서 아래로)으로 그린다.

⑦ 회로도의 기호는 동작 전의 상태, 즉 조작하는 힘이 가해지지 않은 상태나 전원이 차단된 상태로 표시한다.

⑧ 제어기기가 분산된 각 부분에는 그 제어기기명을 나타내는 문자기호를 명기하여 그 소속, 관련을 명백히 한다.

⑨ 회로도를 읽기 쉽고 보수 점검을 용이하게 하기 위해서는 열번호, 선번호 및 릴레이 접점번호 등을 나타내도 좋다.

⑩ 전동기 제어의 경우, 전력회로(동력회로, 또는 주회로라고도 함)는 좌측(횡서일 경우는 위쪽)에, 제어회로는 우측(횡서일 경우는 아래쪽)에 그린다.

1 횡서(가로쓰기) 그리기

시퀀스 도면에서 횡서와 종서의 기준은 접속선의 방향이나, 제어전원 모선의 방향 또는 제어신호의 진행방향 등에 의해서 여러 가지로 생각할 수 있지만, 통상 제어전원 모선 사이의 접속선의 방향을 기준으로 하여 구분한다.

시퀀스 책에 따라서는 제어전원 모선을 기준으로 하여 나타내는 경우도 있으나, 제어전원 모선을 기준으로 하면 횡서가, 접속선의 방향을 기준으로 할 때 종서가 되므

로 주의하여야 한다.

유공압 회로도의 경우는 안정감의 차이 때문에 주로 횡서방식으로 많이 그리지만, 시퀀스 회로도는 유공압 회로도와 달리 횡서방식이나 종서방식 중 어느 방식으로 그려도 무방하며, 횡서방식은 그림 2-4와 같이 그린다.

① 제어 전원 모선을 수직 평행하게 나타낸다.
② 접속선은 좌우방향, 즉 제어전원 모선 사이에 횡선(가로선)으로 나타낸다.
③ 신호의 흐름은 좌에서 우로 흐르도록 배열한다.
④ 시퀀스 동작의 흐름은 위에서 아래로 흐르도록 배열한다.

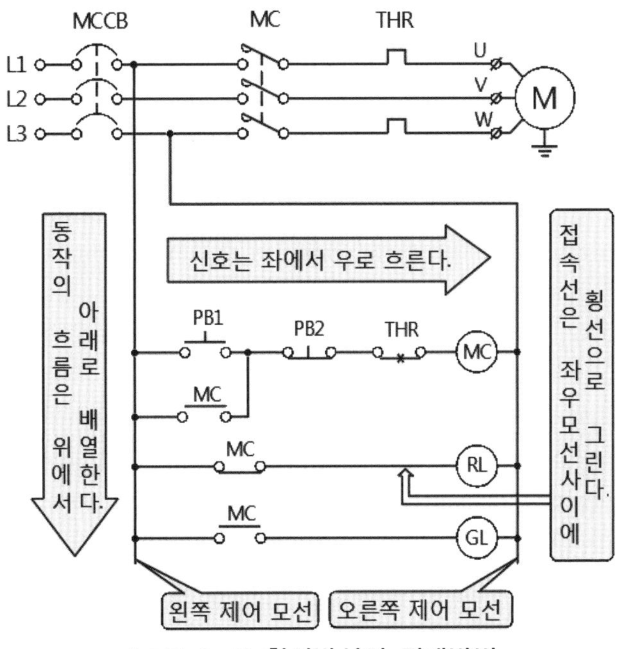

[그림 2-4] 횡서방식의 전개방법

2 종서(가로쓰기) 그리기

① 종서는 그림 2-5에 나타낸 바와 같이 제어 전원 모선을 수평 평행하게 나타낸다.
② 접속선은 상하방향, 즉 제어전원 모선 사이에 종선(세로선)으로 나타낸다.
③ 신호의 흐름은 위에서 아래로 흐르도록 배열한다.
④ 시퀀스 동작의 흐름은 좌에서 우로 흐르도록 배열한다.

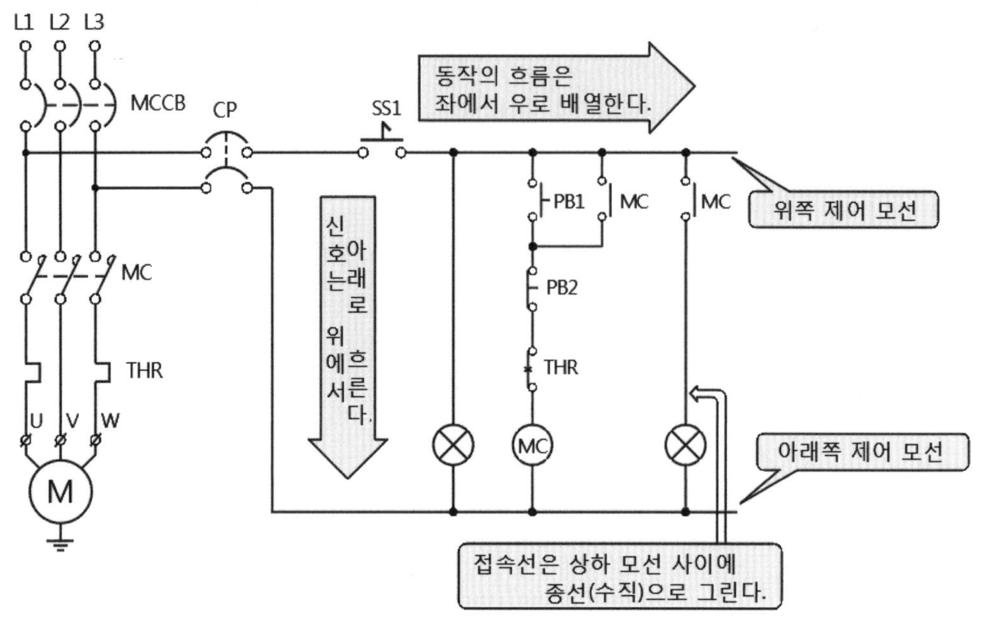

[그림 2-5] 종서방식 전개방법

3 전원모선을 잡는 법

① 종서에서 교류전원 모선은 L1. L2 또는 L3상(相)을 표시하는 2선을 위쪽 모선 및 아래쪽 모선으로 하여 횡선으로 나타낸다.

② 횡서에서 교류전원 모선은 L1. L2 또는 L3상(相)을 표시하는 2선을 왼쪽 모선 및 오른쪽 모선으로 하여 종선으로 나타낸다.

③ 종서에서 직류전원 모선은 양극 P(+) 모선을 위쪽에 음극 N(-) 모선을 아래쪽에 횡선으로 나타낸다.

④ 횡서에서 직류전원 모선은 양극 P(+) 모선을 왼쪽에 음극 N(-) 모선을 오른쪽에 종선으로 나타낸다.

4 개폐 접점을 갖는 기기의 그림기호 표현법

① 수동조작 기기는 손을 뗀 상태로 나타낸다.

② 전원은 모두 차단한 상태로 나타낸다.

③ 복귀를 요하는 것은 복귀된 상태로 나타낸다.

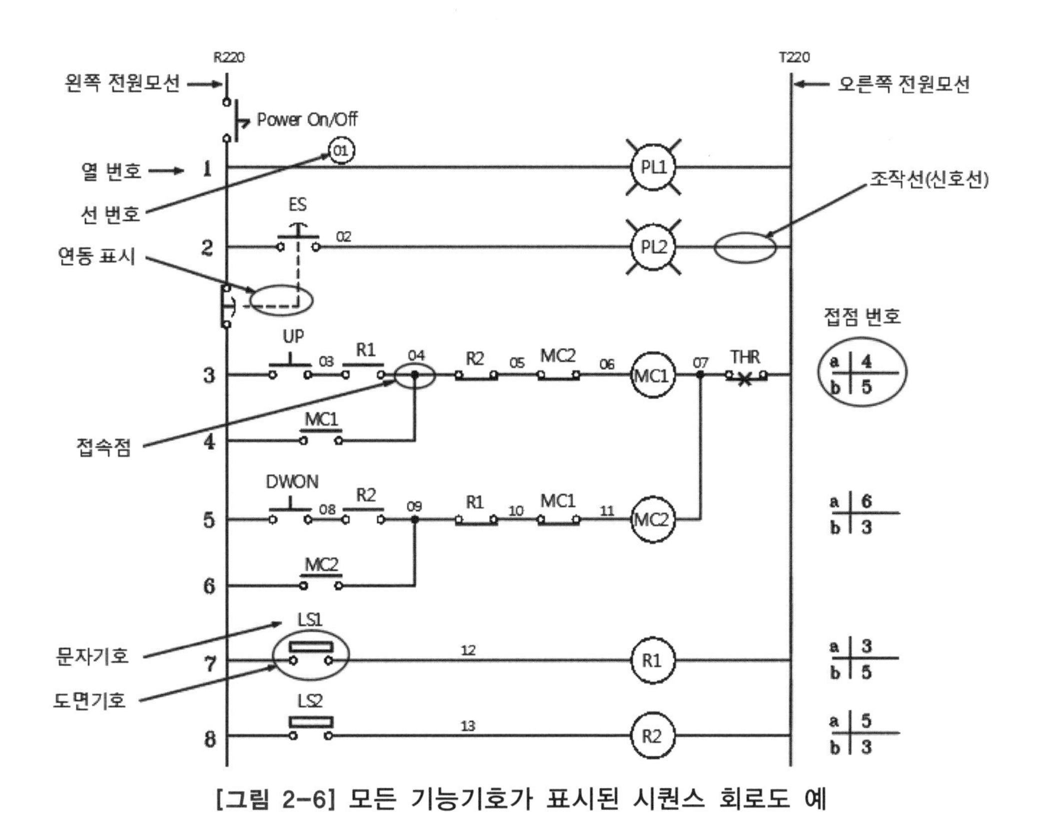

[그림 2-6] 모든 기능기호가 표시된 시퀀스 회로도 예

04 접점의 기능과 분류

1 접점의 종류와 구조

전기 신호를 이용한 제어에서의 목적은 제어대상에 전류를 통전(On)시키거나 또는 단전(Off)시켜 목적에 맞게 이용하는 것으로, 이 전류를 통전 또는 단전시키는 역할을 하는 것을 접점(接點 : contact)이라 한다.

접점의 구조는 그림 2-7에 나타낸 것과 같이 고정접점과 가동접점으로 구성되어 있다.

고정접점은 전기에너지를 전달하는 도체, 즉 전선을 연결하는 부분으로 흔히 단자라고 표현한다.

가동접점은 조작력의 신호에 의해 고정접점에 접촉하거나 떨어져 On/Off 역할을 하게 된다.

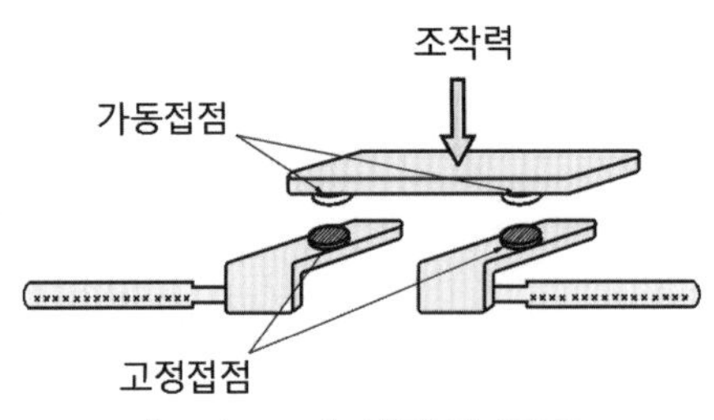

[그림 2-7] 접점의 구조

조작력은 주체에 따라 사람의 힘을 인력, 기계적 힘을 기계력, 전기적 힘을 전기력이라 하며 각 방식에 따라 다음과 같이 분류된다.

(1) 인력

① **누름버튼 스위치** : 버튼을 눌러서 조작한다.
② **셀렉터 스위치** : 레버를 비틀어서 조작한다.
③ **토글 스위치** : 레버를 올리거나 내려서 조작한다.
④ **페달 스위치** : 발로 밟아서 조작한다.

(2) 기계력

① **마이크로 스위치** : 기계의 캠이나 도그가 롤러레버나 핀을 눌러서 조작한다.
② **리밋 스위치** : 마이크로 스위치의 내환경성을 개선시킨 위치 검출기로 롤러레버를 캠으로 눌러 조작한다.

(3) 전기력

① **릴레이** : 전자석에 전류를 On시켜 자석력으로 조작한다.
② **전자 접촉기** : 전자석에 전류를 On시켜 주접점과 보조접점을 동시에 조작한다.

접점의 종류에는 기능적으로는 a접점과 b접점의 두 종류가 있으며, 구조상으로 c접점이 있으나 c접점은 소형 기기에서 구조상 만들어진 접점뿐이며, 회로에는 a접점과 b접점 이 두 가지를 적절히 이용하여 목적에 맞게 활용하는 기술이 전기제어의 기술이라 할 수 있다.

2 a접점

a접점은 그림 2-8의 좌측 그림과 같이 조작력이 가해지지 않은 상태 즉, 초기상태에서 고정접점과 가동접점이 떨어져 있는 접점을 말하며, 조작력이 가해지면 그림 2-8의 (b)와 같이 고정접점과 가동접점이 접촉되어 전류를 통전시키는 기능을 한다.

열려 있는 접점을 a접점이라 하는데 작동하는 접점(arbeit contact)이라는 의미로서

그 머리글자를 따서 소문자인 "a"로 나타낸다.

또한 a접점은 회로를 만드는 접점(make contact)이라고 하여 메이크 접점이라고 하며, 상시 열려 있는 접점(常時 開接點 : normally open contact)이라고 한다.

통상 기기에 표시할 때에는 a접점보다 Normally Open의 머리글자인 NO로 표시하며, 최근에는 프레임이나 플런저의 색상으로 표시하는데 a접점은 녹색으로 표시한다.

한편 논리값으로 나타낼 때는 회로가 끊어져 신호가 없는 상태이므로 0으로 나타낸다.

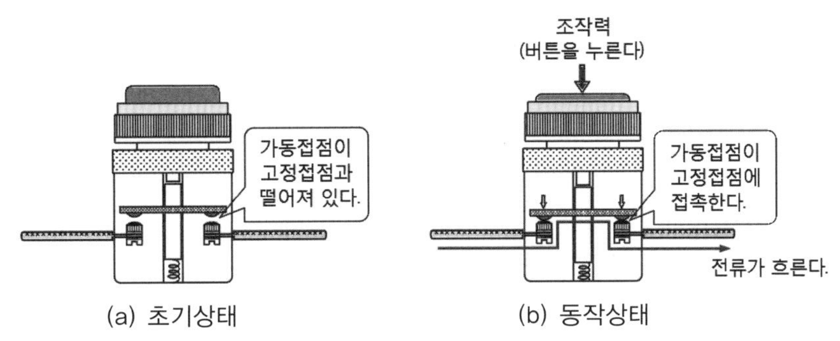

[그림 2-8] a접점의 동작

3 b접점

그림 2-9의 초기상태 그림은 가동접점과 고정접점이 닫혀 있는 것으로 외부로부터의 힘, 이 예에서는 누름버튼 스위치이므로 누름버튼을 누르면 동작상태 (b)그림과 같이 가동접점과 고정접점이 떨어지는 접점을 b접점이라 한다.

즉, b접점은 초기상태에서 닫혀 있는 접점을 말하며 끊어지는 접점(break contact)이라는 의미로서 그 머리글자를 따서 "b"로 나타낸다.

또한 b접점은 상시 닫혀 있는 접점(常時 閉接點 : normally closed contact)이라는 의미로서 NC접점이라 부르며 회로가 연결되어 신호가 있는 상태이므로 논리값으로는 1로 나타낸다.

기기에 표시할 때에는 b접점보다 Normally Closed의 머리글자인 NC로 표시하며, 프레임이나 플런저의 색상으로 표시하는 경우에는 적색으로 표시한다.

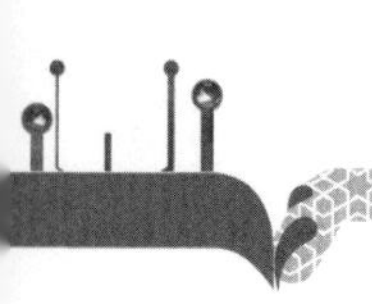

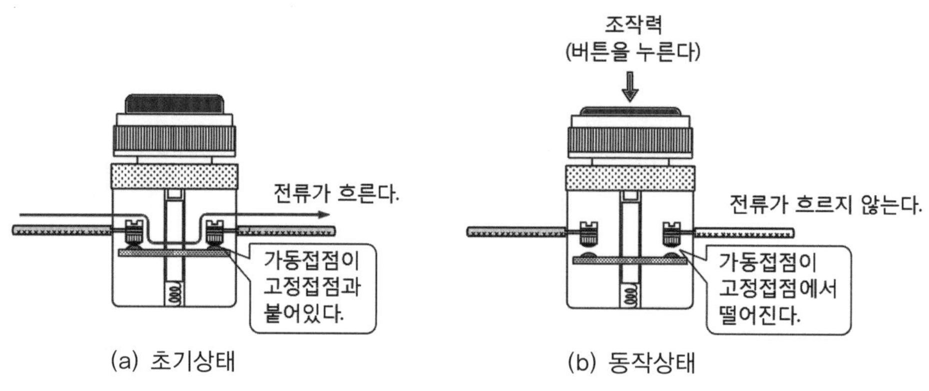

(a) 초기상태 (b) 동작상태

[그림 2-9] b접점의 동작

4 c접점

c접점이란 a접점과 b접점이 공통된 가동접점을 공유한 형식의 전환접점을 말하며, 전환접점(change over contact)이라는 의미로서 그 머리글자를 따서 소문자인 “c”로 나타낸다.

c접점의 일례로 그림 2-10은 전자(電磁) 릴레이의 대표적인 구조로서 접점의 형태는 가동접점이 고정접점인 b접점과 접속되어 있다. 이 릴레이의 코일에 전류를 인가하면 가동접점은 고정접점의 b접점으로부터 떨어져 a접점에 접촉한다.

이와 같이 한 개의 가동접점이 조작력에 따라 b접점 또는 a접점과 접촉하여 신호를 전환시키는 것으로 옮기는 접점이라는 뜻에서 트랜스퍼 접점(transfer contact)이라고도 한다.

따라서 c접점은 소형기기이기 때문에 구조상 만들어진 접점이므로 16ϕ 이하의 소형 스위치나 마이크로 스위치, 릴레이, 타이머 등이 c접점 기기이다.

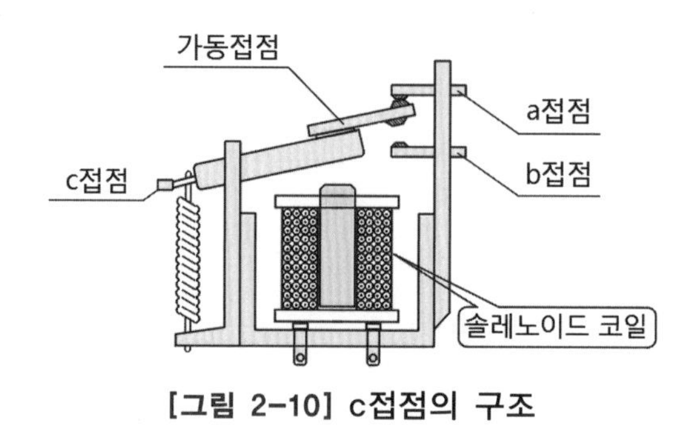

[그림 2-10] c접점의 구조

05 시퀀스 제어기기

시퀀스 제어장치는 사람으로부터 작업명령을 지령받아 전기신호로 변환시켜 전달하는 조작부, 조작부로부터 명령을 받아 시퀀스 내용에 따라 명령처리를 실시하는 명령처리부, 명령처리부의 결과에 의해 부하전류를 On-Off하는 개폐부, 제어대상 동작 이행여부를 감시하여 다음 작업을 지시하는 검출부, 제어대상 동작상태를 작업자에게 보고하는 표시·경보부로 구성된다.

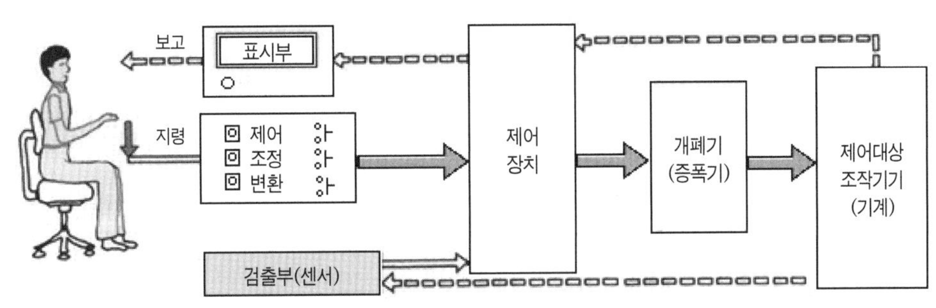

[그림 2-11] 시퀀스 제어장치의 구성도

조작용 기기로는 누름버튼 스위치, 셀렉터 스위치, 토글 스위치, 페달 스위치 등이 사용된다.

검출용 기기로는 마이크로 스위치, 리밋 스위치, 근접스위치, 광전센서 등과 온도센서, 압력센서, 레벨센서 등의 각종 물리량 센서 등이 사용된다.

표시경보용 기기로는 파일럿램프, LED, 타워램프, 부져, 벨, 판넬 메타 등이 사용된다.

명령처리부에 사용되는 기기로는 릴레이, 타이머, 카운터 등의 신호처리 요소가 사용되며, 개폐기로는 파워 릴레이, 전자 접촉기, 전자밸브, 인버터, SSR, TPR 등이 사용된다.

또한 기계측의 액추에이터로는 전동기를 비롯하여 유공압 실린더, 유공압 모터, 히터, 전자클러치, 솔레노이드 등이 있다.

1 조작용 기기

조작용 기기는 시퀀스 제어 시스템에 사람의 의지인 작업명령을 부여하는 것이다.

누르거나, 당기거나, 돌리는 등의 사람으로부터의 조작을 기계적 메커니즘을 거쳐

전기신호로 변환하는 기능의 기기를 통틀어 조작용 기기라 한다.

조작용 기기에는 각종의 스위치가 사용되는데, 실제로 사용되고 있는 스위치에는 여러 가지 형태의 것이 있으나, 동작기능만으로 보면 복귀형(復歸形) 스위치와 유지형(維持形) 스위치로 구분할 수 있다.

(1) 누름버튼 스위치(push button switch)

[그림 2-12] 누름버튼 스위치

누름버튼 스위치는 명령 입력용 스위치 중 가장 많이 사용되고 있는 스위치로서 기능, 모양, 크기에 따라 많은 종류가 있다.

누름버튼 스위치의 동작원리는 그림 2-13에 나타낸 바와 같이 조작부를 손으로 누르면 접점상태가 변하는 것으로, 조작력을 제거하면 내장된 스프링에 의해 자동적으로 초기상태로 복귀하는 스위치로서 수동조작 자동복귀형 스위치라고도 한다.

누름버튼 스위치는 다음과 같은 종류가 있다.

① **형상에 따라 :** 원형, 사각형, 버섯형이 있다.
② **기능에 따라 :** 표준형, 램프내장형, 한시 동작형이 있다.
③ **크기에 따라 :** 12ϕ, 16ϕ, 22ϕ, 25ϕ, 30ϕ가 있다.
④ **정격에 따라 :** 3A, 5A, 7A, 10A, 15A 등으로 제작된다.

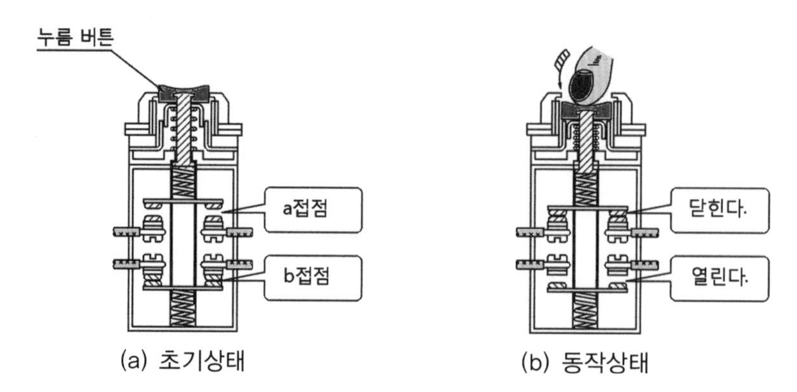

[그림 2-13] 누름버튼 스위치의 구조원리

⑤ **접점 수에 따라 :** 기본 1a 1b접점에서부터 4a 4b 또는 1c 접점형, 2c 접점형으로 제작된다.

⑥ **버튼의 색상에 따라 :** 녹색, 적색, 황색, 백색 등으로 제작되며 기능에 따른 버튼의 색상은 표 2-1과 같다.

[표 2-1] 버튼 색상에 따른 기능분류

색상	기능	적용 예
녹색	시동	시스템의 시동, 전동기의 시동
적색	정지	시스템의 정지, 전동기의 정지
	비상정지	모든 시스템의 정지
황색	리셋	시스템의 리셋
백색	상기 색상에서 규정되지 않은 이외의 동작	

누름버튼 스위치는 문자기호로 PB를 사용하며, 도면기호는 다음과 같이 작성한다.

① 가로쓰기(횡서) 방식에서 a접점은 고정접점 위에 띄어서 그리고, b접점은 고정접점 밑에 붙여서 그린다.

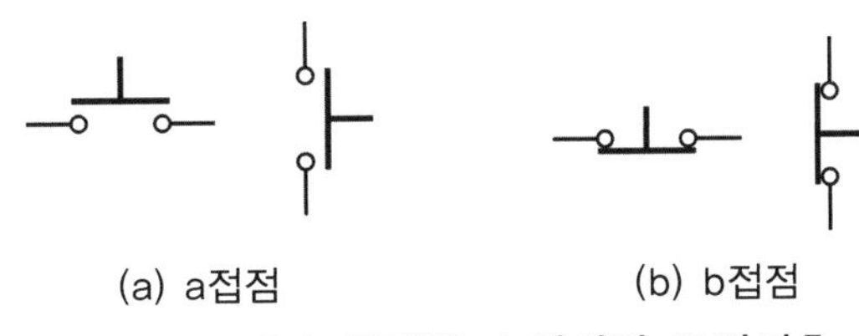

[그림 2-14] 누름버튼 스위치의 도면기호

② 세로쓰기(종서) 방식에서 a접점은 고정접점 오른쪽에 띄어서 그리고, b접점은 고정접점 왼쪽에 붙여서 그린다.

③ **그리는 비율**

전기회로에 나타내는 도면기호는 그 크기비율이 KS규격으로 정해져 있으며, 누름버튼 스위치의 그리는 비율은 그림 2-15와 같다.

그림에서 고정접점을 원으로 표시하는데 원의 크기가 1mm이면 가동접점의 크기는 5mm, 조작부의 크기는 2.5mm로 그린다는 의미이다.

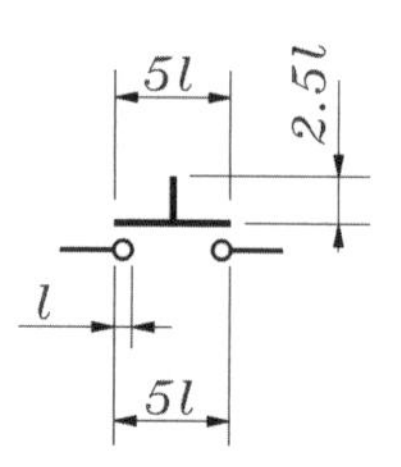

[그림 2-15] 누름버튼 스위치 작도법

④ 비상정지 스위치는 버섯형 버튼을 사용해야 하며, 도면기호로 나타낼 때에는 누름조작 기호 상단에 원호를 붙여 그린다.

(a) a접점 (b) b접점

[그림 2-16] 비상정지 스위치의 도면기호

(2) 셀렉터 스위치

조작부를 비틀어서 조작하는 형태의 스위치를 셀렉터(selector) 스위치라고 하며, 판넬 전면에서 전원의 On-Off나 자동운전-수동운전 모드 선택스위치로 많이 사용된다.

동작의 형태는 2단이나 3단이 주로 사용되는데 최대 16단까지도 판매되고 있으며, 크기는 누름버튼 스위치와 같이 12ϕ부터 30ϕ까지 제작되고 있다.

(a) 셀렉터 스위치 (b) 토글 스위치

[그림 2-17] 유지형 스위치

(3) 토글 스위치

올리거나 내리는 등의 형태로 조작하는 스위치를 토글(toggle) 스위치라고 하며, 그 사진을 그림 2-17의 (b)에 나타냈다.

시퀀스 회로에서 주로 수동운전용 조작 스위치로 많이 사용되며, 소형의 기계장치에서 셀렉터 스위치 대신에 전원 On-Off 스위치로 사용하기도 한다.

크기는 6ϕ와 12ϕ 두 가지로만 제작되며, 동작형태는 2단 또는 3단으로 주로 제작된다.

셀렉터 스위치와 토글 스위치의 도면기호는 그림 2-18에 나타낸 것과 같이 누름버튼 스위치 조작기호에 레버모양을 추가하여 나타내며, 그리는 비율이나 a, b접점의 도시방향 등은 모두 누름버튼 스위치와 같은 형식, 비율로 그린다.

(a) a접점 (b) b접점

[그림 2-18] 셀렉터 스위치와 토글 스위치의 도면기호

2 검출용 기기

검출용 기기는 제어장치에서 사람의 눈과 귀 역할을 하는 부분으로 제어대상의 상태인 위치, 레벨, 온도, 압력, 힘, 속도 등을 검출하여 제어 시스템에 정보를 전달하는 중요한 기기로서 센서(sensor)라고 한다.

검출용 기기는 크게 나누어 검출물체와 접촉하여 검출하는 접촉식과, 접촉하지 않고 검출하는 비접촉식으로 분류되며, 접촉식 검출기의 대표적인 것에는 마이크로 스위치와 리밋 스위치가 있고, 비접촉식은 스위치라는 명칭보다는 센서라고 부르는 경우가 많으며, 사용되는 물리현상에 따라 여러 가지 센서가 있다.

[표 2-2] 인간의 감각기관과 센서의 대비

인간의 오감	대상기관	대비 센서	구 분
시각	눈	광센서	
촉각	피부	압력센서, 감온센서	물리센서
청각	귀	음파센서	
후각	코	가스센서	화학센서
미각	혀	이온센서, 바이오센서	

표 2-2는 센서를 분류하는 방법 중에 인간의 감각기관 즉, 오감인 시각, 촉각, 청각, 후각, 미각에 대비하여 센서와의 관계를 나타낸 것이고, 표 2-3은 검출원리로 이용되고 있는 물리현상과 검출센서의 종류를 나타낸 것이다. 이들 중 자동화 기계에서 비교적 많이 사용되고 있는 것은 근접스위치와 광전센서 등이다.

[표 2-3] 비접촉 검출센서의 검출 방법

전달 매체	물리현상	검출센서
전자장(電磁場)	검출 코일의 인덕턴스의 변화	고주파 발진형 근접스위치
정전장(靜電場)	커패시턴스의 변화	정전용량형 근접스위치
자기(磁氣)	자기력	자기형 근접스위치
광(光)	광기전력 효과, 발광 효과	광전센서
음파(音波)	도플러 효과	초음파센서

(1) 마이크로 스위치(micro switch)

소형의 기계위치 검출센서로 개발되어 소형이라는 의미로 마이크로 스위치라 불리게 되었으며 크기에 따라 소형의 V형과 일반형의 Z형 두 종류가 있다.

[그림 2-19] 마이크로 스위치 사진

1) 구조원리

마이크로 스위치의 내부 구조는 그림 2-20에 나타낸 것과 같이 통상 판스프링 재를 사용하고 액추에이터에 의해 스냅 액션하는 가동접점 기구부, 가동접점이 반전할 때 접촉 또는 단락되어 전기회로의 개폐를 유지하는 고정접점부, 전기적인 입출력을 접속하는 단자부, 그리고 기구를 보호하고 절연성능이 우수한 합성수지 케이스의 하우징부로 구성되어 있다.

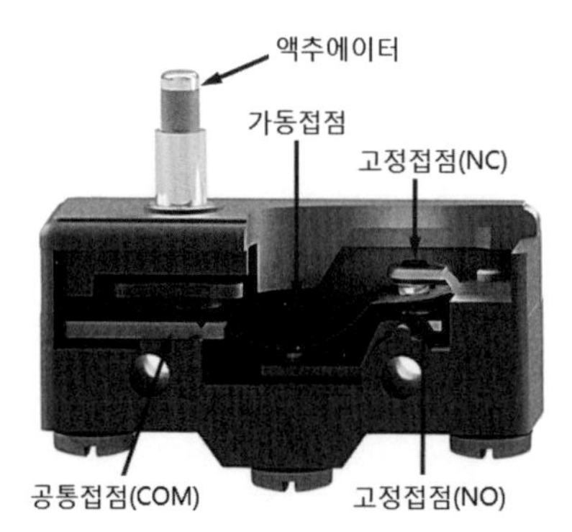

[그림 2-20] 마이크로 스위치의 내부 구조도

단자는 통상 3개가 있고 COM(Common : 공통 단자), NC(b접점 단자), NO(a접점 단자)로 c접점 구조로 되어 있다.

검출부인 액추에이터의 형상은 제조사에 따라 20여 종류 이상으로 제법 많다.

2) 특징

본래 마이크로 스위치는 미국 하니웰사의 제품명으로 시작되어 이제는 일반 관용어로 되었으며, 3.2mm 이하의 미소한 접점 간격과 작은 형상에도 불구하고 큰 출력을 가지는 신뢰할 수 있는 개폐기로서 다음과 같은 특징이 있다.

① 장점

- 소형이면서 대용량을 개폐할 수 있다.
- 스냅 액션 기구를 채용하고 있으므로 반복 정밀도가 높다.
- 응차의 움직임이 있으므로 진동, 충격에 강하다.
- 기종이 풍부하기 때문에 선택 범위가 넓다.
- 기능 대비 경제성이 높다.

② 단점

- 가동하는 접점을 사용하고 있으므로 접점 바운싱이나 채터링이 있다.
- 전자 부품과 같은 고체화 소자에 비해서 수명이 비교적 짧다.
- 동작시나 복귀시에 소리가 난다.
- 구조적으로 완전히 밀폐가 아니기 때문에 가스 분위기에서는 사용 환경에 제한되는 것도 있다.
- 단자부가 밀폐구조가 아니기 때문에 납땜 단자의 기종에서 작업성에 주의를 기울여야 한다.

3) 동작특성

마이크로 스위치에서 가장 중요한 기구는 스냅 액션 기구이다. 스냅 액션이란 스위치의 접점이 어떤 위치에서 다른 위치로 빨리 반전하는 것이고, 접점의 움직임은 상대적으로 액추에이터의 움직임과 관계없이 동작하는 것을 의미한다. 현재 사용되고 있는 스냅 액션 기구는 판스프링 방식과 코일 스프링 방식으로 크게 나누어지는데, 이중에서 고감도, 고정밀도를 얻을 수 있는 판스프링 방식이 많이 채용되고 있다.

마이크로 스위치를 선정할 때는 액추에이터의 형상이나 접점의 개폐능력이 당연히 중요시 되지만, 마이크로 스위치가 동작하는데 필요한 힘이나 접점이 개폐될 때까지의 동작거리 등의 동작특성도 검토해야 한다.

더욱이 마이크로 스위치의 용도가 기계 가동부의 위치검출이 아닌 가벼운 물체의 유무 검출이나 컨베이어상의 통과 검출을 위한 용도 등에는 이 동작특성을 정확히 검토하지 않으면 기능을 수행하지 못하게 되기 십상이다.

4) 도면기호 작성법

마이크로 스위치나 리밋 스위치의 도면기호는 그림 2-21에 나타낸 것과 같이 직사각형으로 나타내며, 가로쓰기(횡서) 방식에서 a접점은 고정접점 위에 띄어서 그리고, b접점은 고정접점 밑에 붙여서 그린다. 세로쓰기(종서) 방식에서 a접점은 고정접점 오른쪽에 띄어서 그리고, b접점은 고정접점 왼쪽에 붙여서 그린다.

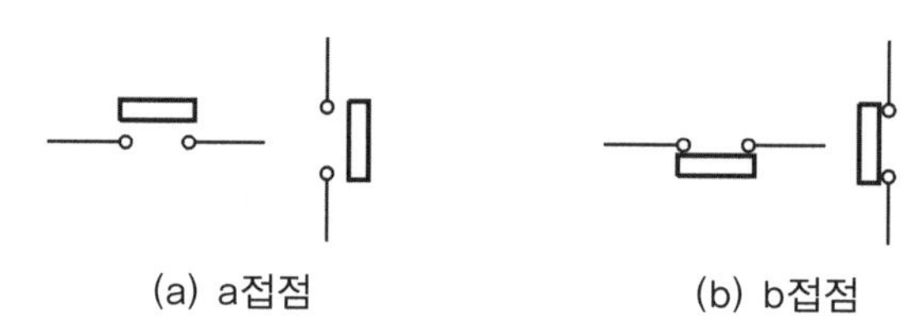

(a) a접점 (b) b접점

[그림 2-21] 마이크로 스위치의 도면기호

(2) 리밋 스위치(Limit Switch)

마이크로 스위치는 합성수지 케이스 내에 주요 기구부를 내장하고 있기 때문에 밀봉되지 않고 제품의 강도가 약해 설치 환경에 제약을 받는다. 그래서 마이크로 스위치를 물, 기름, 먼지, 외력(外力) 등으로부터 보호하기 위해 금속 케이스나 수지 케이스에 조립해 넣은 것을 리밋 스위치라 한다.

즉, 리밋 스위치는 견고한 다이캐스트 케이스에 마이크로 스위치를 내장한 것으로 밀봉되어 내수(耐水), 내유(耐油), 방진(防塵)구조이기 때문에 내구성이 요구되는 장소나 외력으로부터 기계적 보호가 필요한 생산설비와 공장 자동화 설비 등에 사용된다. 따라서 리밋 스위치를 봉입형(封入形) 마이크로 스위치라 한다.

[그림 2-22] 리밋 스위치의 사진

1) 리밋 스위치의 구조 원리

리밋 스위치의 주요 구조는 그림 2-23에 나타낸 것과 같이 금속 케이스 내부에 마이크로 스위치가 내장되어 있고, 외부의 액추에이터에 물리적 힘이 가해지면 레버가 샤프트를 회전시키고 샤프트의 회전량으로 플런저가 상하 이동하여 내장 마이크로 스위치를 동작시키는 구조이다.

액추에이터의 형상에 따라서 기본형 외에 다양한 형식이 있으며, 전기적 고장이 발생되면 리밋 스위치 내장용 마이크로 스위치를 교체하여 사용하도록 되어 있다.

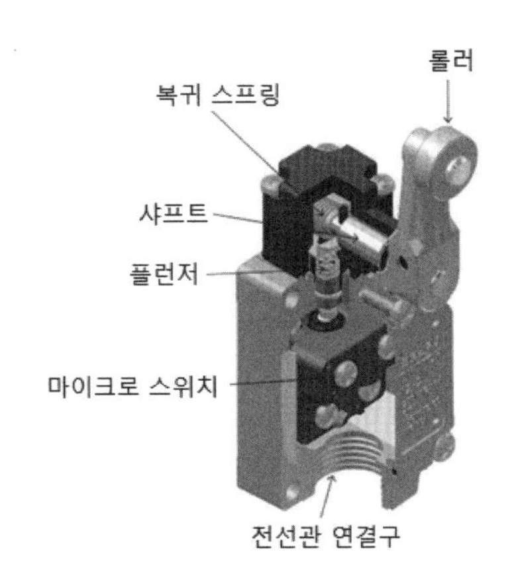

[그림 2-23] 리밋 스위치의 구조도

2) 도면기호 작성법

리밋 스위치의 도면기호 작성법은 그림 2-21의 마이크로 스위치와 동일하며, 문자기호는 LS로 표시한다.

(3) 근접스위치(proximity switch)

[그림 2-24] 근접스위치 사진

1) 근접스위치의 특징

근접스위치는 자동화용 센서로서 광전센서와 함께 가장 많이 사용되고 있는 센서이다. 근접스위치는 종래의 마이크로 스위치나 리밋 스위치의 기계적인 접촉부를 없애고 접촉하지 않고도 검출 물체의 유무를 검출할 수 있고, 고속 응답성과 내환경성이 뛰어나므로 광범위한 용도에 적용되고 있다.

[표 2-4] 검출원리에 따른 근접스위치의 종류

형식	검출소자	검출원리	장단점
고주파 발진형	코일 (자계)	고주파 자계에 의한 검출코일의 임피던스 또는 발진 주파수의 변화를 검출 (전자유도작용)	• 금속체 검출에 적합하다. • 응답속도가 빠르다. • 내환경성이 우수하다.
정전 용량형	전극 (자계)	전계(電界)내의 정전용량 변화에 따라 발진이 개시하거나 정지하는 발진회로를 검출 (정전유도작용)	• 금속, 비금속 모두 검출한다. • 고주파 발진형에 비해 응답이 늦다. • 물방울 등의 부착에 약하다.
자기형	리드 스위치 (자계)	영구자석의 흡인력을 이용하여 리드 스위치 등을 구동하여 검출	• 조작 전원이 불필요하다. • 비용이 적게 든다. • 접점 수명이 제한적이다.
차동 코일형	코일 (자계)	검출물체에서 생기는 전류로 자속을 검출코일과 비교코일의 차로 검출	• 장거리 금속체 검출에 적합하다. • 자성체, 비자성체 모두 검출한다.

2) 고주파 발진형 근접스위치

고주파 발진형 근접스위치의 검출원리는 그림 2-25에 나타낸 바와 같이 발진회로의 발진코일을 검출헤드로 사용한다.

이 헤드는 항상 고주파 자계를 발진하고 있는데 검출체(금속)가 헤드 가까이에 접근하면 전자유도(電磁誘導) 현상에 의해 검출체 내부에 와전류가 흐른다. 이 와전류는 검출코일에서 발생하는 자속의 변화를 방해하는 방향으로 발생하게 되어 내부 발진회로의 발진 진폭이 감쇠하거나 또는 정지하게 된다. 이 상태를 이용하여 검출체 유무를 검출하는 것이다.

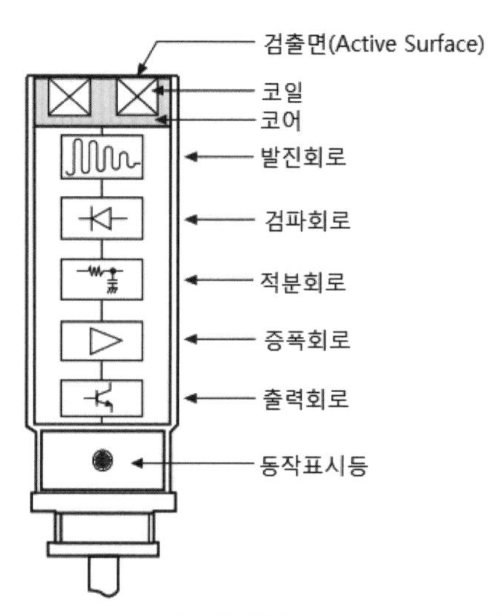

[그림 2-25] 고주파 발진형 근접스위치의 원리도

따라서 고주파 발진형 근접스위치의 검출 가능한 물체는 금속에 한정하며, 금속에서도 자성의 영향에 따라 검출거리가 변화하기 때문에 검출거리 선정시 주의해야 한다.

3) 정전용량형 근접스위치

정전용량형 근접스위치의 검출원리는 그림 2-26의 (a)에 나타낸 것과 같이 극판에 (+)전압을 인가하면 극판 면에는 (+)전하가, 대지면에는 (-)전하가 발생하여 극판과 대지사이에 전계가 발생하게 된다.

물체가 극판쪽으로 접근하면 (b)그림과 같이 정전유도를 받아서 물체 내부에 있는 전하들이 극판쪽으로는 (-)전하가, 반대쪽으로는 (+)전하가 이동하게 되는데 이 현상을 분극현상이라 한다.

즉, 물체가 극판쪽에서 멀어지면 분극현상이 약해져서 정전용량이 적어지고, 반대로 극판쪽으로 가까워지면 분극현상이 커져 극판면의 (+)전하가 증가하여 정전용량이 커지는데 이 변화량을 검출하여 물체의 유무를 판단하는 것이다.

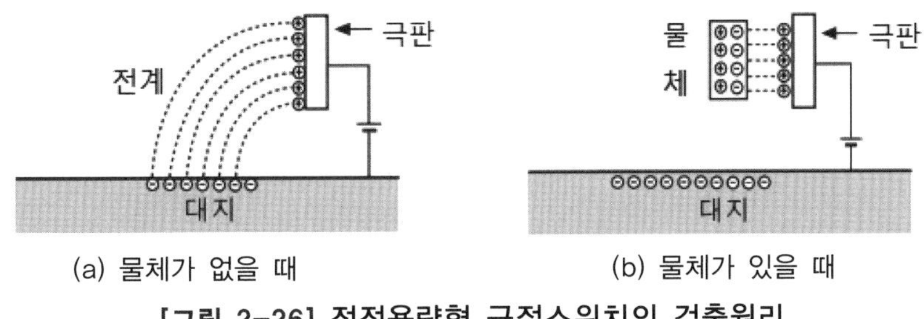

(a) 물체가 없을 때 (b) 물체가 있을 때

[그림 2-26] 정전용량형 근접스위치의 검출원리

따라서 정전용량형 근접스위치는 분극현상을 이용하고 있으므로 검출 가능한 물체는 금속에 국한하지 않고 플라스틱, 목재, 종이 액체는 물론 기타 유전(誘電) 물질이면 모두 검출할 수 있다.

다만 검출거리는 검출체의 유전계수에 따라 차이가 나는데 이것은 검출체가 근접한 경우에는 전극간의 매질의 유전율이 증가하게 되어 정전용량도 증가하기 때문이다.

4) 출력형식과 배선시 유의사항

근접스위치는 검출원리에 따른 종류 외에도 외관형상에 따라 원형, 사각형, 장방형, 말굽형 등이 있으며, 출력 형식과 배선 형식에 따라서도 여러 가지 종류가 있다.

일반적인 근접스위치의 출력 형태는 사용전원에 따라 직류형식과 교류형식으로 나눠지며, 배선 수에 따라서 2선식과 3선식이 있고, 직류형식에는 PLC나 카운터 등에 직접 연결할 수 있는 NPN형 트랜지스터 출력 형식과 PNP형 트랜지스터 출력 형식이 있다. 또한 이 형식 중에서도 검출체가 있을 때 출력을 내는 NO(Normally Open)형과 검출체가 없을 때 출력이 On되는 NC(Normally Closed)형으로 나눠진다.

그림 2-27은 PLC의 DC입력모듈에서 콤먼의 극성이 (+)인 싱크콤먼 방식에 접속 가능한 NPN출력형 근접스위치를 접속한 예를 나타낸 것이고, 그림 2-28은 입력모듈의 콤먼 극성이 (-)인 소스콤먼인 입력모듈에 접속 가능한 PNP출력형 근접스위치를 접속한 관계를 보여준 것이다.

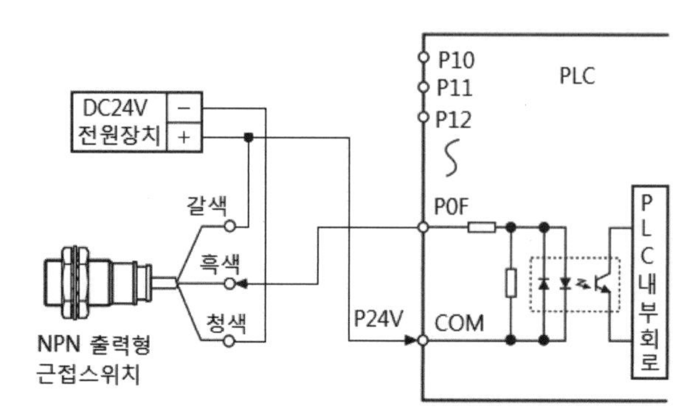

[그림 2-27] NPN출력형 근접스위치와 PLC와의 접속도

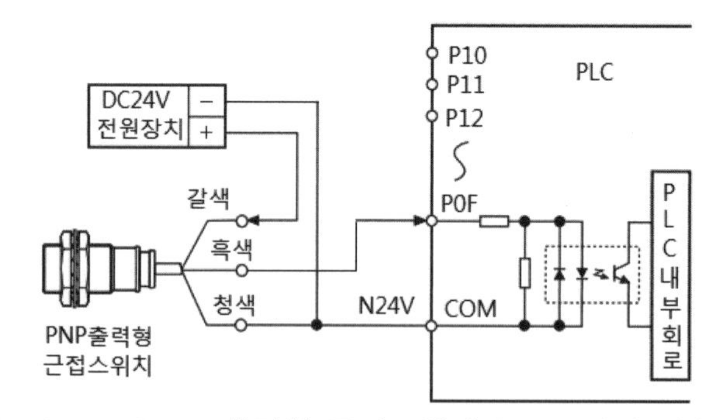

[그림 2-28] PNP출력형 근접스위치와 PLC와의 접속도

(4) 광전센서

[그림 2-29] 광전센서

검출용 센서 중에 응용하는 물리적 현상에 따라 광을 매체로서 응용한 것을 광센서 또는 광전센서(포토센서)라고 한다.

광전센서는 투광기의 광원으로부터의 광을 수광기에서 받아 검출체의 접근에 의해 광의 변화를 검출하여 스위칭 동작을 얻어내는 센서로서, 빛을 투과시키는 물체를 제

외하고는 모든 물체의 검출이 가능하다.

또한, 검출거리도 10mm에서부터 수십m에 이르는 것까지로 근접스위치에 비해 현저히 길고, 검출기능도 물체의 유무나 통과여부 등의 간단한 검출에서부터 물체의 대소분별, 형태판단, 색채판단 등 고도의 검출을 할 수 있으므로 자동제어, 계측, 품질관리 등 모든 산업 분야에 활용되고 있다.

1) 광전센서의 특징

① 비접촉방식으로 물체를 검출한다.

광전센서는 검출물체와 접촉하지 않고 물체를 검출하므로 검출물체 등에 물리적 손상이나 영향을 주지 않는다.

② 검출거리가 길다.

광전센서는 검출거리가 수mm에서 수십m 정도로 검출센서 중 검출거리가 가장 길다.

③ 검출물체의 대상이 넓다.

검출물체의 표면반사량, 투과량 등, 빛의 변화를 감지하여 물체를 검출하기 때문에 다양한 물체가 검출대상이 된다.

④ 응답속도가 빠르다.

검출매체로 빛을 이용하기 때문에 사람의 눈으로 인식 불가능한 물체의 고속이동도 검출할 수 있다.

⑤ 물체의 판별력이 뛰어나다.

광전센서에서 사용하는 변조광은 직진성이 뛰어나고 파장이 짧아 물체의 크기, 위치, 두께 등 고정도의 검출이 가능하다.

⑥ 자기(磁氣)와 진동의 영향을 적게 받는다.

광전센서는 광을 매체로 물체를 검출하기 때문에 자기와 진동 등의 영향과는 무관하게 물체를 검출할 수 있다.

⑦ 색체 판별이 가능하다.

색의 특정파장에 대한 흡수효과를 이용하여 광전센서로 수광되는 반사광량의 차이에 의해 색상의 판별이 가능하다.

2) 광전센서의 종류

① 투과형 광전센서

그림 2-30에 나타낸 바와 같이 투광기와 수광기로 구성되며, 설치할 때는 광축이 일치하도록 일직선상에 마주보도록 해야 한다.

동작원리는 광축이 일치되어 있기 때문에 투광기로부터 나온 빛은 수광기에 입사되는데, 만일 검출체가 접근하여 빛을 차단하면 수광기에서 검출신호가 발생한다. 이 투과형 광전센서는 검출거리가 가장 길고 검출 정도도 높으나 투명물체의 검출은 곤란하다.

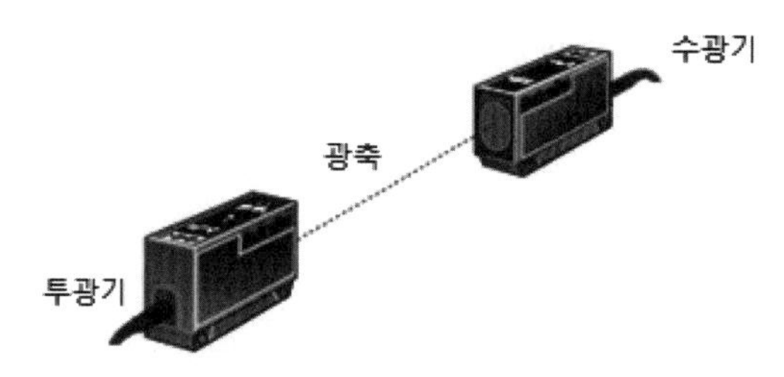

[그림 2-30] 투과형 광전센서

② 미러반사형 광전센서

그림 2-31에 나타낸 바와 같이 투광기와 수광기가 하나의 케이스로 조립되어 있고, 반사경으로 미러를 사용한다. 동작원리는 투광기와 미러 사이에 미러보다 반사율이 낮은 물체가 광을 차단하면 출력신호를 낸다. 이 형식의 광전센서는 광축 조정은 쉬우나 반사율이 높은 물체는 검출이 곤란하다.

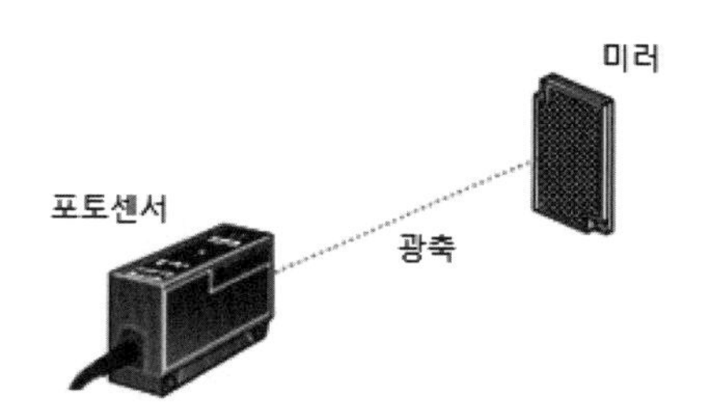

[그림 2-31] 미러반사형 광전센서

③ 직접반사형 광전센서

직접반사형 광전센서는 미러반사형처럼 투광기와 수광기가 하나의 케이스에 내장되어 있으며, 투광기로부터 나온 빛은 검출물체에 직접 부딪혀 그 표면에 반사하고, 수광기는 그 반사광을 받아 출력신호를 발생시키는 것으로 그 원리를 그림 2-32에 나타냈다.

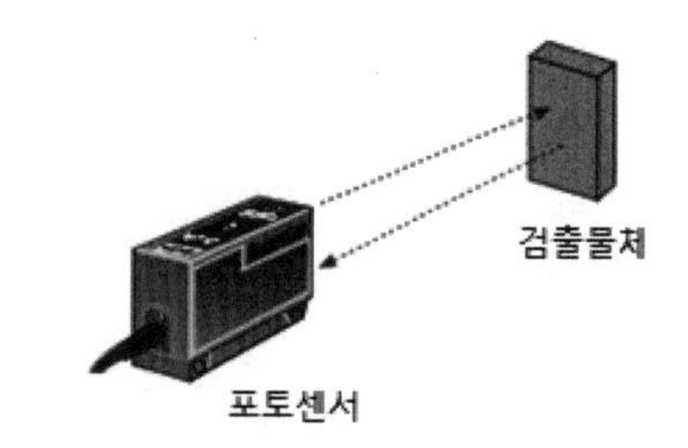

[그림 2-32] 직접반사형 광전센서

④ 화이버형 광전센서

광전센서는 전원회로, 검출회로, 증폭회로, 표시회로 등이 하나의 프레임으로 구성되어 있으므로 좁은 장소에 설치가 곤란하다. 따라서 검출부를 분리하여 좁은 장소에 설치 가능하도록 개발된 센서가 광화이버 센서, 앰프분리형 광전센서라 부른다.

광화이버 센서란 광전센서 본체(앰프)의 투수광부에 광화이버 광학계를 조합시켜 물체의 유무 검출 및 마크 검출을 할 수 있도록 한 광전센서의 일종으로 광화이버 케이블의 유연한 성질을 이용하여 광을 목적하는 장소에 자유자재로 보낼 수 있다는 특성 때문에 전용기에서 많이 사용되고 있다.

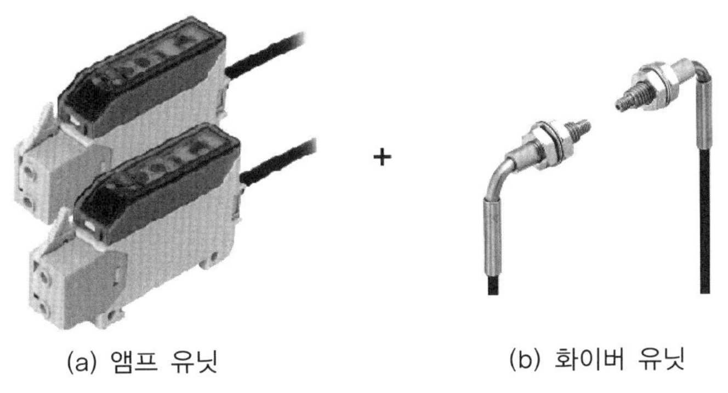

(a) 앰프 유닛 (b) 화이버 유닛

[그림 2-33] 광화이버형 광전센서

⑤ 출력형식에 따른 종류

광전센서의 출력 형태는 무접점 출력과 유접점 출력으로 구분되며, 또한 검출 물체가 있어 물체를 검출한 상태에서 출력이 On되는 노멀 오픈(normally open)형과 물체를 검출하면 출력이 Off되는 노멀 클로즈(normally closed)형이 있다. 그리고 센서의 전원에 따라서도 DC 전원형과 AC 전원형, 또는 프리 전압용 등 다양한 종류가 있다.

광전센서에는 수광부에 빛이 입광(Light)되면 출력을 On시키거나 차광(Dark)되면 출력을 On시킬 수 있으며 그 관계를 그림 2-34의 타임차트에, 배선 예를 그림 2-35에 나타냈다.

그림 2-35에서 입광시 On시키려면 백색의 콘트롤선을 0V인 청색선에, 차광시 On시키려면 +V인 갈색선에 접속해야 한다.

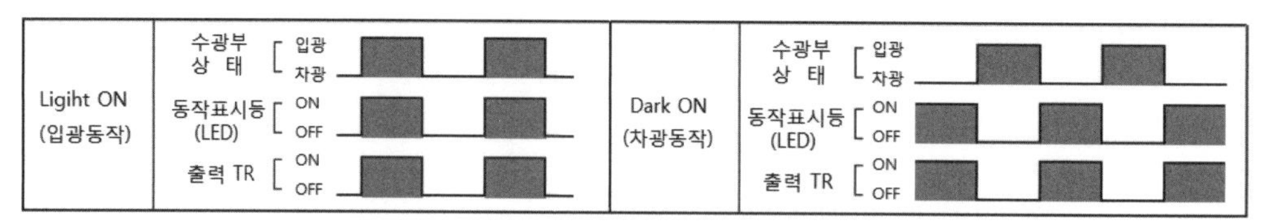

[그림 2-34] 입광동작과 차광동작의 관계

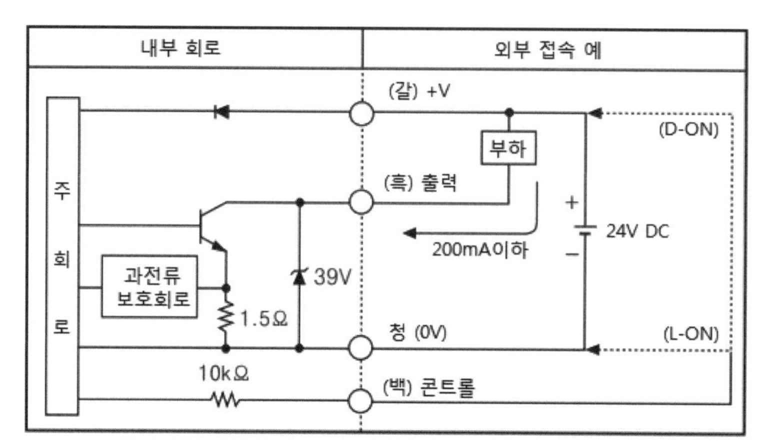

[그림 2-35] NPN 오픈콜렉터형 광전센서의 배선도 예

3 신호처리 기기

명령처리부의 역할을 담당하는 유접점의 신호처리 기기에는 릴레이, 타이머, 카운터 등이 사용되고 있다.

(1) 릴레이(Relay)

릴레이란 KS명칭으로 전자 계전기(電磁 繼電器)라 하며, 전자 코일에 전원을 주어 형성된 자석의 힘으로 가동접점을 움직여서 접점을 개폐시키는 기능을 가진 신호처리 기기로서, 유접점의 핵심 신호처리기기이면서 PLC 출력모듈의 증폭소자로 사용되기도 하고 소용량 모터 등의 부하 개폐기로도 사용된다.

1) 릴레이의 종류

① 제어용 릴레이(힌지형 릴레이)

제어용 릴레이는 비교적 양호한 환경하에서 사용되는 릴레이로, 일반 제어회로의 신호처리용으로 가장 많이 사용되고 있다.

구조적으로 접점이 힌지점을 가지고 원호운동을 한다하여 힌지형 릴레이 또는 별칭의 미니어처 릴레이라고도 하며, 접점 수는 2c 또는 4c 접점형이 일반적이다. 접점용량은 AC 250V, DC 24V 이하에서 정격전류 2.5A정도에서 10A정도이고, 응답시간은 12∼15ms 정도로 비교적 빠른 편이다.

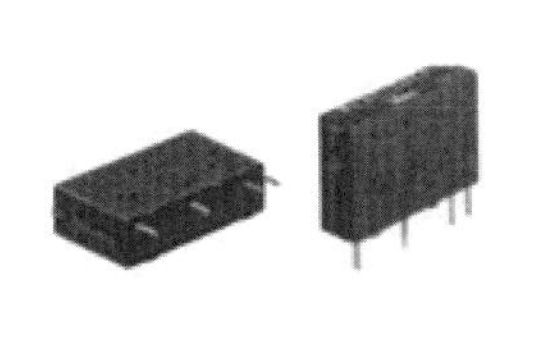

(a) 힌지형 릴레이 (b) 플런저형 릴레이 (c) 기판용 릴레이

[그림 2-36] 릴레이의 종류

② 플런저형 릴레이

플런저형 릴레이는 플런저형 마그네트를 사용한 전자 접촉기에서 발달된 것으로 IEC 규격에서는 콘덕터형 릴레이라고 명칭되어 있다.

외관은 합성수지 몰드를 사용한 대형의 케이스에 접점부를 구동하는 E형 마그네트 전자석을 많이 사용하고, 절연내력을 양호하게 하기 위해 접점부를 명확히 분리하여 600V에 대응하는 절연거리를 확보하는 것과 정격전류 6A에서 50A까지로 개폐성능은 정격전류 10배 이상의 전류까지 개폐 가능한 고성능이다. 그리고 외부기기와 접속하는 접점 단자부는 통상 나사단자 구조가 대부분이다.

③ 기판용 릴레이

기판용 릴레이는 구조적으로는 힌지형 릴레이와 동일하나 프린트 기판에 직접 탑재되도록 설계된 박형의 릴레이로, 여자코일의 소비전력은 트랜지스터나 IC 등으로 직접 구동시키도록 1VA 이하가 대부분이다.

접점용량은 약전 회로용의 mA의 것에서부터 강전회로용의 250V 15A의 것까지 종류가 다양하다.

2) 릴레이의 구조와 동작원리

릴레이의 동작원리는 그림 2-37의 (a)그림에 나타낸 것과 같이 초기상태에서는 가동접점이 고정접점 b접점과 연결되어 있으며, 코일에 전류를 인가하면 (b)그림과 같이 철심이 전자석이 되어 가동접점이 붙어 있는 가동철편을 끌어당기게 된다.

따라서 가동철편 선단부의 가동접점이 이동하여 고정접점 a접점에 붙게 되고 고정접점 b접점은 끊어지게 된다. 그리고 코일에 인가했던 전류를 차단하면 전자력이 소멸되어 가동접점은 복귀 스프링에 의해 원상태로 복귀되므로 가동접점은 b접점과 접촉한다.

이와 같이 전자 릴레이는 코일에 인가되는 전류의 On-Off에 따라 가동접점이 a접점 또는 b접점과 접촉하여 회로에서의 전기신호를 연결시켜주거나 차단시키는 역할을 하는 신호처리 기기이다.

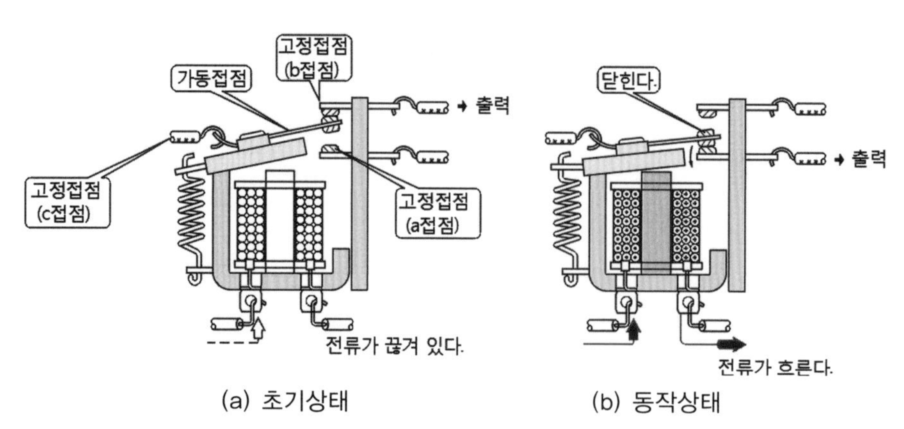

(a) 초기상태 (b) 동작상태

[그림 2-37] 릴레이의 동작원리

3) 릴레이의 기능

① 분기 기능

릴레이 코일 1개의 입력신호에 대해 출력접점 수를 많게 하면 신호가 분기되어 동시에 몇 개의 기기를 제어할 수 있다. 그림 2-38이 이 예로써 입력신호 1회로에 의해 3개의 출력신호가 얻어진다.

제어목적으로 사용되는 미니어처 릴레이는 통상 4c접점이 주로 사용된다.

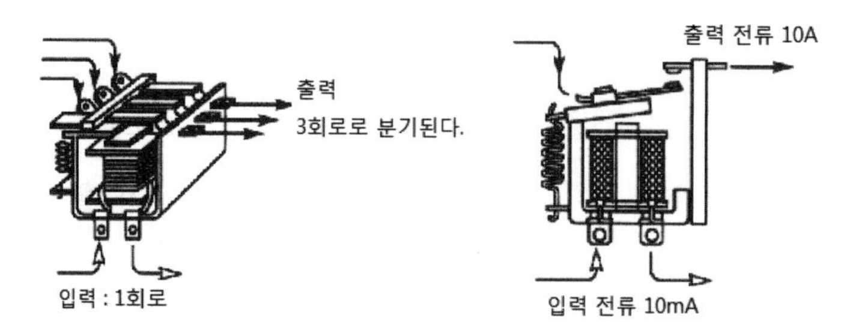

[그림 2-38] 신호의 분기 **[그림 2-39] 신호의 증폭**

② 증폭 기능

릴레이 코일에 흘려지는 전류를 On-Off 함에 따라 출력접점 회로에서는 큰 전류를 개폐할 수 있다. 즉 코일의 소비전력을 입력으로 할 때 출력인 접점에는 입력의 몇 백배에 해당하는 전류를 인가할 수 있다.

이 점 때문에 PLC 출력모듈에서 증폭소자로 사용되기도 하고, 제어장치 외부에서 2차 증폭 요소로 많이 사용되고 있다.

제어용 릴레이 경우 코일 정격이 AC 200V인 경우 소비전류는 10mA정도이고 접점용량은 5A정도이므로 입력에 대한 출력의 증폭효과는 500배라고 할 수 있다.

③ 변환 기능

릴레이의 코일부와 접점부는 전기적으로 분리되어 있기 때문에 각각 다른 성질의 신호를 취급할 수 있다.

센서의 출력 (+)극성을 (-)극성으로, 60Hz의 주파수를 50Hz의 주파수로 변경할 수 있으며, 그림 2-40은 코일의 입력은 DC전원으로, 접점의 출력은 AC전원으로 사용하고 있기 때문에 직류신호를 교류신호로 변환하는 꼴이 된다.

④ 반전 기능

그림 2-41의 예에서와 같이 릴레이의 b접점을 이용하면 입력이 Off일 때 출력은 On되고, 입력이 On되면 출력이 Off되므로 신호를 반전시킬 수 있다.

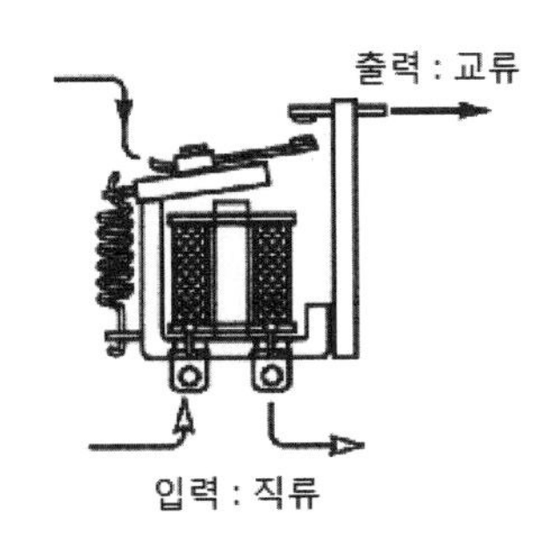

[그림 2-40] 신호의 변환

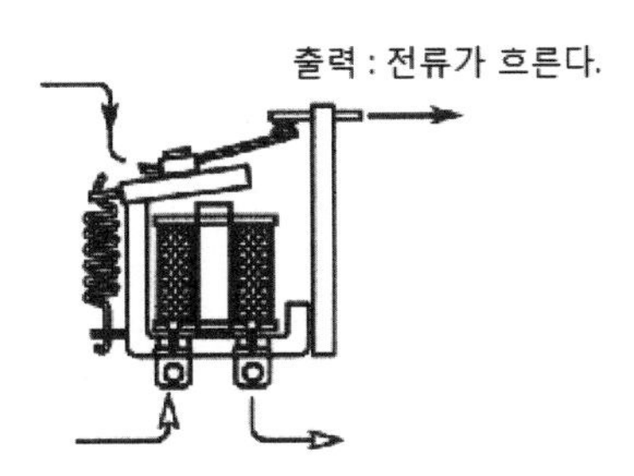

[그림 2-41] 신호의 반전

⑤ 메모리 기능

릴레이는 자신의 접점에 의해 입력상태의 유지가 가능하여 동작신호를 기억할 수 있다. 이것은 릴레이의 a접점을 사용하여 자기유지 회로를 구성함으로써 이 기능이 얻어진다.

실제로 전동기의 구동회로나 싱글 전자밸브의 구동회로는 모두 자기유지회로이다.

4) 도면기호 작성법

릴레이를 회로도에 나타낼 때에는 그림 2-42에 보인 것과 같이 코일과 접점을 각각 분리해서 나타내며, 코일은 원으로 나타내고 문자기호는 R로 표시한다.

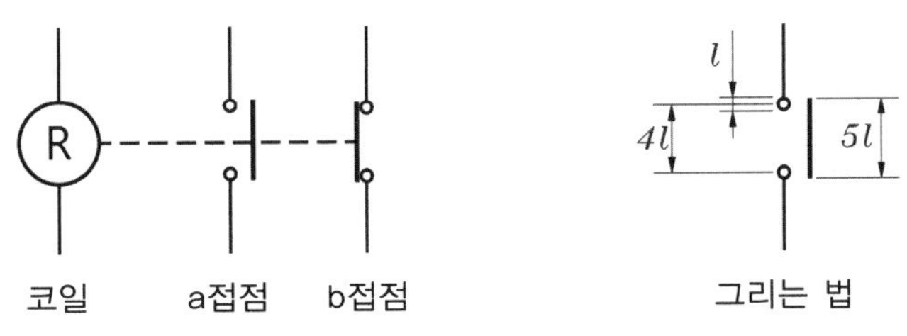

[그림 2-42] 릴레이의 도면기호 작성법

5) 회로의 동작원리

그림 2-43의 회로도는 운전스위치 조작으로 릴레이 코일을 구동하여 자기유지 시키고 릴레이의 a접점과 b접점에 의해 램프를 각각 On, Off시키는 회로도로 동작원리는 다음과 같다.

① 초기상태에서 1열의 PB1 스위치가 a접점이므로 릴레이 코일 R1은 Off상태로 2열과 3열의 a접점은 열려있어서 램프 PL1은 소등상태에 있고, b접점으로 연결된 4열의 PL2는 점등되어 있다.

② 운전스위치 PB1을 누르면 정지스위치 PB2가 b접점이므로 릴레이 코일 R1이 동작(여자)한다.

+V 전원 ⇒ PB1스위치 On ⇒ PB2스위치 b접점 ⇒ R1코일 ⇒ 0V 전원

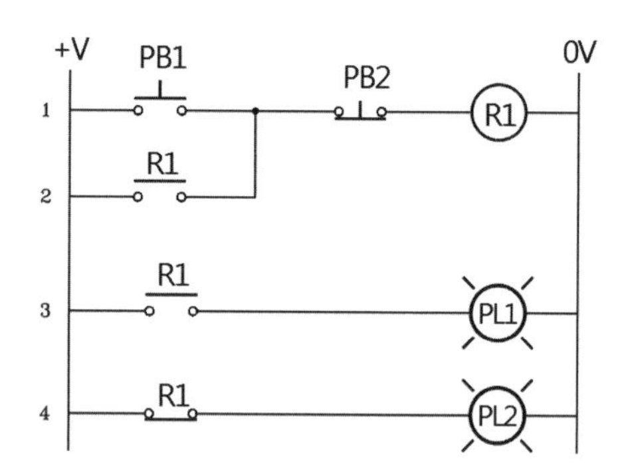

[그림 2-43] 릴레이의 동작원리도

③ ②의 동작에 의해 2열의 a접점이 닫혀 자기유지가 성립되고, 3열의 a접점도 닫혀 램프 PL1이 점등한다.

+V 전원 ⇒ R1 a접점 On ⇒ PB2스위치 b접점 ⇒ R1코일 ⇒ 0V 전원

+V 전원 ⇒ R1 a접점 On ⇒ PL1램프 점등 ⇒ 0V 전원

④ ②의 동작에 의해 4열의 b접점이 열리므로 램프 L2가 소등된다.

+V 전원 ⇒ 1 b접점 Off ⇒ PL2램프 소등 ⇒ 0V 전원

⑤ 운전스위치에서 손을 떼도 2열의 자기유지 라인에 의해 동작상태는 계속 유지되고, PB2 정지스위치를 On하면 릴레이 코일이 복귀됨에 따라 접점도 초기상태로 복귀되어 ①의 상태로 된다.

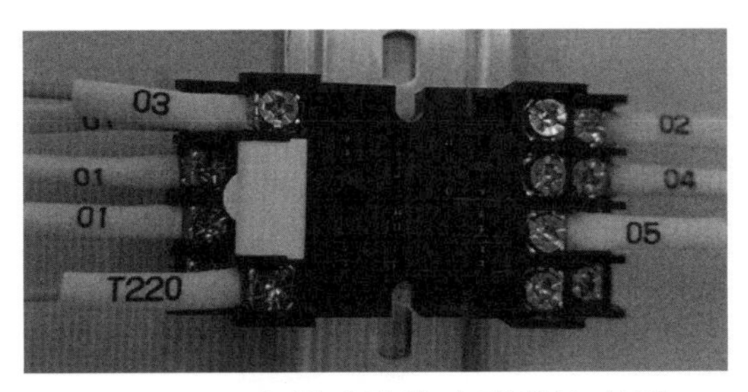

[그림 2-44] 릴레이의 소켓배선 사진

(2) 타이머(Timer)

시간처리요소 타이머는 타임 릴레이(time delay relay)라고도 하며, 입력신호가 주어지고 설정시간 경과 후에 출력 접점을 On, Off시키는 신호처리 기기로서 타임제어의 주된 신호처리 기기이다.

타이머는 시간을 만들어 내는 원리에 따라 전자식, 모터식, 계수식, 공기식 타이머가 있으며, 표 2-5는 이 4가지 타이머의 특징을 비교하여 정리한 것이다.

[표 2-5] 타이머의 종류와 특성

분 류	전자식 타이머	모터식 타이머	계수식 타이머	공기식 타이머
조작전압	AC 110, 220V DC 12, 24, 48V 등	AC 110V, 220V	AC 110V, 220V	AC 110, 220V DC 12, 24, 48V 등
설정시간	0.05초~180초	1초~24시간	5초~999.9초	1초~180초
시한특성	ON,OFF	ON	ON	ON, OFF
설정시간 오차	±1%~3%	±1%~2%	±0.002초	±1%~3%
수 명	길 다	보 통	길 다	짧 다
특 징	• 고빈도, 단시간 설정에 적합 • 소형	• 장시간 사용에 적합 • 온도차에 따른 오차가 없음	• 고정도용 • 동작의 감시가능	• 정밀하지 않은 짧은 시간의 타이밍용

1) 전자식 타이머

전자식 타이머는 콘덴서 C와 저항 R의 직렬 또는 병렬회로에서 충전 또는 방전에 소요되는 시간을 이용한 것으로 일명 CR식 타이머라고도 한다.

그림 2-45는 On 딜레이 타이머의 원리로 입력을 On시키면 가변저항에 의해 제한된 전류가 콘덴서 충전되고, 시간이 경과되어 콘덴서의 전위가 일정레벨까지 도달되면 출력신호를 내어 내장된 릴레이를 On시켜 접점을 동작시키는 원리이다.

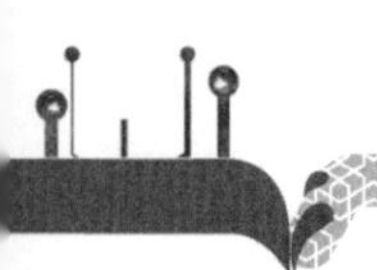

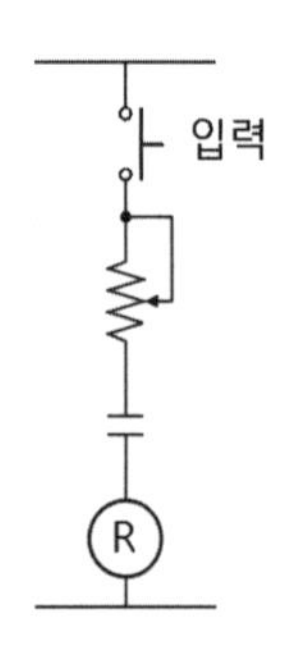

[그림 2-45] *CR*식 타이머의 원리도

[그림 2-46] 아날로그 타이머

설정시간은 저항값이나 콘덴서용량에 의해 결정되어지는데 통상 조정이 용이한 저항값의 조절로 실시한다.

전자식 타이머는 통상 아날로그 타이머라 부르며, 크기에 따라 릴레이 소켓에 장착하여 사용하는 소형과 원형 핀 소켓에 사용하는 표준형이 있으며 그 외관 사진을 그림 2-46에 나타냈다.

2) 계수식 타이머

계수식 타이머는 입력전원의 주파수를 반도체의 계수회로에 의해 계수하여 0.1초, 1초, 10초, 100초의 각 단에서 주파수를 체감하여 시간을 얻어내고 외부 스위치에 설정된 값과 계수값이 일치하면 출력을 내는 원리로서 통상 디지털 타이머라고도 한다.

마이컴 회로에 의해 주파수를 미분, 적분하여 시간을 만들어내므로 정밀도가 높고 디지털 표시가 용이하기 때문에 판넬 전면에 시간의 감시가 용이하다는 장점이 있으나 아날로그 타이머에 비해 가격이 고가이다.

3) 용도별 타이머

타이머에는 용도에 따라 많이 사용되고 있는 것으로는 전동기의 감압 기동법의 하나인 Y-△기동회로에 사용되는 그림 2-48의 Y-△ 타이머가 있고, 그림 2-49와 같은 플리커 회로에서 On시간과 Off시간 설정을 위해 사용되는 플리커 타이머나 트윈 타이머 등이 있다.

[그림 2-47] 디지털 타이머

[그림 2-48] Y-△ 타이머

[그림 2-49] 트윈 타이머

4) 동작형태에 따른 타이머의 종류

타이머에는 동작형태에 따라 설정시간 경과 후에 출력이 On되는 온 딜레이(On-Delay)형과, 반대로 입력을 On시키면 출력이 On되어 있다가 설정시간 후에 출력이 Off되는 오프 딜레이(Off-Delay)형이 있으며, 이 양자의 기능을 합해 놓은 온-오프 딜레이형 등이 있다.

이들의 접점기호와 그 동작 관계를 표 2-6에 나타냈다.

또한 타이머에는 자기유지 목적 등에 사용하기 위한 릴레이 접점이 내장된 형식도 있는데 이때는 코일과 같이 동작되므로 순시접점이라 하며, 타이머 접점은 한시접점이란 용어를 사용하기도 한다.

[표 2-6] 타이머의 접점과 동작차트

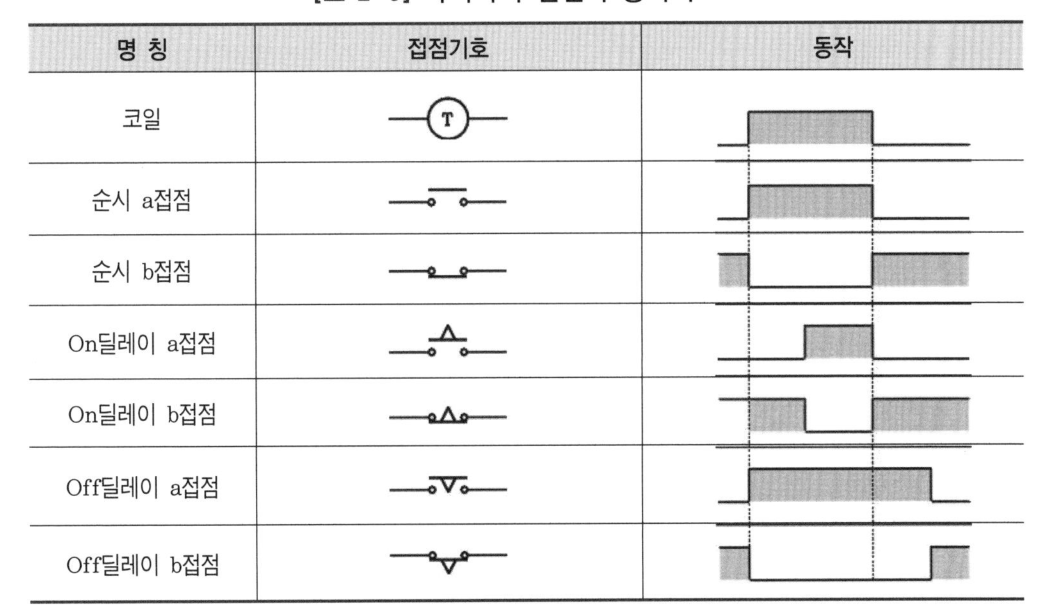

명 칭	접점기호	동작
코일		
순시 a접점		
순시 b접점		
On딜레이 a접점		
On딜레이 b접점		
Off딜레이 a접점		
Off딜레이 b접점		

(3) 카운터

카운터(Counter)는 입력신호의 여부에 따라 수(數)를 계수하는 신호처리 기기를 말하는 것으로 공작기계나 자동화기기 등에서 기계의 동작 횟수 카운트나 생산수량 카운트의 목적으로 사용된다.

[그림 2-50] 카운터

1) 구조에 따른 카운터의 종류

① 전자(電子) 카운터

각 기능의 구성요소에 IC, 트랜지스터, 마이컴 등을 주요소로 한 카운터로서, 접점의 개폐신호는 물론 무접점의 펄스를 계수할 수 있는 방식으로 기능이 많고 수명이 길며, 고속 동작이 가능하기 때문에 최근 대부분의 카운터는 이 전자 카운터를 사용한다.

② 전자(電磁) 카운터

내장된 전자석의 흡인력에 의해 계수기의 구조를 구동하는 카운터로, 리밋 스위치나 광전센서의 릴레이 접점에 의한 신호로 계수하는 방식을 말하며, 사용이 간편하고 가격이 비교적 싸지만 수명이 짧고 고속계수가 불가능하므로 점차 사용이 줄어들고 있다.

③ 회전식 카운터

외부에서 물리적인 힘을 가해서 계수기의 구조를 직접 구동하는 방식을 말한다.

2) 기능에 의한 분류

① 토탈(total) 카운터

계수치를 표시하는 표시전용의 카운터로서, 적산 카운터라고 부르기도 한다.
생산량 및 사용량 등의 적산 표시에 주로 사용되고 있다.

② 프리셋(preset) 카운터

계수치를 표시하는 것 외에도 미리 설정한 값(프리셋 값)까지 계수하였을 때, 제어 출력을 내보내는 카운터로서 설정치는 1단, 2단이 주로 사용되고 있으며, 그 이상의 기능을 가진 것도 있다.
정량, 정수 등의 각종 계수 제어회로에 사용되고 있다.

③ 메져(measure) 카운터

계수치를 표시하는 것 외에도 1개의 입력신호에 대해 n개의 숫자를 증가시키고 싶은 경우나, n개의 입력신호에 대해서 1씩 숫자를 계수하고 싶은 경우에 사용되는 카운터를 말한다.

3) 계수방식에 의한 분류

① 가산식(up) 카운터

0에서부터 시작하여 입력신호가 입력될 때마다 1씩 증가하는 카운터로 현재값이 설정값이 되면 출력을 내는 카운터이다.

② 감산식(down) 카운터

설정값의 수치에서부터 시작하여 입력신호가 입력될 때마다 1씩 감소시켜 현재값이 0이 되면 출력을 내는 카운터를 말한다.

③ 가감산식(up-down) 카운터

가산과 감산을 1대에 조합시킨 카운터로서 0에서 시작하는 형식과 소정의 수치에서 시작하는 형식이 있다.

4 표시 경보기기

표시 경보용 기기는 기기의 동작상태나 시스템의 운전상황 등을 표시 경보하기 위한 기기로서 각종의 램프나 벨, 부저, 판넬 메타 등이 있다.

(1) 표시등(pilot lamp)

전원표시등, 자동운전 표시등, 수동운전 표시등, 비상정지 표시등 등의 목적으로 사용되는 표시등은 시각을 통해 인식할 수 있도록 상태를 표시해 주는데, 광원으로는 백열전구나 LED가 사용된다.

[그림 2-51] 각종 표시등

[표 2-7] 표시등의 색상과 기능관계

램프 색상	기능	문자기호 및 설명
적색	운전 중 점등 표시	RL, 장비가 정상운전을 하면 점등
녹색	정지 중 점등 표시	GL, 장비가 정상운전에서 정지하면 점등
황색	장비 이상시 점등(고장)	YL, 장비의 고장이나 이상시 점등
백색	전원 표시	WL, 전원이 투입되면 점등
주황색	장비 고장시 점등(경보)	OL, 장비 이상시 점등하면서 경보울림 및 표시

사용전원전압과 취부외경 등으로 규격을 나타내고 램프의 형상에는 원형과 사각형이 있으며, 색상에는 청색, 적색, 황색, 녹색 등이 주로 사용되고 있다.

표 2-7은 표시등의 색상에 따른 기능과 문자기호 관계를 나타낸 것이다.

(2) 발광다이오드(LED)

광원으로 LED(Light Emitting Diode)를 사용한 것을 말한다. LED란 전류가 흐르면 광을 발생시키는 소자로 정방향의 전류에 대해서만 작동한다. 발광다이오드는 백열전구에 비해 저전압, 저전류로 발광하는데, 발광량은 적으나 응답이 빠르고 수명이 길다는 장점이 있다.

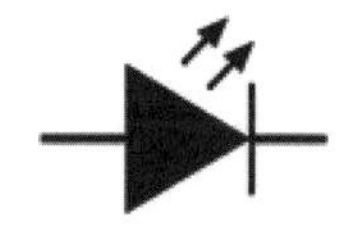

[그림 2-52] 발광 다이오드

크기가 소형이면서 주로 제어장치나 기기에 조립되어 동작상태 등을 표시해 주는 기기로 많이 사용되며, 그 외관과 표시기호는 그림 2-52와 같다.

(3) 벨과 부저

벨이나 부져는 기계나 장치에 트러블이 발생되었을 때나 소정의 동작이 종료했을 때, 그 상태를 작업자에게 알리는 경보기기이다.

벨은 주로 중대한 고장이나 화재와 같은 위험한 경보용으로 사용되며, 부져는 경미한 고장이나 작업완료 경보용 등으로 사용된다.

그림 2-53은 표시 경보용 기기의 도면기호를 나타낸 것이다.

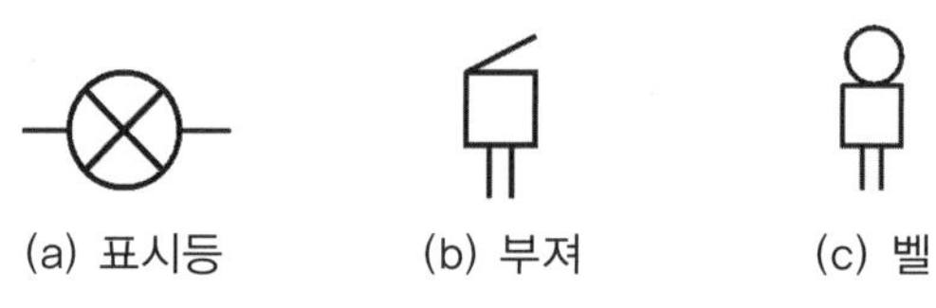

(a) 표시등　(b) 부져　(c) 벨

[그림 2-53] 표시 경보용 기기의 도면기호

(4) 판넬 메타

판넬 전면에 장착하여 회로의 인가전압, 전류, 회전속도 등을 측정하여 표시하는 기기를 판넬 메타라고 한다.

동력을 사용하는 제어반의 경우는 반드시 전압과 전류를 확인 점검할 수 있는 볼트 메타와 암페어 메타를 사용하는 것이 일반적이다.

볼트 메타나 암페어 메타의 종류에는 측정값을 표시만 하는 기능의 표시전용 메타와 전압이나 전류의 상한값이나 하한값을 설정하여 측정값이 변동하여 상·하한 값에 도달되면 출력을 내는 1단 또는 2단 설정 출력형의 종류가 있다.

그림 2-54는 볼트 메타의 사진을 나타낸 것이다.

[그림 2-54] 볼트 메타의 예

5 개폐기

개폐기는 부하를 구동하기 때문에 구동용 기기라고도 하며, 명령처리부의 제어명령에 따라 제어대상을 구동시키는 것으로, 제어대상을 조작하기 위해 파워를 증폭시키거나 변환시키는 기능 외에도 안전대책, 비상대책을 도모하는 것이 그 목적이다.

제어대상의 조작에 있어서는 제어대상의 종류, 규모, 조작량의 종류에 따라 구동용 기기에 요구되는 구체적인 역할이 다양하다.

표 2-8은 실제로 요구되는 각종 조작량에 대해서 구체적인 조작명령의 구분을 나타낸 것이다.

[표 2-8] 제어대상에 대한 개폐기와 명령의 구분

제어대상 (액추에이터)	개폐기 (신호변환, 증폭기기)	제어신호	최종제어량
유공압 실린더	전자밸브	유체	변위 (힘)
전동 액추에이터	전자 접촉기, SSR	전기	
전동기	전자 개폐기, 인버터	전기	속도
전자밸브	릴레이, 전자 접촉기	전기	유량 (압력)
히터(전열선)	전자 접촉기, SSR, TPR	전기	열량 (온도)
열 교환기	전자밸브	전기	

(1) 전자 접촉기 (Electro Magnetic Contact)

[그림 2-55] 전자 접촉기

전자 접촉기는 전동기나 저항부하의 개폐에 널리 사용되고 있는 기기로서, 원리상으로 보면 플런저형 릴레이이며, 큰 개폐전류와 고 개폐빈도, 긴 수명이 요구되기 때문에 전자석의 충돌시 충격완화, 접점면에 아크(arc) 잔류방지 등의 구조상 배려가 되어 있는 릴레이의 일종이다.

전자 접촉기의 주요 구성은 가동접점과 고정접점으로 구성되는 접촉자부, 조작코일과 철심으로 구성되는 전자석부로 구성되어 있으며, 릴레이와 가장 큰 차이점은 부하 개폐용의 주접점과 자기유지나 인터록을 위한 보조접점이 있다는 것이다.

전자 접촉기는 코일종류에 따라 교류형과 직류형으로 구별되며, 주접점의 극수에 따라 2극형, 3극형, 4극형으로 나뉘며, 용도별로는 표준형 전자 접촉기 외에도 모터 정역회전용으로 기계적 인터록이 결합된 가역형 전자 접촉기, 정전기억용의 래치형 전자 접촉기, 순간정전이나 전압강하에도 접촉기가 떨어지지 않는 지연석방형 전자 접촉기 등이 있다.

1) 전자 접촉기의 주요 구조

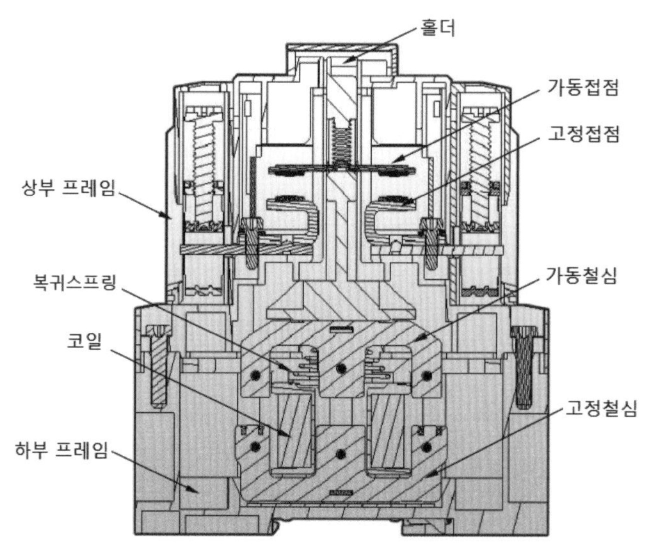

[그림 2-56] 전자 접촉기의 구조

① **케이스** : 합성수지로 몰드한 것으로 각 구성품을 취부하는 역할을 한다.

② **전자 코일** : 코일을 보빈에 여러 번 감은 것으로 이 코일에 전류를 흐르게 하여 플런저를 전자석으로 만드는 역할을 하며, AC 코일과 DC 코일의 두 종류가 있다.

③ **플런저** : 전자코일에 의해 형성된 자력으로 가동철편을 움직여 주접점과 보조접점을 가동시키는 역할을 한다.

④ **주접점** : 주회로의 전류를 개폐하는 부분으로 고정접점과 가동접점을 조합하여 한쌍이 되며, 통상 3개의 a접점 형식인 3극형이 가장 많으며, 단상 회로의 부하 개폐용인 2극형과, 4회로 개폐용의 4극형도 있다.

⑤ **보조접점** : 자기유지나 인터록 접점, 전자 접촉기 동작신호 전송용 등의 제어회로 전류를 개폐하는 접점을 말하며, 1a1b접점 형식과 2a2b접점 형식이 주종이다.

⑥ **접점 스프링** : 가동접점을 누름으로써 고정접점과의 접촉압력을 얻는 역할을 한다.

⑦ **복귀 스프링** : 전자코일에 전류가 차단되었을 때 고정접점에 흡착되어 있는 가동접점을 초기상태로 되돌리는 역할을 한다.

2) 전자 접촉기의 표시법

전자 접촉기의 특성은 개폐용량, 개폐빈도, 수명 등으로 표시하며, 표시기호는 그림 2-57에 나타낸 바와 같이 코일은 원으로 그리고 문자기호는 MC로 나타내며, 접점에는 주접점과 보조접점이 있는데 양자를 구별하여 표시한다.

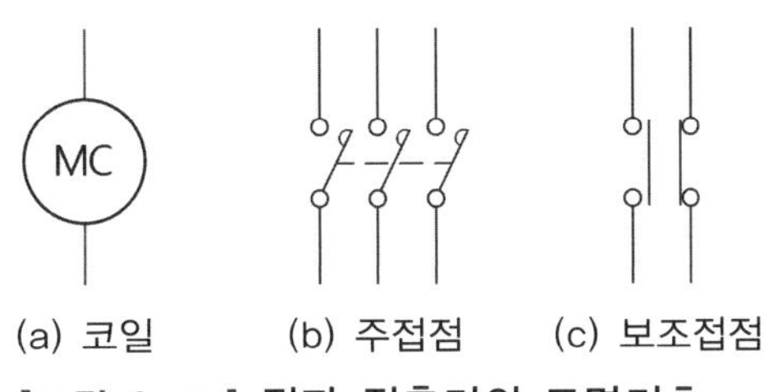

(a) 코일 (b) 주접점 (c) 보조접점

[그림 2-57] 전자 접촉기의 도면기호

(2) 전자 개폐기(Electro Magnetic Switch)

전자 개폐기는 전자 접촉기에 과전류 보호장치를 부착한 것으로, 주로 전동기 회로를 규정 사용 상태에서 빈번히 개폐하는 것을 목적으로 사용되며, 차단 가능한 이상 과전류를 차단하여 보호하는 것을 목적으로 한다.

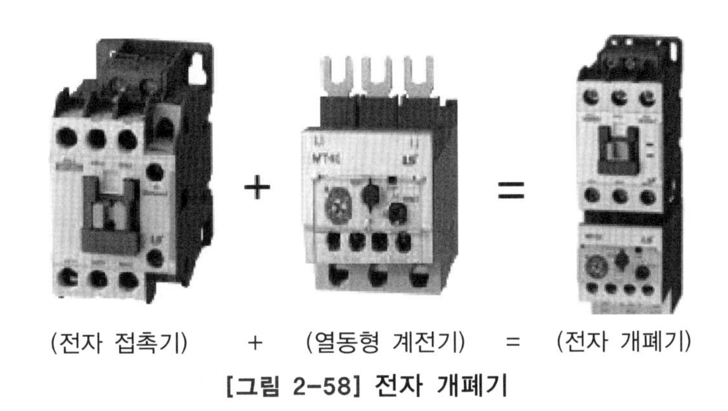

(전자 접촉기) + (열동형 계전기) = (전자 개폐기)

[그림 2-58] 전자 개폐기

과전류 보호장치로는 열동형 계전기과 전자식 과전류 보호기(EOCR)의 두 종류가 주로 사용되고 있다.

전자 개폐기는 제작시점부터 하나의 몸통으로 조립되어 나온 것도 있으나, 그림 2-58에 나타낸 바와 같이 전자 접촉기의 주회로 단자에 열동형 계전기를 직결하여 사용하기도 한다.

여기서 열동형 계전기(熱動形 繼電器)란 그림 2-59에 나타낸 구조로, 주로 전동기의 과부하로 인한 소손을 방지하는 목적으로 사용되며 서멀 릴레이(thermal relay)라고도 한다.

주요 구조는 스트립형의 히터와 바이메탈(bimetal)을 조합한 열동소자 및 접점부로 구성되는데 히터로부터의 열을 바이메탈에 가하고, 그 열팽창의 차이로 완곡하는 작용으로 접점이 개폐되는 구조이다.

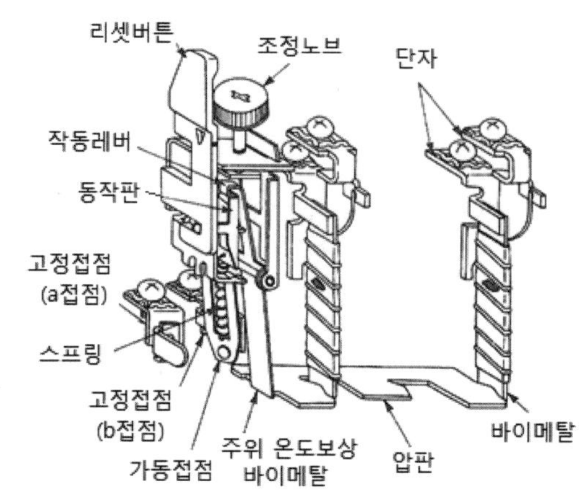

[그림 2-59] 열동형 계전기의 내부 구조도

(3) 인버터

1) 인버터의 정의

회전용 동력원으로 많이 사용되고 있는 교류 농형 유도전동기는 회전자의 구조가 간단하고 견고하며, 가격이 저렴하고 보수도 용이하므로 모든 산업분야에서 가장 많이 사용되고 있다.

[그림 2-60] 인버터 사진

그러나 교류 유도전동기는 직류 전동기에 비해 가변속 운전이 어려워 대부분은 상용전원으로 일정하게 회전시키는 용도에 한정되게 사용하고, 기타의 제어에는 각종

제어기구 및 조절장치를 병행하여 사용하거나 DC 모터, 서보 모터 등에 의존하는 경향이 있다.

다만, 이와 같은 시스템에서는 시스템의 복잡성과 에너지 손실, 소모, 보수, 설치 등의 문제점을 안고 있기 때문에 이 점을 해소하기 위해 90년대 중반에 유도전동기의 가변속 제어기술의 개발로 탄생한 것이 인버터이다.

인버터는 전기적으로는 직류전력을 교류전력으로 변환하는 전력 변환기로서 직류로부터 원하는 크기의 전압 및 주파수를 갖는 교류를 발생시키는 장치이다. 즉 인버터란 상용전원으로부터 공급된 전력을 받아 자체 내에서 전압과 주파수를 가변시켜 전동기에 공급하므로써 전동기의 속도를 고효율로 제어하는 일련의 전자 제어기를 말한다.

2) 인버터의 구성과 원리

인버터는 그림 2-61에 그 구성도를 나타낸 바와 같이 컨버터(converter)부와 인버터(inverter)부 및 제어회로부로 구성되어 있다.

외부의 상용전원을 컨버터가 받아 직류전원으로 변환하고, 평활회로부에서 리플(ripple)을 제거한 후 다시 인버터부에서 교류로 변환하여 교류전력인 전압과 주파수를 제어한다.

교류를 직류로 변환하는 순변환장치를 컨버터라 하고 직류를 교류로 변환하는 역변환장치를 인버터라 하는데, 범용 인버터 장치에서는 컨버터부도 포함된 장치 전체를 일컬어서 인버터라고 말한다.

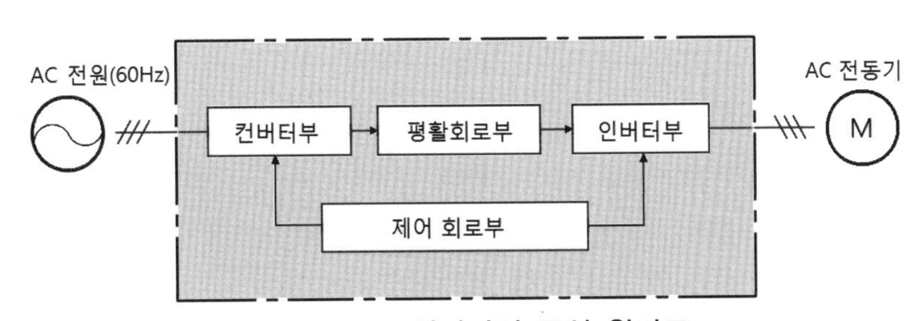

[그림 2-61] 인버터의 구성 원리도

3) 인버터의 사용목적

① 에너지 절약

팬이나 펌프 등의 요구 유량조절이나 교반기 등에서 부하상태에 따라서 회전수를 최적으로 제어함으로써 구동전력의 절감, 자동화 장치나 반송기의 정지 정밀도 향상, 라인속도의 최적제어 등에 의해 에너지 절약을 실현할 수 있다.

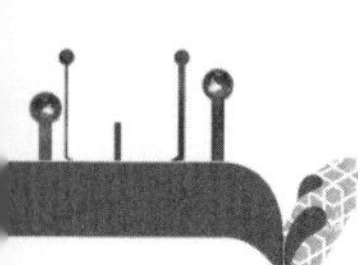

② 제품 품질의 향상

제조에 가장 적합한 라인속도의 실현과 가공에 최적한 회전속도를 제어함으로써 제품의 품질이 향상된다.

③ 생산성 향상

제품 품종에 맞는 최적의 속도를 실현하고 고속운전 등에 의해 생산성이 향상된다.

④ 설비의 소형화

고속화에 의한 설비의 소형화와 운전상태를 고려한 기계사양에 의한 여유율을 줄임으로써 소형화가 실현된다.

⑤ 승차감의 향상

엘리베이터나 전동차 등에서 부드러운 가감속 운전에 의해 승차감을 향상시킬 수 있다.

⑥ 보수성의 향상

기계에 무리를 주지 않고 기동과 정지, 무부하시의 저속운전 등에 의해 설비의 고장이 적고 수명이 연장된다.

4) 인버터 적용시 얻어지는 이점

① 가격이 싸고 보수가 용이한 유도전동기를 가변속 운전으로 사용할 수 있다.
② 유도전동기의 가변속 제어로 DC모터를 사용할 때 브러시나 슬립링 등이 필요없어 보수성과 내환경성이 우수하다.
③ 연속적인 광범위 가감속 운전이 가능하다.
④ 가감속 운전에 의해 시동전류가 저하된다. 직입(전전압) 기동시 발생하는 시동전류를 억제함으로써 전원 전압강하의 대책이 된다.
⑤ 시동과 정지가 소프트하게 이루어지므로 기계설비에 충격을 주지 않는다.
⑥ 회생 제동이나 직류 제동에 의한 전기적 제동이 용이하다.
⑦ 1대의 인버터로 여러 대의 전동기를 운전하는 병렬운전이 가능해진다.
⑧ 운전 효율이 높아진다.
⑨ 고속운전이 가능해진다.
⑩ 전력이 절감되므로 에너지를 절약할 수 있다.
⑪ 회적속도 제어에 의한 품질이 향상된다.
⑫ 공조 설비의 적절한 제어에 의해 쾌적한 환경을 만들 수 있다.

(4) SSR

유접점의 전자 릴레이가 전자력에 의한 동작으로 이루어지는 방식인 반면에 SSR(Solid State Relay)은 기계적인 가동접점 구조가 없는 무접점 릴레이로서, 반도체 스위칭 소자가 합성수지로 몰딩된 상태에서 스위칭이 이루어지는 방식으로 완전히 고체화된 전자 개폐기이다.

SSR은 전자 릴레이에 비해 신뢰성이 높고 수명이 길며, 노이즈(EMI)와 충격에 강하고 소신호로 동작하며 응답 속도가 빠른 우수한 특성을 지니고 있어 산업기기, 사무기기 등의 광범위 분야에서 정밀제어시 적용하기에 적합하다.

[그림 2-62] SSR의 외관

(5) 전력 조정기(TPR)

[그림 2-63] TPR의 외관

전력 조정기 TPR은 Thyristor Power Regulator의 약자로서 SCR이나 triac과 같은 반도체 소자를 사용하여 부하동력을 제어하는 제어기이다.

히터나 모터 등의 대전력 구동기기를 위상제어나 사이클 제어를 통한 전력제어기로서 단독으로 사용하는 경우보다는 온도조절기 등과 같이 사용한다.

AC 전원은 50Hz나 60Hz의 주파수를 가지고 있는데 60Hz 1/2사이클의 시간은 8.33ms이며 위상각은 0~180°의 값을 가진다. 위상제어 방식은 1/2사이클을 입력신호에 따라 비례적으로 그림 2-64와 같이 분할 제어하여 출력시키는 방식으로 AC 파형에 따라 아주 미세하게 제어하므로 AC 전원을 직접 제어할 수 있어 AC 모터나 히터, 밸브 등을 비교적 쉽게 제어할 수 있는 특징이 있다.

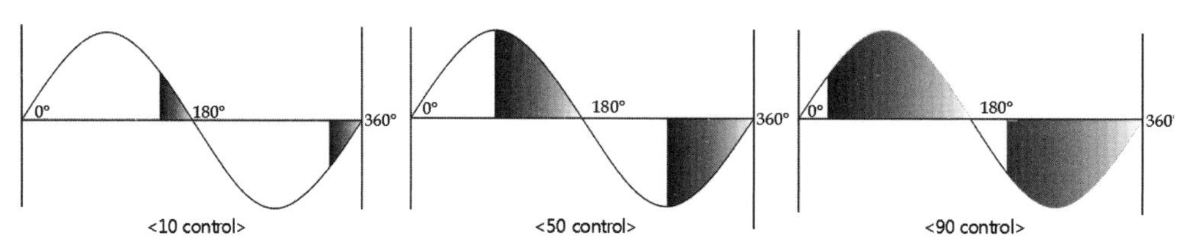

[그림 2-64] 위상제어 원리

(6) 솔레노이드

[그림 2-65] 솔레노이드 사진

솔레노이드는 전기식 직선운동 요소로 기본 구조는 코일을 원통형으로 감은 고정 철심과 자성체(금속)로 만들어진 가동 철심으로 구성되어 있다.

이 코일에 전류가 흐르면 자계를 발생하여 가동철심과 고정철심이 각각 자석이 되어 코일의 감긴 양에 따라 흡인력이 발생한다.

자계를 발생시키려 하는 힘을 기자력이라 하며, 이 기자력에 의해 생긴 흡인력이 가동철심의 무게와 스프링 힘의 합보다 크면 고정철심에 흡착한다. 이와 같은 솔레노이드는 솔레노이드 자체만으로 직선운동 액추에이터로도 사용하지만, 유체인 물이나 가스, 공기압이나 유압 등의 유량이나 흐름방향을 제어하기 위한 밸브의 조작력으로 많이 사용되고 있다.

(7) 전자밸브

1) 전자밸브의 개요

전자(電磁)밸브란 방향제어 밸브와 전자석(電磁石)을 일체화시켜 전자석에 전류를 통전(On)시키거나 또는 단전(Off)시키는 동작에 의해 유체 흐름을 변환시키는 밸브의 총칭으로, 일반적으로 솔레노이드 밸브라 부르기도 한다.

[그림 2-66] 전자밸브 사진

유공압용 전자밸브는 크게 나누어 전자석 부분과 밸브 부분으로 구성되어 있으며 전자석의 힘으로 밸브가 직접 변환되는 직동식과 파일럿 밸브가 내장된 간접식(파일럿 작동형)이 있다.

2) 전자밸브의 분류

유공압용 전자밸브는 포트의 수와 제어위치의 수, 조작방식, 복귀방식, 기타 기능으로 조합되어 다음과 같이 분류된다.

① 포트의 수에 따라 : 2포트, 3포트, 4포트, 5포트 밸브
② 제어위치의 수에 따라 : 2위치, 3위치 밸브
③ 조작방식에 따라 : 인력, 기계력, 파일럿, 전자석
④ 복귀방식에 따라 : 스프링 복귀, 공압 복귀, 디텐드식
⑤ 초기상태에 따라 : 열림형(NO형), 닫힘형(NC형)
⑥ 중앙위치에 따라 : 클로즈드 센터형, 이그저스트 센터형, 프레셔 센터형, 센터 바이패스형 등
⑦ 주밸브의 구조에 따라 : 포핏밸브, 스풀 밸브, 미끄럼식 밸브

3) 전자밸브의 기호

전자밸브는 방향제어 밸브와 같이 포트의 수나 제어위치의 수, 솔레노이드의 수, 중립위치에서 흐름의 형식, 장착방법에 따라 여러 가지로 분류되며 그 일반적 분류 방법에 따른 전자밸브의 종류를 표 2-9에 나타냈다.

[표 2-9] 전자밸브의 분류와 도면기호

구 분		기 호	내 용
주 관로가 접속되는 포트의 수	2포트 밸브		두 개의 작동 유체의 통로 개구부가 있는 전자밸브
	3포트 밸브		세 개의 작동 유체의 통로 개구부가 있는 전자밸브
	4포트 밸브		네 개의 작동 유체의 통로 개구부가 있는 전자밸브
	5포트 밸브		다섯 개의 작동 유체의 통로 개구부가 있는 전자밸브
제어위치의 수	2위치 밸브	a b	두 개의 밸브 몸통 위치를 갖춘 전자밸브
	3위치 밸브	a b c	세 개의 밸브 몸통 위치를 갖춘 전자밸브
	4위치 밸브	a b c d	네 개의 밸브 몸통 위치를 갖춘 전자밸브

구 분		기 호	내 용
중앙위치에서 흐름의 형식	올포트 블록		3위치 밸브에서 중앙위치의 모든 포트가 닫혀 있는 형식
	PAB접속 (프레셔 센터)		3위치 밸브에서 중앙위치 상태가 P, A, B포트가 접속되어 있는 형식
	ABR접속 (이그저스트 센터)		3위치 밸브에서 중앙위치 상태가 A, B, R포트가 접속되어 있는 형식
정상위치에서 흐름의 형식	상시 닫힘 (Normal Close)		정상위치가 닫힌 위치인 상태
	상시 열림 (Normal Open)		정상위치가 열린 위치인 상태
솔레노이드의 수	싱글 솔레노이드		솔레노이드 코일이 한 개 있는 전자밸브
	더블 솔레노이드		솔레노이드 코일이 두 개 있는 전자밸브
조작형식	직동식		한 뭉치로 조립된 전자석에 의한 조작 방식
	파일럿 작동식		전자석으로 파일럿 밸브를 조작하여 그 공기압으로 조작하는 방식

4) 전자밸브의 내부구조도

그림 2-67은 5포트 2위치 더블 솔레노이드 방식 전자밸브의 구조를 나타낸 것이다. 이와 같은 5포트 전자밸브는 전기-공압 제어에서 복동 실린더의 제어나, 공압모터 또는 공압 요동형 액추에이터의 방향제어에 많이 쓰이고 있으며 동작원리는 다음과 같다.

먼저 (a)그림은 좌측 솔레노이드에 전류를 인가하였을 때로 플런저가 전자석에 의해 흡인되어 내부 공기통로를 열어 주기 때문에 밸브의 스풀은 공압에 의해 우측으로 밀려 있고, 공기의 통로는 P포트는 A포트에 이어져 있고 B포트의 공기는 R2포트로 배기되고 있는 상태이다. 물론 이 상태에서 솔레노이드에 인가했던 전류를 차단하여도 밸브는 그림과 같은 상태를 유지한다. 이것은 이 밸브가 플립플롭형의 메모리 밸브이기 때문이다.

또한 좌측 솔레노이드 전류를 차단하고 반대로 우측의 솔레노이드에 전류를 인가하면 (b)그림과 같이 압축공기는 P에서 B포트로 통하게 되고 A포트는 R1포트를 통해 배기된다.

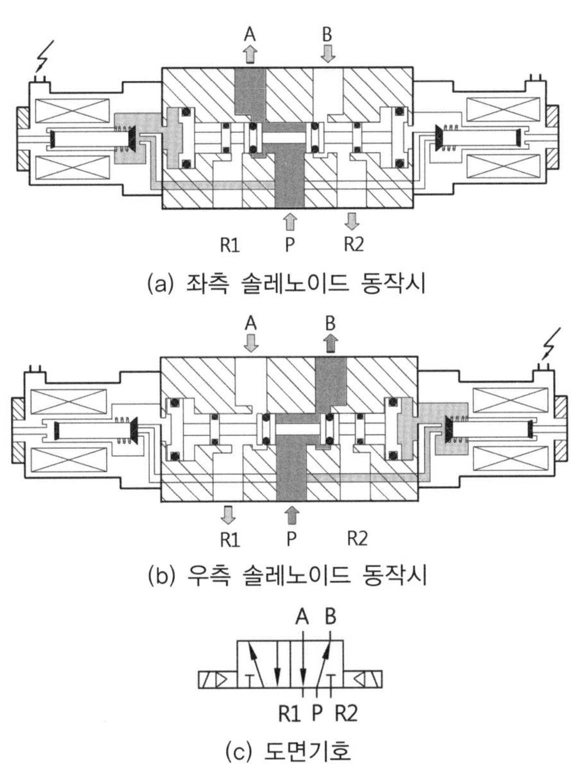

[그림 2-67] 5포트 2위치 양측 전자밸브의 구조원리

06 시퀀스 기본회로

아무리 복잡한 시퀀스 응용회로를 살펴보더라도 그 기본은 여러 가지 기본회로가 조합되어 목적에 맞게 구성되어 있음을 알 수 있다. 따라서 시퀀스의 기본회로를 알지 못하고는 응용회로를 설계할 수 없고, 또한 설계된 회로의 내용도 알 수 없다. 여기서는 시퀀스의 기본회로에 대해서 그 종류와 기능, 동작원리에 대하여 설명한다.

1 ON회로

입력을 On시키면 출력이 On되고, 입력이 Off되면 동시에 출력도 Off되는 회로를 ON회로라고 하며, 릴레이의 a접점을 이용하므로 a접점 회로라고도 한다.

그림 2-68의 (a)가 회로도이고 (b)는 타임차트로서 회로도에서 누름버튼 PB스위치를 눌러 On시키면 릴레이 코일 R에 전류가 흘러 코일이 여자(勵磁)되고, 그 결과 2열

의 a접점 R이 닫히고 출력인 파일럿램프 PL이 점등된다.

누름버튼 PB스위치에서 손을 떼면 전류가 끊겨 릴레이 코일이 소자(消磁)되면 a접점 R이 복귀되어 출력인 PL이 소등되는 원리이다.

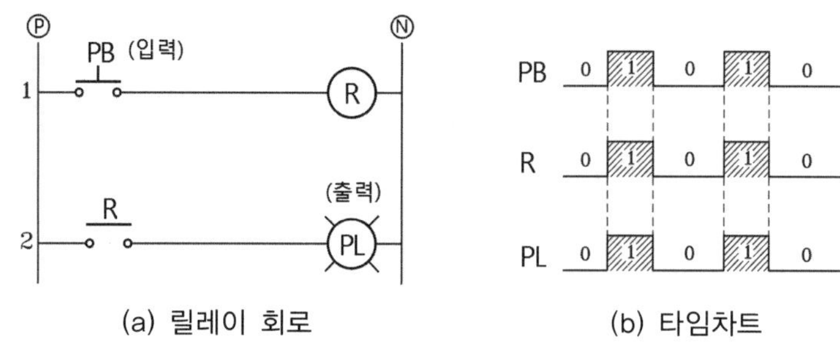

(a) 릴레이 회로 (b) 타임차트

[그림 2-68] ON회로

2 OFF회로

입력이 On되면 출력이 Off되고, 입력이 Off되면 출력이 On되는 회로를 OFF회로라고 하며, 릴레이의 b접점을 이용하므로 b접점 회로라고도 한다.

그림 2-69의 (a)가 회로도이고 (b)는 타임차트로서 회로도에서 누름버튼 PB스위치를 누르지 않은 상태에서는 릴레이 코일이 Off되어 있으므로 2열의 b접점에 의해 출력 PL이 On되어 있고, 누름버튼 PB스위치를 On시키면 릴레이 코일 R이 여자되고, 그 결과 b접점은 열리므로 출력 PL이 Off되는 회로이다.

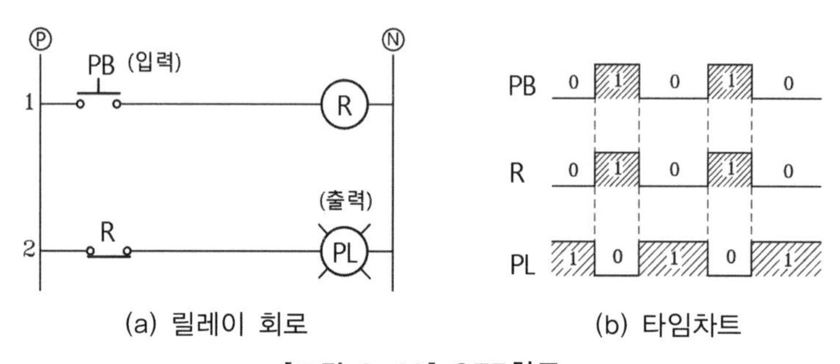

(a) 릴레이 회로 (b) 타임차트

[그림 2-69] OFF회로

3 AND회로

여러 개의 입력과 한 개의 출력을 가진 회로에서 모든 입력이 On될 때에만 출력이 On되는 회로를 AND회로라고 하며, 직렬 스위치 회로와 같다.

그림 2-70은 두 개의 입력 PB1과 PB2가 모두 On일 때에만 릴레이 코일 R이 여자되고 R접점이 닫혀 파일럿램프가 On되는 AND회로이다.

실제 응용회로는 대다수가 AND회로로 구성되며, AND에 접속되는 신호의 수가 많아지면 동작의 신뢰도가 높아진다고 할 수 있다.

AND에 접속되는 신호형태에서 지령신호나 조건신호는 a접점으로 접속되며, 완료신호나 인터록 신호등은 b접점을 접속된다.

또한 AND회로는 한 대의 프레스에 여러 명의 작업자가 함께 작업할 때, 안전을 위해 각 작업자마다 프레스 기동용 누름버튼 스위치를 설치하여 모든 작업자가 스위치를 누를 때에만 동작되도록 하는 경우에 적용된다. 또 기계의 각 부분이 소정의 위치까지 진행되지 않으면 다음 동작으로 이행을 금지하는 경우 등 그 응용범위가 넓은 회로이다.

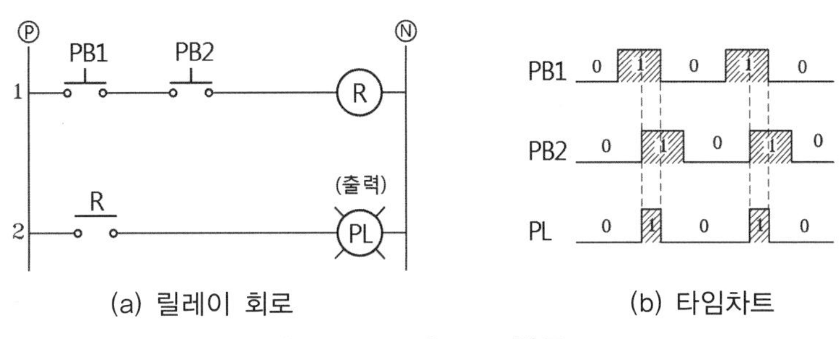

[그림 2-70] AND회로

4 OR회로

OR회로는 여러 개의 입력신호를 가진 회로에서 하나 또는 그 이상의 신호가 On되었을 때 출력이 On되는 회로로서 병렬회로라고 한다.

일례로 그림 2-71의 (a)의 회로에서 누름버튼 스위치 PB1이 On되거나 또는 PB2가 On되어도 또는 PB1과 PB2가 동시에 On되어도 릴레이 R이 동작되어 램프가 점등된다.

실제 응용회로는 대다수가 OR회로이며, 병렬로 접속되는 신호에는 동작신호와 자기유지 신호, 자동조작 신호와 수동조작 신호, 현장 회로와 통제실 회로, 비상정지신호 등이 병렬로 구성된다.

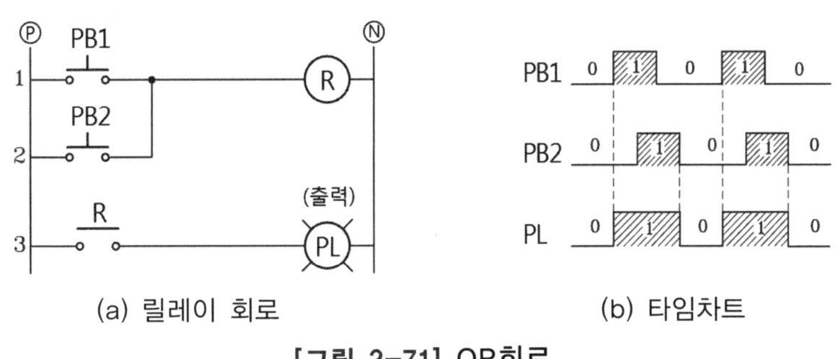

[그림 2-71] OR회로

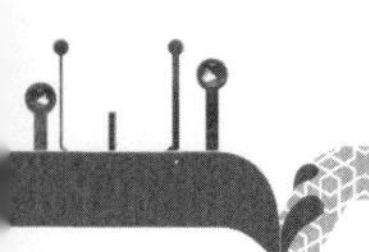

5 NOT회로

NOT회로는 출력이 입력과 반대가 되는 회로로서 입력이 0이면 출력이 1이고, 입력이 1이면 출력이 0이 되는 부정회로이다.

그림 2-72는 릴레이의 b접점을 이용한 NOT회로로서 누름버튼 스위치 PB가 눌려 있지 않은 상태에서는 출력인 파일럿램프가 On되어 있고, 누름버튼 스위치 PB가 눌리면 R접점이 열려 파일럿램프가 Off되는 NOT회로이다.

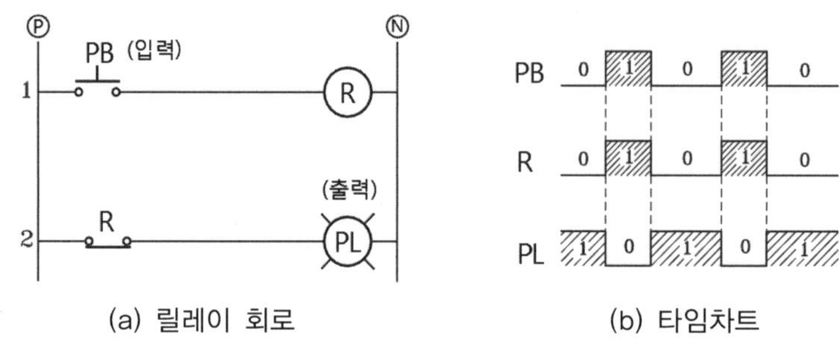

[그림 2-72] NOT회로

6 자기유지(self holding) 회로

짧은 기동신호의 기억을 위해 사용되는 회로를 자기유지 회로라 한다. 즉, 모터의 운전-정지 회로에서와 같이 누름버튼 스위치로 운전 명령을 준 후에 정지명령을 줄 때까지 모터를 계속 회전시키려면 반드시 자기유지 회로가 필요한 것이다.

릴레이의 대표적 기능 중에는 메모리 기능이 있는데, 이 릴레이의 메모리 기능이란 릴레이 자신의 접점으로 자기유지 회로를 구성하여 동작을 기억시킬 수 있다는 것이다.

그림 2-73이 릴레이의 자기유지 회로이며, 2열의 릴레이 a접점이 자기유지 접점이며 누름버튼 스위치 PB1에 병렬로 접속한다.

동작원리는 누름버튼 스위치 PB1을 누르면 정지신호 PB2가 b접점 접속이므로 릴레이 코일이 동작되고, 2열과 3열의 a접점이 닫혀 파일럿램프가 On된다. 이 상태에서 누름버튼 스위치 PB1에서 손을 떼도 전류는 2열의 R a접점과 누름버튼 스위치 PB2를 통해 코일에 계속 흐르므로 동작유지가 가능하다. 즉 PB1이 복귀하여도 릴레이 자신의 접점에 의해 R의 동작회로가 유지된다.

자기유지의 해제는 누름버튼 스위치 PB2를 누르면 R코일이 복귀되고 접점도 열려 회로는 초기 상태로 되돌아간다.

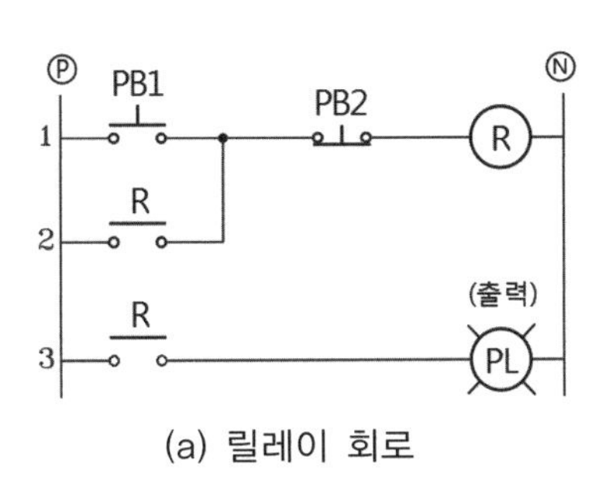

(a) 릴레이 회로

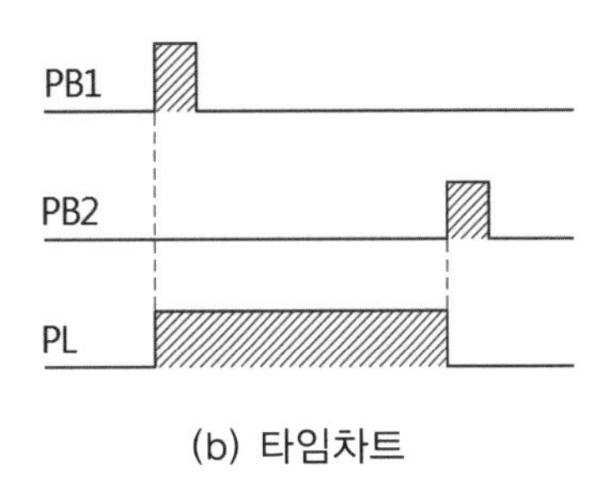

(b) 타임차트

[그림 2-73] 자기유지 회로

7 인터록(inter-lock) 회로

기기의 보호나 작업자의 안전을 위해 기기의 동작상태를 나타내는 접점을 사용하여 관련된 기기의 동작을 금지하는 회로를 인터록 회로라 하며, 다른 말로 선행동작 우선회로 또는 상대동작 금지회로라고도 한다.

모터의 정회전 중에 역회전 입력이 On되거나 양측 전자밸브에 의한 실린더 구동에서 전진측 솔레노이드가 동작 중일 때 후진측 솔레노이드가 작동해서는 절대적으로 안된다. 이와 같이 상반된 동작의 경우 어느 한쪽이 동작 중일 때 반대측 동작을 금지하는 기능의 회로가 인터록 회로이며 안전회로 중 하나이다.

인터록은 자신의 b접점을 상대측 회로에 직렬로 연결하여 어느 한쪽이 동작 중일 때에는 관련된 다른 기기는 동작할 수 없도록 규제한다.

그림 2-74는 누름버튼 스위치 PB1이 On되어 R1 릴레이가 동작되어 출력 PL1이 On된 상태에서 PB2가 눌려도 R2 릴레이는 동작할 수 없다. 또한 PB2가 먼저 입력되어 R2가 동작하면 R1 릴레이는 역시 동작할 수 없는 기능의 인터록 회로이다.

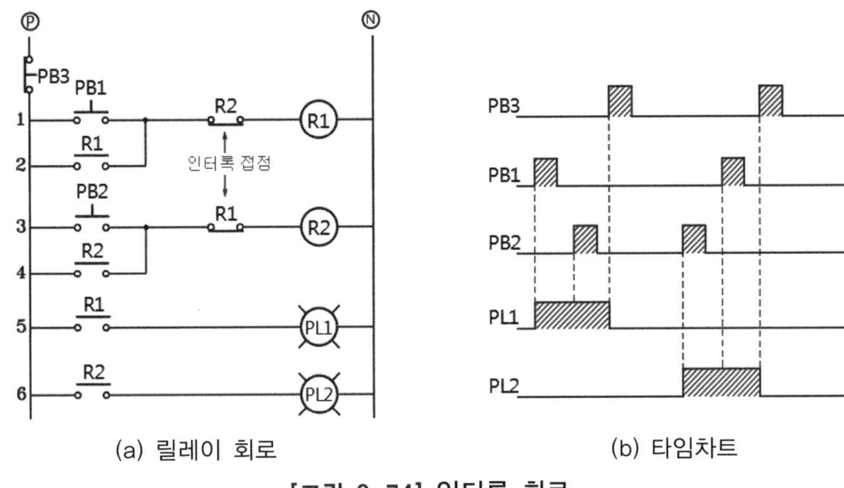

(a) 릴레이 회로

(b) 타임차트

[그림 2-74] 인터록 회로

8 체인(chain) 회로

체인 회로란 정해진 순서에 따라 차례로 입력되었을 때에만 회로가 동작하고, 동작순서가 틀리면 동작하지 않는 회로이다.

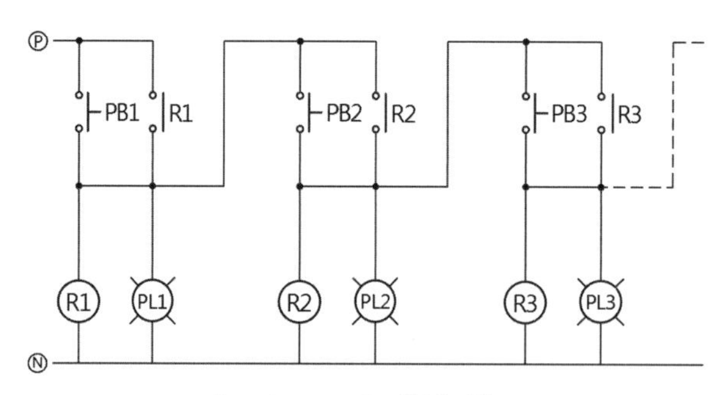

[그림 2-75] 체인 회로

그림 2-75는 체인 회로의 예로서 동작순서는 R1 릴레이가 작동한 후 R2가 작동하고, R2가 작동한 후 R3이 작동되도록 구성되어 있다. 즉 R2 릴레이는 R1 릴레이가 작동하지 않으면 동작하지 않고, R3은 R1과 R2가 먼저 작동되지 않으면 작동하지 않는다.

이러한 체인회로는 순서작동이 절대적으로 필요한 컨베이어나 기동순서가 어긋나면 안 되는 기계설비 등에 적용되는 회로로서 직렬우선 회로라고도 한다.

9 일치 회로

두 입력의 상태가 동일할 때에만 출력이 On되는 회로를 일치회로라 한다.

그림 2-76은 일치 회로의 예인데, 입력 SS1과 SS2가 동시에 On되어 있거나 또는 동시에 Off되어 있을 때에는 출력이 나타나고 SS1과 SS2 중 어느 하나만 On되어 두 입력의 상태가 일치하지 않으면 출력이 나타나지 않는 회로이다.

일치회로는 독립된 위치에서 On-Off를 할 수 있는 기능으로 예를 들면, 계단등과 같이 1층에서 계단등을 켜고 2층에서 끌 수 있으며, 반대로 2층에서 켜고 1층으로 내려와서 끌 수 있는 용도로 사용되며, 3로 스위치 회로와 같은 기능이다.

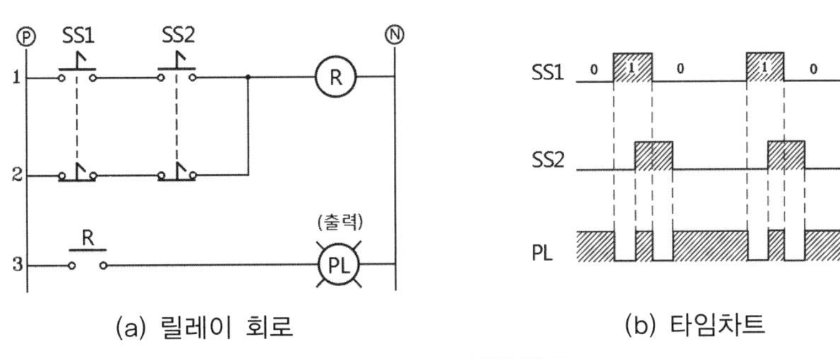

(a) 릴레이 회로 (b) 타임차트

[그림 2-76] 일치회로

10 온 딜레이(ON delay) 회로

입력신호를 준 후에 곧바로 출력이 On되지 않고 미리 설정한 시간만큼 늦게 출력이 On되는 회로를 온 딜레이 회로라 한다.

온 딜레이의 회로구성은 온 딜레이 타이머의 a접점을 이용하여 회로구성을 하며, 그림 2-77이 On시간 지연작동 회로로서 누름버튼 스위치 PB1을 누르면 타임 릴레이가 작동하기 시작하여 미리 설정해 둔 시간이 경과하면 타이머 접점이 닫혀 파일럿램프가 점등되며, 누름버튼 스위치 PB2를 누르면 타임 릴레이가 복귀하고 이에 따라 타이머의 접점도 열려 파일럿램프가 소등되는 회로이다.

이러한 기능의 On시간 지연회로는 설정시간에 의한 동작제어나 입력신호 지연에 의한 출력신호의 지연, 또는 입력신호 지속시간이 일정시간 On하는 것을 검출하는 용도 등으로 사용된다.

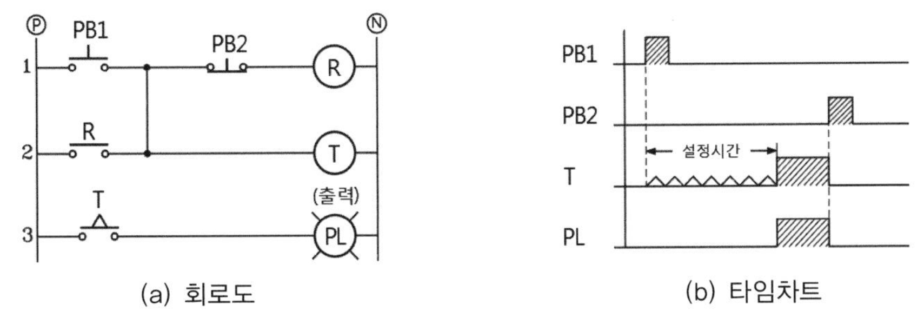

(a) 회로도 (b) 타임차트

[그림 2-77] 온 딜레이 회로(I)

타이머에는 한시접점(타이머 접점)만 내장된 경우와 한시접점과 순시접점(릴레이 접점)을 내장한 형식의 두 종류가 있다.

그림 2-78도 온 딜레이 회로의 예인데 이 회로의 경우는 타이머에 내장된 순시접점으로 자기유지하고 한시접점으로 출력을 동작시키는 원리로 그림 2-77과 기능은 동일하나 자기유지용 릴레이를 사용하지 않아 경제적인 회로라 할 수 있다.

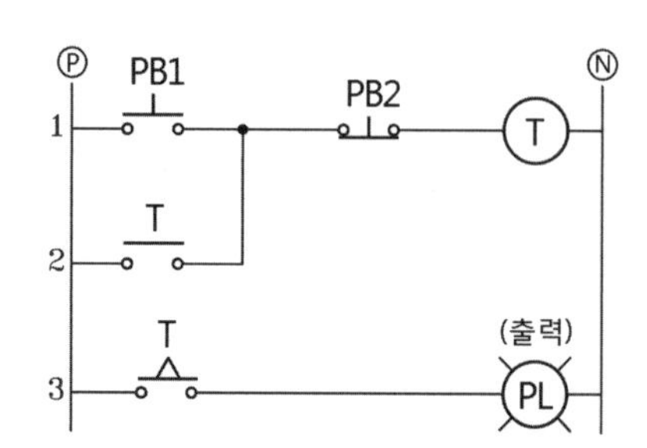

[그림 2-78] 온 딜레이 회로(Ⅱ)

11 오프 딜레이(OFF delay) 회로

오프 딜레이 회로는 정지신호가 주어지면 출력이 곧바로 Off되지 않고, 설정된 시간 경과 후에 부하가 Off되는 회로로서 오프 딜레이 타이머의 a접점을 이용하거나, 온 딜레이 타이머의 b접점을 이용하여 회로를 구성할 수 있다.

그림 2-79는 오프 딜레이 타이머의 a접점을 이용하여 구성한 오프 딜레이 회로의 일례로 누름버튼 스위치 PB1을 누르면 파일럿램프가 점등되고 PB2를 누르면 곧바로 램프가 소등되지 않고 타이머에 설정된 시간 후에 소등하는 오프 딜레이 회로이다.

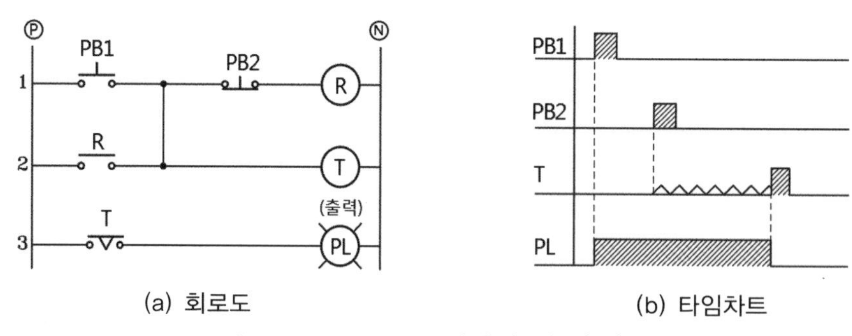

[그림 2-79] 오프 딜레이 회로(Ⅰ)

그림 2-80도 오프 딜레이 회로의 예인데, 이 회로에서는 온 딜레이 타이머의 b접점을 이용하여 오프 딜레이 동작을 실현한 것으로, 오프 딜레이 타이머의 재고가 없어 납기트러블이 예상되는 경우에 사용할 수 있다.

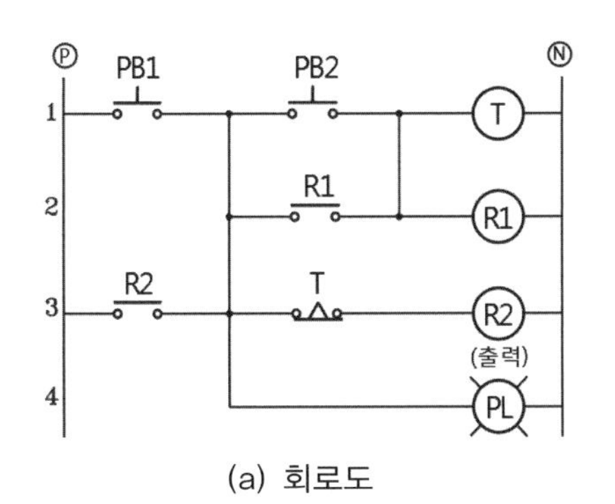

(a) 회로도

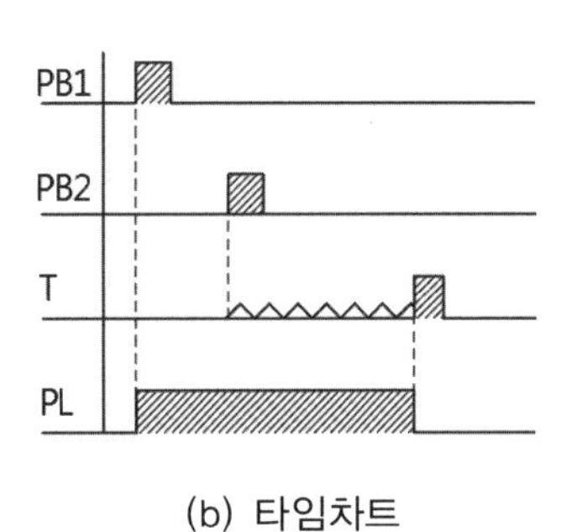

(b) 타임차트

[그림 2-80] 오프 딜레이 회로(Ⅱ)

12 일정시간 동작회로(one shot circuit)

입력이 주어지면 출력이 동시에 On되고, 타이머에 설정된 시간이 경과되면 스스로 출력이 Off되는 회로를 일정시간 동작회로라 한다.

일정시간 동작회로는 믹서기와 같이 설정시간 동안만 작업을 실시한 후 자동정지하는 경우나 가정의 현관 센서등에서 이용되고 있으며, 타이머 회로 중에서 가장 많이 사용되고 있다.

그림 2-81은 이 회로의 일례로, 누름버튼 스위치 PB1을 누르면 릴레이 코일 R이 여자되어 자기유지 되고, 파일럿램프가 점등됨과 동시에 타이머가 동작하기 시작한다. 타이머에 설정된 시간이 경과되면 타이머 b접점이 개방되어 파일럿램프가 소등되는 회로이다.

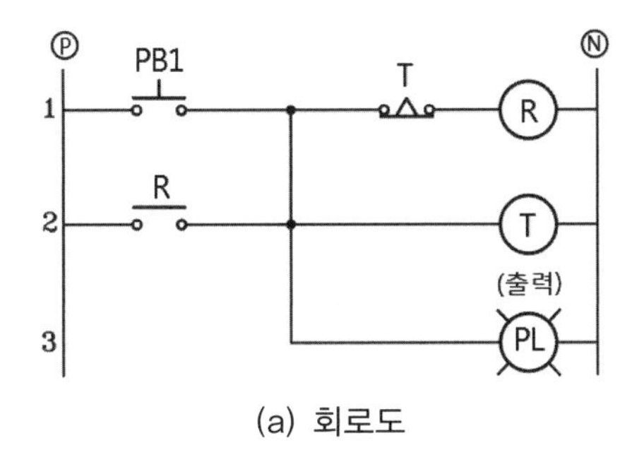

(a) 회로도

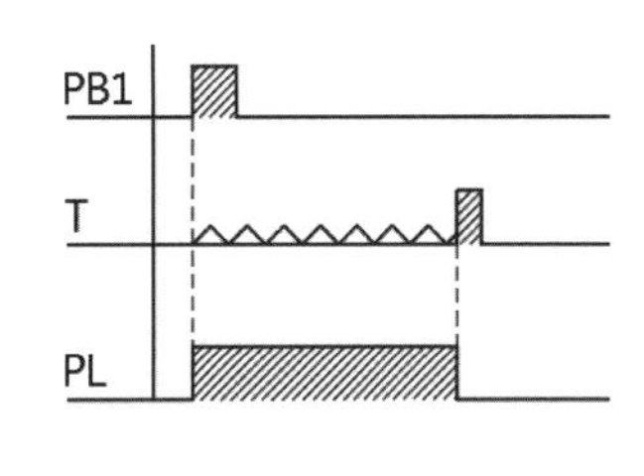

(b) 타임차트

[그림 2-81] 일정시간 동작회로

13 플리커(flicker) 회로

입력이 On하면 출력이 일정주기로 On-Off 동작을 반복하는 회로를 플리커 회로라 하며, 출력의 On시간과 Off시간은 타이머의 설정치로 지정한다.

그림 2-82 회로가 플리커 회로의 예로서 플리커 회로는 일정 주기로 On-Off를 반복하는 트리거 신호용이나, 이상 발생시 비상 램프의 점멸 표시나 부저의 간헐 작동 신호용, 또는 카운터 레지스터를 사용한 장시간 타이머의 클록신호 발생용 등으로 이용되며, 플리커 동작의 On시간은 타이머 T1의 시간으로 설정하고 Off시간은 T2코일의 시간으로 설정한다.

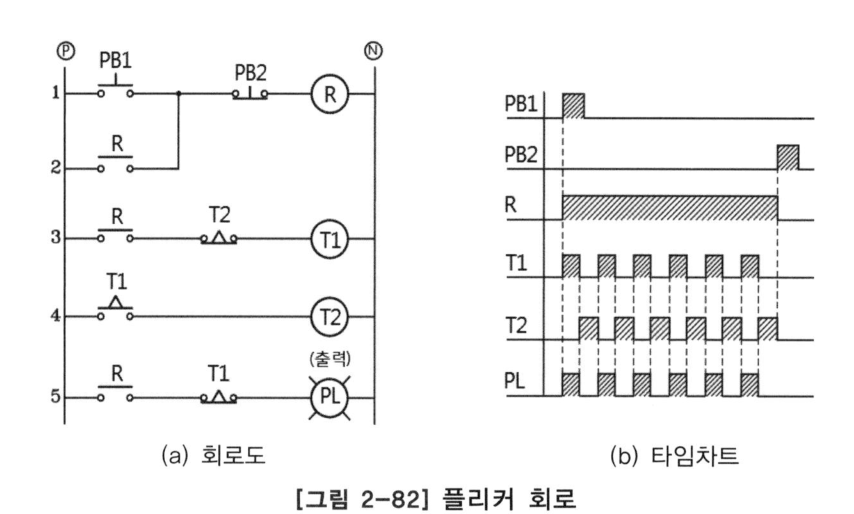

(a) 회로도 (b) 타임차트

[그림 2-82] 플리커 회로

07 전동기 제어회로

전동기는 우리나라 총 발전량의 1/3 이상을 소비할 만큼 많이 사용되고 있으며, 산업현장에서 없어서는 안 될 중요한 액추에이터이다.

전동기는 플레밍(fleming)의 왼손 법칙에 따라 전기 에너지를 운동 에너지로 변환시켜 주는 회전운동 액추에이터이다. 즉, 전원으로부터 전력을 입력 받아 도체가 축을 중심으로 회전운동을 하는 기기를 말하며, 공급 전원의 종류에 따라 직류 전동기와 교류 전동기로 구분하고 이외 특수 목적의 제어용 전동기가 있으며, 각 방식에 따라 종류가 많으므로 전동기의 특징과 요구 정밀도 및 사용 목적에 따라 선택하여 사용해야 한다.

교류 전동기는 상용 전원인 교류전원을 사용하여 운전하기 때문에 전원 공급장치가 필요 없고 기본적인 구조가 고정자와 회전자로 구성되어 있어 견고하다.

고정자 권선에 전원이 공급되면 전자유도 작용에 의하여 맴돌이 전류가 발생하고, 회전 자기장에 의해 회전자에 전류가 흐르는 순간 토크가 발생하여 축을 중심으로 회전한다.

교류 전동기는 공급 전원에 따라 단상과 3상으로 나누며, 회전자의 형태에 따라 유도전동기와 동기전동기로 구분된다.

유도전동기는 전원에 따라 단상형과 3상형으로 분류되는데 통상 정격 출력이 200W 미만인 것은 단상모터이고 200W 이상은 3상으로 제작된다.

단상용 유도전동기는 소형의 기계설비나 가정용으로 많이 사용되고, 3상형 유도전동기는 공장이나 빌딩의 대형설비에 많이 적용되며, 유도전동기의 특징은 다음과 같다.

① 구조가 간단하여 견고하며, 가격이 저렴하다.
② 고장이 적다.
③ 브러시 등의 소모품이 필요 없다.
④ 운전이 쉽다.
⑤ 보수가 쉽고 수리가 용이하다.
⑥ 정역제어가 용이하다.

1 유도전동기의 동력회로

전동기의 제어회로를 도면으로 나타낼 때에는 크게 전동기의 주회로(이것을 동력회로 또는 결선회로라 함)와 제어회로를 함께 나타내야 한다. 이것은 전동기를 제어하는 신호 개폐기나 전동기를 보호하는 보호기들이 어떻게 구성되어 접속되었는지를 나타내기 위한 것이며, 그래야만 설치 현장에서 도면과 같은 결선작업을 할 수 있기 때문이다.

3상 유도전동기의 기본적인 회로 구성은 저압 배선보호 및 동력 차단 목적의 배선용 차단기(MCCB)와 부하 개폐 목적의 유도형 계전기(MC), 과부하 발생시 전동기의 코일 소손 방지 목적의 부하 보호기(THR)등의 과부하 보호 장치를 사용하거나 경보를 발생시키는 장치를 사용해야만 안전하다.

때문에 전동기의 동력회로는 그림 2-83에 보인 것과 같이 동력의 종류를 시작으로 배선용 차단기, 부하 개폐기, 부하 보호기, 전동기 순서로 직렬 연결되어 전동기 결선회로로 된다.

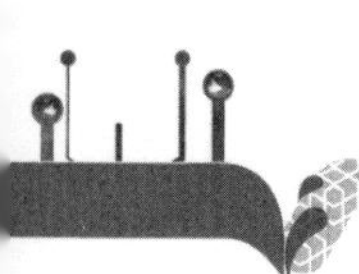

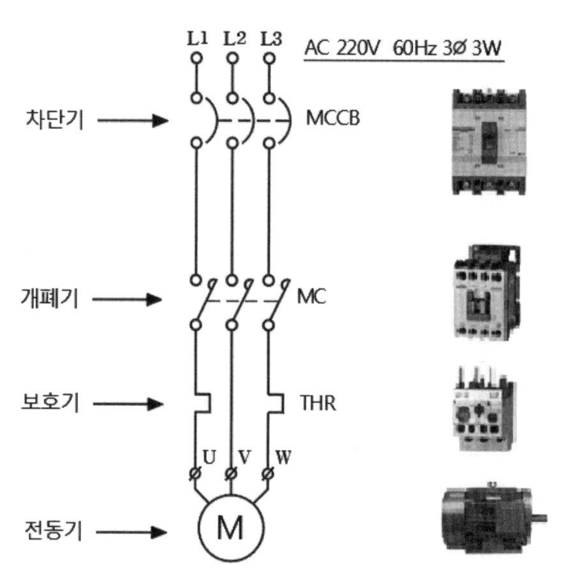

[그림 2-83] 3상 유도전동기의 동력회로 구성

2 전동기의 운전-정지회로

전동기의 제어회로는 단순히 전동기만 On-Off시키는 것이 아니라 전동기의 보호회로와 표시등 회로를 부가해서 운전회로로 하는 것이 보통이다.

그림 2-84는 전형적인 3상 유도전동기의 운전-정지 회로로서, 회로보호기 CP를 닫고 전원 스위치를 On시키면 1열의 전원표시등이 On되며, 운전 스위치 PB1을 On시키게 되면 전자 접촉기 MC가 On되어 주접점을 닫아 전동기를 회전시키게 되고 동시에 3열의 보조접점 MC을 닫아 자기유지를 건다. 또한 4열의 MC a접점도 닫혀 운전표시등이 점등된다.

운전 중에 정지신호 스위치인 PB2를 누르면 b접점이 열려 MC코일이 Off(소자)되어 주접점이 열려서 전동기가 정지되고 자기유지도 해제되는 원리로 동작된다.

전동기가 회전 중에 과부하 상태에 이르면 주회로에서 보호기인 열동 계전기 THR이 작동되고 MC코일 위의 보호용 접점이 열려 전동기를 정지시켜 코일이 소손되는 것을 방지해 준다.

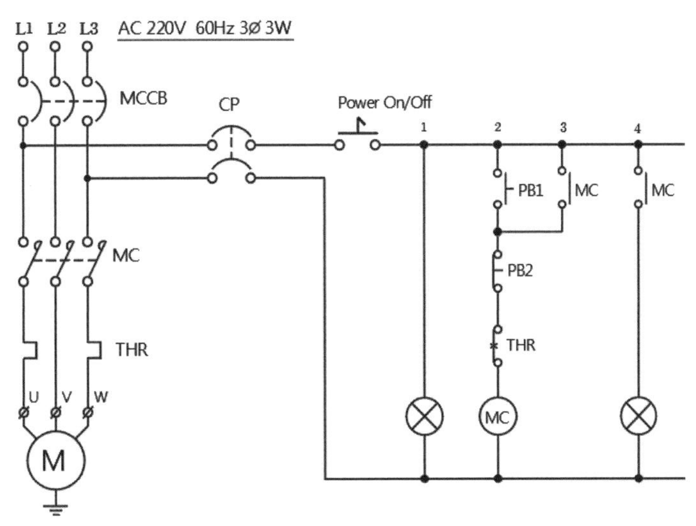

[그림 2-84] 3상 유도전동기의 운전-정지 회로

회로의 동작을 상세히 설명하면 다음과 같다.

① 배선용 차단기 MCCB를 닫으면 동력회로에 전원이 투입된다.

② 회로보호기 CP를 닫고 전원 On/Off 스위치를 On하면 1열의 전원표시등이 점등되고 4열의 운전 표시등은 소등되어 있다.

③ 운전 스위치 PB1을 누르면 전자 접촉기 코일 MC가 여자된다.

- 동작회로 : 전원 R – PB1(on) – PB2(b접점) – THR(b접점) – MC코일 – 전원 T

④ MC의 동작에 의해 주접점 MC가 닫히며 전동기가 기동한다.

⑤ 동시에 3열의 MC a접점이 닫혀 자기유지회로가 구성된다. 따라서 운전 스위치 PB1에서 손을 떼도 동작회로는 계속 유지된다. 또한 4열의 a접점에 의해 운전표시등이 점등된다.

- 동작회로 : 전원 R – MC(a접점) – PB2(b접점) – THR(b접점) – MC코일 – 전원 T

⑥ 정지 스위치 PB2를 On시키면 MC코일이 소자되어 주회로에서 주접점이 열리고 전동기에 흐르는 동력이 끊겨 전동기는 정지되고 보조접점도 열려 자기유지가 해제되며, 운전표시등도 소등된다.

⑦ 전동기가 회전 중에 과부하가 발생되면 주회로의 열동형 계전기 THR이 동작되어 제어회로 2열의 THR b접점이 끊어지면 모든 작동이 정지되고 원상태로 복귀된다.

3 전동기의 정·역회전 제어회로

전동기의 제어회로에는 운전과 정지는 물론 그 회전 방향도 제어해야 하는 경우가 많은데, 이러한 기능에 정·역회전 제어회로가 이용된다.

전동기의 역회전은 L1, L2, L3 3단자 중 2단자의 접속을 서로 바꾸면 가능하다. 따라서 전자 접촉기 2개를 사용하여 전동기 주회로의 결선을 바꾸어 정·역회전을 변환시킨다.

그림 2-85가 이 기능의 회로도로 그림에서 MC1은 정회전용, MC2는 역회전용의 전자 접촉기이다.

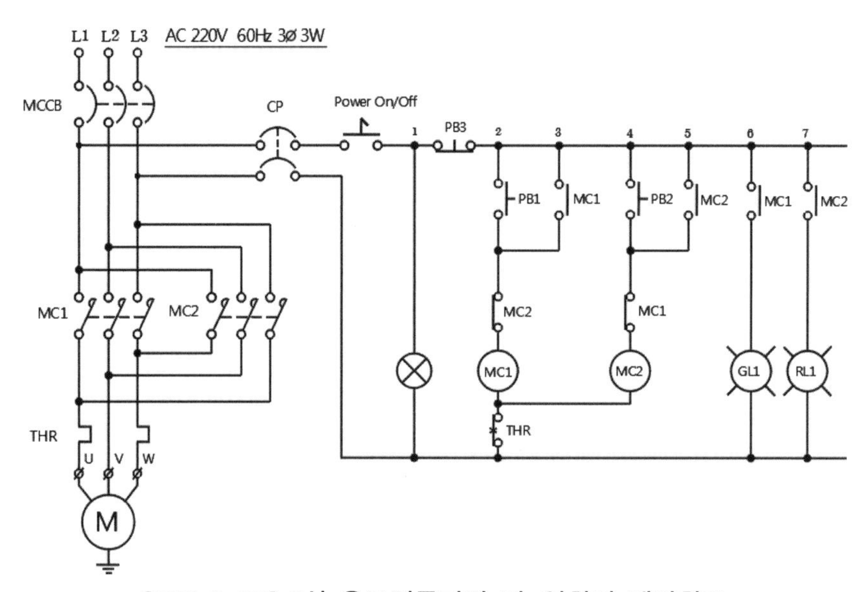

[그림 2-85] 3상 유도전동기의 정-역회전 제어회로

회로의 동작을 상세히 설명하면 다음과 같다.

① 배선용 차단기의 MCCB를 닫으면 동력회로에 전원이 투입된다.
② 회로보호기 CP를 닫고 전원 On/Off 스위치를 On하면 1열의 전원표시등이 점등된다.

(1) 정회전 상태

정회전 운전스위치 PB1을 누르면 전자 접촉기 MC1이 작동되어

① 주회로의 MC1의 주접점이 닫혀 L1상이 U단자, L2상이 V단자, L3상이 W단자에 공급되어 전동기가 정회전한다.
② 3열의 보조접점 MC1 a접점에 의해 자기유지 회로가 연결된다.

③ 4열의 MC1 b접점이 열려 오입력에 의한 역회전 동작을 규제한다.
④ 6열의 MC1 a접점이 닫혀 정회전 표시램프 GL1이 점등된다.

정지스위치 PB3을 누르면 전자 접촉기 MC1이 Off되고 정회전 운전이 정지되고 초기상태가 된다.

(2) 역회전 상태
역회전 운전스위치 PB2를 누르면 전자 접촉기 MC2가 작동되어

① 주회로의 MC2의 주접점이 닫혀 L1상이 W단자, L2상이 V단자, L3상이 U단자에 공급되어 전동기가 역회전한다.
② 5열의 MC2 a접점에 의해 자기유지 회로가 연결된다.
③ 2열의 MC2 b접점이 열려 오조작에 의한 MC1의 동작을 저지한다.
④ 7열의 MC2 a접점이 닫혀 역회전 표시램프 RL2가 점등되어 역회전 상태임을 표시한다.

정지스위치 PB3을 누르면 전자 접촉기 MC2가 Off되고 역회전 운전이 정지되고 초기상태가 된다.

08 에어 실린더의 제어회로

에어 실린더란 공기의 압력에너지를 직선적인 기계적 운동이나 힘으로 변환시키는 기기로서 자동화 직선운동 요소 중 가장 많이 사용되고 있다.

실린더에는 동작형태에 따라 단동형과 복동형, 차동형이 있고 피스톤의 유무에 따라 피스톤형과 비피스톤형, 로드의 형태에 따라 편로드형과 양로드형, 위치결정 형식이나 복합기능에 따라 매우 많은 종류가 있으며, 표준형 실린더란 복동 편로드형 실린더를 말하는데 그 외관사진을 그림 2-86에 나타냈다.

[그림 2-86] 에어 실린더 사진

1 전자밸브

전자(電磁)밸브란 방향제어 밸브와 전자석(電磁石)을 일체화시켜 전자석에 전류를 통전시키거나 또는 단전시키는 동작에 의해 유체 흐름을 변환시키는 밸브의 총칭으로, 일반적으로 솔레노이드 밸브(solenoid valve)라 부르기도 한다.

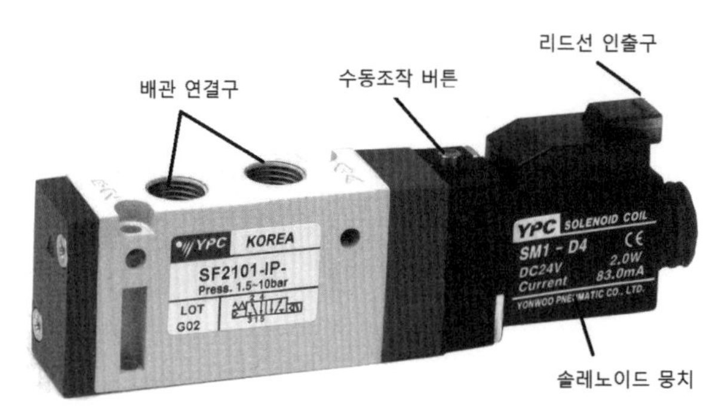

[그림 2-87] 전자밸브의 외관 사진

전자밸브에는 그림 2-87과 같이 솔레노이드가 한쪽에만 있는 편측 전자밸브(single solenoid valve)와 밸브 양측에 솔레노이드가 있는 양측 전자밸브(double solenoid valve)가 있는데, 전기 제어시 이 전자밸브의 형식선정이 매우 중요하다.

2 공압 동력회로 읽는 법

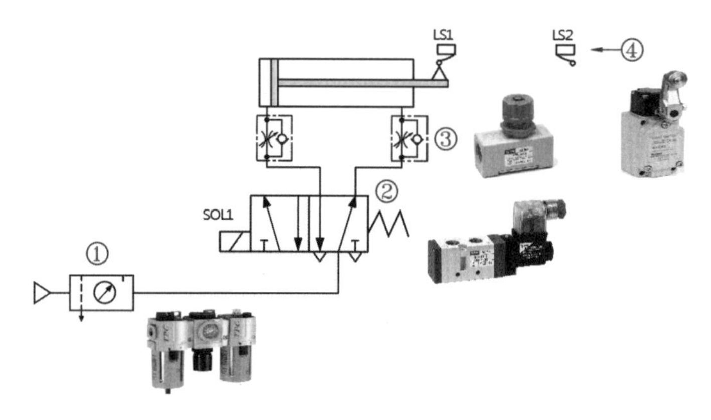

[그림 2-88] 공압 회로도 예

그림 2-88은 편측 전자밸브로 공압 복동 실린더를 제어하는 제어장치의 구성도 즉, 공압 회로도를 나타낸 것이다.

전자밸브를 이용하여 유공압 액추에이터를 제어하는 경우는 이 동력회로가 반드시 전제되어야 하며, 이 동력회로가 없는 제어회로는 해독이 불가능하므로 완전한 전기 제어회로라 할 수 없다.

그림에서 사용된 기기의 명칭과 기능은 다음과 같다.

① **공압 조정 유닛** : 필터 + 레귤레이터 + 윤활기로 구성되어 공기의 질을 조정하고 실린더가 내는 출력을 설정하는 기능을 한다. 즉, 유체동력 $F = A \times P$에 따라 결정되는데 실린더의 단면적이 A가 되고 작동압력 P를 공압 조정 유닛이 결정하여 실린더의 출력을 조정하는 것이다.

② **전자밸브** : 액추에이터의 운동 방향을 제어하는 전자밸브는 방향제어 밸브와 전자석을 일체시킨 밸브로서 회로도에 나타낸 밸브의 상세명칭은 5포트 2위치 편측 전자밸브이다. 전자밸브의 호칭법은 포트의 수 + 제어위치의 수 + 조작 방식 + 복귀방식 순서로 호칭한다.

③ **속도제어 밸브** : 액추에이터의 운동속도를 제어하는 기능의 밸브로 일방향 유량제어 밸브 또는 속도제어 밸브라 부른다.
형식에는 실린더 전·후진 포트에 직접 장착하여 사용하는 실린더 직결형 속도제어 밸브와 실린더와 전자밸브 사이에 설치하여 사용하는 배관형 속도제어 밸브가 있으며, 속도제어 방식에도 실린더로 공급되는 유량을 조절하여 속도를 제어하는 미터인 제어방식이 있고, 실린더로부터 유출되는 유량을 조절하여 속도를 조절하는 미터아웃 제어방식의 두 가지가 있다.
그림 2-88의 회로는 미터아웃 제어방식으로 실린더의 전·후진 속도를 각각 조절한다.

④ **위치검출 센서** : 실린더의 전후진 행정 끝단위치를 검출하는 센서를 표시한 것으로 LS1은 후진끝단 검출 센서이고, LS2는 전진끝단 검출 센서이다. 위치 검출 센서로는 마이크로 스위치, 리밋 스위치, 근접스위치, 광전센서 등이 주로 사용되며, 가장 많이 사용되고 있는 것은 자기형 근접스위치인 실린더 스위치이다.

3 편측 전자밸브의 자동복귀 회로

그림 2-89의 공압 회로도와 같이 편측 전자밸브로 복동실린더를 제어하고, 실린더 전진끝단 위치 검출센서가 설치되어 있어 이 신호로 자동복귀 하는 회로는 그림 2-90과 같다.

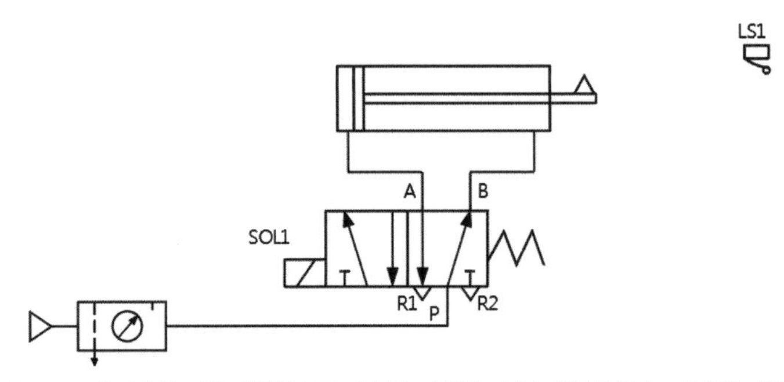

[그림 2-89] 편측 전자밸브로 복동 실린더를 구동하는 공압 회로도

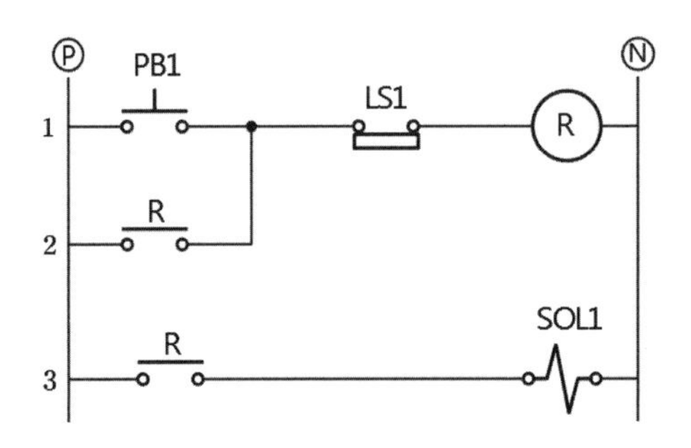

[그림 2-90] 자동 복귀 회로

회로의 동작원리 및 읽는 방법은 1열의 전진신호용 PB1 스위치를 누르면 a접점이 닫히고 후진신호용 LS1스위치가 b접점 접속이므로 릴레이 코일이 여자된다. 그 결과 2열의 R a접점이 닫혀서 자기유지되고, 동시에 3열의 R a접점도 닫혀 솔레노이드 코일을 구동시키게 되어 방향제어 밸브가 위치 전환되어 유체압력이 P포트에서 A포트를 통과해 실린더 헤드측(전진측)으로 유입되고, 실린더 로드측(후진측)의 공기는 밸브의 B포트에서 R2포트를 통해 배기되므로 실린더의 피스톤이 전진하는 것이다.

실린더가 전진하여 LS1 스위치를 누르게 되고, 회로도에서 1열의 LS1 b접점이 열려 릴레이 코일에 흐르는 전류를 차단시키므로 릴레이 코일이 소자된다. 그 결과 2열의 R a접점도 복귀하여 자기유지가 해제되고, 3열의 R a접점도 열려 솔레노이드 코일을 Off시킨다. 따라서 밸브는 복귀 스프링에 의해 원위치 되고, 유체압력은 P포트에서 B포트를 통과하여 실린더 로드측으로 유입되고, 헤드측 공기는 밸브의 A포트에서 R1포트를 통해 배기되므로 피스톤이 후진하게 된다.

위치 검출용 센서를 설치할 수 없는 경우에는 타이머에 의한 시간 값으로 복귀시켜야 하는데 그 일례의 회로가 그림 2-91이다.

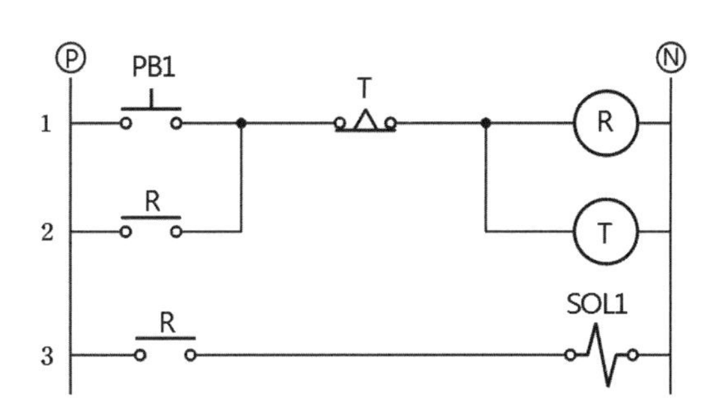

[그림 2-91] 타이머에 의한 자동 복귀 회로

회로에서 전진신호용 PB1 스위치를 누르면 a접점이 닫혀 1열의 릴레이 코일과 2열의 타이머 코일이 동시에 여자되고, 그 결과 3열의 R a접점이 닫혀 솔레노이드 코일을 구동시켜 실린더를 전진시킨다. 또한 2열의 R a접점도 닫혀 자기유지가 성립되므로 피스톤이 전진할 때 PB1에서 손을 떼도 실린더를 계속 전진하고, 타이머 코일에 설정된 시간이 경과되면 타임업 되어 1열의 타이머 b접점을 열어 릴레이 코일을 소자시키게 된다. 따라서 3열의 R a접점이 복귀되어 솔레노이드 코일을 Off시켜 실린더를 복귀시키게 되는 것이다.

4 편측 전자밸브의 연속 왕복 동작회로

실린더를 연속적으로 왕복동작 시키려면 실린더의 전진끝단과 후진끝단을 검출할 수 있는 위치검출 센서가 필요하다.

그림 2-92가 실린더의 전·후진 끝단에 위치 검출용 센서가 배치된 공압 회로도이고, 그림 2-93 전기 회로도가 연속 왕복 동작회로도이다.

회로의 동작원리는 시동 스위치 PB1을 누르면 1열의 R1 코일이 여자되어 2열의 R1 a접점에 의해 자기유지되고, 동시에 3열의 R1 a접점도 닫힌다. 이때 실린더가 후진 끝단위치에 있으면 LS1 센서가 닫혀 있으므로 LS2 b접점을 통해 R2 코일이 여자된다. 그 결과 5열의 R2 a접점이 닫혀 솔레노이드 코일이 구동되어 실린더는 전진하게 되고, 동시에 4열의 R2 a접점이 닫혀 자기유지가 성립되므로 피스톤은 계속 전진한다.

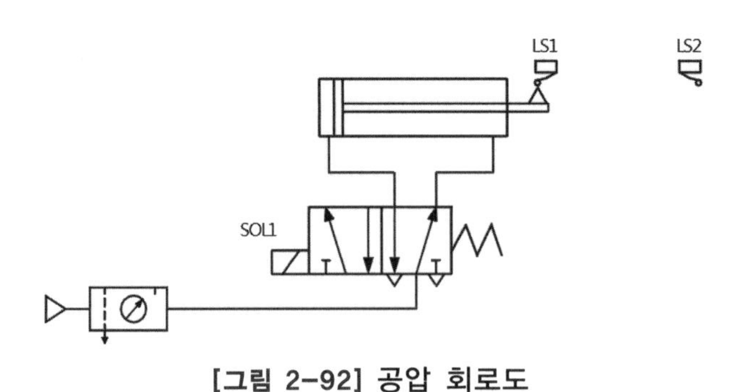

[그림 2-92] 공압 회로도

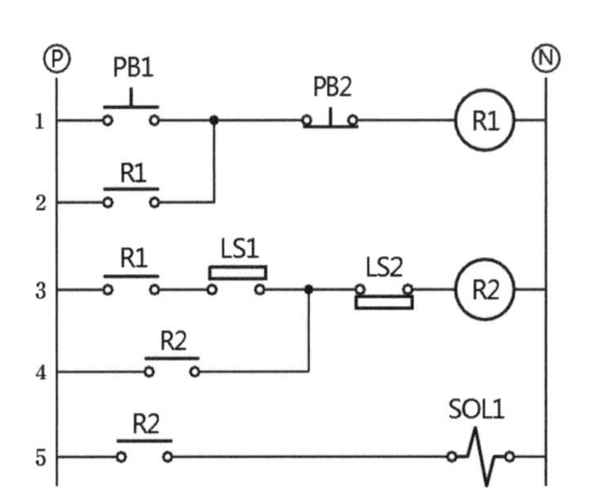

[그림 2-93] 연속 왕복 동작회로

실린더의 피스톤이 전진 완료되어 전진끝단 검출센서 LS2가 On되면 LS2의 b접점이 열리게 되어 R2코일이 소자된다. 따라서 4열의 R2 a접점이 열려 자기유지가 해제되고 5열의 R2 a접점도 열려 솔레노이드 코일이 Off되어 밸브가 원위치되므로 실린더의 피스톤은 후진하게 된다.

실린더의 피스톤이 복귀 완료되어 후진끝단 검출센서 LS1을 누르면 다시 R2코일이 On되어 자기유지되고 솔레노이드 코일 SOL1이 On되어 실린더는 다시 전진하고 이상의 동작을 반복하게 된다.

실린더가 동작 중일 때 정지 스위치 PB2를 누르면 1열의 릴레이 코일이 소자되어 자기유지가 해제되므로 실린더의 피스톤은 후진상태에서 정지하게 된다.

5 양측 전자밸브의 연속 왕복 동작회로

그림 2-94의 공압 회로도는 5포트 2위치 양측 전자밸브로 복동 실린더를 구동하는 공압 회로도로 전자밸브의 SOL1은 전진측 솔레노이드이고, SOL2는 후진측 솔레노이드이며, LS1은 실린더 후진끝단 위치 검출센서이고 LS2는 실린더 전진끝단 위치 검출센서이다.

그림 2-95는 이 장치를 구동하는 전기 회로도이다. 실린더가 후진단에 있을 때 시동 스위치 PB1을 누르면 1열의 R1 릴레이 코일이 여자되어 2열에 의해 자기유지되고 3열의 a접점도 닫혀 릴레이 R2 코일이 여자된다. 그 결과 5열의 R2 a접점이 닫혀 솔레노이드 SOL1을 동작시켜 밸브를 전진위치로 밀어 실린더를 전진시킨다. 이때 실린더가 출발하여 후진끝단 위치를 벗어나면 위치 검출센서 LS1이 Off되므로 릴레이 코일 R2는 바로 소자된다. 그러나 밸브는 양측 전자밸브형식이어서 후진측 솔레노이드가 On되지 않으면 전진위치를 유지하게 되므로 피스톤은 계속 전진하게 된다.

즉, 양측 전자밸브의 구동회로에서는 편측 전자밸브의 구동회로에서와 같이 자기유지를 걸지 않아도 되지만 실린더가 전진상태에서 클램프를 하는 용도와 같이 오작동으로 복귀되어 사고로 이어지는 경우라면 자기유지 회로가 필요하다.

실린더의 피스톤이 전진위치에 도달되면 전진끝단 검출센서 LS2가 On되고 그 결과 4열의 LS2 a접점이 닫혀 R3 코일이 여자된다. 따라서 6열의 R3 a접점에 의해 SOL2가 On되어 밸브를 후진위치로 밀어 실린더를 후진시키게 되며, 후진끝단에 도달되면 다시 LS1이 On되어 같은 동작을 반복하게 된다.

실린더가 동작 중에 정지 스위치 PB2를 누르면 실린더는 후진위치에서 정지하는 회로이다.

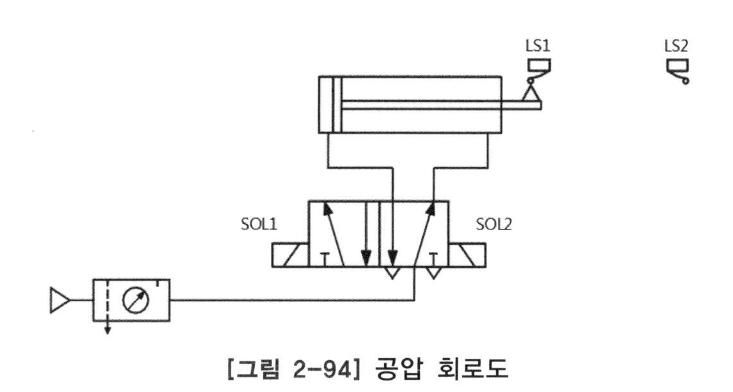

[그림 2-94] 공압 회로도

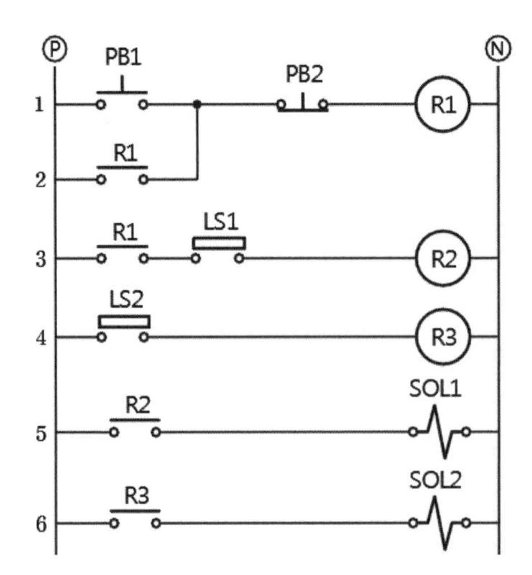

[그림 2-95] 연속 왕복 동작회로

Memo

CHAPTER

03

PLC의 구성과 원리

CHAPTER

03 PLC의 구성과 원리

01 PLC 시스템의 구성

PLC 시스템은 그림 3-1에 나타낸 바와 같이 크게 PLC 본체와 주변기기로 분류되며, 본체에는 기본유닛과 입출력 확장을 위한 증설유닛이 있다.

기본유닛은 전원모듈, CPU모듈, 메모리 모듈, 입력모듈, 출력모듈 등 5대 기능 요소로 구성되어 있는 PLC이다.

증설유닛은 전원모듈과 입력모듈, 출력모듈로 구성되어 있으며, 기본유닛과는 증설 케이블로 접속되며, 기본유닛으로 부족한 입출력 점수를 확장하기 위한 시스템이다.

최대 증설 단수는 기종에 따라 다르지만 통상 8단이 가장 많이 사용되며, 10단까지 증설할 수 있는 기종도 있다.

PLC의 주변기기는 PLC에 프로그램의 입력, 수정 등의 작업에서부터 모니터링, 디버깅, 프로그램 리스트 작성, 프로그램 보존 등 PLC 운용을 지원하는 맨 머신 인터페이스 기기로서 대표적인 것으로는 전용 프로그래머, ROM라이터, 컴퓨터 등이 있다.

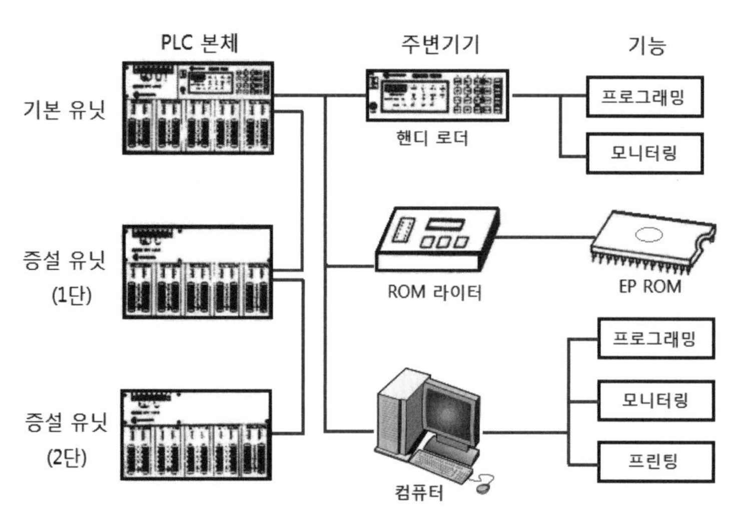

[그림 3-1] PLC 시스템의 구성도

02 PLC의 외관 구조

1 일체형 PLC

주요 구성요소를 2매 정도의 프린트 기판으로 구성한 후 하나의 케이스에 수납시킨 구조이다.

입출력 점수가 주로 100점 이하로 콤팩트하며, 가격면에서도 유리하고 사용하기 편리하여 단독으로 자동화 기계를 제어하는 경우에 많이 이용된다.

다만 PLC에 연결하여 사용할 수 있는 입출력 점수가 고정되어 있어 기종을 선정하는 단계에서 확장을 위한 증설이나 상위 기기나 PLC와의 접속 가능 여부를 고려하여 선정할 필요가 있다.

[그림 3-2] 일체형 PLC

2 모듈형 PLC

외형 치수를 표준화한 모듈을 조립하여 사용하는 형태로 전원모듈, CPU모듈, 입력모듈, 출력모듈 등을 사용자가 그 목적 용도에 적합하도록 선택하여 베이스 보드에 조립하여 PLC를 구성하도록 한 형식을 모듈형 PLC, 또는 유닛형 PLC, 빌딩블록형 PLC라 한다.

PLC에 연결하여 사용할 수 있는 입출력기기나 기능의 확장이 자유롭기 때문에 중·대형 PLC에서 널리 사용한다.

일부 PLC 제조사에서는 일체형이나 모듈형 외에도 카트리지 형태나 원보드 형태의 PLC도 제작하고 있으나 그다지 사용되지는 않는 편이다.

[그림 3-3] 모듈형 PLC

03 PLC 하드웨어의 구성과 원리

1 PLC 하드웨어의 구성

PLC의 하드웨어는 CPU를 포함한 제어 연산부, 메모리부, 입력부, 출력부 및 전원부로 구성되어 있다.

주요 구성도를 컴퓨터와 비교해 보면 PLC의 제어 연산부는 컴퓨터의 CPU이며, PLC의 사용자 프로그램을 격납하는 메모리부는 컴퓨터의 메모리와 기능이 같다. 또한 각종의 명령지령용 조작 스위치와 기계의 위치를 검출하는 센서 등의 신호를 입력하는 PLC의 입력부는 컴퓨터의 키보드와 같고, 연산결과를 출력하여 실린더나 모터 등을 기동시키는 PLC의 출력부는 컴퓨터의 CRT나 프린터에 상응된다.

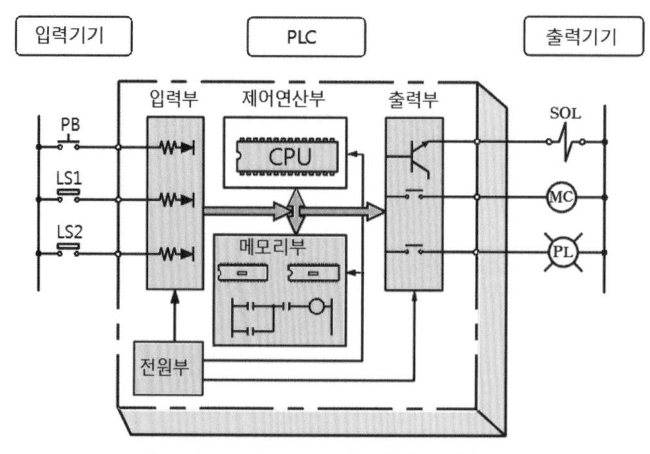

[그림 3-4] PLC의 기본 구성도

2 전원부

PLC의 전원부는 통상 베이스의 맨 좌측에 설치되며, CPU나 메모리, 입력부, 출력부 등이 동작에 필요한 모든 전원을 공급하는 기능을 한다.

PLC 외부의 전원은 통상 AC 220V 또는 DC 24V를 주로 사용하기 때문에 CPU나 메모리, 입출력 회로에 필요한 DC 5V 레벨로 변환하는 것이 주된 기능이다.

종류는 입력 전위에 따라 AC 220V, 110V, DC 24V로 나누어지며, 출력용량에 따라 3A~10A까지 몇가지 형식으로 분류된다.

전원부의 주요회로는 Line conditioner와 Transformer, Filter, Regulator 등으로 구성되어 안정된 DC 전원을 공급하도록 되어 있다.

따라서 전원 모듈 선정시에는 CPU나 입출력 모듈의 소비전류를 검토하여 용량적으로 충분한 여유를 두어 선정해야 하고, 특히 노이즈의 신뢰성도 염두해 두어야 한다.

3 CPU(제어 연산부)

제어 연산부는 중앙처리장치(Central Processing Unit : CPU)라고도 부르며, 그림 3-5에 나타낸 바와 같이 논리연산 부분(Arithmetic and Logic Unit : ALU), 명령어 어드레스를 호출하는 프로그램 카운터 및 연산도중의 결과를 기록하는 레지스터, 명령해독 제어부분 등으로 구성되어 있다.

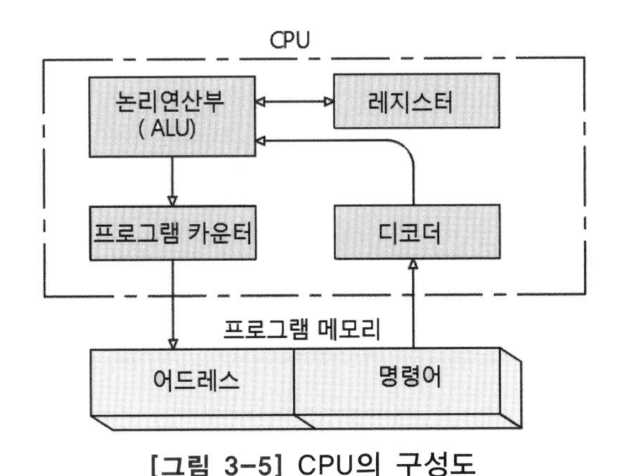

[그림 3-5] CPU의 구성도

연산원리는 PLC를 운전모드로 하면 프로그램의 내용에 따라 실행을 하는데 먼저 메모리 어드레스를 결정해야 하므로 이 기능을 프로그램 카운터가 담당한다. 즉 프로그램 카운터의 번호에 맞는 어드레스의 명령을 취출하여 디코더(decoder)가 명령을 해독하여 그 정보를 연산부에 보내며, 연산부에서 연산을 실시하여 레지스터에 기록함과 동시에 그 결과에 따라 출력을 내보내게 된다.

취출된 명령의 처리가 완료되면 프로그램 카운터는 +1씩 증가되어 다음 명령을 취출하게 되고 계속적으로 연산처리를 실시한다. 이와 같은 연산 방식을 스토어드 프로그램 반복연산이라 하며, 다른 말로 사이클릭 처리, 스캔처리라고도 한다.

PLC 제조사에서는 표 3-1과 같은 CPU와 메모리부에 대한 성능 사양서를 제시하는데 여기서는 CPU 성능 사양서 보는 법을 설명한다.

[표 3-1] XGT PLC의 성능 사양 예

항목		규격	비고
연산 방식		반복연산, 정주기연산, 고정주기 스캔	
입출력 제어 방식		스캔동기 일괄처리방식(리프레시방식), 명령어에 의한 다이렉트 방식	
프로그램 언어		래더 다이어그램, 명령 리스트, SFC, ST	
명령어 수	기본명령	40개	
	응용명령	700개	
연산처리 속도		기본명령 : 0.0085μs/스텝 응용명령 : 0.0255μs/스텝	
프로그램 메모리 용량		2568K Step	
데이터 영역	P	P0000~P2047F(32,7684점)	입출력 릴레이
	M	M0000~M2047F(32,768점)	보조 릴레이
	K	K0000~K2047F(32,768점)	키프 릴레이
	L	L0000~L11,263F(180,224점)	링크 릴레이
	F	F0000~F2,047F(32,768점)	특수 릴레이
	T	100ms : T0000~T0999 10ms : T1000~T1499 1ms : T1500~T1999 0.1ms : T2000~T2047	타이머
	C	C0000~C2047	카운터
	S	S00.00~S127.99	스텝 릴레이
	D	D00000~D32,767	데이터 레지스터
타이머 종류		온 딜레이, 오프 딜레이, 적산, 모노스테이블, 리트리거블 타이머	5종
카운터 종류		업, 다운, 업/다운, 링 카운터	4종
특수 기능		시계기능, 운전 중 프로그램 편집기능, I/O강제 On/Off 기능	
운전모드		RUN, STOP PAUSE, DEBUG	

항목	규격	비고
자기진단 기능	연산지연감시, 메모리 이상, 입출력 이상, 배터리 이상, 전원 이상 등	
프로그램 포트	RS232C(1CH), USB(1CH)	
최대 증설 단수	7단	
내부 소비 전류	960mA	

(1) 연산방식

1) 반복연산

그림 3-6에 반복연산 원리를 나타낸 바와 같이 PLC 프로그램을 작성한 순서대로 0번부터 마지막 스텝(END명령)까지 하나의 명령을 취출, 해독, 연산 후 레지스터에 연산 도중의 결과 저장한 후 다음 어드레스 명령 취출, 해독, 연산하는 방식으로 반복적으로 연산을 수행한다.

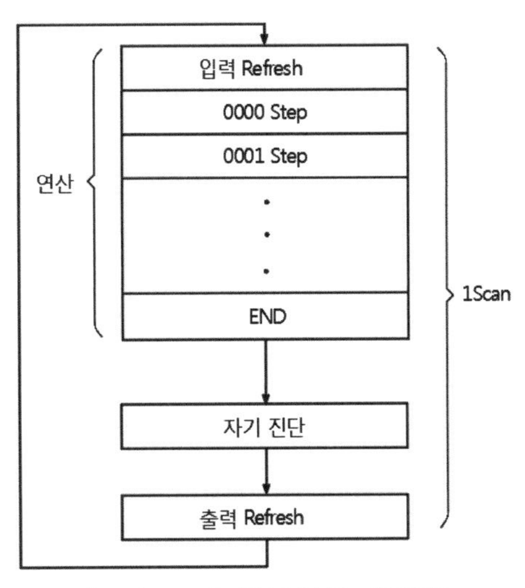

[그림 3-6] 반복연산 원리도

2) 정주기 연산

연산이 반복적으로 수행되지 않고 미리 설정한 시간간격마다 일정한 주기로 프로그램을 실행하는 방식을 정주기 연산이라 한다.

실행주기는 통상 0.001초 단위로 설정할 수 있기 때문에 항상 같은 주기로 동작을 해야 하는 경우의 운전방식으로 채택하면 유효한 기능이다.

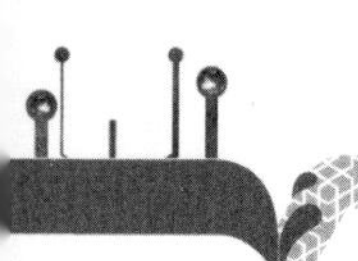

(2) 입출력 제어방식

1) 일괄처리(refresh) 방식

일괄처리 방식이란 그림 3-6의 연산 원리도에 나타낸 것과 같이 프로그램을 실행하기 전에 입력모듈에서 입력 데이터를 읽어 데이터 메모리의 입력용 영역(버퍼)에 일괄하여 저장하고(이것을 입력 리프레시라 함) 연산을 시작한다. 그리고 END 명령까지 연산이 완료되면 연산결과에 의해 데이터의 출력용 영역(버퍼)에 있는 데이터를 일괄하여 출력모듈에 출력(이것을 출력 리프레시라 함)하는 방식을 말한다.

즉 시퀀스 프로그램을 연산하기 전에 일괄적으로 입력모듈의 입력정보를 입력용 데이터 메모리에 저장해 두고 실행할 때는 데이터 메모리 내의 입력정보를 리드(read)하여 연산을 하고 그 결과는 출력용의 데이터 메모리에 기록해 둔다. 계속해서 1사이클의 연산이 종료되면 출력용 데이터 메모리에 기록된 결과를 일괄적으로 출력모듈에 보내 출력하는 것이다. 따라서 연산지연 시간은 최대 2스캔까지 지연된다.

2) 직접처리(direct) 방식

직접처리 방식이란 그림 3-7에 신호 흐름도를 나타낸 바와 같이 입출력 정보를 메모리에 기록하지 않고 연산 도중의 내용에 따라 입력상태를 읽고, 또한 연산결과를 즉시 출력모듈에 보내 실행을 하는 동시에 데이터를 출력용 데이터 메모리에 저장하는 처리방식을 말한다. 이 방식은 입력신호의 변화에 대한 출력신호의 변화는 최대 1스캔 지연된다.

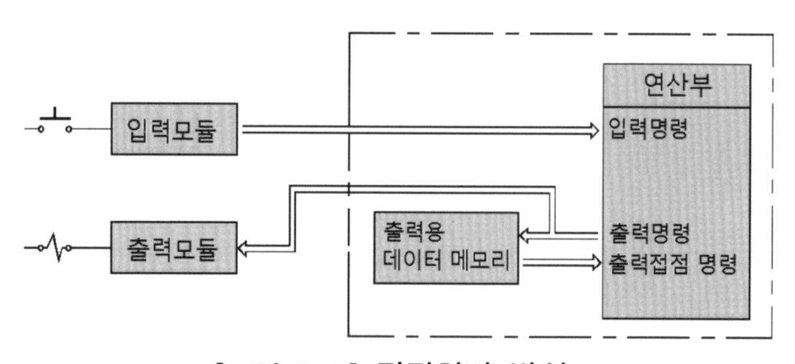

[그림 3-7] 직접처리 방식

(3) 프로그램 언어

현재 사용중인 PLC 프로그램 언어로는 니모닉(Mnemonic), 래더(Ladder), SFC(Sequen-tial Function Chart) 등이 주로 사용되고 있다.

1) 래더 다이어그램 언어

시퀀스 회로도를 사다리 도형식으로 간략화한 것으로서 미국 시퀀스 표준 언어 중 하나이다.

래더 다이어그램 표현은 그림 3-8에 나타낸 것과 같이 종래부터 기계제어에 사용되어 왔던 릴레이 코일과 접점으로 논리를 기술했던 릴레이 시퀀스도를 단순한 도형표시로 표현한 것으로, 현재 PLC 프로그램 언어 중 가장 많이 사용되고 있다.

2) 명령어 리스트 언어

주로 니모닉이란 표현을 사용하며, 컴퓨터 어셈블리언어 형태의 문자기반 언어로 휴대용 프로그램 입력기를 이용한 간단한 로직 프로그램에 사용되며, 컴퓨터를 이용해서도 사용할 수 있는 언어이다.

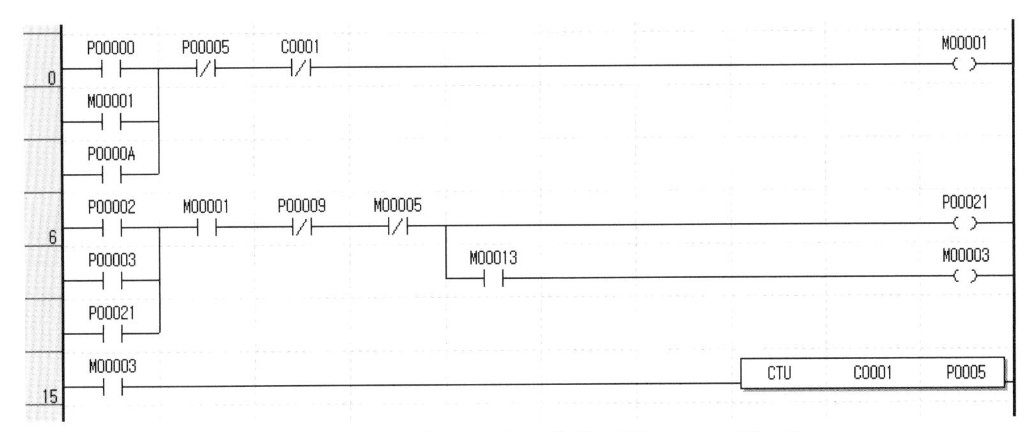

[그림 3-8] 래더 다이어그램에 의한 프로그램 예

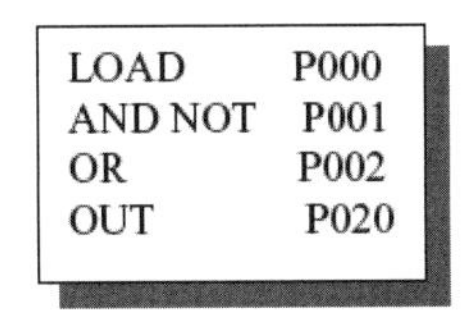

LOAD P000
AND NOT P001
OR P002
OUT P020

[그림 3-9] 니모닉 언어 예

3) SFC 언어

SFC언어는 Sequential Function Chart의 약자로서 상태 천이도를 뜻한다.

SFC는 프랑스에서 개발한 그래프세 언어를 기반으로 한 것으로 라인 상태의 모니터링에 효과적이고 공정 단위로 프로그램을 작성할 수 있다는 등의 특징 때문에 유럽에서부터 사용하기 시작하여 1993년에 IEC가 정식으로 PLC언어로 규정한 것이다.

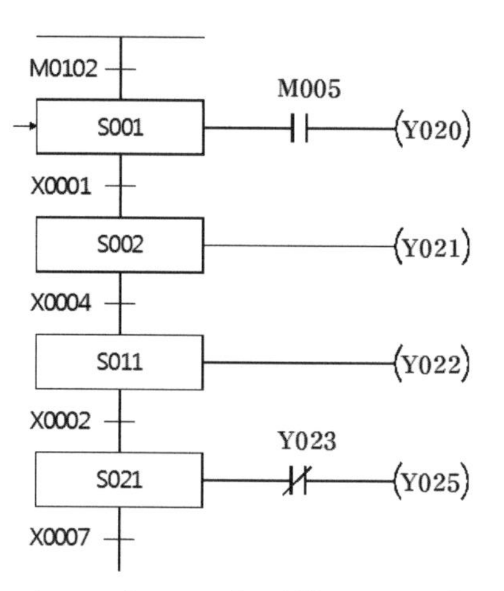

[그림 3-10] SFC에 의한 프로그램 예

(4) 데이터 영역

데이터 메모리라고 표현되며 PLC의 CPU가 신호처리 목적으로 사용되는 내부 릴레이나 타이머, 카운터 등의 요소를 말한다.

1) 입출력 릴레이

PLC에서 입력이란 명령지령용의 각종 스위치나, 검출 센서, 보호용 기기 등의 외부기기의 정보를 CPU에 전달하는 요소를 말하며, 출력이란 솔레노이드, 전자 접촉기, 릴레이, 표시등과 같은 기기에 프로그램 제어 결과를 출력하는 요소를 말한다.

입출력 릴레이라고 표현하는 것은 입출력 요소는 한 번의 결선만으로 내부회로에서 a, b접점을 얼마든지 사용할 수 있기 때문이다.

입출력의 식별문자는 P문자로 표시하고 번지수는 끝번호가 F로 끝나기 때문에 16진수를 사용하고 있음을 의미한다.

입력모듈과 출력모듈에 데이터를 입력받거나 출력하기 위해 각각의 모듈에 번지를 부여하게 되는데 입출력 번호의 할당방법은 기본 베이스로부터 접속되는 증설 베이스의 순서에 따라 베이스 번호가 할당되고 각 베이스의 좌측부터 슬롯 번호가 할당된다.

① 가변식 할당방법

PLC 메이커가 주로 사용하는 입출력 어드레스 할당법으로 슬롯별 장착된 입출력 모듈에 따라 점수가 자동할당되는 방식이다.

0번 베이스의 시작번호는 0000으로 시작되며, 특수모듈이나 통신모듈이 장착되면 고정점수가 16점 또는 32점이 자동할당된다.

XGT PLC시스템의 12슬롯 베이스를 사용한 입출력 어드레스 할당 예는 그림 3-11과 같다.

슬롯 NO		0	1	2	3	4	5	6	7	8	9
전원 모듈	CPU 모듈	입력 16	입력 16	입력 32	입력 64	출력 16	출력 32	출력 32	출력 64	입력 32	출력 16
		P00 ~ P0F	P10 ~ P1F	P20 ~ P3F	P40 ~ P7F	P80 ~ P8F	P90 ~ P10F	P110 ~ P12F	P130 ~ P16F	P170 ~ P18F	P190 ~ P19F

[그림 3-11] 가변식 입출력 번호의 할당 예

② 고정식 할당방법

베이스 각 슬롯당 정해진 고정점수로 사용여부에 관계없이 할당되는 방식으로 32점 또는 64점씩 할당된다.

0번 베이스의 시작은 0000으로 시작되며 한 개의 베이스에 정해진 슬롯분까지 정해져 있으므로 1번 베이스 시작번호는 반드시 확인하여 할당하여야 한다.

XGT PLC 시스템에서는 한 개의 베이스당 16개 슬롯분의 입출력 번호가 할당되기 때문에 1번 슬롯의 시작은 00640이 된다.

그림 3-12는 한 슬롯당 64점이 자동할당되는 고정식 할당 예를 나타낸 것이다.

슬롯 NO		0	1	2	3	4	5	6	7	8	9
전원 모듈	CPU 모듈	입력 16	입력 16	입력 32	입력 64	출력 16	출력 32	출력 32	출력 64	입력 32	출력 16
		P00 ~ P3F	P40 ~ P7F	P80 ~ P11F	P120 ~ P15F	P160 ~ P19F	P200 ~ P23F	P240 ~ P27F	P280 ~ P31F	P320 ~ P35F	P360 ~ P39F

[그림 3-12] 고정식 입출력 번호의 할당 예

③ 증설 시스템의 할당법

기본 베이스에 최대 장착할 수 있는 입출력 모듈의 수는 메이커마다 정해져 있으며, 때문에 기본 베이스로 처리 불가능한 입출력 점수의 확장은 증설 베이스를 사용한다.

증설 베이스에는 CPU모듈이 장착되지 않기 때문에 기본 베이스와는 다르며, 최대 증설 단수도 PLC 기종마다 정해져 있고 최대 처리 입출력 점수도 정해져 있으므로 주의가 필요하다.

증설 1단, 2단 등의 위치는 베이스의 선택스위치로 지정되며, 그림 3-13은 8단 베이스 슬롯으로 3단 증설시스템에 고정식 입출력 할당을 사용한 예이다.

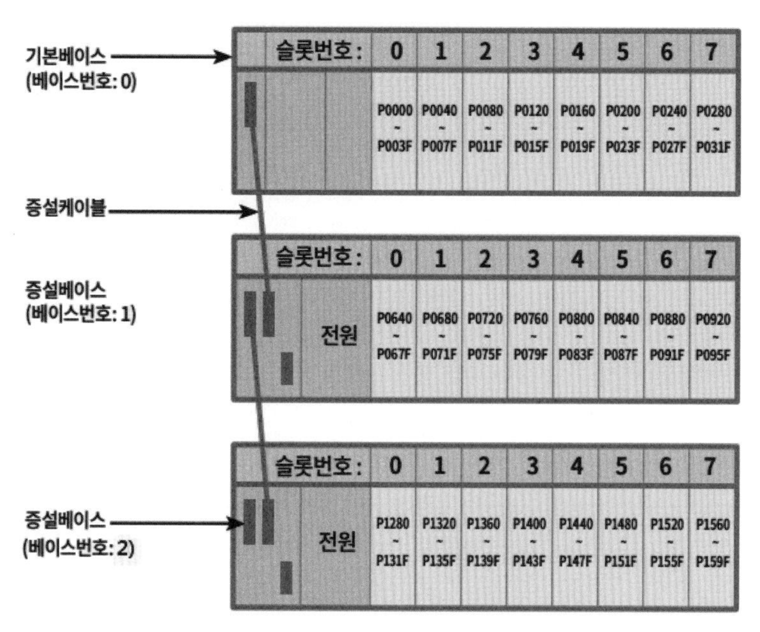

[그림 3-13] 증설 시스템의 입출력 할당 예

2) 보조 릴레이

PLC 내부 릴레이로서 유접점의 릴레이와 동일한 기능을 한다. 즉 코일을 On시키면 a접점은 닫히고, b접점은 열리는 동작을 하는데 차이점은 접점 수가 무제한이다.

주 기능은 입력신호의 기억이나 프로그램 연산 중 내부 정보를 처리할 때 정보를 전달해 주는 용도로 사용된다.

XGT PLC에서는 식별문자로 M을 사용하며 기종에 따라 32,768점이 있으므로 이는 접점 수가 무제한인 릴레이 32,768개를 사용하는 것과 동일하다.

3) 키프 릴레이

정전유지 릴레이(불휘발성 영역)로 K로 표시하고, 보조 릴레이 M과 사용 용도는 동일하나 PLC 정전시 정전 이전의 데이터를 보존하여 정전 복구시 데이터가 정전 이전의 상태로 복구된다.

4) 링크 릴레이

PLC간 상호 통신을 할 때 정보를 주고받기 위한 용도의 릴레이로서 L로 표시한다.

5) 특수 릴레이

PLC 내부시스템의 이상상태 체크나 플래그 설정 등을 목적으로 사용되는 릴레이로서 F로 나타낸다.

6) 타이머

시간을 제어하는 용도로 사용되며 타이머 일치 접점과 설정시간, 경과시간을 저장하는 영역으로 구성된다.

기능적으로는 온 딜레이, 오프 딜레이, 적산, 모노스테이블, 리트리거블 동작 등 5가지 기능을 사용할 수 있으며, 설정값도 타이머 번지수에 따라 0.1초 단위, 0.01초 단위, 0.001초 단위, 0.0001초 단위까지 설정할 수 있음을 의미한다.

7) 카운터

수의 처리요소로 사용되며 카운터 일치 접점과 설정값, 경과값을 저장하는 별도의 영역으로 구성된다.

8) 스텝 컨트롤러

순차제어 명령 기능의 하나로 안전한 순차작동 제어를 위해 보증의 인터록 기능과, 보호의 인터록 기능, 자기유지 기능 등이 명령어 내에 포함되어 있어 기계장치의 순차제어에 유효한 명령의 데이터이다.

9) 데이터 레지스터

수치 연산을 위해 내부 데이터를 저장하는 영역으로 기본 16Bit(1Word) 또는 32Bit(2Word)이다. 단위로 데이터의 쓰고 읽기가 가능하다. 파라미터 사용에 의해 일부 영역을 불휘발성 영역으로 사용할 수 있다.

(5) 특수 기능

1) 시계기능

CPU 모듈에 시계소자(RTC)를 내장하고 있어 시계 데이터에 의해 시스템의 시간 관리나 고장이력 등의 관리에 사용할 수 있다. RTC는 전원이 Off되면 배터리의 백업에 의해 시계 동작을 계속하며, 현재시간은 시스템 운전상태 정보 플래그에 의해 스캔마다 갱신된다.

2) 운전 중 프로그램 편집기능

일반적으로 PLC의 프로그램을 작성할 때는 프로그램 모드에서 작성을 마치고 실행하게 된다. 따라서 일부 PLC에서는 운전 중에는 프로그램의 수정이나 편집이 불가능하지만 이 모델의 PLC는 운전 중에도 프로그램을 수정할 수 있다는 것을 의미한다.

3) I/O 강제 On/Off 설정 기능

입출력의 강제 On/Off기능이란 프로그램의 실행 결과와는 무관하게 특정의 입출력 영역을 강제로 On/Off할 경우에 사용하는 기능이다.

PLC 시뮬레이션의 한 방법인 이 기능은 프로그램의 논리체크나 배선의 점검, 프로

그램에 의한 수동 운전 등의 목적으로 사용되며, 조작방법은 PLC마다 다르므로 이 기능을 사용할 때는 매뉴얼 숙지가 필요하다.

(6) 운전모드

1) RUN 모드

프로그램 연산을 정상적으로 수행하는 모드이다.

2) STOP 모드

프로그램 연산을 하지 않고 정지상태인 모드로서 주로 프로그램 작성시 사용하므로 프로그램 모드라고도 한다.

3) PAUSE 모드

프로그램 연산이 일시정지된 모드로, 다시 RUN 모드로 돌아갈 경우에는 정지되기 이전의 상태부터 연속하여 운전한다.

4) DEBUG 모드

프로그램의 오류를 찾거나 연산 과정을 추적하기 위한 모드로 이 모드로의 전환은 STOP 모드에서만 가능하다. 프로그램의 수행상태와 각 데이터의 내용을 확인해 보며 프로그램을 검증할 수 있는 모드이다.

(7) 자기진단 기능

자기진단 기능이란 CPU가 PLC 자체의 이상 유무를 진단하는 기능이다. PLC시스템의 전원을 투입하거나 동작 중 이상이 발생한 경우에 이상을 검출하여 시스템의 오동작 방지 및 예방보전기능을 수행한다.

1) 연산지연 감시 타이머(Watch Dog Timer)

연산지연 감시 타이머는 PLC의 하드웨어나 소프트웨어 이상에 의한 CPU의 폭주를 검출하는 기능으로 파라미터로 지정할 수 있다. 스캔타임을 감시하여 스캔타임이 지정된 WDT시간보다 긴 경우에는 PLC의 연산실행이 중지되고 출력은 전부 Off된다. 또한 CPU의 RUN 모드가 정지되고 에러표시를 하게 된다.

2) 입출력 모듈 체크 기능

베이스 모듈에 장착된 입출력 모듈이 착탈 또는 불완전하게 접속되었을 때 이를 검출하는 기능이다.

3) 배터리 전압 체크

배터리 전압이 메모리 백업전압 이하로 떨어지면 이를 감지하여 CPU에 전달하는 기능이다. 배터리는 소모성 부품이므로 정전시간 합계가 배터리의 수명시간 이내에서

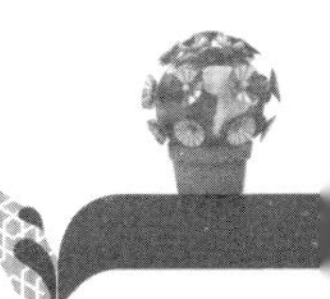

주기적으로 교체하여야 하며, 배터리 교체시는 PLC의 전원이 투입된 상태에서 실시하여야 한다.

4) 전원 이상 검출 기능

전원 모듈에 입력되는 전원규격이 정격전압의 허용치를 초과하는 경우나 순간 정전시간이 허용 정전시간 이상일 때 전원 이상을 검출하여 실행을 중지하고 에러메시지를 송출하는 기능이다.

4 메모리부

(1) 메모리부 기능

사용자가 작성한 PLC 프로그램, 즉 시퀀스 회로의 내용을 저장하는데 사용되어지는 부분이 PLC의 메모리부로서 세부적으로 프로그램 메모리라고 한다.

(2) 메모리의 종류

메모리부에 사용되는 메모리에는 사용하는 목적에 따라서, 또는 사용소자에 따라서 여러 종류가 사용되는데 주로 RAM과 EP-ROM이 많이 사용되고 있다.

1) RAM

RAM은 Random Access Memory의 약어로서 각각의 메모리 워드 또는 비트에 데이터를 쓰거나 읽는 것을 자유롭게 할 수 있는 메모리를 말한다.

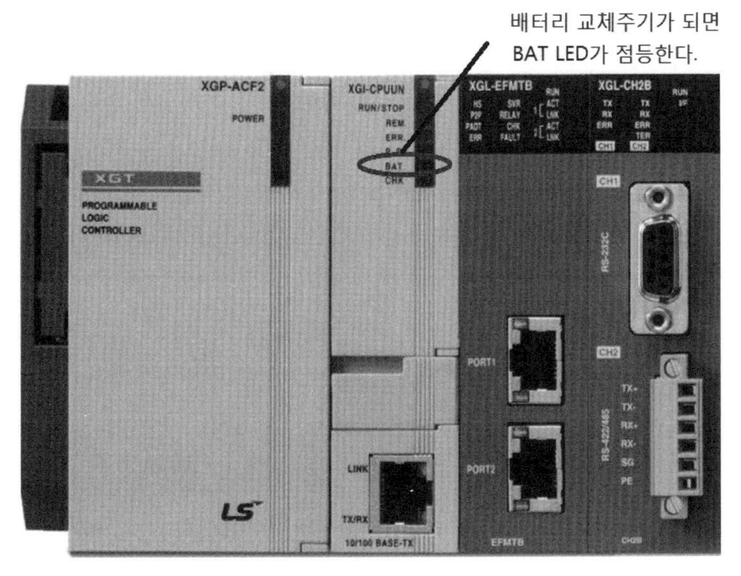

[그림 3-14] 백업용 배터리 교체 알람

그러나 RAM은 전원이 끊어지면 메모리에 저장된 내용이 지워져 버리는 단점이 있다. RAM은 전원 차단시 10^{-9}초 이내에 기억된 정보가 지워져 버리므로 소멸성 또는 휘발성 메모리라 한다.

따라서 전원이 끊겨도 저장된 내용을 기억하기 위해서는 비상용 전원장치가 필요하다. 이러한 이유로 PLC 시스템의 CPU 내에는 전원 차단시 RAM에 전원을 공급하기 위한 백업용 배터리가 갖추어져 있다.

이 백업용 배터리는 일정기간 사용하면 교체 사용하여야 하며, 통상 수명은 정전시간 합계 약 15,000시간에서 30,000시간 정도이다. 배터리 교환시기는 CPU 모듈 상단에 BAT LED로 표시한다.

[그림 3-15] CPU 모듈에 장착된 백업용 배터리

2) ROM

ROM(Read Only Memory)은 읽기 전용의 메모리로서, 메모리에 기억된 내용을 변경하거나 새롭게 기억하는 것이 곤란하다.

PLC와 같은 마이컴 제어에서 사용하는 ROM은 주로 EP-ROM이며, Erasable PROM은 한번 기입해서 사용한 후 잘못 기입하였거나 또는 새로운 프로그램을 기입하기 위해 ROM의 내용을 소거하고 재차 기입할 수 있는 ROM이다.

EPROM에 프로그램을 기억하기 위해서는 롬라이터(ROM Writer)가 필요하며, PLC 롬라이터는 PLC마다 언어체계가 다르기 때문에 호환성이 없어 제조사 전용의 롬라이터가 필요하다.

EPROM의 소거 방법으로는 ROM IC의 중앙에 투명한 창을 설치하여 이 창에 자외선을 조사(照射)함으로써 ROM의 내용을 지울 수 있는 것이 일반적이다.

자외선을 조사하여 ROM의 내용을 소거하는 전용 툴을 롬이레이저(ROM Eraser)라고 한다. 이와 같이 EPROM은 몇 번이고 ROM의 내용을 변경할 수 있기 때문에 마이컴의 프로그램 개발이나 PLC에서 사용자 프로그램 격납용으로 적합하다.

시운전 종료 후 정상운전 단계에서 이 ROM을 사용하면 백업용 배터리의 관리도 필요 없으며, 메모리부에 대한 완전한 노이즈 대책이 되기도 한다.

3) 메모리의 용량과 크기

컴퓨터나 PLC는 단지 신호의 유무를 표시할 수 있는 신호 0과 1의 두 가지 상태만을 인식한다.

이렇게 두 가지 형태로 표시되기 때문에 이것을 2값 신호 또는 2진수라 부른다. 가장 작은 메모리 단위인 저장위치는 0과 1중 어느 하나의 값이 기억된다. 이와 같은 가장 작은 자료의 단위를 비트(bit)라 한다.

기억용량은 이 비트의 수량을 나타내는 것으로 주로 K(Kilo)단위로 나타내며, 1Kilo bit(1K bit)는 1,024bit이다. 예를 들어 ROM이 2,048bit의 기억용량을 가지고 있다면 이것은 2Kilo bit ROM이며 간단히 2K ROM이라 표시한다.

그러나 PLC의 기억용량에서는 저장될 수 있는 비트의 수량보다는 워드(Word)의 수량이 더욱 관심의 대상이 되며 따라서 단위도 K-Word를 적용한다. PLC 메이커가 제공하는 카탈로그에는 1K 또는 1K Word라고 표시되거나 스텝(Step)으로 표시되어 있는 경우가 대부분이며, 이는 저장할 수 있는 단어의 수량을 나타내는 것이다.

5 입력부

(1) 입력부의 기능

PLC의 입력부는 외부로부터 수신되는 입력기기 신호를 CPU가 처리할 수 있는 신호 레벨로 변환시켜 연산부에 전송하는 기능을 한다.

즉 입력부는 누름버튼 스위치, 리밋 스위치, 근접 스위치 등의 입력신호를 PLC의 제어 연산부에 전기 신호로 접속하기 위한 인터페이스 역할을 담당하는 기능부이다.

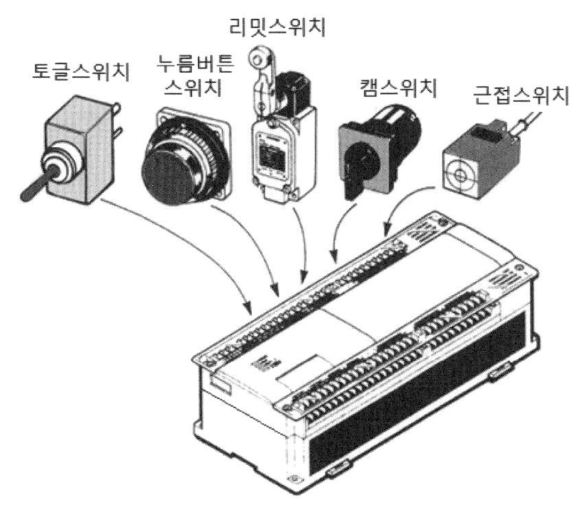

[그림 3-16] PLC 입력기기

(2) 입력기기의 종류와 적용전압

PLC의 입력기기는 크게 제어반이나 조작반 등에 장착되어 있는 것과 기계 장치에 장착되어 있는 것으로 분류되는데 대표적인 입력기기의 종류는 표 3-2와 같다.

입력기기는 신호의 형태에 따라 디지털 신호기기와 아날로그 신호기기로 대별되고 사용전원의 종류와 적용 전압의 레벨에 따라 여러 가지로 분류된다.

[표 3-2] 입력부에 접속되는 기기의 종류

구 분	입력기기의 종류
제어반이나 조작반 등에 장착되어 있는 기기	누름버튼 스위치, 셀렉터 스위치, 토글 스위치, 디지털 스위치, 타이머, 카운터의 출력신호, 계측기 등
기계나 장치에 장착되어 있는 기기	리밋 스위치, 마이크로 스위치, 광전센서, 근접스위치, 로터리 엔코더 등의 검출기기와 열동 계전기, EOCR등의 보호기기

PLC의 입력모듈은 통상 한 종류의 전원, 전압을 사용하는 기기만이 적용되므로 입력기기에 맞는 적합한 입력모듈을 선정하여야 하며, 표 3-3은 PLC에 입력되는 입력기기의 종류와 적용전압을 나타낸 것이다.

[표 3-3] PLC의 입력기기와 적용전압

종 류	적용전압	입력기기의 종류
강전기기	AC 110V AC 220V	누름버튼 스위치, 각종 절환 스위치, 리밋 스위치, 강전용의 릴레이 접점, 전자 접촉기, 개폐기의 접점 등의 접점 입력기기
약전기기	DC 12V DC 24V	누름버튼 스위치, 디지털 스위치, 마이크로 스위치 등의 접촉 신뢰성이 높은 접점 입력기기와 근접스위치, 광전센서 등의 무접점 입력기기
계측기나 컴퓨터 신호	DC 5V DC 12V	출력부에 TR이나 TTL-IC를 사용한 입력기기

(3) 입력부의 구성과 신호 흐름

입력부의 구성과 신호 흐름은 그림 3-17에 나타낸 바와 같이 입력기기들과 PLC와 접속하는 모듈 단자부, 외부기기의 입력신호를 PLC의 CPU에 맞는 전위값으로 변환하는 신호 변환부, 입력 상태를 가시적으로 나타내는 표시 회로부, 입력부에 포함되는 노이즈나 서지전압 등 전기적 잡음을 흡수하는 필터 회로와, 노이즈의 내부 침투를 막는 절연 회로부로 구성되어 있다.

① 입력모듈 단자부

외부입력기기와 PLC 사이의 연결부이다.

접속방식에 따라 단자대 커넥터 방식과 핀 커넥터 방식이 있으며, 주로 강전

기기는 단자대 커넥터 방식이, 약전 기기이면서 32점 이상의 경우는 핀 커넥터 방식을 사용한다.

② 입력신호 변환 회로부

외부기기의 입력신호를 CPU가 처리할 수 있는 신호로 변환시키는 기능을 담당하며, 이 회로부의 내용에 따라 AC 입력, DC 입력, 센서 입력 등의 모듈 형식이 정해진다.

③ 입력상태 표시 회로부

그림 3-18에 나타낸 것과 같이 입력모듈 상단에 설치된 LED의 점등으로 입력기기의 동작상태를 시각적으로 나타내는 기능을 한다.

④ 절연 회로부

입력기기의 신호와 CPU 사이를 전기적으로 절연하여 입력기기를 통해 침입하는 노이즈를 차단하는 기능을 한다.

절연 소자로는 포토커플러가 주로 사용된다.

⑤ 멀티플렉스 회로

입력기기의 정보를 CPU에 전달하는 기능부이다.

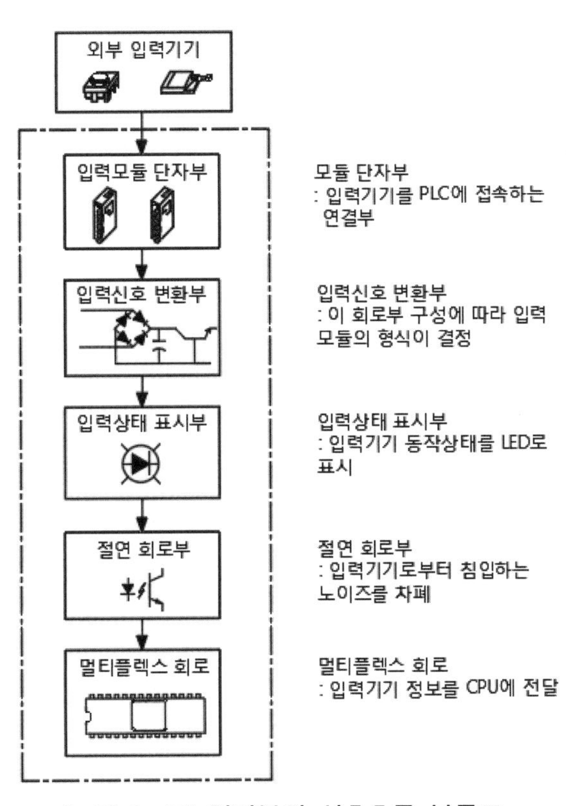

[그림 3-17] 입력부의 신호흐름 블록도

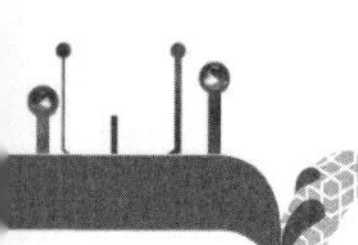

(4) 입력부 선정 요점

① 입력기기의 사용 전원이 AC 입력기기인지 또는 DC 입력기기인지를 결정한다. 일반적으로 조작 스위치나 리밋 스위치 등의 접점 입력기기는 AC 전원이나 DC 전원 모두를 적용할 수 있지만, 반도체 출력형의 근접스위치, 리드스위치, 광전센서 등은 기본적으로 DC 전원을 사용하여야 한다. 따라서 입력기기에 따라 AC 입력모듈을 사용할 것인가 또는 DC 입력모듈을 사용할 것인가를 표 3-3과 같은 기준을 적용하여 결정하는 것이 바람직하다.

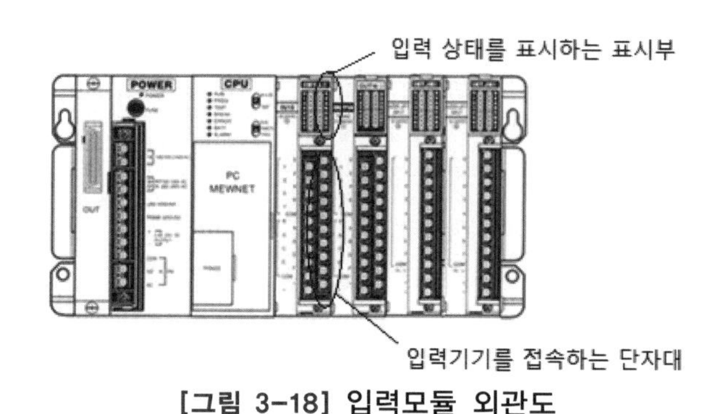

[그림 3-18] 입력모듈 외관도

② 정격전압을 결정한다.
AC 입력의 경우는 110V입력과 220V입력으로 구분되고 DC 입력의 경우는 12V, 24V, 48V, 100V 등이 있으므로 입력기기의 사용 전압이 몇 V인가를 확인한다.

③ 절연의 유무를 결정한다.
절연이란 입력모듈과 CPU간을 전기적으로 분리하여 입력기기로부터 침입하는 각종 노이즈를 차폐하기 위한 대책의 하나이기 때문에 절연방식이 비절연 방식보다 신뢰성 측면에서 안전하다고 할 수 있다.

④ 입력 응답시간이 적당한가를 검토한다.
입력 응답시간은 PLC 시스템의 응답시간을 결정짓는 요인이므로 빠를수록 응답이 좋다고 할 수 있다. 일반적으로 디지털 입력모듈의 응답시간은 1ms~15ms 정도로 범위가 크기 때문에 반드시 검토하여야 한다.

⑤ 입력점수를 몇 점으로 할 것인가를 검토한다.
PLC의 입력점수는 제어 시스템이 입력기기를 몇 개 필요로 하고 있는가의 문제이며, 당연히 시스템의 크기와 복잡도에 따라 관계가 있다.
입력점수는 시퀀스 제어에 필요한 명령지령용 입력신호의 수와 검출 및 보호용 입력신호 수를 계산하여 필요로 하는 수만큼 준비해야 하는데, 조정과 테스트를 하다 보면 추가하지 않으면 안 되는 경우가 많다.

따라서 다소의 여유를 가지고 입력 점수를 확보하여 두는 편이 좋다. 또한 하나의 입력점이 고장시 입력 카드를 교체하지 않고도 손쉽게 대처할 수 있도록 하는 여유분도 고려하는 것이 바람직하다.

PLC 메이커에서 출하되는 하나의 입력모듈에는 통상 8점, 16점, 32점, 64점 등의 입력수가 하나의 그룹으로 형성되어 나오나 16점이나 32점 모듈이 많이 사용된다.

⑥ 기타 입력신호 동작 표시장치의 유무나 입력기기와 모듈과의 접속방식 등을 검토하여 입력모듈의 형식을 선정하는 것이 바람직하다.

(5) AC 입력모듈

AC 입력모듈은 상용전원인 AC 220V를 입력전원으로 사용하기 때문에 특별히 입력용 전원을 준비할 필요가 없으며, 종류에는 전압에 따라 110V용, 220V용, 프리볼트용 등이 있다.

AC 입력모듈에 적용되는 시퀀스 입력기기로는 누름버튼 스위치, 셀렉터 스위치, 리밋 스위치, 릴레이, 타이머의 접점, 전자 접촉기, 개폐기의 접점신호 등이 해당된다.

그림 3-19는 AC 입력모듈의 내부회로로 누름버튼 스위치를 눌렀을 때 AC 입력전원을 통해 입력되는 전류는 정류기에서 직류신호로 변환되고, 이 전류에 의해 포토커플러의 발광 다이오드를 발광시켜 내부회로에 신호를 보내게 된다.

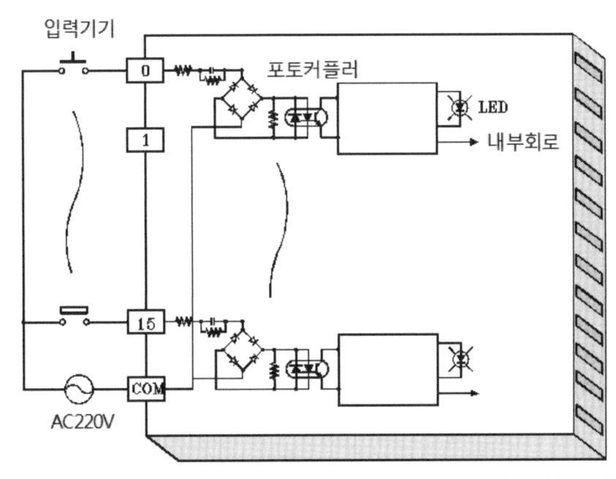

[그림 3-19] AC 220V 입력모듈 회로 구성도

표 3-4는 XGT PLC용 AC 입력모듈의 사양 예를 나타냈으며 항목의 내용은 다음과 같다.

① 입력점수

PLC의 입력점수는 입력기기를 몇 개 접속할 수 있는지의 수치이다.

PLC 메이커에서 출하되는 하나의 입력모듈에는 통상 4점, 8점, 16점, 32점 등의 입력수가 하나의 그룹으로 형성되어 나오나 16점이나 32점 모듈이 주로 사용된다.

입력점수는 시퀀스 제어에 필요한 명령지령용 입력신호의 수와 검출 및 보호용 입력신호 수를 계산하여 준비해야 하는데, 조정과 테스트를 하다 보면 추가하지 않으면 안되는 경우가 많다. 때문에 다소의 여유를 가지고 입력점수를 확보하는 편이 좋다. 또한 하나의 입력점 고장시 입력모듈을 교체하지 않고도 손쉽게 대처할 수 있도록 하는 여유분도 고려하는 것이 바람직하다.

② 절연방식

입력기기로부터 침입하는 노이즈를 차폐하기 위한 기능부로 사양서는 포토커플러를 사용하여 절연하고 있음을 의미한다.

[표 3-4] AC 입력모듈의 사양 예

항목 \ 형식		AC 입력모듈	
		G4I-A12A	G4I-A22A
입력점수		16점	
절연방식		photo coupler 절연	
정격 입력 전압		AC 100~120V	AC 200~240V
정격 입력 전류		11mA	
사용 전압 범위		AC 85~132V(50/60±3Hz)	AC 170~264V(50/60±3Hz)
On전압/On전류		AC 80V 이상 / 6mA 이상	AC 150V 이상 / 4.5mA 이상
Off전압/Off전류		AC 30V 이하 / 3mA 이하	AC 50V 이하 / 3mA 이하
입력임피던스		약 10kΩ	
응답시간	Off → On	15ms 이하	
	On → Off	25ms 이하	
콤먼방식		16점 1콤먼	
내부 소비전류(DC 5V)		70mA	
동작표시		입력 On시 LED 점등	
접속방식		20점 단자대 커넥터	

③ 정격전압

입력기기에 적용하는 전압으로 G4I-A12A 모델은 AC 110V이고, G4I-A22A 모델은 AC 220V이다는 의미이다.

④ 정격전류

PLC 입력모듈의 정격전류는 3mA~12mA가 대부분이며 특별한 것에는 30mA까지 있다.

입력모듈이 포토커플러를 사용하여 절연한 형식에는 정격의 공급 전압과 함께 규정 전류를 흘리게 하지 않으면 안 되므로 주의가 필요하다.

⑤ 입력 응답시간

입력기기의 신호가 On되어 CPU에 정보가 전달되기까지의 시간으로 일반 입력 모듈의 응답시간은 1ms~15ms 정도이다. 따라서 조작 패널에서의 누름버튼 스위치나 전자 접촉기 등의 보조접점에서의 신호를 취급하는 경우에는 문제시 되지 않는다.

⑥ 콤먼방식

PLC는 입출력 배선시 전선이나 작업의 공수를 절약하기 위해 콤먼배선을 주로 한다.

사양서의 모듈은 입력점수 16점을 1개의 콤먼으로 묶었다는 의미이다.

⑦ 내부 소비전류

모듈이 작동하기 위한 소비전류로 전원모듈 용량이나 노이즈 필터의 용량 선정시 참고자료가 된다.

⑧ 동작표시

입력신호의 동작상태를 나타내 주는 동작표시 기능은 기계의 보수나 점검 및 조정시에 편리하기 때문에 중요한 신호의 입력에는 표시회로에 의한 표시등이 부착되어 있는 입력모듈을 채용하는 것이 좋다.

⑨ 접속방식

외부입력기기와 입력모듈과의 접속방식은 크게 두 가지로 분류되며, 그 중 하나는 컴퓨터의 신호선과 같은 커넥터 방식과, 터미널(압착단자)을 접속하여 고정할 수 있는 단자대 방식이 있다.

통상 32점 이상의 입력점수가 하나의 모듈로 된 입력모듈에서는 커넥터 방식이 쓰이고, 일반적인 8점이나 16점, 32점 정도의 일반 시퀀스 입력용 모듈에는 단자대 방식이 많다.

또한 접속방식을 검토하는데 있어 검토할 항목으로는 입력점수 몇 점마다 콤먼선(공통선)이 준비되어 있는가도 조사하여 둘 필요가 있다. 이것은 만일 전 입력점이 1개의 콤먼선으로 되어 있는 경우는 결선작업시 공수(工數)가 절약되는 이점이 있으나, 1개의 입력모듈에 복수계통의 입력을 사용할 경우에는 계통별로 분리하지 않으면 안되는 일이 발생되기 때문에 적당한 형식을 선정하여야 한다.

(6) DC 입력모듈

DC 입력모듈은 각종의 조작 스위치, 마이크로 스위치 등의 접점에 의한 입력신호와 근접스위치, 광전센서 등의 입력신호 및 계측기 등의 TTL-IC에 의한 입력신호 등 폭넓은 용도에 사용된다.

DC 입력모듈에는 입력전압의 정격에 따라 12V, 24V, 48V, 100V 등이 있으나 24V 모듈이 많이 사용되고, 콤먼방식에 따라서도 싱크콤먼 방식과 소스콤먼 방식 등이 있다. 또한 내부회로와 입력모듈 사이가 절연된 절연형식과 절연하지 않은 비절연형식 등 그 종류가 제법 많다.

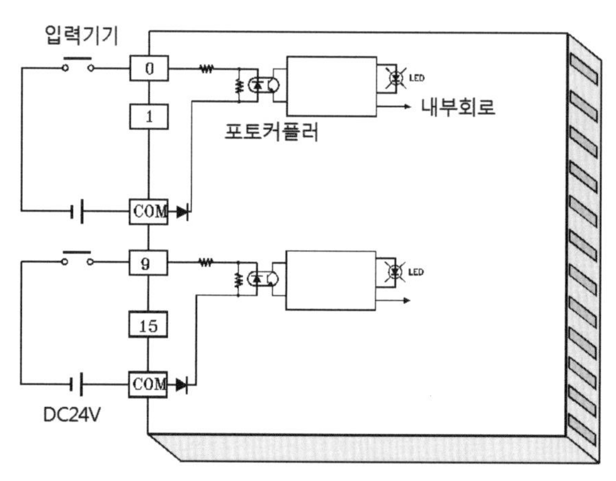

[그림 3-20] DC 24V 입력모듈 회로 구성도

[표 3-5] DC 입력모듈의 사양 예

항목 \ 형식		DC 입력모듈 G4I-D22B
입력점수		16점
절연방식		photo coupler 절연
정격 입력 전압		DC 12/24V
정격 입력 전류		11mA
사용 전압 범위		DC 10.2~26.4V (리플률 5% 이내)
On전압/On전류		DC 9.5V 이상 / 4mA 이상
Off전압/Off전류		DC 6V 이하 / 1mA 이하
입력임피던스		약 2.2kΩ
응답시간	Off → On	3ms 이하
	On → Off	3ms 이하

항 목 \ 형 식	DC 입력모듈
	G4I-D22B
콤먼방식	8점 1콤먼(싱크콤먼)
내부 소비전류	70mA
동작표시	입력 On시 LED 점등
접속방식	20점 단자대 커넥터

그림 3-20은 DC 입력모듈의 내부 회로를 나타낸 것이고, 표 3-5는 그 사양을 나타낸 것이다.

주요 특징은 16점 DC 입력모듈로 정격전압은 12V와 24V를 선택, 사용할 수 있으며, 콤먼의 극성이 (+)인 싱크콤먼 소스입력 형식이다. 입력 응답시간은 3ms 이하로 AC 입력모듈보다는 빠르며, 동작 확인용으로 LED를 사용하여 입력신호가 On되면 LED를 점등시키도록 한 것이다.

6 출력부

(1) 출력부 기능

PLC의 출력부는 시퀀스 프로그램의 연산결과에 따라 실린더나 모터, 파일럿램프 등과 같은 제어 대상물을 작동시키거나, NC제어장치나 컴퓨터로 데이터를 전송하기 위해 제어 연산부와 제어 대상물 간의 신호결합을 수행하는 부분이다.

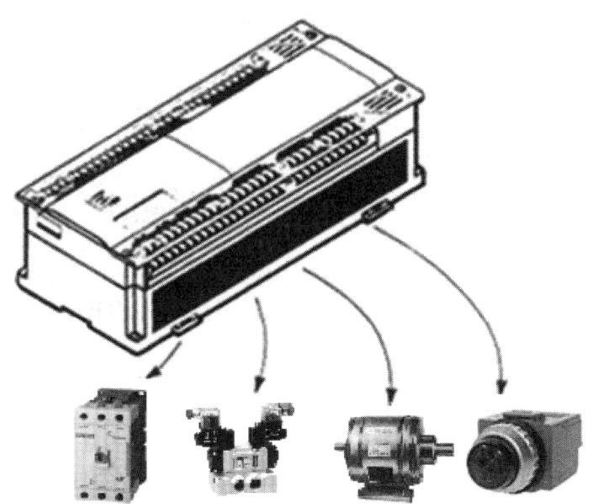

[그림 3-21] 출력부 접속기기

(2) 출력모듈 종류별 접속 구동기기

시퀀스 제어의 목적을 달성하기 위한 구동기기로는 사용용도와 특성에 따라 다양한 종류가 있으며, 따라서 PLC의 출력에 접속되는 신호의 형태도 다양하다.

디지털 신호형태의 구동기기로는 솔레노이드 밸브, 릴레이 코일, 벨, 부저 및 모터 구동용 전자 접촉기 등이 있으며, 아날로그 형태의 구동기기로는 유량밸브, AC, DC 드라이버, 아날로그 미터계, 온도 조절계, 유량 조절계 등이 있다.

표 3-6은 대표적 출력모듈의 형식과 적용가능 부하를 나타낸 것이다. 다만 이는 직접제어인 경우의 예이고, 중계제어를 한다면 2차 증폭기기의 특성을 고려하므로 전혀 다른 양상이 되며, 노이즈의 영향이나 수명, 응답속도를 고려하면 트랜지스터 출력이 가장 안정적이라 할 수 있다.

[표 3-6] 출력모듈의 종류와 적용 구동기기

출력모듈 형식		적용 구동기기(부하)
트랜지스터 출력		리드 릴레이, DC 솔레노이드, LED 표시등, 소용량 램프 및 NC제어장치나 컴퓨터로의 데이터 전송이나 제어신호 송출용
접점 출력	스파크 킬러 부착형	전자 접촉기, 전자 솔레노이드, 전자 클러치, 전자 브레이크 등의 일반적인 유도부하
	스파크 킬러 없는형	리드 릴레이, 솔리드스테이트 타이머, 네온램프 등과 같이 누설전류가 문제시 되는 경부하
트라이액 출력		전자 접촉기, 전자 솔레노이드, 전자 클러치, 전자 브레이크와 같은 AC 유도부하
아날로그 출력		서보모터, 모터 가변속 장치, 각종 조절장치 등

(3) 출력부의 구성과 신호흐름

출력부의 구성은 그림 3-22에 나타낸 바와 같이 멀티플렉스 회로, 래치 회로부, 절연 회로부, 표시 회로부, 출력신호 변환부 및 출력모듈 단자로 구성되어 있다. 이것은 입력부와 그 구성과 기능이 비슷하며, 다만 신호 흐름의 순서가 반대로 되어 있을 뿐이다.

① 멀티플렉스 회로

CPU의 연산결과 정보를 해석하여 전달하는 기능부이다.

② 래치 회로부

멀티플렉스에 나온 회로를 저장하는 영역이다.

③ 절연 회로부

출력기기가 작동할 때 발생되는 노이즈로부터 CPU를 보호하기 위해 절연하는 기능을 한다.

절연 소자로는 주로 포토커플러가 사용된다.

④ 출력상태 표시 회로부

출력모듈 상단에 설치된 LED의 점등으로 출력기기의 동작상태를 시각적으로 나타내는 기능을 한다.

⑤ 출력신호 변환부

외부출력기기를 직접 구동하기 위해 미소의 CPU값을 증폭시키는 기능을 한다.

⑥ 출력모듈 단자부

구동기기를 PLC에 연결하기 위한 접속부이다.

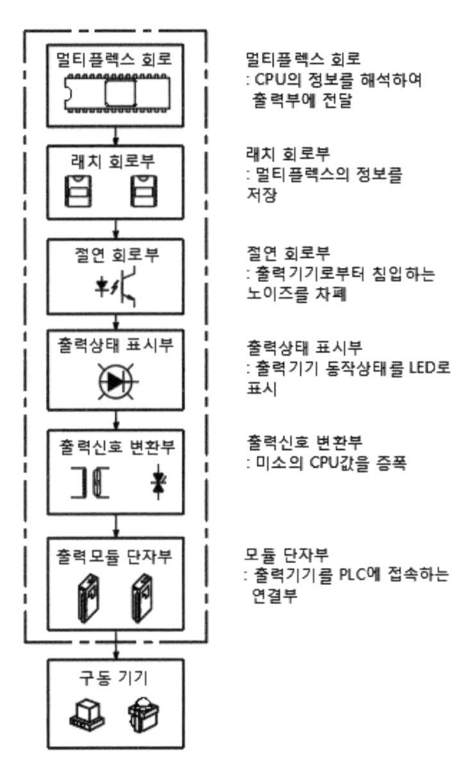

[그림 3-22] 출력부의 신호흐름 블록도

(4) 출력부 선정 요점

PLC에 적용되는 출력기기는 아주 작은 소용량에서부터 대용량의 전압·전류와 전원의 종류에 있어서도 직류와 교류로 작동되는 것 등 여러 가지가 있으므로 출력모듈의 선정은 부하의 종류, 구동용량, 부하의 돌입전류, 수명, 응답시간 등을 종합적으로 고려하여 선정하지 않으면 안 된다.

① 부하의 종류

부하의 종류를 분류하는 방법에는 여러 가지가 있으나 PLC의 출력모듈 선정 시 먼저 검토할 항목으로서는 전원에 따른 종류이다.

디지털 출력에는 접점 출력, 트랜지스터 출력, 트라이액 출력 등이 대표적인 것으로, 이것은 신호증폭 요소로 사용되는 소자의 특성에 따라 구동 가능한 전원의 종류가 정해지기 때문이다.

트랜지스터 출력모듈은 DC 부하만 직접 구동할 수 있는 반면, 트라이액 출력모듈은 AC 부하만 구동 가능하다. 그러나 접점 출력모듈은 신호증폭 요소로 릴레이를 사용하기 때문에 DC 부하나 AC 부하를 모두 구동할 수 있다.

② 구동용량

PLC의 출력모듈로 직접 구동할 수 있는 부하의 용량은 메이커가 제공하는 출력모듈의 사양서를 참고로 해야 한다.

트랜지스터 출력모듈은 평균 0.3A 정도로 작고, 트라이액 출력의 경우는 1~2A 정도인 반면, 접점 출력모듈은 2~5A 정도이다.

다만 구동전류가 클수록 트랜지스터나 트라이액 등의 회로에서 발생하는 발열이 커지는데, PLC의 사용 주위온도는 일반적으로 0~55℃ 정도이므로, 주위온도가 높아지면 출력모듈의 발열도 검토해야 한다. 즉 주위온도에 의해 출력모듈의 총 부하전류가 제한되므로 대용량을 구동할 때는 특히 주의가 필요하다.

③ 돌입전류

전자밸브나 전자 접촉기, 전자 릴레이 등의 유도부하는 전원이 투입되어 정격에 도달될 때까지는 정격전류의 수배에서 40배 정도까지의 돌입전류(rush current)가 흐른다.

이 돌입전류는 트라이액이나 릴레이 접점의 파괴 또는 수명의 저하 등을 초래하므로 트라이액이나 접점 출력모듈을 사용할 때는 부하의 돌입전류와 그 시간에 주의하고 사용기기의 돌입전류가 사양서의 규정치 내에 드는가를 확인할 필요가 있다.

표 3-7은 PLC에 접속되는 부하들의 돌입전류값과 작용시간을 나타냈다.

[표 3-7] 부하에 따른 돌입전류값

부하의 종류	정격전류의 배수	작용시간
솔레노이드	8~20	0.07~1초
릴레이 코일	3~10	1/60~1/30초
백열전구	10~15	1/3초
모터	5~10	0.2~0.5초
수은등	3	3~5분
콘덴서	20~40	1/120~1/30초

④ 누설전류

AC 출력모듈의 트라이액이나 접점 출력모듈에는 접점을 보호하기 위해 접점과 병렬로 스파크 킬러가 부착되어 있다. 그런데 전압을 인가하면 이 스파크

킬러를 통해 누설전류가 흘러 오출력을 일으키거나 부하가 On된 채 Off되지 않는 중대한 트러블을 야기시킨다.

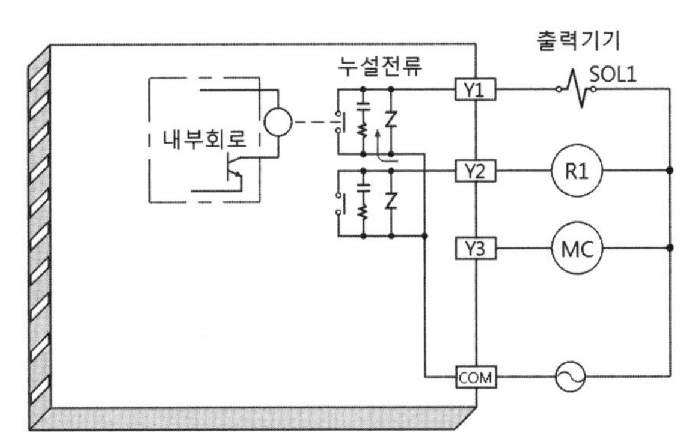

[그림 3-23] 접점 출력모듈에서의 누설전류

즉, 그림 3-23에 보인 것과 같이 접점 출력모듈의 경우 접점을 보호하기 위해 접점 간에 CR식 스파크 킬러를 삽입하는데 이때 접점 보호용으로 삽입되어 있는 스파크 킬러를 통해 조금씩이기는 하지만 전류가 흐른다. 이것을 누설전류라 하며, 이것은 출력전원으로서 AC 전원을 사용했을 경우에 주로 발생된다.
이 경우는 접점출력의 예인데 트랜지스터나 트라이액을 이용한 무접점 출력에서도 소자를 보호하기 위해 삽입하는 보호회로에 의해 누설전류가 발생하고, 이 전류에 의하여 출력기기가 오동작할 수 있다.
누설전류에 의한 영향은 출력기기의 부하가 소용량인 경부하에서 크게 나타나고, 출력회로의 접점이나 트라이액이 Off 상태임에도 불구하고 다음과 같은 문제를 일으킨다.

- 소형 릴레이가 진동하거나 오동작한다. 특히 릴레이를 On에서 Off로 하려고 할 때 On상태인 채 Off되기까지의 시간이 길어진다.
- 전자밸브를 On에서 Off로 하려고 할 때, 밸브가 복귀되지 않거나 진동한다.
- 전자식 타이머가 Off하거나 시간이 길어진다.
- 네온램프가 점등해 버린다.
- 모터식 타이머의 동작이 부정확하게 된다.

누설전류에 의한 오동작 방지대책으로는 다음과 같다.

- 출력기기가 릴레이 등과 같이 DC 전원의 사용이 가능한 기기일 경우는 출력전원을 DC로 변경한다.
- 접점이나 트라이액 소자의 수명을 단축시키거나 파괴할 위험이 없는 출력기기에서는 보호회로가 없는 형식을 선택한다.

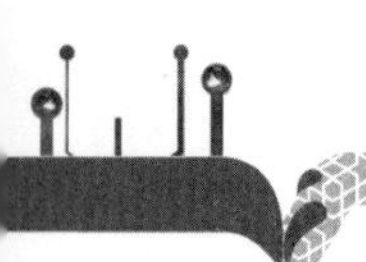

- 출력전원을 낮추어 사용한다.
- 누설전류가 흘러도 동작하지 않는 릴레이를 사용한다.
- 더미저항을 삽입하여 출력기기로 흐르는 누설전류량을 감소시킨다.

⑤ **수명**

트랜지스터 출력이나 트라이액 출력모듈은 정격 내에서 올바른 사용법만 지킨다면 반영구적으로 사용할 수 있다. 그러나 접점출력 모듈의 경우는 일반적인 릴레이와 동일하게 접점의 수명에 주의할 필요가 있다.

접점출력 모듈의 수명은 기계적으로는 2,000만회 정도이고 전기적 수명은 10만회에서 30만회 정도이다.

이 전기적 수명은 정격의 부하일 때 수명이므로 부하값이 작거나 중계제어를 하는 경우 그 몇 배 이상의 수명이 얻어진다.

즉 접점의 수명은 부하전류와 전압이 작을수록 또 역률이 클수록 접점의 수명은 길어진다. 따라서 릴레이 접점을 보호하기 위해 *CR*식 스파크 킬러가 삽입된 형식의 채용도 고려해야 한다. 반대로 전압, 전류가 작은 부하인 경우는 접점의 접촉 불량을 일으키는 경우가 있으므로 이때는 DC 출력형식을 선정하는 등의 배려가 필요하다.

(5) 접점(Relay) 출력모듈의 특징

접점 출력모듈이란 그림 3-24와 같은 프린트기판용 릴레이를 신호증폭 요소로 사용한 것으로, 릴레이는 코일부와 접점부가 완전히 절연되어 있으므로 릴레이 회로와 동일하게 사용할 수 있다.

[그림 3-24] 증폭용 릴레이

접점 출력모듈은 AC나 DC 전원을 모두 적용할 수 있어 다양한 구동기기를 제어할 수 있으나 수명에 한계가 있고 응답속도가 느리다는 단점이 있으며, 또한 접촉 불량에도 주의할 필요가 있다.

그림 3-25는 접점 출력모듈의 회로 예로 그림에서 보아 알 수 있듯이 PLC의 내부회로와 외부의 구동기기 회로와는 릴레이 코일과 접점으로 분리되어 있어 절연효과를 얻을 수 있다.

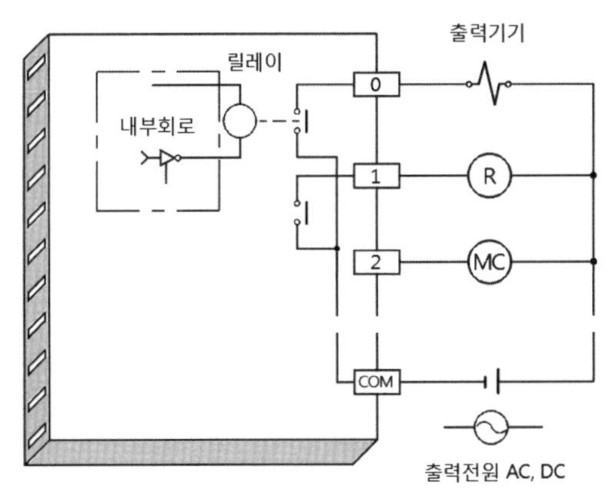

[그림 3-25] 접점 출력모듈의 회로도

표 3-8은 접점 출력모듈의 사양 예인데 항목 중에서 2, 3, 4, 5, 6, 7에 나타나 있는 내용은 이 출력모듈에 사용되고 있는 릴레이의 사양이다.

[표 3-8] 접점 출력모듈의 사양 예

항목 \ 형식			접점 출력모듈
			XGQ-RY2A
1	출력점수		16점
2	정격 부하 전압·전류		AC 220V, 2A / DC 24V, 2A
3	최소 개폐 부하		DC 5V, 1mA
4	최대 개폐 부하		AC 250V, DC 110V
5	응답시간	Off → On	12ms 이하
		On → Off	12ms 이하
6	수 명	기계적	2,000만회 이상
		전기적	10만회 이상
7	최대 개폐 빈도		3,600회/시간
8	스파크 킬러		없음
9	콤먼방식		8점/1콤먼
10	동작표시		출력 On시 LED 점등
11	내부 소비전류		500mA(전점 On시)
12	접속방식		20점 단자대 커넥터

이 모듈에 접속하는 외부기기는 정격 개폐전압 및 전류를 지킨다면 AC 전원에서나 DC 전원에서 모두 사용이 가능하다.

릴레이로 개폐가 가능한 최대부하는 부하가 전자 솔레노이드나 전자 클러치, 전자 개폐기 등과 같이 유도성 부하인가 또는 백열등과 같은 저항성 부하인가, 그것들을 AC로 동작시킬 것인가, 또는 DC로 동작시킬 것인가에 따라서도 달라진다. 기타 접점의 수명은 접점 보호회로의 유무에 따라 달라지기도 하는데, 이것들은 모두 유접점 기기의 공통된 내용이다.

(6) 트랜지스터(TR) 출력모듈의 특징

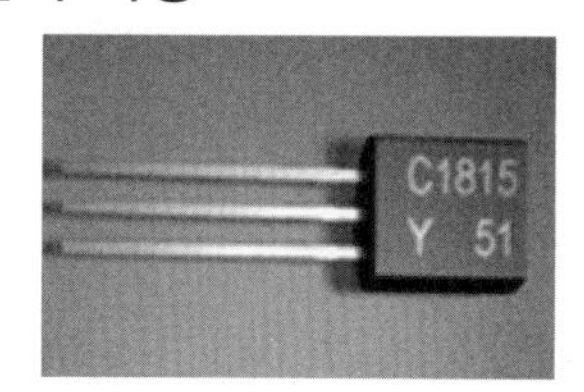

[그림 3-26] 증폭용 트랜지스터

신호증폭 요소로 그림 3-26과 같은 반도체 소자인 트랜지스터를 사용한 것으로 릴레이를 증폭소자로 사용하는 접점출력에 비해 수명이 길고 응답속도가 빨라 고빈도의 동작에 용이하다. 그러나 신호증폭소자가 반도체 요소인 트랜지스터를 이용한 것이기 때문에 출력기기의 전원은 DC에 한정되고 접점출력이나 트라이액 출력에 비해 개폐 전류도 비교적 작다.

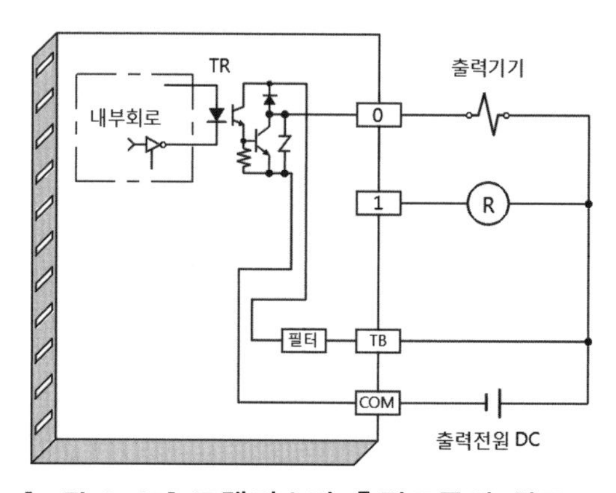

[그림 3-27] 트랜지스터 출력모듈의 회로도

[표 3-9] 트랜지스터 출력모듈의 사양 예

항 목 \ 형 식			트랜지스터 출력모듈 XGQ-TR4A
1	출력점수		32점
2	절연방식		photo coupler 절연
3	정격 부하 전압		DC 12/24V
4	사용부하 전압 범위		DC 10.2~26.4V
5	최대 부하 전류		0.1A/1점
6	최대 돌입 전류		4A/10ms 이하
7	응답시간	Off → On	1ms 이하
		On → Off	1ms 이하
8	서지킬러		제너다이오드
9	콤먼방식		32점/1콤먼 (소스콤먼)
10	동작표시		출력 On시 LED점등
11	내부 소비전류		130mA(전점 On시)
12	접속방식		20점 단자대 커넥터

그림 3-27은 트랜지스터 출력모듈의 내부 회로로 포토커플러를 사용하여 내부회로와 외부 회로간을 절연하였고, 보호용 제너다이오드를 사용하여 서지노이즈에 대한 대책을 실시한 예이다.

이 회로는 내부회로와 출력 트랜지스터 간을 절연하고 있기 때문에 외부에 접속한 전자 솔레노이드나 릴레이의 On/Off에 의하여 내부회로가 영향을 받는 일은 없다.

트랜지스터 출력의 경우에도 절연형식과 비절연형식에 관계없이 정격전압, 최대부하 전류는 엄밀히 지키지 않으면 안 된다. 특히 출력전류의 돌입전류에 대해 세심한 주의를 기울일 필요가 있다.

표 3-9는 트랜지스터 출력모듈의 사양 예로서 32점 모델로서 절연형식이며, 최대부하전류는 0.1A로 작으며, 응답속도는 1ms 이하로 접점출력 형식에 비해 빠르고, 콤먼의 형식이 정해져 있다.

(7) 트라이액 출력모듈

출력 증폭요소로 쌍방향 사이리스터 기기인 트라이액을 사용한 것을 트라이액 출력모듈이라 한다.

[그림 3-28] 트라이액

이 모듈의 특징은 응답속도가 통상 1ms 이하로 접점출력에 비해 10배 이상 고속이며, 구동 개폐 부하용량도 비교적 크다. 따라서 개폐빈도가 큰 AC 부하나 전자 솔레노이드 등의 코일부하로 대용량 부하인 경우는 트라이액 출력모듈을 사용하는 것이 바람직하다.

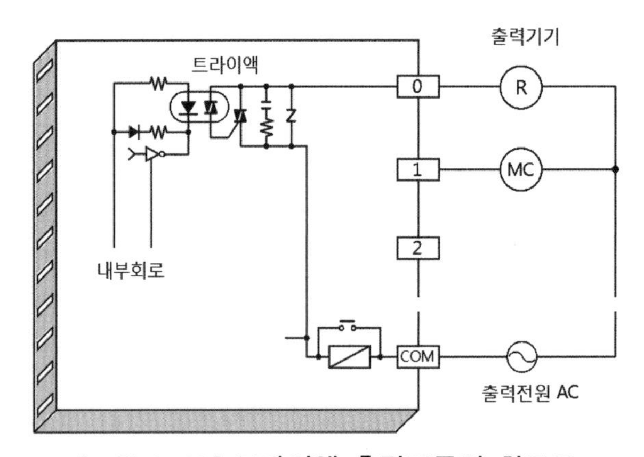

[그림 3-29] 트라이액 출력모듈의 회로도

[표 3-10] 트라이액 출력모듈의 사양 예

항 목 \ 형 식			트라이액 출력모듈
			XGQ-SS2A
1	출력점수		16점
2	절연방식		photo coupler 절연
3	정격 부하 전압		AC 100~240V, 50/60Hz
4	최대 부하 전압		AC 264V
5	최대 부하 전류		2A/1점
6	응답시간	Off → On	1ms 이하
		On → Off	1ms 이하
7	서지킬러		바리스터

항 목 \ 형 식		트라이액 출력 모듈
		XGQ-SS2A
8	콤먼방식	8점/1콤먼
9	동작표시	출력 On시 LED 점등
10	내부 소비전류	330mA(전점 On시)
11	접속방식	20점 단자대 커넥터

CHAPTER 04

PLC 프로그래밍

01_프로그래밍 개요

02_프로그래밍 순서와 방법

CHAPTER 04

PLC 프로그래밍

01 프로그래밍 개요

PLC로 기계나 설비를 제어하는 경우, 먼저 그 제어내용을 설계하여 PLC의 메모리에 저장시켜야 하며, PLC는 메모리에 기억된 내용에 따라 기계나 장치의 제어를 충실히 실행하게 된다.

PLC의 프로그래밍이란 PLC가 판단할 수 있는 언어를 사용하여 기계의 동작내용을 일정한 약속에 따라 순서대로 기입한 것을 프로그램(program)이라 하며, 이 프로그램을 작성해서 메모리에 기억시키고 기입된 프로그램을 디버그(debug)하여 정확한 프로그램으로 완성하여 정상운전까지를 PLC의 프로그래밍이라 한다.

PLC를 사용한 제어회로는 릴레이나 타이머 등을 사용하는 릴레이 시퀀스 회로와 근본적으로 차이가 없다. 다만 시퀀스를 작성하고 이해하기 위해서는 특히 다음 3가지 사항을 이해하여야 한다.

① 제어하려는 대상의 특성을 이해할 필요가 있다. 즉, 제어목적, 운전방법, 동작특성, 각종 전기적인 조건을 알고 있어야 한다.
② 제어장치에 대한 충분한 지식이 있어야 한다. 즉, 릴레이와 PLC의 동작 특성, 신호처리 방법, 프로그래밍 소프트웨어 사용법 등을 정확히 알고 있어야 한다.
③ 시퀀스 회로를 작성하기 위한 약속(규칙)을 알고 있어야 한다.

02 프로그래밍 순서와 방법

PLC의 제어동작은 시퀀스 프로그램이 격납되어 있는 메모리의 내용을 제어연산부가 차례로 읽어 내면서 실행한다.

기호나 심볼을 이용하여 작성한 프로그램은 PLC에서 사용되는 마이크로프로세서가 이해할 수 있는 머신코드로 변화되어 격납된다. 이 작업은 프로그램 입력장치와 PLC

의 시스템 프로그램의 동작으로 이루어진다. 따라서 시퀀스 프로그램은 시스템 프로그램이 변역할 수 있는 약속에 따라 설계함과 동시에 메모리에의 격납도 규칙이나 제약사항을 반드시 지켜야 한다.

시퀀스 프로그램 작성시의 약속이나 메모리에 격납할 때의 규칙은 PLC 메이커가 다르거나 기종이 다른 경우에도 달라진다.

일단 사용할 PLC가 결정되어지면 먼저 시퀀스 프로그램을 작성해야 하는데, 우선 PLC 프로그램을 작성하기 위한 순서를 차례대로 설명하기로 한다.

시퀀스 프로그램을 작성하여 PLC가 정상운전되기까지의 작업순서를 플로차트로 나타낸 것이 그림 4-1이다.

그림에서 나타낸 과정은 모든 시스템마다 반드시 지켜야 하는 것은 아니며, PLC의 기종에 따라서 또는 제어장치 설계자에 따라서는 생략될 수 있다.

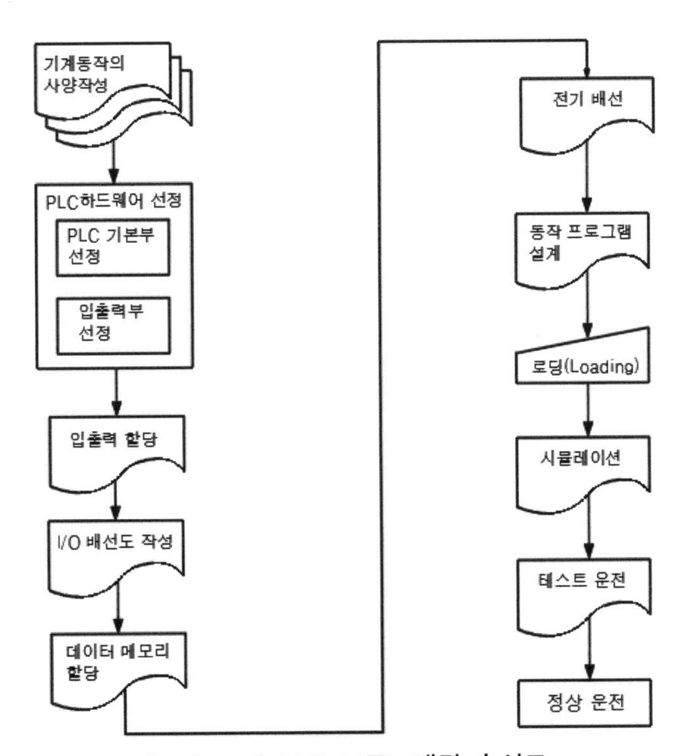

[그림 4-1] PLC 프로그래밍 순서도

1 제1단계 : 기계 동작의 사양 작성

어느 제어 방식에서도 가장 먼저 제어목표를 명확하게 해야 하며, PLC 제어도 첫 단계는 제어대상의 기계나 장치의 동작 내용을 파악하여 다음 사항들을 결정해야 한다.

① 작업 내용의 구체적 공정도를 작성한다.
② 시동조건, 비상처리 방법, 수동제어 등의 제어조건을 결정한다.
③ 입력부의 스위치와 센서의 종류, 수량을 결정한다.
④ 출력부의 액추에이터 및 표시, 감시기기의 종류와 수량을 결정한다.

여러 개의 다양한 액추에이터로 구성된 기계 설비를 작동시키는 회로를 설계하면 회로가 복잡해지고 또한 이해하기 어려워지므로 그 이해를 돕고 회로설계를 용이하게 하기 위해 운동순서의 스위칭 조건을 도표로 나타내는 각종 선도가 사용된다.

(1) 동작선도 작도법

동작선도는 액추에이터의 작업순서를 도표를 작성한 것으로 통상 시퀀스 차트라 부르기도 한다.

이 동작선도는 그 장치의 동작순서를 명확히 나타낼 뿐만 아니라 제어회로 설계시도 유효하므로 정확히 나타내어야 한다.

스위치나 센서, 릴레이, 전자밸브 등과 같이 동작속도가 빠른 기기는 그림 4-2와 같이 나타낸다.

그림 4-2는 전자밸브 1의 동작상태를 나타낸 예로 2번 스텝에서 On되어 4번 스텝에서 Off됨을 의미한단.

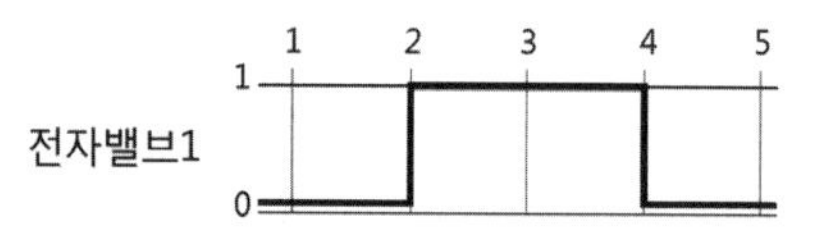

[그림 4-2] 동작속도가 빠른 제어기기의 동작선도 표시법

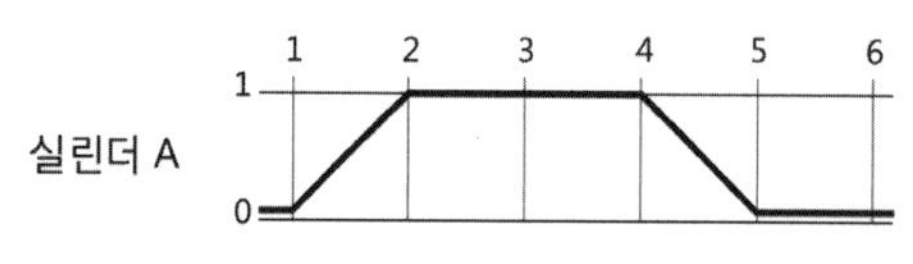

[그림 4-3] 실린더의 동작선도 표시법

공압 실린더나 유압 실린더의 경우는 전진동작은 대각선 상향으로, 후진동작은 대각선 하향으로 표시한다.

일례로 그림 4-3은 실린더 A가 1스텝에서 전진하여 2스텝동안 전진 상태를 유지하다가 복귀하는 것을 나타낸 것이다.

모터와 같이 회전 운동기기의 표시는 정회전의 표시는 위로 볼록하게 나타내고, 역회전의 표시는 아래로 오목하게 나타내며, 그림 4-4는 모터가 1스텝에서 정회전하고 4스텝에서 정지하는 동작을 표시한 것이다.

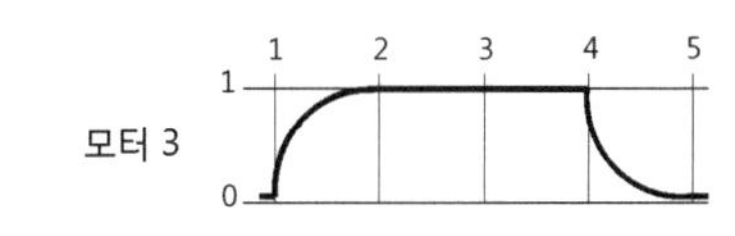

[그림 4-4] 모터의 동작선도 표시법

동작선의 표시법은 작업의 단계에 따라 실린더의 변위 상태를 약속된 기호로 나타내는 것으로 다음 규칙에 의거 작성한다.

① 각 란의 간격은 액추에이터의 동작시간과 관계없이 일정한 간격으로 그린다.
② 실린더의 동작은 스텝 번호선에서 변화시켜 그린다.
③ 2개 이상의 실린더가 동시에 운동을 개시하고 종료시점이 다른 경우에는 그 종료점은 각각 다른 스텝 번호로 그린다.
④ 동작 중 실린더의 상태가 변화할 때, 즉 행정 중간에서 동작속도의 변화가 있는 경우 등은 중간 스텝을 나타낸다.
⑤ 동작상태의 표시는 그림 4-3의 예에 나타낸 바와 같이 실린더의 전진을 1, 후진을 0으로 나타내거나 전진, 후진 등의 표시를 사용한다.

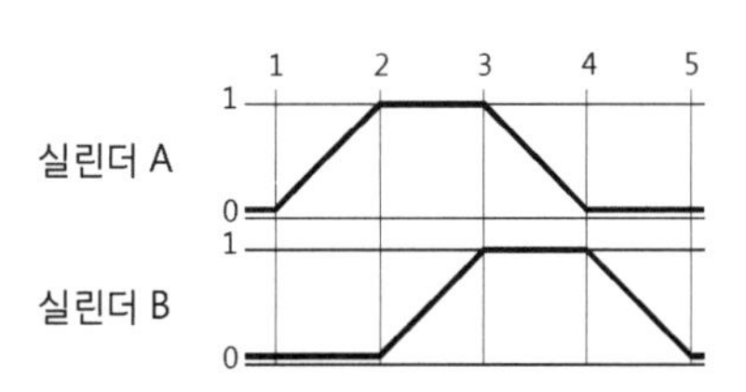

[그림 4-5] 동작선도의 예

그림 4-5의 동작선도는 1단계로 실린더 A가 전진하고 이때 실린더 B는 후진된 상태로 정지되어 있다.

이어서 2단계에서는 실린더 B가 전진하고 실린더 A는 전진된 상태로 정지되어 있다.

3단계에서는 실린더 A가 후진하고 실린더 B는 전진된 상태에서 정지되어 있으며, 마지막 4단계에서는 실린더 B가 후진하고 실린더 A는 후진된 상태에서 정지되고 있음을 의미한다.

(2) 시간선도 작성법

시간선도는 동작선도가 실린더의 동작시간과 관계없이 항상 일정한 간격으로 그리는 것에 비해, 각 실린더의 운동 상태를 시간의 변화에 따라 나타내는 선도로 장치의 시간동작 특성과 속도변화를 자세히 파악할 수 있다.

따라서 이 선도의 작도법은 동작선도의 작도법과 거의 같으나 다만 작업의 단계를 동작시간에 대응시켜 나타내야 한다.

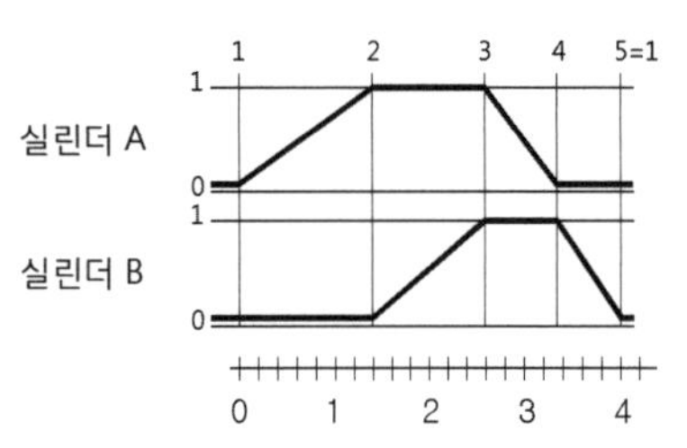

[그림 4-6] 시간선도의 예

(3) 제어선도 작도법

제어선도는 실린더의 운동변화에 따른 제어밸브의 동작상태를 나타내는 선도로서 제어신호의 중복 여부를 판단하는데 유용한 선도이다. 그러므로 이 제어선도는 동작선도 밑에 연관시켜 그리면 제어신호의 중복 여부를 판단하는데 용이하다.

제어선도의 작도법은 동작선도와 같이 가로축을 운동 스텝으로 표시하고 세로축에 밸브의 On, Off 상태를 펄스 파형으로 그린다. 그리고 밸브의 상태를 0과 1로 표시하거나 열림, 닫힘 등으로 나타내기도 한다.

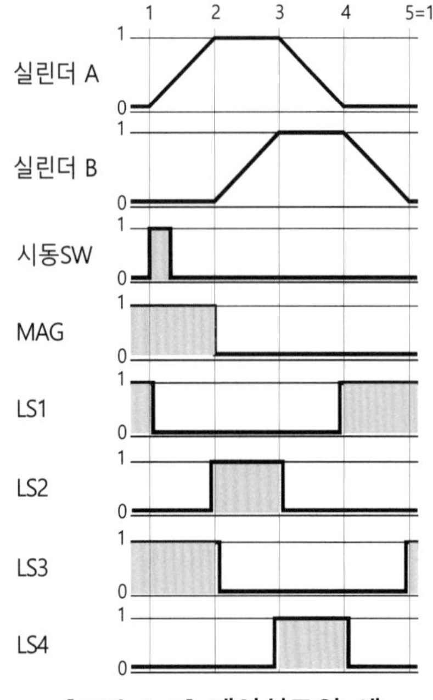

[그림 4-7] 제어선도의 예

2 제2단계 : PLC의 하드웨어 선정

2단계로는 적용할 PLC를 선정해야 되는데, PLC의 하드웨어부 선정에 관련한 사항들에 대해서는 앞서 설명한 대로이다.

CPU의 검토항목으로는 연산방식과 프로그램 언어, 프로그램 메모리의 용량, 처리속도, 명령의 종류와 연산기능, 데이터 메모리의 종류와 점수, 정전유지 기능의 필요성, 입출력 점수 등이 있다.

입력부에 대해서는 PLC에 접속할 입력기기의 종류와 수를 조사하여 적절한 입력형식과 점수, 절연방식, 정격전압, 응답시간, 표시장치의 유무 등이 검토항목이다.

출력부도 접속할 출력기기의 종류와 수를 조사하여 필요한 출력형식과 출력점수, 절연방식, 정격전압과 전류, 응답시간, 표시장치의 유무 등이 검토항목이다.

3 제3단계 : 입출력 할당

입출력 할당이란 조작패널 상의 각종 명령스위치, 검출스위치, 제어대상의 조작기기, 표시등 등의 입출력기기를 PLC의 입력모듈과 출력모듈의 몇 번째 입력점과 출력점에 접속하여 사용할 것인가를 정하는 것이다.

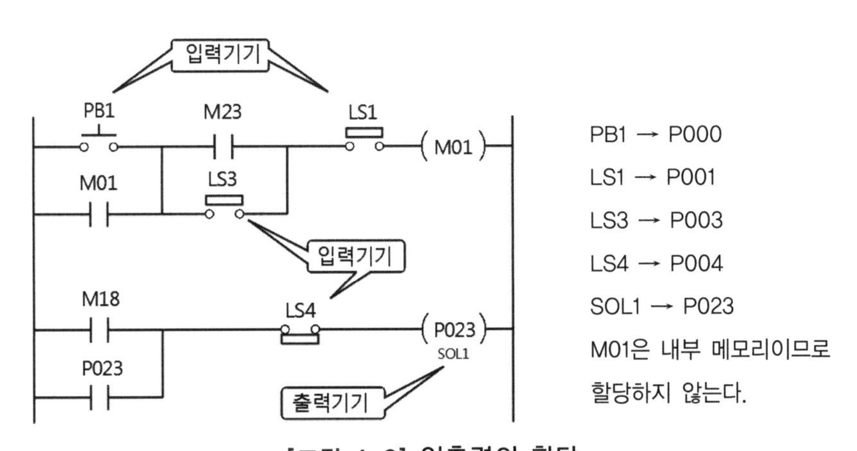

[그림 4-8] 입출력의 할당

입출력 할당시에는 입출력 어드레스에 사용하는 수가 8진수인지, 10진수인지, 16진수인지를 확인하여야 한다.

또한 디바이스 문자로 입출력을 구별하는지와 어떤 문자를 사용하는지도 반드시 확인하여야 한다.

그림 4-9는 4개의 슬롯에 입력모듈 2개와 출력모듈 2개를 조립한 예로 각 수에 따른 할당 어드레스를 보여주고 있다.

전원모듈	CPU모듈	0SLOT	1SLOT	2SLOT	3SLOT
		입력모듈 32점	입력모듈 16점	출력모듈 16점	출력모듈 8점

	0SLOT	1SLOT	2SLOT	3SLOT
16진수 사용시	00~1F	20~2F	30~3F	40~47
8진수 사용시	00~37	40~57	60~77	80~87
10진수 사용시	0.00~0.31	1.00~1.15	2.00~2.15	3.00~3.07

[그림 4-9] 수에 따른 입출력할당 어드레스

(1) 입력할당

PLC의 입력기기는 크게 조작반에 설치된 명령지령용의 각종 스위치와 액추에이터의 동작상태 등을 검출하는 검출기기나 장치를 보호하기 위한 보호용 기기 등으로 구별되며, 입력할당은 이들 기기들을 PLC의 입력모듈 종류에 따라 각각 몇 번에 입력할 것인가를 결정하는 것으로 몇 가지 사항을 지켜서 할당을 하고 그 결과를 표로 정리해 두는 것이 좋다.

[표 4-1] 입력할당표 예

번호	입력NO	입력신호명	기호	비 고
1	P001	기동스위치	PB1	누름버튼 스위치
2	P002	정지스위치	PB2	누름버튼 스위치
3	P003	비상정지스위치	PB3	누름버튼 스위치
4	P004	소재유무 검출센서	MAG	근접스위치
5	P009	클램프 실린더 후진끝 검출 스위치	LS3	실린더 스위치
6	P00A	클램프 실린더 전진끝 검출 스위치	LS4	실린더 스위치

① 동일 전압마다 정리하여 할당한다.

통상 PLC의 입력모듈은 입력 전원과 전압에 따라 그 형식이 정해져 있다. 1개의 입력모듈에는 2종의 전압을 부가할 수 없으므로 먼저 AC 입력기기와 DC 입력기기로 구별해야 하며, 전압도 구분하여 할당해야 한다.

② 동일 종류의 기기마다 정리하여 할당한다.

이것은 조작 패널에서 명령지령용 스위치, 리밋 스위치 등의 접점기기와 무접점 센서 등을 각 군으로 묶어서 할당한다는 것을 말하며, 이렇게 함으로써 ①항의 조건에도 원칙적으로 적용되며, 그룹별 배선에 따른 노이즈 영향도 줄일 수 있는 이점이 있다.

③ 제어 시스템의 작동 블록으로 정리하여 할당한다.

이것은 ①항과 ②항의 조건을 보다 정리한 것으로, 예를 들어 수동전진 신호와 수동후진 신호는 인접되게, 또 정회전 신호와 역회전 신호는 인접하게 할당하면 배선작업 및 유지 보수시는 물론 배선점검 등에도 편리하기 때문이다.

④ 예비접점을 할당한다.

이것은 만일 입력점수 1점이 고장되었을 때 간단하게 프로그램 변경만으로 대처할 수 있도록 여분의 접점을 할당하는 것을 말한다. 즉 16점의 입력모듈을 사용할 때 13~14점만을 할당하고 2~3점 정도는 예비로 두어 접점 고장시 바로 대처할 수 있도록 여유를 둔다.

(2) 출력할당

출력할당도 입력할당과 같이 몇 가지 원칙을 지켜가며 출력기기를 할당하고 이것을 표로 정리해 둔다.

표 4-2는 출력할당표의 일례이며, 출력할당의 방법은 다음과 같다.

[표 4-2] 출력할당표 예

번호	출력NO	출력신호명	기호	비 고
1	P021	클램프 실린더용 전자밸브	SOL1	전자밸브
2	P022	이송 실린더용 전자밸브	SOL2	전자밸브
3	P023	컨베어 구동용 모터	MC1	전자 접촉기
4	P05	운전 표시등	PL1	파일럿램프
5	P026	비상 표시등	PL2	파일럿램프

① 동일 전압마다 정리하여 할당한다.
출력할당도 입력할당과 마찬가지로 사용되는 출력기기의 사용전원과 전압에 따라 구분하여야 한다.

② 동일 종류의 기기별로 정리하여 할당한다.
이것도 입력할당에서와 마찬가지로 전자밸브 군(群), 릴레이 군, 파일럿램프 군, 전자 접촉기 군 등으로 묶어서 정리하면 ①항의 조건에도 충족되고, 그룹별 배선에 의한 노이즈 영향도 줄일 수 있다.

③ 관련기기는 연번으로 할당한다.
이것은 동일 액추에이터의 상반된 운동신호인 정회전-역회전, 전진-후진, 상승-하강 등은 인접하게 할당하는 것이 배선도 용이하고 보수·유지에 있어서도 편리하다.

④ 예비접점을 할당한다.
이것도 입력할당과 마찬가지로 출력점 고장시 간단하게 대처할 수 있도록 미리 준비하기 위한 것이다.

4 제4단계 : 입출력 배선도의 작성

입출력 배선도의 작성은 시퀀스도 작성시 사용하는 표시기호를 사용하여 입출력 할당에서 결정한 입출력 번호에 해당 기기의 접속과 전원의 구분, 콤먼 라인과의 접속 관계 등을 한 눈에 파악할 수 있도록 정리하여 작성한다.

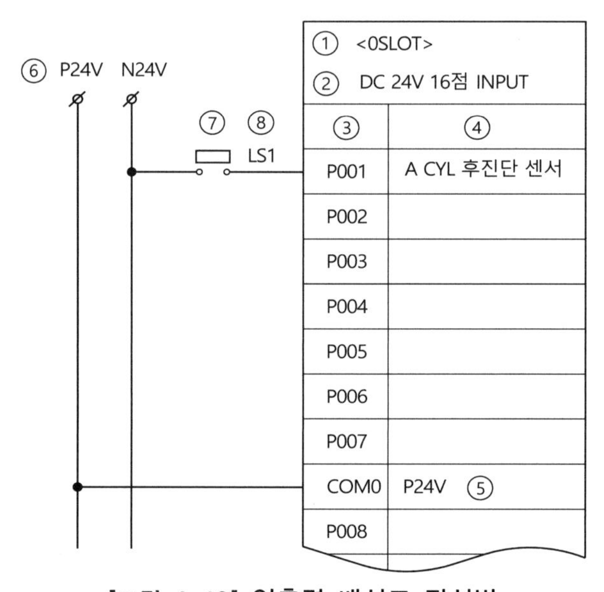

[그림 4-10] 입출력 배선도 작성법

입출력 배선도를 작성하는 것은 입출력기기와 PLC와의 접속을 명확히 하여 입출력 할당을 검토하고 제어반 제작을 위한 작업지시서이며, 배선작업시 실수를 방지할 수 있고, 유지·보수시에 배선점검에 유용하기 때문에 반드시 작성해 두는 것이 좋다.

입출력 배선도는 PLC 입출력 모듈 형태와 같이 직사각형 안에 다음과 같이 기입한다.

① 모듈의 장착 베이스 슬롯 번호를 기입한다.
② 선정된 모듈명이나 사양을 기입한다.
③ 입출력 어드레스를 기입한다.
④ 접속기기의 용도 명칭을 기입한다.
⑤ 콤먼 극성을 기입한다.
⑥ 전원 규격을 기입한다.
교류의 경우는 상과 전압을, 직류인 경우는 극과 전압을 병기한다. 입력모듈은 왼쪽에 전원 모선을 그리고 출력모듈은 오른쪽에 그리면 여러 장의 입출력 배선도에서도 입력 배선도와 출력 배선도를 한눈에 파악하기 쉽다.
⑦ 입력기기의 도면기호를 기입한다.
⑧ 도면상에 표시하는 기기의 문자기호를 나타낸다.

그림 4-11은 입출력 배선도의 예이다.

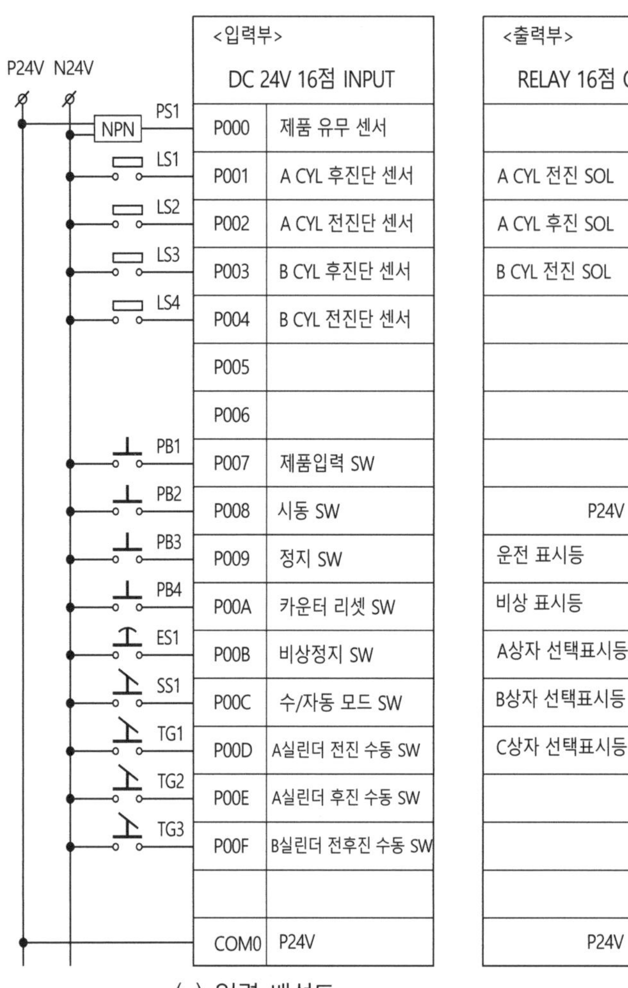

(a) 입력 배선도

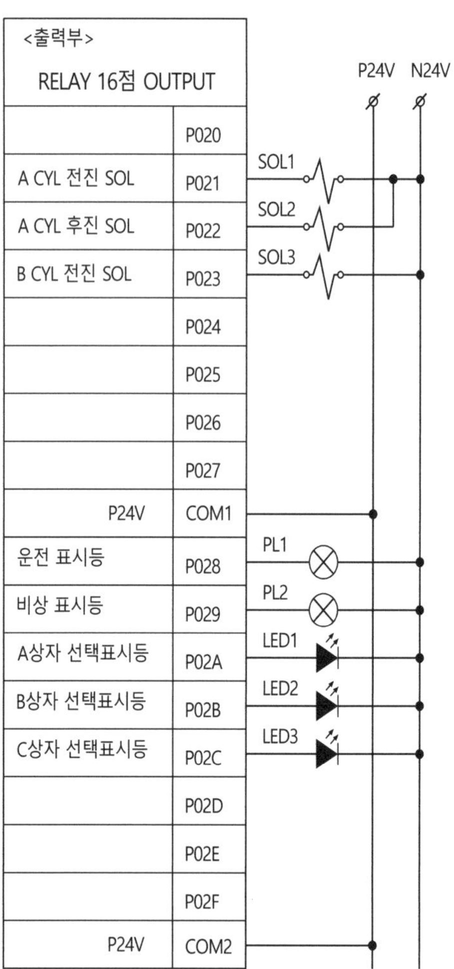

(b) 출력 배선도

[그림 4-11] 입출력 배선도의 예

[그림 4-12] PLC 입출력 배선 예

5 제5단계 : 데이터 메모리 할당

데이터 메모리란 CPU가 신호처리 목적으로 만들어 내는 내부 릴레이, 타이머, 카운터, 레지스터 등의 신호처리 요소를 말한다.

시퀀스 프로그램에 기초해서 내부 릴레이(일시기억 메모리), 타이머, 카운터, 레지스터 등의 데이터 메모리의 번지수를 할당한다.

내부 릴레이는 신호의 상태 기억이나 중계, 펄스 발생기능을 위해 사용된다. 내부 릴레이 할당에 있어서 중요한 점은 시스템의 특성에 따라 정전시 동작상태 유지가 필요한 기능에는 래치 릴레이를 할당하여야 한다는 것에 주의하여야 한다.

타이머나 카운터의 할당에 있어서는 기종에 따라 타이머와 카운터를 공용으로 사용하는 기종도 있는데 이때는 타이머에 할당한 고유번호는 카운터로 사용할 수 없다는 점에 유의해야 한다.

또한 타이머의 경우는 최소시간 설정단위와 설정범위를 반드시 확인하여야 하고, 카운터 할당에 있어서도 카운터의 기능과 설정치를 확인한 후 할당하여야 한다.

내부 릴레이나 타이머, 카운터 등의 할당은 그림 4-13, 4-14와 같이 표를 작성하고, 프로그램 작성 중에 사용한 보조릴레이나 타이머에 ○표를 해 놓거나 코멘트를 기입해 두면 나중에 알기 쉽고, 중복하여 사용할 우려도 없다.

No. 1

내부 릴레이 No	사용여부	기 호	코멘트
M000	○	R0	PL1 On
M001	○	R1	Sol1 On
M002	○	R2	Sol2 On
M003	○	R3	Sol2 Off
M004	○	R4	
M005			

No. 2

M100	○	R51	비상정지
M101	○	R52	비상정지 해제
M102	○	R53	수동모드 선택

[그림 4-13] 내부 릴레이 할당표

T/C No	사용여부	설정치	코멘트	기 타
T000				
T001	o	3sec	실린더 상승시간	
T002	o	1.5sec	중간 정지시간	
T003				
T004				
T005				
C006	o	50회	생산갯수용	
C007	o	10회		
C008				
C009				

[그림 4-14] 타이머/카운터 할당표

6 제6단계 : 동작 프로그램(제어회로)의 작성

프로그래밍 작업 중 어느 제어방식에 있어서도 시퀀스 프로그램을 작성하는 것이 제일 중요하며, 또한 제일 어려운 작업이다.

통상 PLC의 시퀀스 프로그램은 릴레이 심볼식의 래더 다이어그램에 의해 작성하는 것이 대부분이다. 이상적인 프로그램 작성을 위해서는 사용하는 PLC의 명령어를 충분히 이해하고 있어야 하며, 전동기나 전자밸브를 제어하는 회로의 원리도 반드시 숙지해야 한다.

회로 설계시 가장 먼저 고려할 사항은 제어 형태를 결정하는 것이다.

(1) PLC의 제어의 물리적 범위

1) 직접제어

그림 4-15에 나타낸 바와 같이 PLC의 출력으로 직접 부하를 On-Off하는 방식으로 다음과 같은 장단점이 있다.

① 제어반이 콤팩트하고 장치조립이 간단하다.

② PLC의 출력용량이 부하의 구동용량 이상이어야만 가능하다.

③ PLC는 일반적으로 콤먼 배선을 많이 사용하므로 외부기기의 전원전압이 다르면 사용할 수 없다.

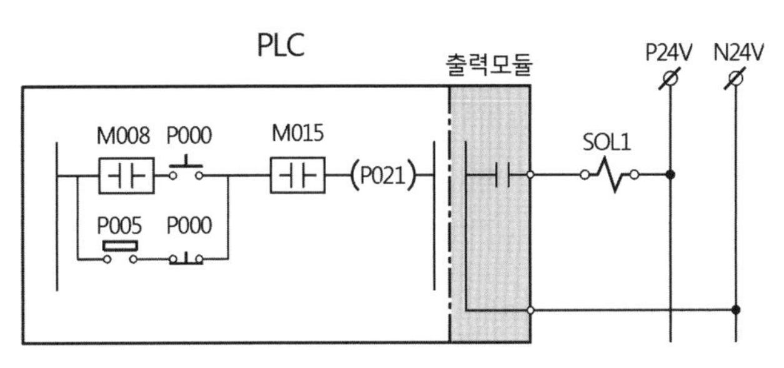

[그림 4-15] 직접제어 방식

2) 중계제어

중계제어는 그림 4-16에 나타낸 바와 같이 PLC의 출력으로 외부 중계기기인 릴레이나 SSR을 구동하고, 그 접점을 통해 구동부하를 제어하는 방식으로 다음과 같은 장단점이 있다.

① 다양한 부하(전원 전압이 다른 기기)를 구동시킬 수 있다.
② 출력기기로부터 침입하는 돌입전류를 방지할 수 있고, 노이즈 대책의 일환인 절연효과를 기대할 수 있다.
③ 외부 중계기기가 별도로 필요하며, 중계기기의 구동 전원이 필요하다.
④ 판넬 내부에 중계기기를 설치할 공간이 요구된다.
⑤ 중계기기의 동작시간 만큼 제어 시스템의 응답시간이 길어진다.

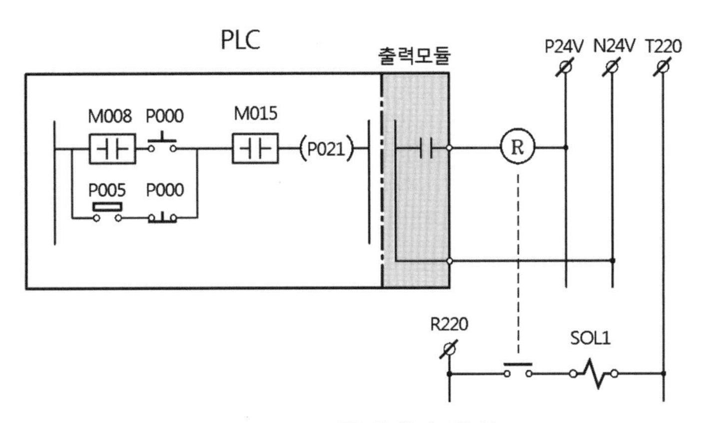

[그림 4-16] 중계제어 방식

(2) PLC 제어의 기능적 범위

1) PLC로 모든 기능처리

그림 4-17에 나타낸 바와 같이 PLC로서 자동회로, 수동회로, 인터록 회로 등 모든 기능을 처리하고, 최종 결과를 출력모듈을 통해 외부로 출력시키는 방식으로서 PLC외부 회로는 간단하다.

그러나 PLC가 고장일 경우 비상정지 회로나 인터록 회로 등이 작동되지 않아 기계를 손상시킬 우려가 있다.

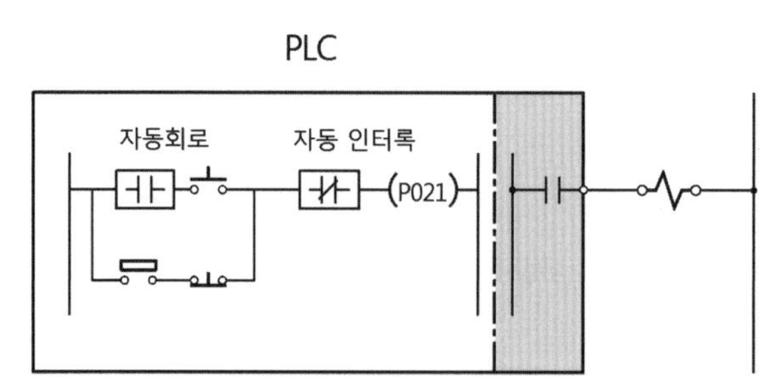

[그림 4-17] 모든 기능처리 회로

2) 절대 인터록만 외부처리

그림 4-18에 나타낸 바와 같이 비상정지 회로, 보호회로, 인터록 회로 등 절대 인터록 기능을 PLC 외부에서 결선하고 PLC 내부에서는 자동회로, 수동회로 등을 처리하는 방식이다.

이 방식은 PLC의 모든 기능을 처리하는 방식에서의 문제점을 해결할 수 있으나 다음과 같은 결점이 있다.

① 인터록 회로를 PLC 내외부에서 각각 구성하므로 PLC의 입출력 점수가 많이 소요된다.

② PLC가 만일 고장난 경우 수동회로가 작동되지 않으므로 제어대상을 개별운전하는 수동제어는 불가능하다.

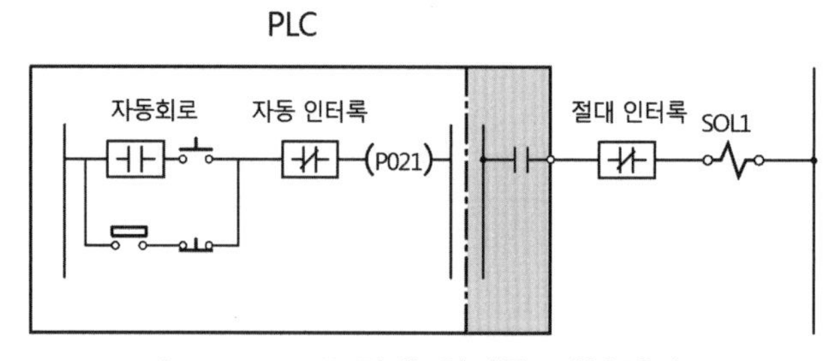

[그림 4-18] 절대 인터록 외부처리

3) 자동회로만 PLC처리

그림 4-19에 나타낸 바와 같이 자동회로와 이에 필요한 기능을 PLC 내부에서 처리하고 수동회로와 절대 인터록 기능 등을 외부 릴레이 등으로 구성하는 방식이다.

이 방식은 PLC가 고장나도 자동운전만 중지되고, 수동운전과 비상정지 등은 절대 인터록 회로 등에 의해 계속 운전을 할 수 있는 이점이 있다.

하지만 외부 회로가 많게 되어 릴레이 등의 부품이 많이 필요하게 되며, PLC제어의 장점이 줄어든다.

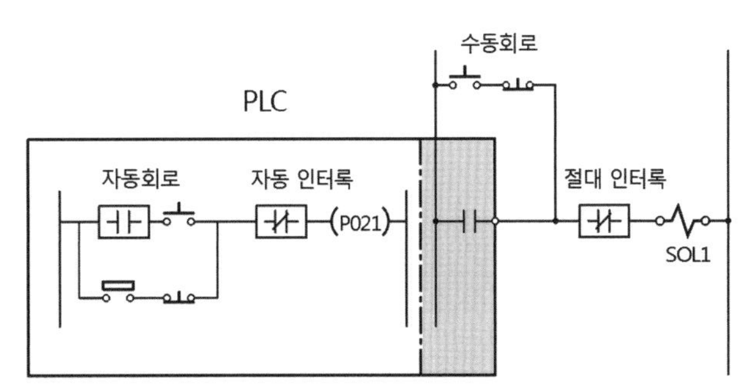

[그림 4-19] 자동회로만 PLC처리

(3) 연산 방식에 따른 주의

PLC는 메모리에 있는 프로그램 내용을 순차적으로 연산하는 직렬 처리 방식이고, 릴레이 시퀀스는 여러 회로가 전기적인 신호에 의해 동시에 동작하는 병렬 처리 방식이다. PLC는 어느 한순간 한 가지 일만 하지만, 릴레이 시퀀스 회로는 동시에 몇 가지 일을 할 수 있다.

그림 4-20은 릴레이 시퀀스의 연산순서와 PLC회로의 연산순서를 비교하여 나타낸 것이다.

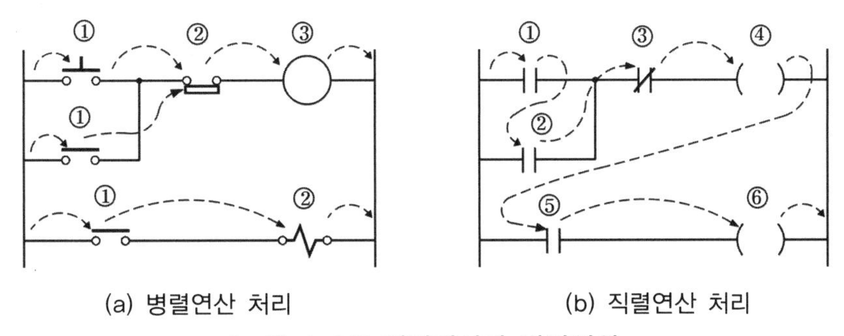

[그림 4-20] 직렬연산과 병렬연산

(4) 프로그램 문법

1) 보조접점의 사용

PLC는 OUT명령으로 지정한 요소의 접점을 다른 코일을 구동시키는 입력조건으로 얼마든지 사용할 수 있다.

이것은 내부 릴레이뿐만 아니고 외부 입출력, 타이머, 카운터 등의 접속점에 대한 사용 횟수도 제한이 없으므로 보조접점으로서 얼마든지 사용할 수 있다.

때문에 시퀀스 프로그램을 설계할 때 릴레이 시퀀스 회로보다 PLC를 사용하는 것이 용이하다.

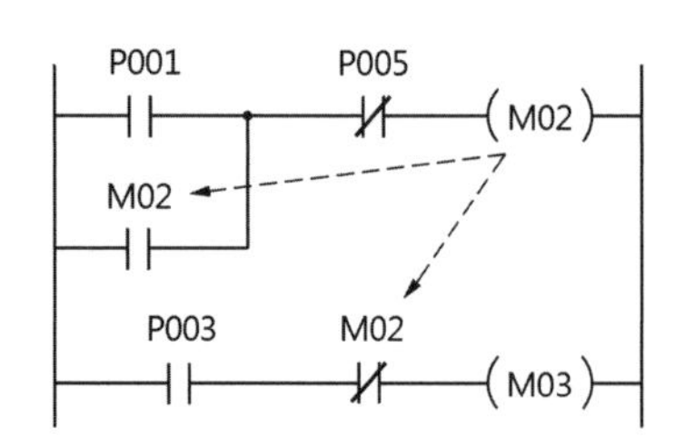

[그림 4-21] 접점의 사용횟수 무제한

2) 출력 코일의 위치

릴레이 제어회로에서는 그림 4-22에 나타낸 것과 같이 코일 뒤에 접점을 써넣어도 되지만, PLC회로에서는 출력 코일 뒤에는 접점을 둘 수 없다. 따라서 필요한 경우에는 출력 코일의 앞쪽에 두어야 한다.

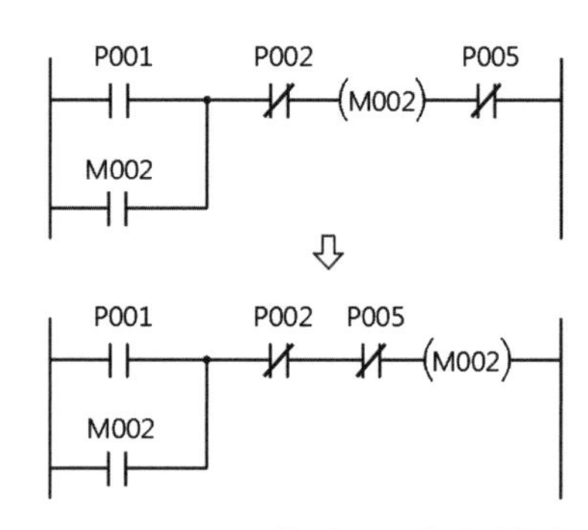

[그림 4-22] 출력 코일의 위치

3) 이중출력 사용 금지

모든 PLC회로에서 출력 코일(타이머, 카운터 등을 포함)은 두번 이상 사용하지 말아야 한다.

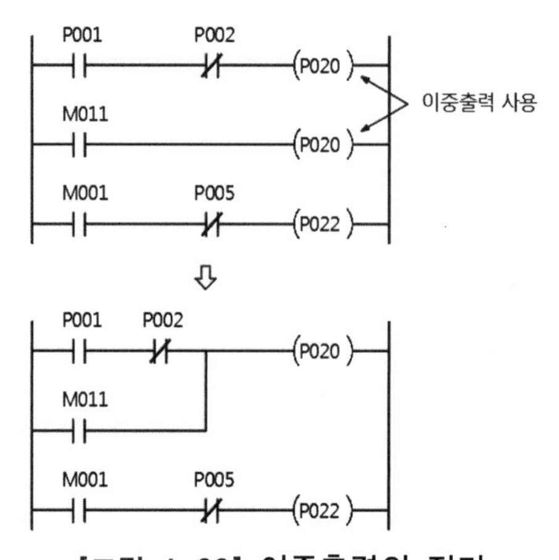

[그림 4-23] 이중출력의 정리

만일 이중출력을 사용한다면 PLC는 문법 에러로 연산을 중지하거나 기종에 따라서는 여러 개의 이중출력 중 하나의 출력만을 연산하게 된다. 따라서 출력 코일을 두 번 이상 사용하지 말고 그림 4-23처럼 하나로 정리해야 한다.

4) 외부입력의 사용

외부입력은 한 번의 결선만으로 내부 명령으로 a, b접점을 자유롭게 이용할 수 있다. 즉, 명령지령용 조작 스위치나 검출 스위치 등의 외부입력은 한 번의 결선만으로도 a접점 상태나 b접점 상태를 명령어로 선택 지정할 수 있고, 그 사용횟수에도 제한이 없다.

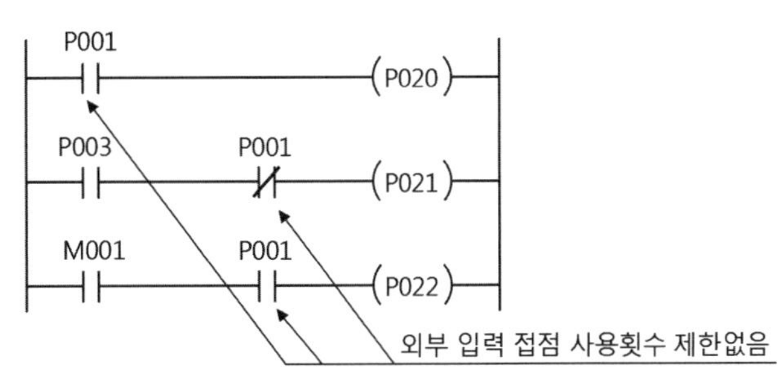

[그림 4-24] 외부입력접점의 사용

5) 신호의 흐름과 회로의 변환

PLC에서는 항상 제어 신호가 왼쪽에서 오른쪽으로 전달되도록 구성되어 있어, 릴레이 시퀀스 회로처럼 오른쪽에서 왼쪽으로 흐르는 회로나 아래에서 위로 흐르는 회로를 구성할 수 없다.

① 그림 4-25의 (a) 회로에서는 코일 R2동작에는 접점 A, C, D가 동작할 때와 접점 B, D가 동작하는 두 가지가 있는데, 접점 C를 통과하는 신호의 방향이 우 → 좌로 반대로 되어 있다. 이 흐름을 그대로 프로그램하지 못하기 때문에 (b) 회로처럼 재기입하여야 한다.

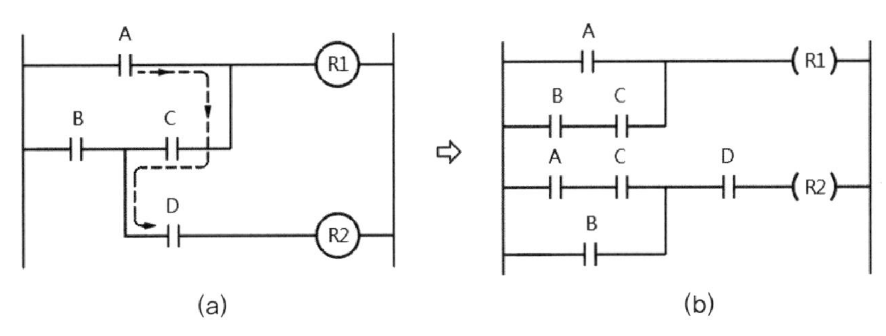

[그림 4-25] 신호의 역행

② 그림 4-26의 (a) 회로처럼 브리지 회로에서는 코일 R1이 동작할 때에 신호의 흐름이 접점 C에서 반대방향이 되므로 (b) 회로처럼 변경하여야 한다.

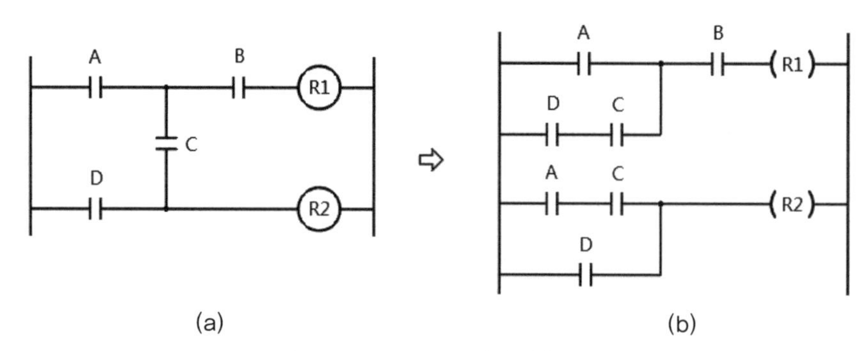

[그림 4-26] 브리지 회로

③ 그림 4-27의 (a) 회로와 같이 반대쪽 신호의 흐름을 저지하는 다이오드가 있는 경우에는 코일 R2의 동작조건을 충족하도록 접점 B를 추가하여 (b) 회로처럼 변경하여야 한다.

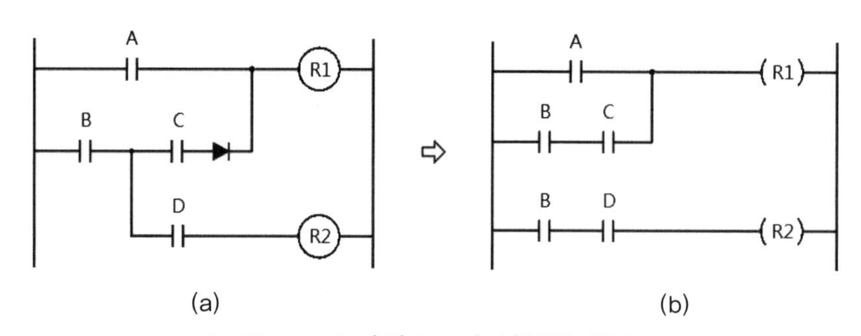

[그림 4-27] 다이오드가 삽입된 회로

7 제7단계 : 로딩(loading)

제7단계로 프로그램 입력장치를 이용하여 시퀀스 프로그램의 내용을 PLC의 메모리에 격납한다.

이 작업을 로딩이라 하며, 로딩을 하기 위해서는 기존의 PLC 메모리에 있는 내용을 소거시킨 후 니모닉 언어를 사용하는 PLC에서는 코딩표를 보고, 래더 다이어그램 언어를 사용하는 PLC에서는 시퀀스 다이어그램을 보면서 메모리에 격납해야 한다.

프로그램 입력 방법은 메이커마다 각각 다르므로 사전에 사용법을 충분히 숙지해야 되며, 특히 기존의 릴레이 회로를 그대로 사용할 경우는 연산법의 차이에 주의해야 한다.

8 제8단계 : 시뮬레이션(simulation)

간단한 제어 시스템인 경우 로딩이 완료되면 곧바로 시운전에 들어가도 사고를 일으킬 가능성이 적어 문제시되지 않지만, 비교적 제어 난이도가 높거나 대형의 제어 시스템의 경우 처음부터 완벽하게 논리를 성립시키는 것이 곤란하고, 또한 논리가 불완전한 시스템을 곧바로 시운전에 들어갔을 경우 사고를 일으키거나 시스템에 치명적인 상처를 줄 수도 있다.

이러한 이유에서 시운전에 앞서 강제 입출력 명령을 이용하거나 모의 입력장치에 의한 방법 또는 소프트웨어에서 가상 PLC를 이용한 시뮬레이션을 실시한다.

9 제9단계 : 운전

테스트 운전을 실시하여 정상작동 여부를 확인하고 이상발생시 트러블 슈팅 절차에 따라 수정을 실시한 후 정상 운전에 들어간다.

이때 RAM 메모리 운전을 계속할 것인가 또는 ROM 메모리로 변경하여 운전할 것인가를 선택한다.

CHAPTER 05

PLC 실장과 유지 보수

CHAPTER 05

PLC 실장과 유지 보수

01 PLC 동작환경

최근의 PLC는 반도체 기술의 진보에 따라 기능, 규모, 가격 등의 모든 면에서 다양화되어 가고 있고 그 적용분야나 사용량은 급속히 확대되고 있다.

이에 따라 PLC가 사용되는 환경도 다양해짐에 따라서 설치환경 요건이 PLC의 수명과 신뢰성에 중요한 영향을 미치고 있다.

즉, PLC를 실장한 제어장치가 기능을 충분히 발휘하도록 하고 안정되게 가동되기 위해서는 프로그램상의 연구도 중요하지만, 노이즈 대책이나 PLC가 설치될 환경에 대한 대책과 조치도 상당히 중요한 고려사항이다.

PLC의 수명과 신뢰성에 영향을 미치는 설치환경 조건으로는 자연 분위기적인 것, 전기적인 것, 기계적인 것 또는 설비적인 것 등 여러 가지 요소가 있으며 대표적인 항목으로는 다음과 같다.

① 온도, 습도
② 먼지, 부식성 가스
③ 진동, 충격
④ 전자계 노이즈
⑤ 공급전원
⑥ 접지
⑦ 케이블 배선

[표 5-1] PLC의 일반사양

항 목	규 격
전원전압	AC 110/220V, 단상 50/60Hz, DC 24V
소비전력	28VA
허용 정전 시간	10ms
사용온도	0~55℃

항 목	규 격
보존온도	−10~70℃
습도	20~90% RH (이슬 맺힘이 없을 것)
분위기	부식성 가스가 없을 것
내진동	16.7Hz 복진폭 2mm, 2시간
내충격	10G (X, Y, Z 방향 각 3회)
노이즈 내량	1500V 1μs (Impulse Noise)
절연내압	AC 1500V 1분
절연저항	DC 500V, 10MΩ 이상
접지	제3종 접지 (100Ω 이하)

이들 항목들에 대한 허용치나 제한 범위에 대해서는 메이커마다 약간의 차이는 있으나 기본적으로는 PLC를 구성하는 소자가 IC, LSI 등의 반도체 소자와 저항, 콘덴서 등의 회로 부품이기 때문에 비슷하다. 그리고 이들 설치조건 항목들은 통상 PLC의 일반사양이라 하고 메이커가 제공하는 카탈로그를 보면 기본부(CPU)의 성능사양, 입출력부의 성능사양과 더불어 표 5-1과 같이 일반사양으로 제시된다.

1 온도

전자기기에 있어서 온도는 가장 일반적이고도 중요한 환경조건이다.

PLC에서는 사용온도 조건과 보존온도 조건으로 나누어 표시하며 반드시 규정되어 있다. 이들 양자의 차이는 전자부품의 동작온도와 보존온도의 차 및 통전에 의한 내부 부품의 자기발열과 그 냉각능력으로 결정되는데 통상 보존온도 폭이 더 크다.

일반적으로 PLC의 사용주위온도는 부품소자 사용온도와의 관계 때문에 0~55℃정도이다. 최고 온도인 55℃는 제어반의 주위온도가 40℃이고 제어반 내의 온도 상승을 15℃로 감안한 것이다.

(1) 고온대책

PLC를 고온에서 사용했을 때 다음과 같은 이상이 발생하는 경우가 있다.

① 반도체 부품, 콘덴서의 수명 저하
② IC, 트랜지스터 등의 반도체 부품의 열화
③ 반도체 부품, 콘덴서의 고장률 증대
④ 회로의 전압 레벨, 타이밍 등의 마진의 저하
⑤ 아날로그 회로의 드리프트 등에 의한 정밀도 저하

따라서 온도가 높은 경우에는 다음과 같은 대책을 실시하여 PLC의 주위 온도가 55℃ 이하가 되도록 해야 한다.

① 제어반에 팬을 설치한다.
② 스폿 쿨러를 설치한다.
③ 온도가 낮은 외기(外氣)를 제어반 내에 도입한다.
④ 공기 조화가 된 전기실에 제어반을 설치한다.
⑤ 직사 일광을 차단한다.
⑥ 온풍이 직접 닿지 않도록 한다.
⑦ 제어반 주변에 통풍이 잘되게 한다.
⑧ 하절기의 잠깐 동안만 55℃를 넘는다면 제어반의 문을 열거나, 외부 팬으로 냉각한다.

(2) 저온대책

저온에서는 고온만큼의 이상은 발생하지 않으나 회로 마진의 저하, 아날로그 회로의 정밀도 저하가 있고, 극저온에서는 전원을 투입할 때 정상 동작하지 않는 경우가 있다. 이런 경우에는 다음과 같은 대책을 취한다.

① 제어반 내에 스페이스 히터를 설치한다. 온도가 너무 올라가면 제어반 외부와의 온도차로 인해 제어반의 문을 열었을 때 결로하는 경우가 있으므로 주의한다.
② PLC의 전원은 끊지 않는다. 자기발열에 의해 PLC의 동작 온도를 0℃ 이상으로 유지할 수 있는 경우에 한한다.
③ 운전을 개시하기 전에 PLC의 전원을 투입하여 자기발열로 온도를 높인다.
④ 야간에 저온이 되는 경우에는 ②, ③의 대책을 사용하는 것이 좋다.

(3) 통풍

PLC의 통풍을 좋게 하는 것도 하나의 온도대책이다.

PLC의 통풍을 좋게 하기 위해서는 그림 5-1과 같이 PLC 본체의 상부, 하부는 구조물이나 부품과의 거리를 적어도 50mm 이상 떼는 것이 좋다. 또 배선 덕트를 설치할 때는 통풍에 방해가 되지 않도록 한다.

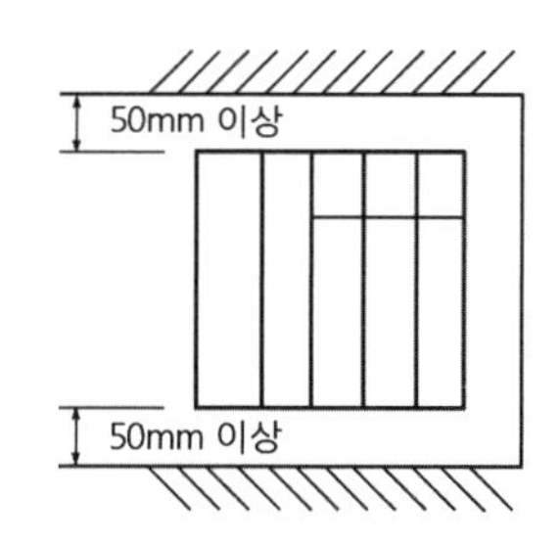

[그림 5-1] 구조물 벽면과의 간격

2 습도

습도의 표현 방법에는 절대습도와 상대습도가 있으나 물방울 맺힘 등의 현상은 주로 상대습도에 의존하기 때문에 전자기기의 환경조건으로는 상대습도를 사용한다.

일반적으로 PLC의 사용 주위 습도는 20%~90%RH(상대습도)를 유지해야 한다. 특히 고습도에서 장시간 사용하면 절연성이 떨어지므로 주의가 필요하다.

(1) 고습도 대책

① 제어반을 밀폐구조로 하고 흡습제를 넣는다.
② 외부의 건조 공기를 제어반 내에 도입한다.
③ 프린트 기판을 다시 코팅한다.
④ 입출력 전원의 전압을 AC 220V에서 AC 110V 또는 DC 24V로 낮춘다.
⑤ 제어반 내에 스페이스 히터를 설치한다.

(2) 저습도 대책

매우 건조한 상태에서는 절연물상의 정전기에 의한 대전이 있다. 특히 입력 임피던스가 높은 CMOS-IC는 이 대전의 방전으로 인해 파괴되는 경우가 있다. 또한 건조에 의한 재료 표면의 균열이나 특성 열화를 초래한다.

따라서 건조상태에서 모듈의 장착이나 점검을 할 때는 인체의 대전을 방전한 후에 한다. 또 모듈의 부품이나 패턴에 접촉하지 않도록 주의해야 한다.

3 진동, 충격

정상적으로 진동이 있는 경우나 큰 충격이 있는 경우, 설치한 제어반이나 전자 기기류에서 문제가 발생하는 경우 등에는 다음과 같은 대책을 실시한다.

① 진동원에서 떨어져 제어반을 설치한다.
② 제어반에 방진고무를 부착한다.

③ 제어반이 공진하지 않도록 구조를 강화한다.
④ 진동, 충격원과 별개의 판넬로 한다.
⑤ 진동, 충격원에서 분리한다.
⑥ 제어반의 구조를 강화한다.

4 주위환경

먼지, 도전성 분말, 부식성 가스, 유분, 오일 미스트, 유기용제, 염분 등이 있는 장소에서는 먼지로 인해 필터가 막힘으로 제어반의 온도 상승을 가져오고 도전성 분말로 인한 오동작, 절연, 열화와 단락, 유분, 오일 미스트로 인한 플라스틱의 침식, 부식성 가스, 염분에 의한 프린트 기판 패턴이나 부품 리드선의 부식 등이 발생되어 각종의 트러블을 발생시키므로 각별한 주의가 필요하다.

PLC는 통상 오염도 2 이하의 환경에서 사용하도록 설계되어 있으므로 PLC를 수납한 제어반은 방진, 방수 역할을 가져야 한다.

[오염도 기준]

- 오염도1 : 건조, 도전성 먼지와 티끌이 발생되지 않는 환경
- 오염도2 : 도전성 먼지와 티끌이 통상 발생되지 않는 환경, 때때로 먼지와 티끌이 쌓여 일시적으로 도전이 발생되는 환경, 일반적인 공장 내의 제어실이나 공장 플로어에 설치되어 있는 제어반 내의 환경
- 오염도3 : 도전성 먼지와 티끌이 발생되어 쌓임에 따라 도전 상태가 발생하는 환경, 일반적인 공장 플로어의 환경수준
- 오염도4 : 비, 눈 등에 의하여 계속적인 도전 상태가 발생되는 환경, 옥외환경

방진, 방수가 충분하지 못하면 절연 내압이 저하되어 절연파괴가 발생하기 쉽게 되므로 오염도 3 이상에서 사용할 때는 반드시 제어반의 방진 및 방수 대책에 세워야 한다.

02 PLC의 설치와 배선

1 PLC의 배치와 설치

PLC는 고압 동력기기가 설치되어 있는 판넬 내부에서의 부착은 가급적 피하여야 하며, 특히 고압의 동력계와는 되도록 피하여 배치하여야 한다.

즉 PLC의 설치기준은 배선계통을 분리할 수 있도록 하여 각 전선에서 노이즈가 실리지 않도록 하는 것이며, 기본적으로 다음과 같은 기준을 적용하는 것이 바람직하다.

① PLC의 설치는 그림 5-2에 보인 것과 같이 수직벽면에 가로방향으로 설치하는 것을 기본으로 한다.

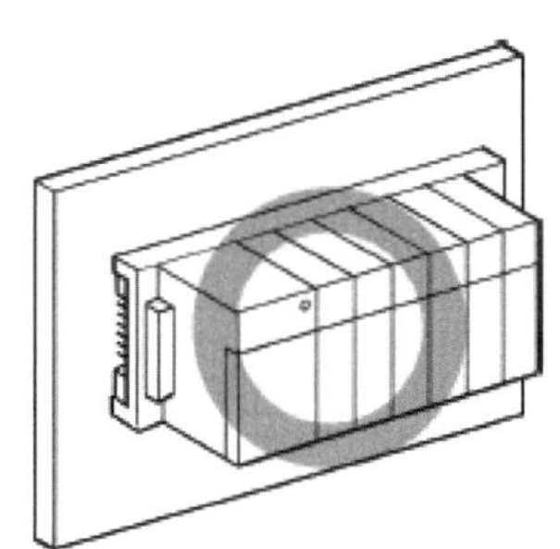

[그림 5-2] PLC의 설치기준

② 장착면은 요철이 없는 평평한 면에 장착하여야 한다.
③ 대형의 전자 접촉기나 배선용 차단기 등의 진동원과는 분리하여 장착하거나 별도의 판넬로 해야 한다.
④ 고압 회로나 동력 회로와는 최소 150mm 이상 거리를 둔다.
⑤ 저항기나 트랜스 등 발열체의 상부에는 온도가 상승할 염려가 있으므로 설치하지 않는다.
⑥ 아크를 발생시키는 전자 접촉기나 릴레이와는 가능한 분리시켜 설치하거나 100mm 이상 떼어 설치한다.
⑦ 입출력 모듈 등의 표시장치가 보기 쉬운 위치에 설치한다.
⑧ 입출력 모듈을 교환하기 쉬운 위치에 설치한다.
⑨ 방사 노이즈나 다른 기기로부터의 복사열을 피하기 위해서는 그림 5-3에 나타낸 것과 같이 100mm 이상이 확보되어야 한다.

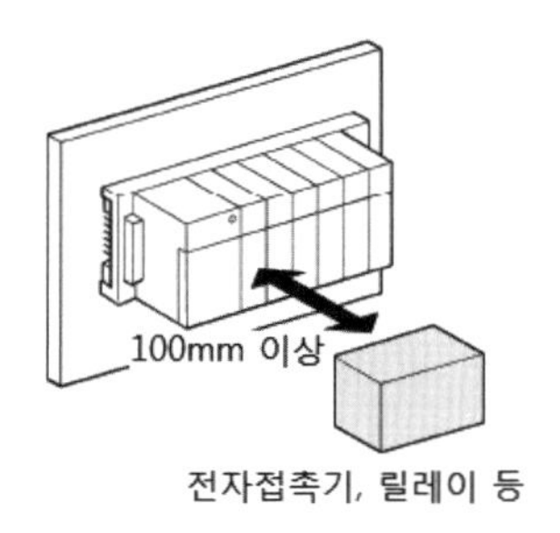

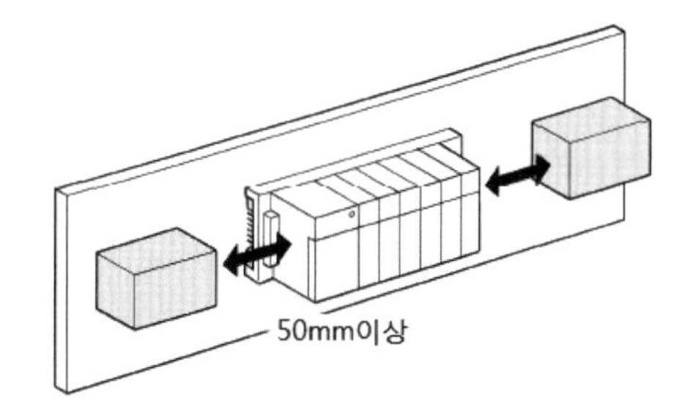

[그림 5-3] 다른 기기와의 이격거리

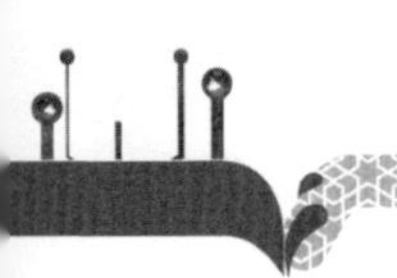

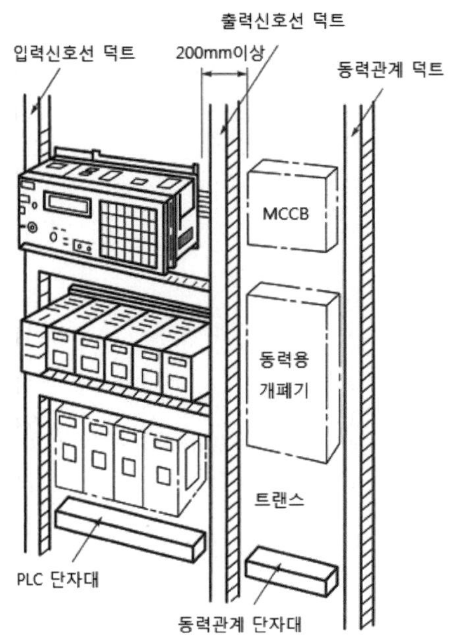

[그림 5-4] 제어반 내의 PLC 설치 예

제어반 내에 PLC를 설치한 예를 그림 5-4에 나타냈다.

제어반에서 기계장치로 배선할 때에는 입출력 신호선과 동력 케이블을 반드시 분리하며, 이들 배선을 수용하는 랙이나 덕트를 200mm 이상 분리해서 설치하고, 부득이하게 동일 덕트에 배선할 때에는 접지된 금속판으로 차폐하여야 한다.

또한 판넬의 문을 닫았을 때 동력선이나 입출력 배선이 판넬 내 기기와 접촉하지 않도록 배치하여야 한다.

2 배선 방법

배선에 사용되는 전선의 규격은 메이커마다 권장치로 정해져 있으므로 가급적 권장치 이내의 것을 사용하여야 하며, 제어장치 설계시점에서 배선 방법에 대한 면밀한 검토와 계획을 세워야 한다.

표 5-2는 LS산전의 PLC 배선에 사용되는 전선 규격을 나타낸 것이다.

(1) 전원부의 배선

PLC 전원은 시스템의 근간이며, 전원부가 노이즈로 불안정하게 되는 일은 있어서는 안된다.

① PLC 전원모듈의 전원은 AC 110V, AC 220V, DC 24V의 3종류가 있다.

② 전원선은 가능한 한 빈틈없이 골고루 트위스트 함과 동시에, 최단거리의 배선이 되어야 한다.

[표 5-2] PLC 배선에 사용되는 전선 규격

외부 접속의 종류	전선 규격(mm^2)	
	하한치	상한치
디지털 입력모듈	0.18(AWG24)	1.5(AWG16)
디지털 출력모듈	0.18(AWG24)	2.5(AWG12)
아날로그 입출력 모듈	0.18(AWG24)	1.5(AWG16)
통신모듈	0.18(AWG24)	1.5(AWG16)
주 전원	1.5(AWG16)	2.5(AWG12)
보호 접지	1.5(AWG16)	2.5(AWG12)

③ 1차측과 2차측(PLC측)의 배선을 접근시키거나 절대로 묶어서 배선하지 않는다.
④ 전압강하를 작게 하기 위해서 가급적 굵은 선(1.5mm^2 이상)을 사용한다.
⑤ 주 회로선이나 입출력 신호선과는 묶음 배선이 되지 않도록 해야 하며, 가급적 100mm 이상 격리시키는 것이 좋다.

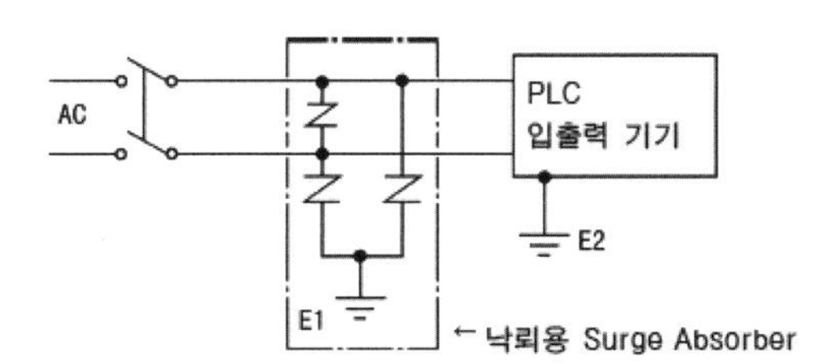

[그림 5-5] 낙뢰용 서지 업쇼버의 설치 방법

⑥ 낙뢰에 의한 서지 대책으로는 그림 5-5에 나타낸 바와 같이 낙뢰용 서지 업쇼버를 설치하는 것이 좋다.
⑦ 트랜스를 사용할 때는 용량[VA]적으로 여유를 두는 것이 좋으며, 레귤레이션이 좋은 것을 사용한다.

전원부에 세우는 노이즈 대책으로는 그림 5-6의 (a)와 같이 필터를 설치하는데, PLC에 유해한 노이즈를 저지하는 주파수 영역의 필터를 선정하는 일은 대단히 어렵다. 이것은 노이즈의 주파수 성분이나 파워의 크기가 가지각색이기 때문이다.

가장 무난하고 효과적인 것은 그림 (b)처럼 노이즈 컷 트랜스를 이용하는 방법이다. 노이즈 컷 트랜스를 구입할 수 없을 때에는 일반적인 절연 트랜스를 이용해도 그 효

과는 충분히 기대할 수 있다. 특히, 노이즈가 많은 경우에는 그림 5-6의 (a), (b)를 병용하여 그림 (c)와 같이 하면 보다 효과적이다.

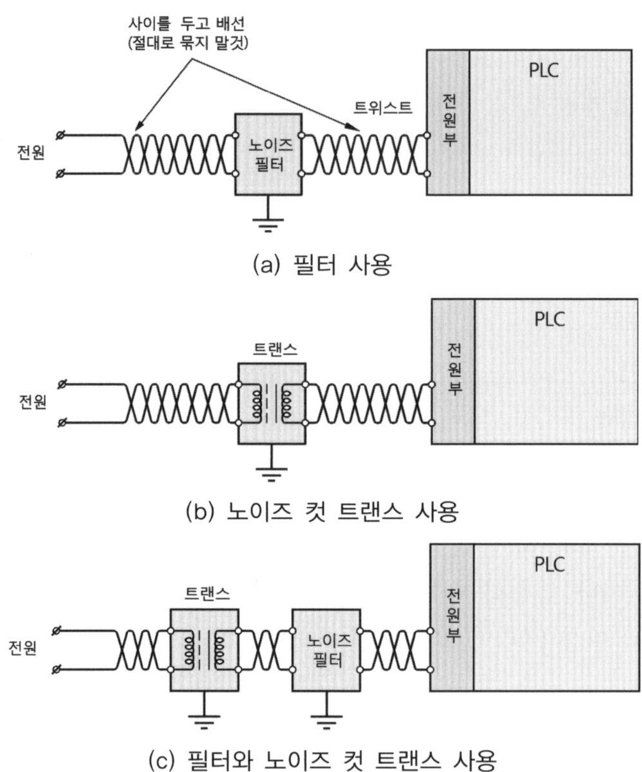

(a) 필터 사용

(b) 노이즈 컷 트랜스 사용

(c) 필터와 노이즈 컷 트랜스 사용

[그림 5-6] 전원부의 배선과 노이즈 대책

(2) 제어반 내의 배선

제어반 내의 배선방법은 다음과 같다.

1) 전원선

① 전원선은 가능한 한 굵은 선을 쓰고, 트위스트할 것

② 트랜스의 2차측은 트위스트로 하고 PLC와는 최단거리 배선이 되도록 한다.

③ 트랜스의 1차측과 2차측은 가능한 한 떨어뜨리고, 절대 양자를 한 묶음으로 묶어 배선하지 말 것

④ 접지는 가능한 한 굵은 선을 쓰고, 제어반의 접지선까지의 거리는 되도록 짧게 할 것

2) 신호선의 취급

① AC 입출력 신호선과 DC 입출력 신호선은 별도의 덕트나 통로를 통하여 배선할 것

② 입출력 신호선은 주회로나 동력선 회로와는 별도의 덕트를 설치하고, 가능한 한 200mm 이상 떨어뜨려 배선한다. 특히, IC나 트랜지스터 입·출력기기와 접속되어 있는 신호선을 조심할 것

③ 입력신호선과 출력신호선도 가능하면 따로따로 덕트를 통해 배선하는 것이 좋다.

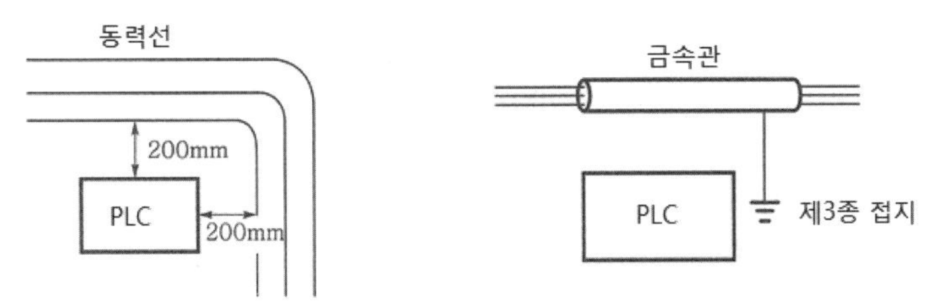

[그림 5-7] 동력선에서 PLC를 격리시키는 방법

3) 제어반 내 배선

① 오배선의 방지를 위해 케이블마다 마크 밴드를 붙이거나 넘버링 튜브를 끼워 조립할 것

② 같은 종류의 신호를 전송하는 케이블은 같은 덕트 내에 넣어서 그룹분류를 하고 가급적 색별 배선을 할 것

③ 대전류, 고전압인 주 회로와는 충분히 분리하여 실장 배선할 것

④ 전자 개폐기, 전자 접촉기, 파워 릴레이 등의 아크 발생원으로부터 멀리할 것

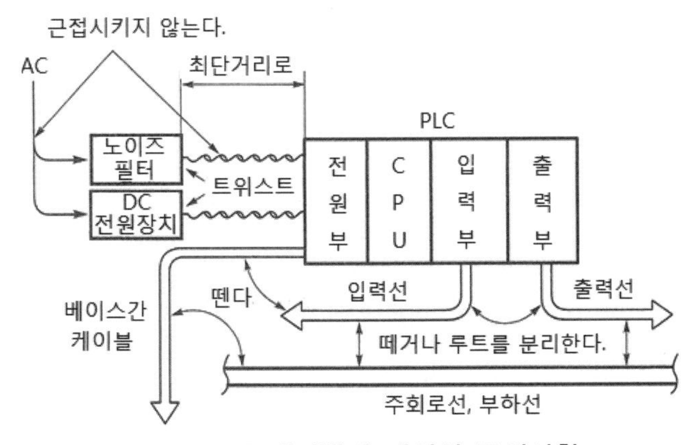

[그림 5-8] 제어반내 배선시 주의사항

⑤ 전원선은 트위스트하고 다른 신호선과는 분리할 것. 신호선과 동일 덕트를 통하거나 한데 묶지 말 것

⑥ SSR 출력과 같은 교류 신호선과 직류 신호선은 혼재시키지 말 것

⑦ 입력신호선과 출력신호선도 분리할 것

3 접지

접지란, 회로의 기준 전위와 기기 케이스, 실드 등을 대지 전위로 접속하는 것을 말하며, 최근에 PLC에 대한 접지는 메이커에서 기기에 대한 노이즈 대책을 세우고 있기 때문에 일반적으로는 접지를 하지 않아도 사용할 수 있게 되어 있다. 또한 대전류가 흐르는 동력기기의 접지선에 접속하면 오히려 나쁜 결과를 초래하는 수도 있기 때문에 양호한 접지를 얻을 수 없다면 접지를 하지 않는 편이 더 낫다.

접지의 목적은 다음과 같다.

① PLC와 제어반 및 대지간의 전위차가 없게 하여, 전위의 차이로 인한 노이즈 전류를 감소시킨다.
② 전원 및 입력신호선에 혼입한 노이즈를 대지로 배제하여 노이즈의 영향을 감소시킨다.
③ 전력계통으로 부터의 누설전류, 낙뢰 등에 의한 감전을 방지한다.

이와 같이 접지는 노이즈로 인한 오동작을 방지하는 유효한 노이즈 대책이 된다. 따라서 양호한 접지를 할 수 있다면 접지를 하는 것이 좋다.

다만, 2층 이상 건물의 철골에 접지, 대전력기기의 접지선과 공용접지, 감전방지 목적의 접지선에 접지하는 등으로 양질의 접지를 얻을 수 없으면 반드시 접지를 할 필요는 없다. 다만, 제어반의 접지는 확실하게 해야 한다.

운전 중에 노이즈로 인한 오동작이 일어날 것 같으면 그 시점에서 대책으로 접지를 하면 된다. 또 처음부터 접지를 하고 있는 경우에 노이즈 대책으로서 접지를 떼어 보는 것이 유효한 대책이 되는 경우도 있다.

접지방법은 다음과 같이 한다.

① 접지는 PLC만을 접지하는 전용접지가 가장 좋으므로 될 수 있으면 전용접지를 한다. 전용접지를 할 수 없을 때는 접지점에서 다른 기기의 접지와 접속되는 공용접지로 한다. 다른 기기와 접지선을 공통으로 사용하는 공통접지는 될 수 있는 대로 하지 않는다. 특히 전동기, 변압기 등의 전력기기와의 공통접지는 절대로 피해야 한다.
② 접지공사는 전기설비기술기준에 의거 D종 접지(제3종 접지 : 접지저항 100Ω 이하)로 한다.
③ 접지용 전선은 2.5mm^2 이상의 것을 사용하여야 한다.
④ 접지선은 될 수 있는 대로 PLC본체에 가깝게 설정한다. 거리는 50m 이하가 기준이다.

⑤ 전원모듈의 접지 단자와 베이스 보드의 전지 단자를 분리하여 접지하는 것이 좋다.

⑥ 접지선의 배선에서는 강전회로, 주회로의 전선에서 될 수 있는 대로 떨어뜨리고 또 평행하는 거리를 될 수 있는 대로 짧게 한다.

⑦ PLC의 접지를 하지 않을 때에도 제어반의 접지는 확실하게 한다.

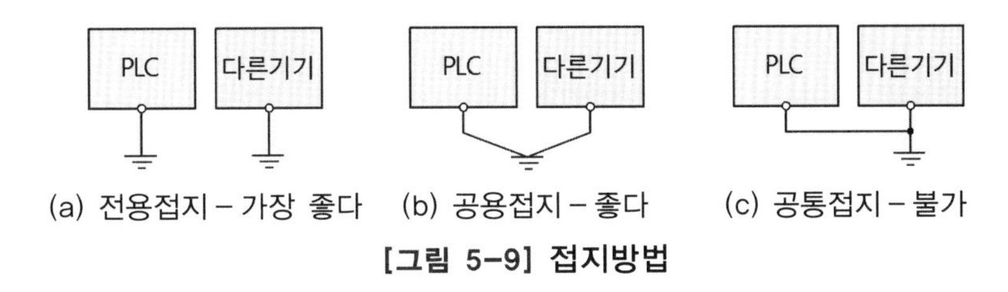

[그림 5-9] 접지방법

03 유지 보수

1 유지 보수의 개요

PLC에 의한 자동화 설비를 운전 중에는 어떠한 원인으로 고장이 발생하여 기계설비가 정지한 경우에 이 고장이 PLC 본체의 이상인가 또는 외부 기기의 이상인가를 발견하고 신속히 정상상태로 복귀시켜야 한다. 이를 위해 메이커에서는 PLC에 여러 가지 보수기능과 알람기능 등은 내장시켜 트러블 슈팅을 용이하게 하고 있다.

PLC는 통상 접점 출력모듈의 증폭용 릴레이, RAM 메모리의 백업용 배터리 등을 교환하는 것 이외에는 보전 예방차원에서 교환처리를 하지는 않는 것이 일반적이다. 그러나 주위환경에 영향을 받아 PLC 구성 소자에 이상이 발생할 수 있으므로 예방보전 차원에서 정기적인 점검이 필요하다.

PLC를 사용한 제어 시스템의 고장 요인으로는 다음의 7가지가 있다.

① PLC의 하드웨어

② PLC의 소프트웨어

③ PLC의 제어반 및 조작반

④ 기계의 검출부

⑤ 기계의 구동부

⑥ 기계의 본체
⑦ 시스템 주변기기의 환경

장치나 시스템이 가동될 때 그 기능이나 성능을 유지하기 위한 점검, 조정, 대체, 수리 등의 작업을 통틀어 보전이라 하며, 예방 보전과 사후 보전의 두 가지가 있다. 예방 보전에는 일상 점검과 정기 점검으로 나누어 실시하며, 생산설비, 항공기 등과 같이 고장 발생시 경제적 손실이 크거나 중대 사고에 연결되는 것은 예방 보전이 적용되고 일반 제품은 사후 보전이 적용된다.

2 유지 보수 준비사항

(1) 관련 자료의 관리

일단 가동상태로 들어간 PLC는 제어에 관련된 모든 문서, 자료를 정리 보관하여 언제나 찾아볼 수 있도록 하여야 한다.

예를 들면 운전 도중에 프로그램 내용을 변경시킬 경우가 있을 때, PLC 내의 프로그램을 변경시킴과 동시에 프로그램 작성에 기준이 되는 시퀀스 차트, 래더 다이어그램, 입출력 할당표, 입출력 배선도 등도 반드시 변경해 두어야 한다. 또한 각 PLC 매뉴얼을 근거로 하여 보수점검 순서를 정해 놓으면 편리하게 이용할 수 있다.

(2) 모니터기기의 준비

PLC에는 각 입출력 상태의 표시나 CPU 등의 모듈 이상표시가 갖추어져 있으므로 쉽게 이상상태 여부를 알 수 있다. 이 외에도 상세한 고장진단을 위한 프로그램 내용이라든가, 입출력 데이터 메모리 내용을 점검할 수 있는 기능을 갖춘 기기를 준비해 두는 것도 좋다.

(3) 예비품의 확보

PLC는 기종에 따른 호환성이 거의 없기 때문에 최소한의 예비부품을 준비해 두는 것이 좋으며, 특히 고장시 치명적인 트러블을 일으킬 수 있는 제어에는 반드시 예비품의 확보가 요구된다.

PLC의 필요한 예비품은 표 5-3과 같은 것이 있으며, PLC가 고장을 일으켰을 때 그 손실이 크고 치명적인 트러블을 일으킬 수 있는 시스템에서는 표 5-4와 같은 권장 예비품을 갖추고 있으면 좋다.

[표 5-3] 필요한 예비품

번호	품명	수량	비고
1	배터리	1~2개	• 배터리의 보존수명은 약 3년이다. • 1~2개는 예측할 수 없는 경우에 대비한다.
2	퓨즈	사용 수량	• 퓨즈는 단락이나 과전류뿐만 아니라 전원의 On/Off 등의 돌입 전류에 의해서도 끊어지기 때문에 충분히 준비한다.

[표 5-4] 권장 예비품

번호	품명	수량	비고
1	입출력 모듈	각 모듈별 1개	접점출력 모듈은 접점마모 때문에 수명이 있다.
2	CPU	1개	PLC의 핵심이 되는 부품으로 만일 고장이 났을 때 시스템이 다운되어 운전을 못하게 된다.
3	Memory	1개	
4	전원 모듈	1개	

3 점검

PLC는 각종 IC와 LSI에 의해 구성 무접점화되어 있지만 일부 릴레이 점검회로와 기구적 부분에 대해서는 점검할 필요가 있으며, 정기적인 점검이나 교환을 실시하는 경우에는 서식을 만들어 점검일자, 점검내용, 교환일자 등을 기록하여 놓으면 후에 점검할 때 유용하게 이용할 수 있다.

① **릴레이 출력모듈의 교환** : 출력모듈이 릴레이 접점인 경우에는 정기적으로 릴레이를 교환할 필요가 있다. 교환 시기는 릴레이의 개폐횟수, 구동부하용량 등에 따라 다를 수 있으므로 개폐횟수가 많은 것부터 교환하는 것이 좋다.

② **백업용 배터리 교환** : 프로그램 메모리에 RAM을 사용한 것은 백업용 배터리가 내장되어 있다.
배터리 수명은 정전시간, 사용 온도 조건 등에 따라서도 또한 메이커에 따라서도 차이가 있으며 통상 상온 사용기준 3~5년 정도이다.
XGT PLC의 배터리의 전압이 낮아지면 CPU모듈에는 '배터리 전압저하 경고'가 발생한다. CPU모듈의 LED와 플래그 및 XG5000의 에러 메시지를 통하여 확인 할 수 있으며, 이때는 신속히 교환하여 사용해야 한다.

③ **나사부** : 제어선 등이 접속되어 있는 단자대의 나사 등이 확실하게 고정되어 있는지를 확인한다.

④ **모듈의 취급** : 각종 모듈의 커넥터부는 손으로 만지지 않는 것이 좋다. 부득이 손을 댄 경우에는 알콜로 닦아 낸다.
또 프로그래머 등의 접속 케이블 및 커넥터는 탈착 빈도가 높으므로 조심히 다루어야 한다.

(1) 일상 점검

일상적으로 실시하여야 할 점검은 표 5-5와 같은 사항들이 있다.

[표 5-5] 일상 점검표

점검 항목		점검 내용	판정 기준	조치사항
베이스의 부착상태		부착나사의 풀림 확인	확실하게 부착되어 있을 것	나사 조임
입출력 모듈의 부착상태		모듈의 부착나사가 확실하게 조여 있는가를 확인	확실하게 조여져 있을 것	나사 확인
단자대 및 증설 케이블의 접속상태		단자 나사의 풀림	풀림이 없을 것	나사 조임
압착 단자간의 근접		적정한 간격일 것	교정	
증설 케이블의 커넥터부		커넥터가 풀려 있지 않을 것	교정	
표시 LED	전원 LED	점등 확인	점등(소등은 이상)	트러블 슈팅 참조
	RUN LED	RUN상태에서 점등 확인	점등(소등 또는 점멸은 이상)	
	STOP LED	RUN상태에서 소등 확인	점멸은 이상	
	입력 LED	점등, 소등 확인	입력 On시 점등, 입력 Off시 소등	
	출력 LED	점등, 소등 확인	출력 On시 점등, 출력 Off시 소등	

(2) 정기 점검

3개월에 1~2회 정도는 다음 항목을 점검하여 필요한 조치를 실시하는 것이 좋다.

[표 5-6] 정기 점검표

점검 항목		점검 방법	판정 기준	조 치
주위환경	주위 온도	온도, 습도계로 측정 부식성 가스 측정	0~55℃	일반 규격에 맞게 조정
	주위 습도		5~95% RH	
	주위 오염도		부식성 가스가 없을 것	
PLC 상태	풀림, 흔들림	각 모듈을 움직여 본다.	단단히 부착되어 있을 것	나사 조임
	먼지, 이물질 부착	육안 검사	부착이 없을 것	제거

점검 항목		점검 방법	판정 기준	조 치
접속상태	나사의 풀림	드라이버로 조임	풀림이 없을 것	조임
	압착단자의 근접	육안 검사	적당한 간격일 것	교정
	커넥터의 풀림	육안 검사	풀림이 없을 것	커넥터 고정나사 조임
전원 전압 점검		입력 전압 측정	규정 전압 확인	공급전원 변경
배터리		배터리 교환시기, 전압 저하 표시 확인	정전 합계시간 확인 배터리 전압 저하 표시가 없을 것	배터리용량 저하 표시가 없어도 보증기간 초과시 교환할 것
퓨즈		육안 검사	용단되어 있지 않을 것	용단되지 않아도 정기적으로 교환할 것

CHAPTER 06

XGT PLC 명령어 활용

CHAPTER 06 XGT PLC 명령어 활용

01 명령어의 개요

PLC 프로그램 작성을 위한 명령어에는 크게 기본 명령과 응용 명령으로 구분되고, 명령어의 종류에는 PLC마다 약간의 차이는 있으나 기본 명령어가 약 20~50여 종, 응용 명령어가 200~700여 종의 종류가 있다.

기계동작의 제어조건에 맞는 이상적인 회로를 능숙하게 설계하려면 먼저 명령어의 기능과 그 사용법을 숙지해야 하는데, PLC 명령어는 그 종류가 많을 뿐만 아니라 PLC 기종마다 다르기 때문에 PLC 회로 설계자의 어려움이 되고 있다.

회로 설계자마다 약간의 차이는 있으나 수많은 PLC 명령어 중에서 회로 설계에 주로 사용되고 있는 것은 50여 종 내외이므로 여기서는 XGT PLC중에서 XGK 기종과 XGB 기종의 명령어 중 시퀀스 회로 설계에 자주 사용되는 명령어에 대해 그 기능과 응용 예를 중심으로 설명한다.

02 기본 명령의 문법과 기능

1 접점명령

(1) LOAD : a접점 연산시작 명령

해당 디바이스의 정보에 따라 한 회로의 a접점으로 연산 개시하는 명령이다.

시동신호, 지령신호 등과 같이 입력조건을 On하면 해당 출력을 구동하는 회로에 적용한다.

입출력 릴레이 P, 릴레이 접점 M, K, L, F, 타이머 접점 T, 카운터 접점 C, 스텝 컨트롤러 접점 S 등에 이용할 수 있다.

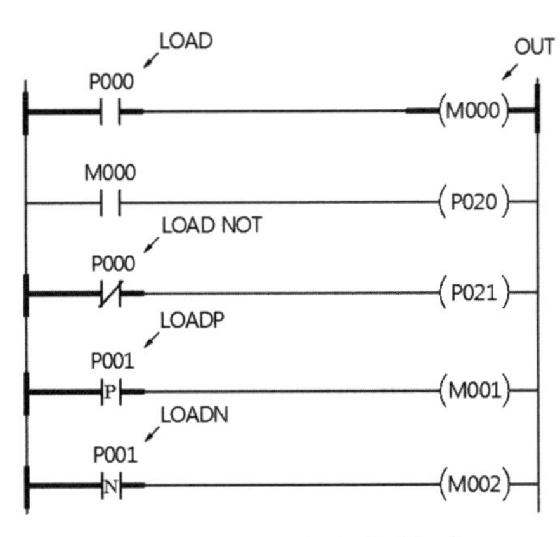

[그림 6-1] 접점명령(Ⅰ)

(2) LOAD NOT : b접점 연산시작 명령

해당 디바이스의 정보에 따라 한 회로의 b접점으로 연산을 개시한다.

입출력 릴레이 P, 보조 릴레이 접점 M, K, L, F, 타이머 접점 T, 카운터 접점 C, 스텝 컨트롤러 접점 S 등에 이용할 수 있다.

입력조건이 Off일 때 해당 출력을 구동하고, 입력조건이 On이면 해당 출력을 Off시키는 회로에 적용된다.

(3) LOADP : 상승펄스 연산시작 명령

상승펄스시 연산시작 명령으로 지정접점이 Off에서 On으로 변할 때 해당 출력을 1스캔 On하는 명령이다.

입출력 릴레이 P, 보조 릴레이 접점 M, K, L, F, 타이머 접점 T, 카운터 접점 C, 스텝 컨트롤러 접점 S 등에 이용할 수 있다.

(4) LOADN : 하강펄스 연산시작 명령

하강펄스시 연산시작 명령으로 지정 접점이 On에서 Off로 변할 때 해당 출력을 1스캔 On하는 명령이다.

입출력 릴레이 P, 보조 릴레이 접점 M, K, L, F, 타이머 접점 T, 카운터 접점 C, 스텝 컨트롤러 접점 S 등에 이용할 수 있다.

(5) OUT : 코일구동 명령

OUT 명령까지의 연산결과를 지정한 요소에 출력하는 명령이다.

OUT의 코일구동 명령은 출력 릴레이 P, 보조 릴레이 M, K, L, 스텝 컨트롤러 S 등에 이용할 수 있으며, 입력 릴레이 P는 사용할 수 없다.

(6) AND : a접점의 직렬접속 명령

직렬로 연결된 접점과 해당 디바이스의 a접점을 AND연산하여 그것을 연산결과로 한다.

직렬접속 명령의 요소에는 입출력 릴레이 P, 보조 릴레이 접점 M, K, L, F, 타이머 접점 T, 카운터 접점 C, 스텝 컨트롤러 접점 S 등이 사용된다.

직렬접속 회로는 기동조건이나 진행조건 회로에서 다수 입력조건이 성립될 때 시퀀스를 진행하는 경우에 적용된다.

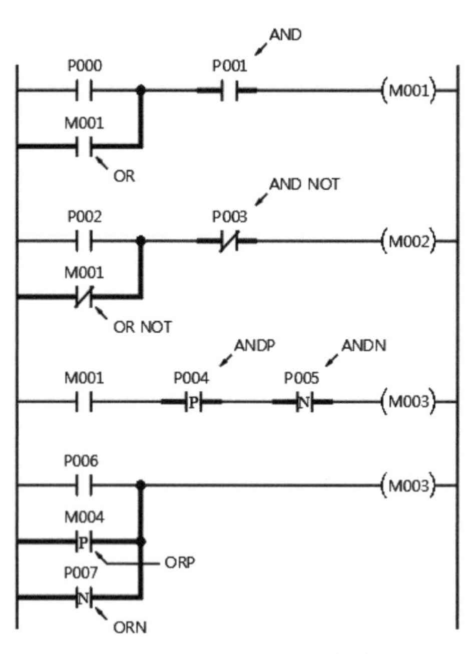

[그림 6-2] 접점명령(Ⅱ)

(7) AND NOT : b접점의 직렬접속 명령

직렬로 연결된 접점과 해당 디바이스의 b접점을 AND연산하여 그것을 연산결과로 한다.

b접점의 직렬접속 명령의 요소에는 입출력 릴레이 P, 보조 릴레이 접점 M, K, L, F, 타이머 접점 T, 카운터 접점 C, 스텝 컨트롤러 접점 S 등이 사용된다.

b접점의 직렬접속 신호에는 인터록 신호, 정지 신호, 완료 신호 등이 있다.

(8) OR : a접점의 병렬접속 명령

병렬로 연결된 접점과 해당 디바이스의 a접점을 OR연산하여 그것을 연산결과로 한다.

병렬접속 명령의 요소에는 입출력 릴레이 P, 보조 릴레이 접점 M, K, L, F, 타이머 접점 T, 카운터 접점 C, 스텝 컨트롤러 접점 S 등이 사용된다.

병렬접속 회로는 동일 레벨로 취급되는 복수의 신호로서 동일 동작을 실현할 때 적용된다.

병렬접속되는 어느 신호가 On되어도 출력이 On된 것을 검출하는 회로에 이용된다.

대표적인 병렬접속 신호에는 동작신호와 자기유지 신호, 자동회로와 수동회로 신호, 현장과 원격지 동작 지령신호 등이 있다.

(9) OR NOT : b접점의 병렬접속 명령

병렬로 연결된 접점과 해당 디바이스의 b접점을 OR연산하여 그것을 연산결과로 한다.

b접점의 병렬접속 명령의 요소에는 입출력 릴레이 P, 보조 릴레이 접점 M, K, L, F, 타이머 접점 T, 카운터 접점 C, 스텝 컨트롤러 접점 S 등이 사용된다.

(10) ANDP : 상승펄스시 a접점 직렬접속 명령

지정된 접점이 Off에서 On으로 변할 때 1스캔 On시간만 전 단계 연산결과와 직렬처리하는 명령이다.

요소에는 입출력 릴레이 P, 보조 릴레이 접점 M, K, L, F, 타이머 접점 T, 카운터 접점 C, 스텝 컨트롤러 접점 S 등이 사용된다.

(11) ANDN : 하강펄스시 a접점 직렬접속 명령

지정된 접점이 On에서 Off로 변할 때 1스캔 On시간 동안만 전 단계 연산결과와 직렬처리하는 명령이다.

명령의 요소에는 입출력 릴레이 P, 보조 릴레이 접점 M, K, L, F, 타이머 접점 T, 카운터 접점 C, 스텝 컨트롤러 접점 S 등이 사용된다.

(12) ORP : 상승펄스시 a접점 병렬접속 명령

지정된 접점이 Off에서 On으로 변할 때 1스캔 On시간 동안만 전 단계 연산결과와 병렬처리하는 명령이다.

명령의 요소에는 입출력 릴레이 P, 보조 릴레이 접점 M, K, L, F, 타이머 접점 T, 카운터 접점 C, 스텝 컨트롤러 접점 S 등이 사용된다.

(13) ORN : 하강펄스시 a접점 병렬접속 명령

지정된 접점이 On에서 Off로 변할 때 1스캔 On시간 동안만 전 단계 연산결과와 병렬처리하는 명령이다.

명령의 요소에는 입출력 릴레이 P, 보조 릴레이 접점 M, K, L, F, 타이머 접점 T, 카운터 접점 C, 스텝 컨트롤러 접점 S 등이 사용된다.

2 결합명령

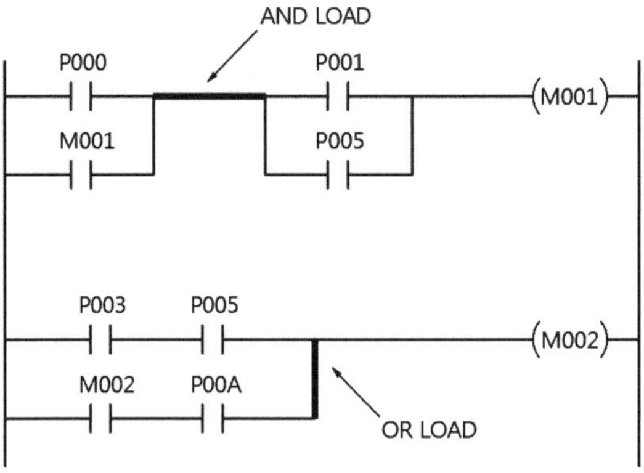

[그림 6-3] 결합명령

(1) AND LOAD : 병렬회로 블록의 직렬접속 명령

2개의 병렬회로 A, B 블록을 직렬접속시키는 명령이다.

AND LOAD 명령에는 데이터가 붙지 않는다.

AND LOAD는 최대 사용횟수가 정해져 있으며, XGT PLC는 최대 15회까지 사용가능하며, 연속해서 최대 사용횟수를 초과 사용하면 연산을 하지 않는다.

(2) OR LOAD : 직렬회로 블록의 병렬접속 명령

2개의 직렬회로 A, B 블록을 병렬접속시키는 명령이다.

OR LOAD 명령에는 데이터가 붙지 않는다.

OR LOAD는 최대 사용횟수가 정해져 있으며, XGT PLC는 최대 15회까지 사용가능하며, 연속해서 최대 사용횟수를 초과 사용하면 연산을 하지 않는다.

3 반전명령

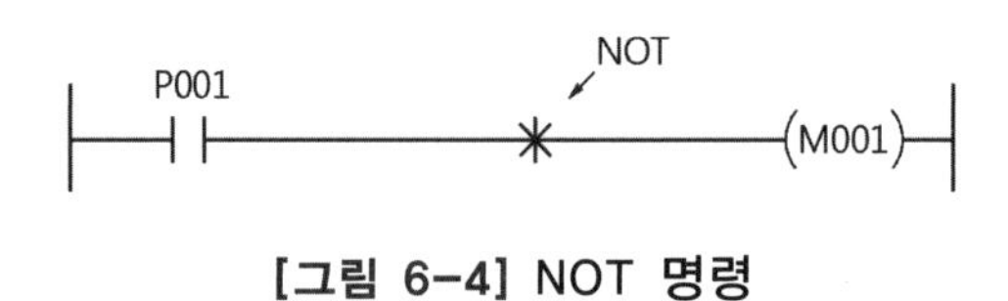

[그림 6-4] NOT 명령

NOT 명령 이전까지의 연산결과를 반전시키는 명령이다.

반전명령 NOT를 사용하면 반전명령 좌측의 회로에 대하여 a접점 회로는 b접점 회로로, b접점 회로는 a접점 회로로 반전시키며, 또한 직렬 연결회로는 병렬 연결회로로, 병렬 연결회로는 직렬 연결회로로 반전된다.

P000 P003 P005 P007 M001

동일한 논리 회로

P000 P003 P005 P007 M001

[그림 6-5] 반전명령의 예

4 출력명령

(1) OUT : 연산결과 출력명령

OUT 명령까지의 연산결과를 지정한 접점에 출력하는 명령이다.

OUT의 코일 출력명령은 출력 릴레이 P, 보조 릴레이 M, K, L, 스텝 컨트롤러 S 등에 이용할 수 있으며, 입력 릴레이 P는 사용할 수 없다.

(2) OUT NOT : 연산결과 출력 반전명령

OUT NOT명령까지의 연산결과를 반전시켜 지정한 접점에 출력하는 명령이다.

OUT NOT의 출력명령은 출력 릴레이 P, 보조 릴레이 M, K, L, 스텝 컨트롤러 S 등에 이용할 수 있으며, 입력 릴레이 P는 사용할 수 없다.

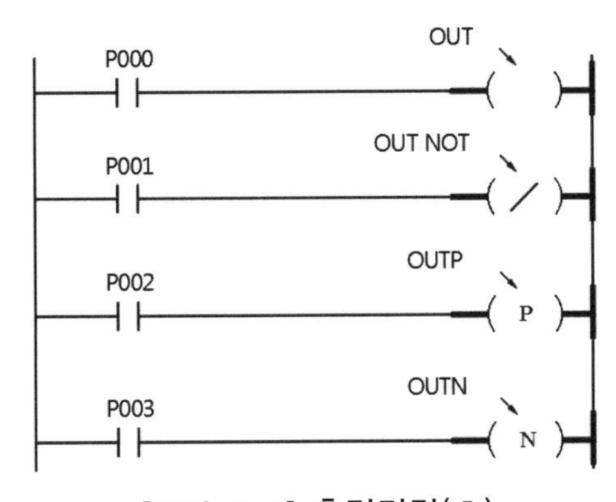

[그림 6-6] 출력명령(I)

(3) OUTP : 상승펄스 출력명령

OUTP 명령은 입력조건이 Off 상태에서 On 될 때 지정접점을 1스캔 On시킨다.

신호가 Off에서 On으로 변화될 때 1회만 연산하는 처리의 지령 신호로서 사용된다.

신호의 지속시간에 비해 출력의 동작시간이 길 때 펄스화된 신호로 변환하여 기동 지령신호로 사용한다.

주된 용도로는 시프트 처리, 수치연산, 데이터 처리의 지령신호 등에 사용된다.

(4) OUTN : 하강펄스 출력명령

OUT 명령은 입력조건이 On 상태에서 Off 될 때 지정접점을 1스캔 On 시킨다.

하강펄스 출력은 신호의 Off시 One-Shot회로라고도 하며, 신호가 On에서 Off로 되는 타이밍으로 다음 동작제어의 지령을 내는 트리거 신호로 사용된다.

(5) SET : 동작유지 출력명령

입력조건이 On되면 지정 출력접점을 On상태로 유지시키며, 입력조건이 Off되어도 출력은 On 상태를 유지한다.

일반적으로 세트(SET)명령이라고 한다.

세트명령은 지속되지 않은 순간 입력신호의 기억회로에 사용된다.

SET명령으로 On된 접점은 RST명령으로만 Off시킬 수 있다.

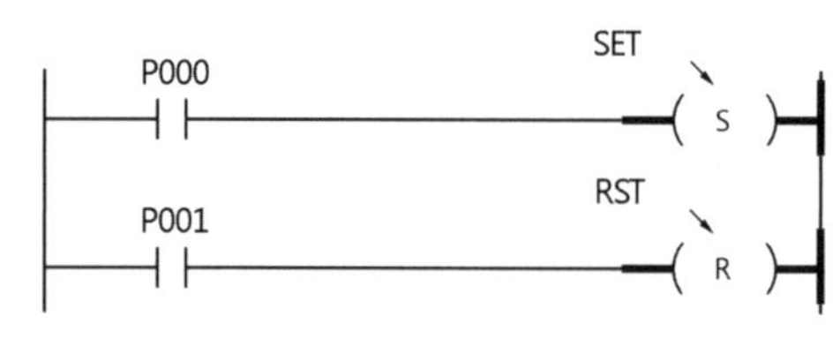

[그림 6-7] 출력명령(Ⅱ)

(6) RST : 동작유지 해제명령

입력조건이 On되면 지정 출력접점을 Off상태로 유지시키며, 입력조건이 Off상태로 되어도 출력은 Off상태를 유지한다.

일반적으로 리셋(RST)명령이라고 한다.

리셋명령은 적산 타이머나 카운터의 초기화 명령으로 사용되기도 한다.

(7) FF : 입력조건 상승시 출력 반전명령

비트출력 반전명령으로 입력접점이 Off에서 On으로 변화할 때 지정된 디바이스 상태를 반전시키는 명령이다.

FF의 출력명령은 출력 릴레이 P, 보조 릴레이 M, K, L 등에 이용할 수 있으며, 입력 릴레이 P는 사용할 수 없다.

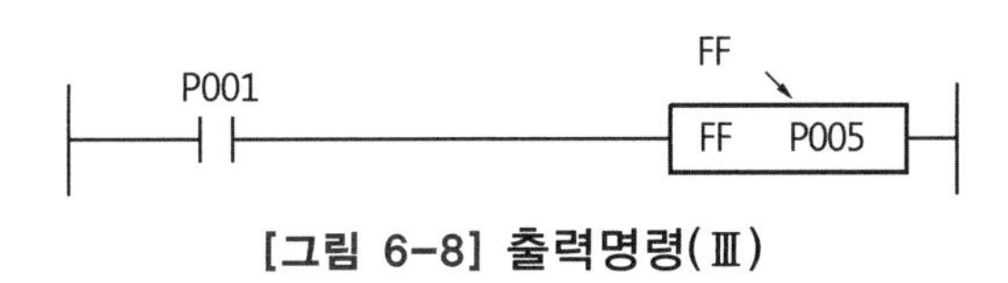

[그림 6-8] 출력명령(Ⅲ)

5 마스터컨트롤 명령

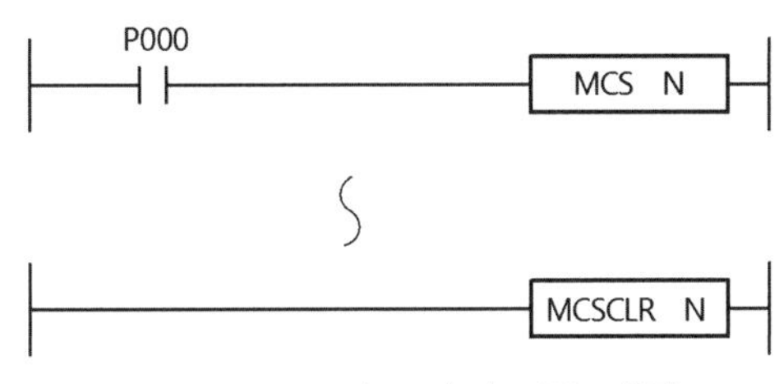

[그림 6-9] 마스터컨트롤 명령

공통직렬접속 명령이라 한다.

MCS의 입력조건이 On되면 MCS 번호와 동일한 MCSCLR 까지를 실행하고 입력조건이 Off하면 실행하지 않는다.

MCS와 MCSCLR는 반드시 쌍으로 사용하여야 한다.

네스팅(nesting)은 XGT는 15까지 16레벨을, XGB는 7까지 8레벨을 설정할 수 있다.

우선순위는 MCS번호 0이 가장 높고 7이 가장 낮으므로 우선순위가 높은 순서로 사용하고 해제는 그 역순으로 해야 한다.

MCSCLR시 우선순위가 높은 것을 해제하면 낮은 순위의 MCS 블록도 함께 해제된다.

마스터컨트롤 명령은 비상정지 명령이나 자동회로와 수동회로의 구분을 위해 블록제어 명령으로 유효하다.

6 순차제어 명령(SET Syyy.xx)

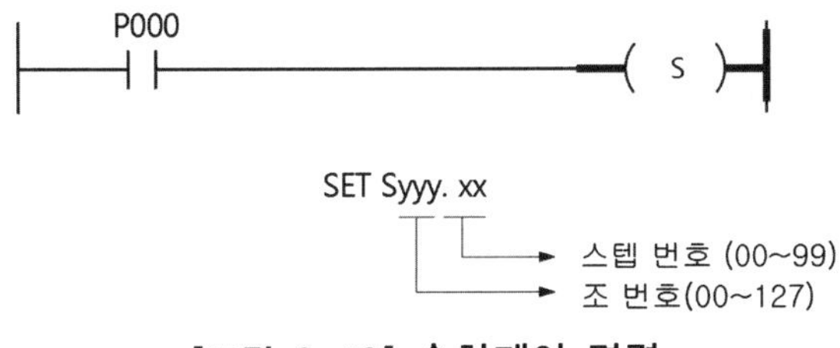

[그림 6-10] 순차제어 명령

동일 조 내에서 바로 이전의 스텝 번호가 On된 상태에서 현재 스텝 번호의 입력조건이 On되면 현재 스텝 번호의 출력을 On상태로 유지한다.

입력조건이 Off되어도 다음 스텝의 입력조건이 On되기 전까지 출력을 유지한다.

같은 조내 입력조건이 동시에 On되더라도 이전 스텝 번호의 출력이 Off상태였다면 출력을 On시키지 않으며, 한 조 내에서는 반드시 한 스텝 번호만을 On시킨다.

SET Syyy.00스텝의 입력조건을 On시킴으로써 해당조의 사이클을 종료시키며, 최종 스텝의 출력접점이 On되기 전이라도 SET Syyy.00스텝의 조건이 On되면 해당 조의 모든 출력을 Off상태로 리셋시킨다.

초기 RUN시 Syyy.00은 On되어 있다.

즉 순차제어 명령에는 자기유지 기능과 보증의 인터록, 보호의 인터록 기능이 있어 동작순서가 정해져 있는 컨베이어 장치나 액추에이터 순차 동작회로에 적합한 명령이다.

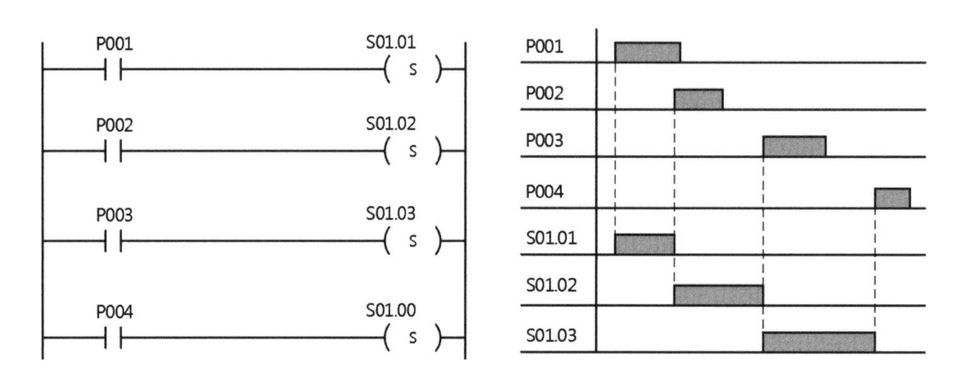

[그림 6-11] 순차제어 명령 회로 예와 타임차트

7 후입우선 명령(OUT Syyy.xx)

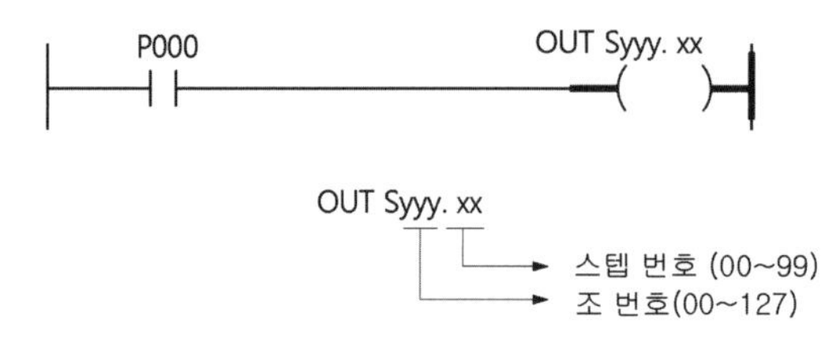

[그림 6-12] 후입우선 명령

후입우선 명령은 순차제어 명령(SET Syyy.xx)과는 달리 스텝 순서와 관계없이 입력조건 접점이 On되면 해당 스텝의 출력이 On된다.

동일 조 내에서 다수의 입력조건이 On하여도 한 개의 스텝 번호만이 On되는데, 이때 나중에 입력된 것이 우선적으로 출력된다.

현재 스텝 번호의 입력조건이 On되면 자기유지되어 현재 스텝 번호의 출력을 On상태로 유지한다.

OUT Syyy.xx 명령은 각 조의 00스텝의 입력조건을 On시킴으로써 클리어된다.
그림 6-13은 후입우선 명령의 프로그램 예로 동작의 결과를 표 6-1에 나타냈다.

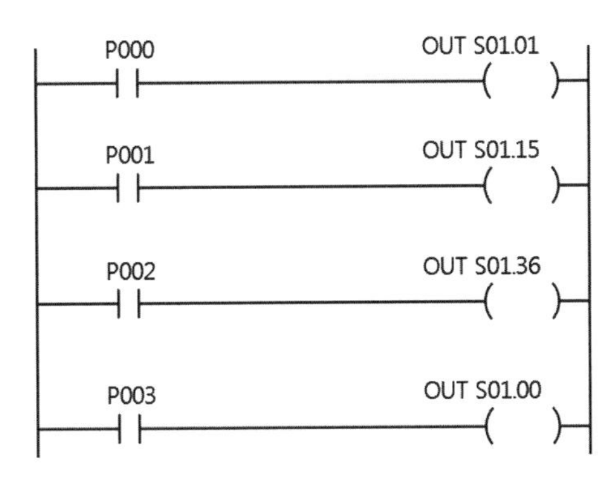

[그림 6-13] 후입우선 명령 프로그램 예

[표 6-1] 그림 6-13의 동작결과

NO	P000	P001	P002	P003	S01.01	S01.15	S01.36	S01.00
1	On	Off	Off	Off	On			
2	On	On	Off	Off		On		
3	On	On	On	Off			On	
4	On	On	On	On				On

8 종료명령(END)

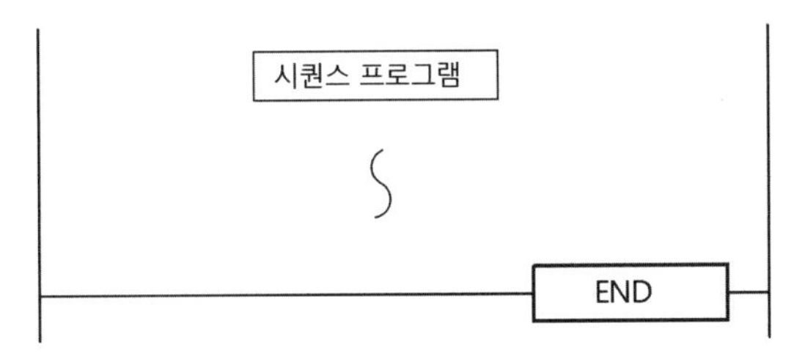

[그림 6-14] 프로그램 종료명령

프로그램 종료를 표시한다.

END 명령처리 후 자기진단과 입출력 리프레시 처리를 하고 0스텝으로 돌아가게 된다.

END 명령은 반드시 프로그램 마지막에 입력하여야 하며, 입력하지 않으면 에러가 발생되고 프로그램의 연산을 하지 않는다.

9 타이머 명령

PLC 타이머는 0.1ms, 1ms, 10ms, 100ms 등의 클록 펄스를 가산 계수하고 이것이 소정의 설정값에 도달했을 때 출력접점을 동작시키는 것으로 시간처리 요소이다.

타이머는 동작형태에 따라 On딜레이 타이머, Off딜레이 타이머, 적산 타이머 등이 있고 기타 특수 타이머가 내장된 PLC기종도 있으며, 타이머의 수도 수백여 개 이상이 내장되어 있기 때문에 시간제어회로에 유용하게 이용할 수 있다.

XGK PLC는 2,048개 XGB PLC는 256개의 타이머가 내장되어 있고, 동작특성에 따라 표 6-2와 같이 5개의 명령어가 있다.

[표 6-2] XGK PLC의 타이머 명령어

명령어	명칭	동작 특성
TON	On 딜레이 타이머	입력조건이 On될 시 타이머 설정값 미만이면 타이머 접점 출력은 Off, 타이머 현재값이 설정값에 도달되었을 때 타이머 접점출력은 On, 입력조건 Off이면 타이머 접점출력도 Off
TOFF	Off 딜레이 타이머	입력조건이 On되면 타이머 현재값은 설정값이 되고 타이머 접점출력은 On, 입력조건이 Off로 되면 타이머 설정값이 감산되고 0이 되면 타이머 접점출력은 Off
TMR	적산타이머	입력조건이 On되면 타이머 현재값이 증가, 입력조건이 Off되어도 타이머 현재값은 유지, 누적된 현재값이 설정값에 도달되면 타이머 접점출력이 On.
TMON	모노스테이블 타이머	입력조건이 On되면, 타이머 현재값은 설정값이 되고, 타이머 접점출력이 On, 입력조건이 Off되어도 타이머 현재값이 감소되고, 0이 되면 타이머 접점출력은 Off
TRTG	리트리거블 타이머	모노스테이블 타이머와 같은 기능을 하나, 타이머 현재값이 감소하고 있을 때 입력조건이 다시 On되면 현재값은 다시 설정값부터 동작

(1) On 딜레이 타이머 명령 – TON

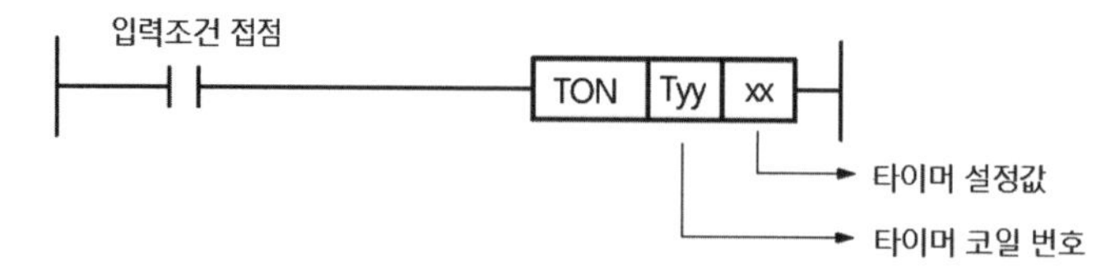

[그림 6-15] On 딜레이 타이머 명령

입력조건이 On되는 순간부터 현재치가 증가하여 타이머 설정시간에 도달하면 타이머 접점이 On된다. 입력조건이 Off되거나 RST명령을 만나면 타이머 출력은 Off되고 현재치는 0이 된다. 또한 입력조건이 타이머 설정시간에 도달하기 전에 Off되면 타이머의 현재치는 0으로 된다.

그림 6-16은 입력 P000이 On되면 자기유지 되고 3초 후에 출력 P020을 On시키며, 출력 P020이 On된 후 5초 후에 자기유지가 해제되고 출력 P020이 Off되는 회로이며, 그 타임차트는 그림 6-17이다.

이와 같은 On 딜레이 타이머는 입력신호의 지연이나 입력신호 지연에 의한 출력신호의 지연, 또는 입력신호의 지속시간이 일정시간 이상 On하는 것을 검출하는 용도 등에 사용된다.

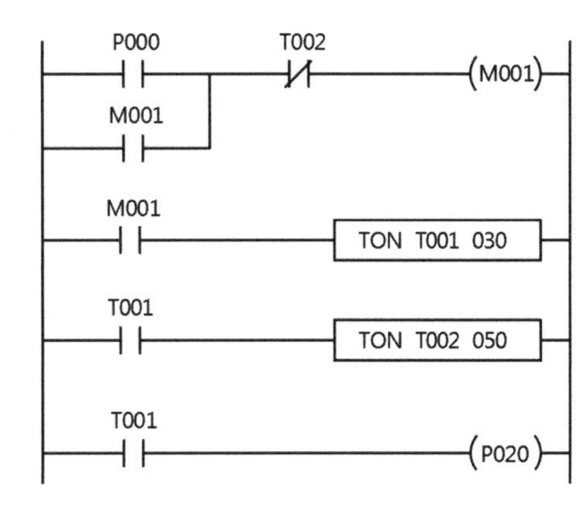

[그림 6-16] On 딜레이 타이머 명령 회로 예

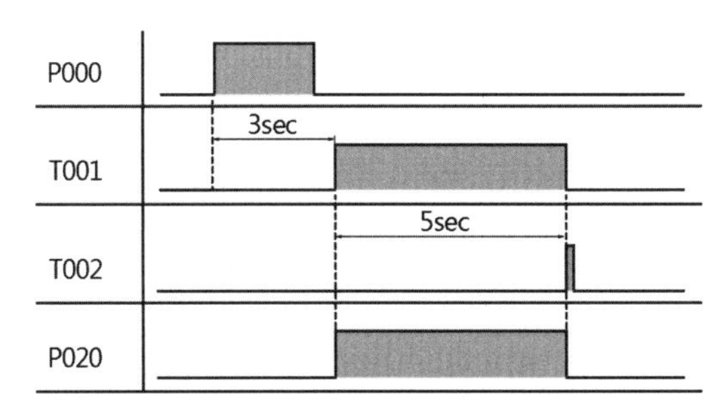

[그림 6-17] 그림 6-16 회로의 타임차트

(2) Off 딜레이 타이머 명령 – TOFF

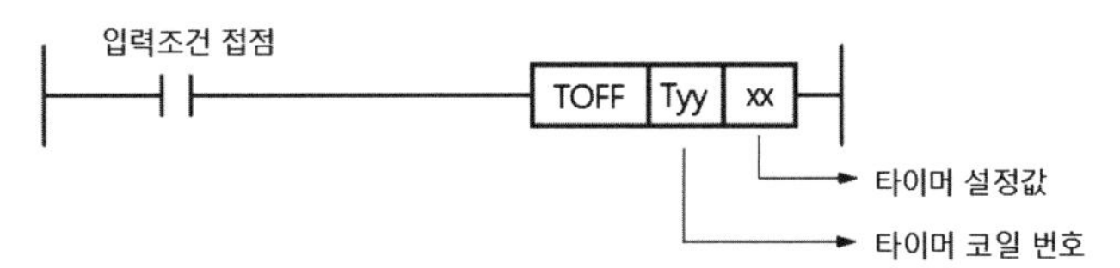

[그림 6-18] Off 딜레이 타이머 명령

입력조건이 On되는 순간부터 현재치는 설정치가 되며 출력이 On된다. 그러나 입력조건이 Off되면 타이머 설정시간이 감산되어 0에 도달하면 타이머 접점이 Off된다. RST명령을 만나면 타이머 출력은 Off되고 현재치는 0이 된다.

Off 딜레이 타이머 명령은 짧은 시간 동안만 On하는 신호의 지속시간을 연장시키는 회로나, 동작 후 On출력을 지연시키는 회로(일례로 모터 정지 후 일정시간 동안 냉각팬을 운전하는 경우) 등에 적용된다.

(3) 적산 타이머 명령 – TMR

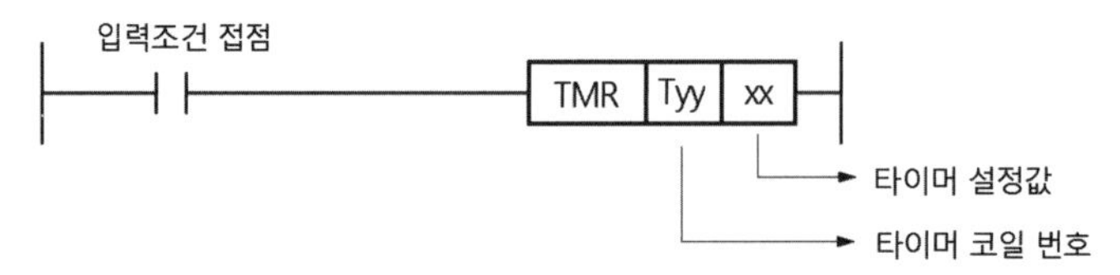

[그림 6-19] 적산 타이머 명령

입력조건이 On된 시간을 누적 처리하여 타이머의 현재값이 설정값에 도달하면 타이머 접점을 On시키는 명령이다. 즉 입력조건이 On되면 현재치가 증가하고, Off상태로 변환되면 현재치는 그 값을 유지한 상태로 정지되고, 다시 입력조건이 On되면 현재치는 누적되어 설정시간에 도달하면 출력접점을 On시킨다. 따라서 적산 타이머는 정전 또는 전원차단시에도 진행된 값을 유지해야 할 경우는 불휘발성 영역을 사용하여 그 값을 유지할 수 있다.

그림 6-20은 적산 타이머 명령의 예로서 입력조건 P001의 On시간 합계가 20초 이상 되면 출력 P020을 On시키는 회로이다. 즉 그림 6-21의 타임차트에 나타낸 바와 같이 입력 P001이 On, Off를 반복하는데 On시간의 합계가 타이머의 설정치에 도달하면 출력 P020이 On되고, 타이머 출력이 On된 상태에서는 입력의 On, Off에 관계없이 출력이 On상태를 유지하며, 이 출력은 P005의 리셋(RST) 명령에 의해 Off되고, 타이머의 설정치도 0이 된다.

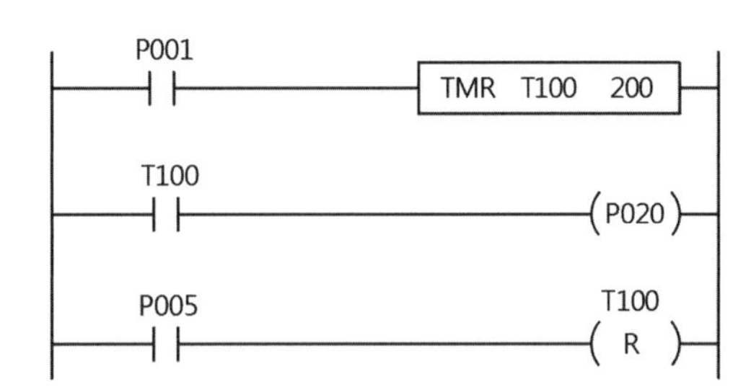

[그림 6-20] 적산 타이머의 회로 예

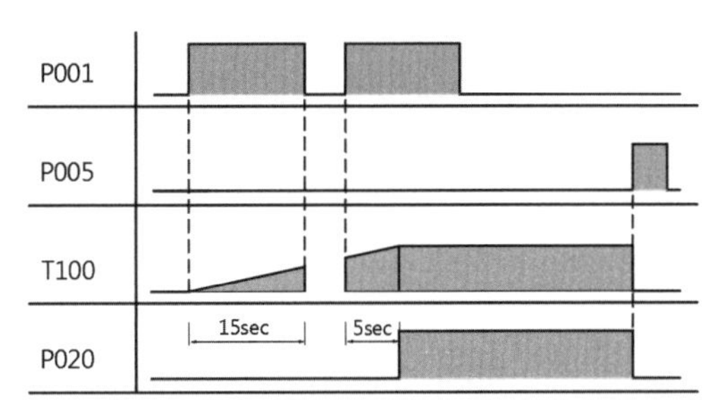

[그림 6-21] 그림 6-20 회로의 타임차트

(4) 모노스테이블 타이머 명령 – TMON

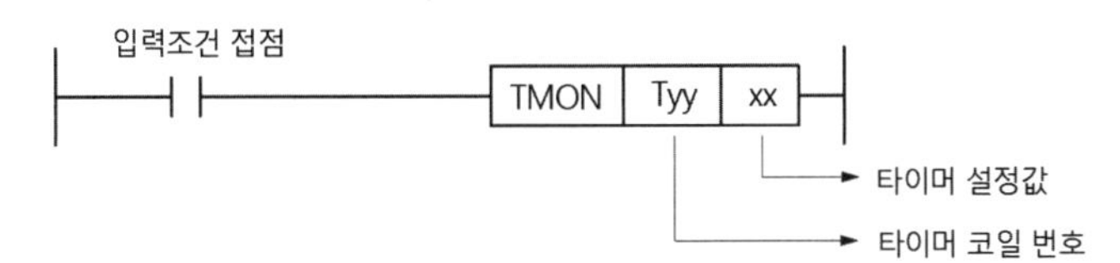

[그림 6-22] 모노스테이블 타이머 명령

입력조건이 On되면 현재치가 설정치로 되고 출력을 On시킨다.

타이머 값이 감소하여 0에 도달하면 출력을 Off시킨다.

입력조건이 On상태에서 Off상태로 바뀌어도 타이머는 출력을 유지하고, 현재치가 0에 도달하여 출력이 Off상태로 변환할 때까지 입력조건이 On상태를 유지하여도 타이머는 재동작하지 않으며 입력조건이 Off상태에서 다시 On상태로 될 때 타이머는 동작한다.

입력조건이 외부 조건에 의해 신호가 떨릴 가능성이 있을 때, 그 신호를 일정시간 안정된 신호로 변환할 때 유효한 명령이다.

그림 6-23은 모노스테이블 타이머 명령을 이용한 회로 예로 입력 P001을 On하면 T005가 감산을 시작하고 동시에 출력 P022를 On시킨다.

타이머가 감산 중에 입력 P001이 On, Off를 반복하여도 감산을 계속하고 타이머 현재값이 0이 되면 출력 P022를 Off로 한다.

타이머가 감산 중에 입력 P003을 On하면 현재값은 0이 되어 출력은 Off된다.

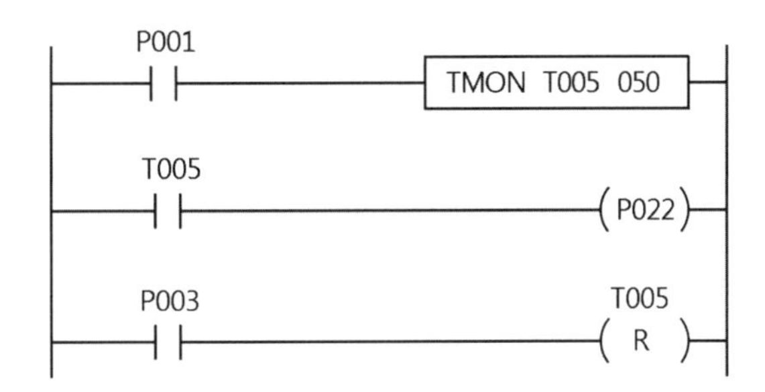

[그림 6-23] 모노스테이블 타이머의 회로 예

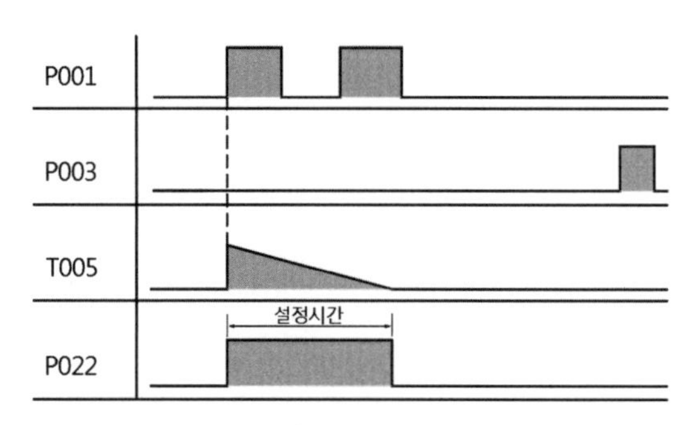

[그림 6-24] 그림 6-23 회로의 타임차트

(5) 리트리거블 타이머 명령 – TRGT

입력조건이 On되면 현재치가 설정치로 되어 출력을 On시키고 타이머 값이 감소하여 0에 도달하면 출력을 Off시킨다.

타이머가 동작하는 도중 입력조건이 다시 On되면 타이머의 현재치는 다시 설정치로 돌아가 감소하게 된다.

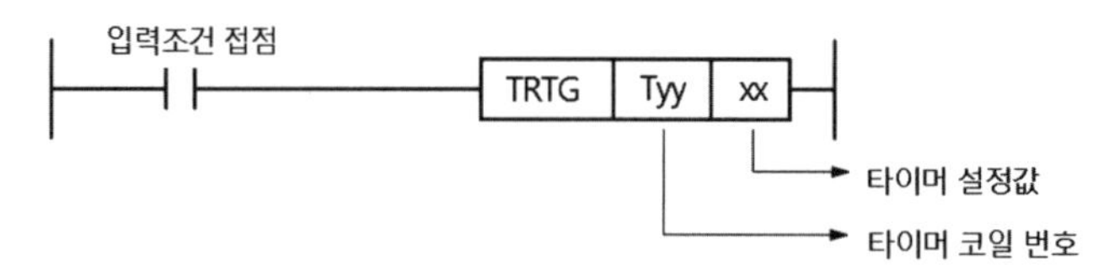

[그림 6-25] 리트리거블 타이머 명령

리트리거블 타이머의 응용 예로는 자동문에서 사람이 감지되면 일정시간이 지난 후 문을 닫는데, 시간이 지나기 전에 다른 사람이 감지되면 다시 설정시간만큼 대기 후에 문을 닫을 경우 등에 유효한 명령이다.

10 카운터 명령

카운터는 기계의 동작횟수 누계나 생산 수량의 계수 목적으로 사용되는 신호처리 기기로서 PLC 내에는 이러한 카운터가 수백 개에서 수천 개까지 내장되어 있다.

카운터의 종류에도 가산 카운터, 감산 카운터 가감산 카운터의 기능이 기본적으로 제공되고 그 밖에도 링카운터와 같은 특수 용도의 카운터가 있는 기종도 있다.

PLC의 카운터는 접점요소의 동작을 시퀀스 연산 속에서 계수하는 카운터를 내부 신호 계수용 카운터라 하고, 특정한 입력으로부터 신호를 시퀀스 연산과는 독립적으로 인터럽트 동작에 의해 계수하는 고속 카운터가 있다.

XGT PLC나 XGB PLC 카운터에는 표 6-3과 같은 기능의 카운터가 있다.

[표 6-3] XGK, XGB PLC 내부카운터

명령어	명칭	동작 특성
CTU	가산 카운터	카운트 펄스가 입력될 때마다 현재값에 1씩 더하여 현재값이 설정값이 되면 출력을 On시킨다.
CTD	감산 카운터	카운트 펄스가 입력될 때마다 설정값으로부터 1씩 감산하여 현재값이 0이 되면 출력을 On시킨다.
CTUD	가감산 카운터	Up 신호에 입력이 On되면 현재값에 1씩 가산하고, Down 신호에 입력이 On되면 현재값으로부터 1씩 감산하여 현재값이 설정값 이상이 되면 출력을 On시킨다.
CTR	링 카운터	기본적으로 가산 카운터이나 설정값 이후 다시 카운트 펄스가 입력되면 카운터는 초기화되어 0이 된다.

(1) 가산 카운터 명령 – CTU

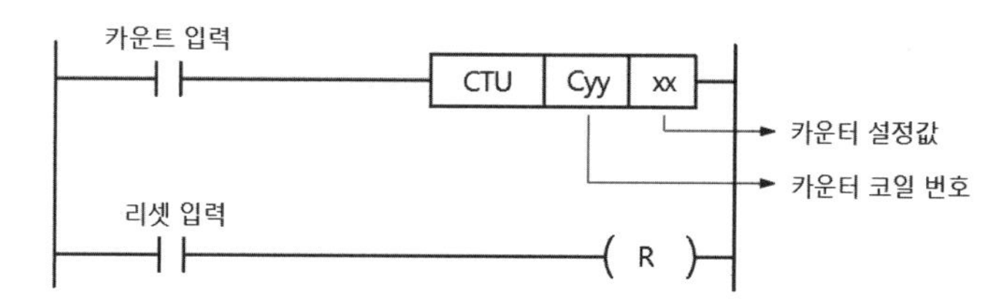

[그림 6-26] 가산 카운터 명령

카운터의 시작을 0부터 개시하며, 입상 펄스가 입력될 때마다 현재치를 +1씩 증가한다.

카운트를 계속하여 현재치가 설정치 이상이 되면 출력을 On시킨다. 설정치에 도달된 상태라도 입상 펄스가 입력되면 현재치는 최대 계수치까지 계속 가산되며 출력은 On상태로 유지한다.

XGK, XGB PLC의 최대 카운트치는 65,535회까지이다.

Reset 신호가 입력되면 출력을 Off시키며 현재치는 0이 된다. 카운터의 현재치가 설정치까지 도달하기 전에 Reset 신호가 On되어도 현재치는 바로 0이 된다.

가산 카운터의 프로그램 예와 그 동작원리를 타임차트로 나타낸 것이 그림 6-27이다.

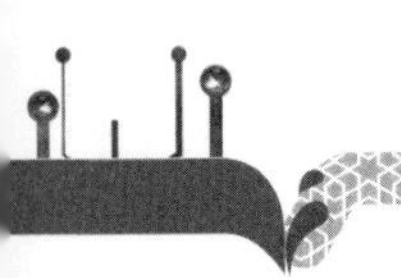

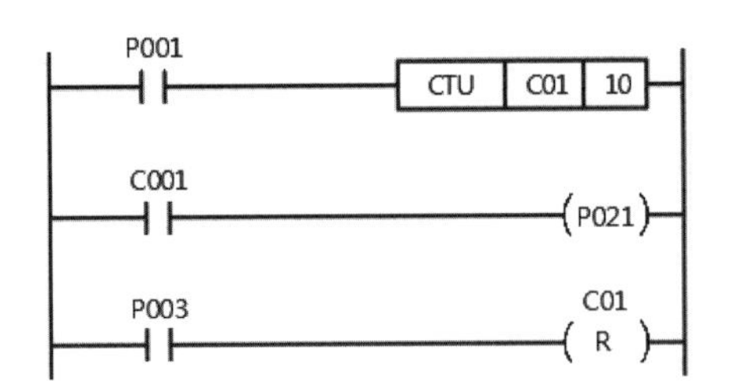

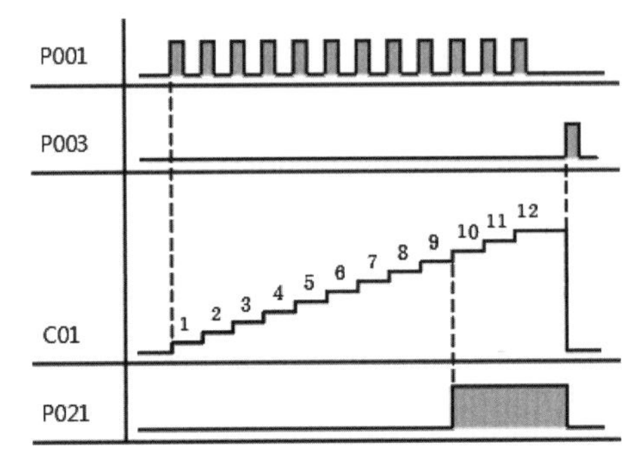

[그림 6-27] 가산 카운터의 프로그램 예와 타임차트

(2) 감산 카운터 명령 – CTD

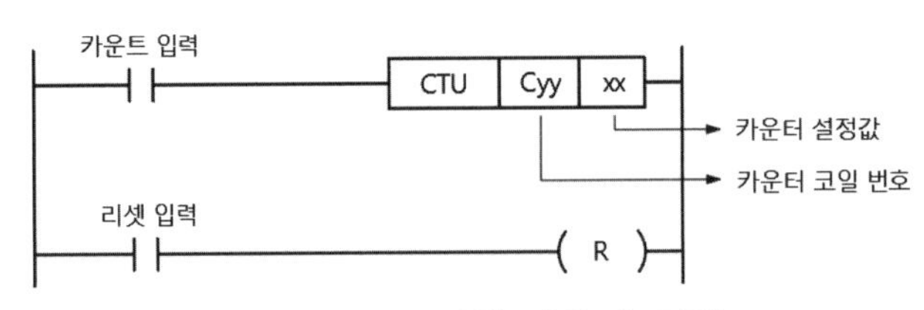

[그림 6-28] 감산 카운터 명령

카운터의 시작을 설정치부터 개시한다.

카운트 펄스가 입력될 때마다 현재치를 -1씩 감소시킨다.

카운트를 계속하여 현재치가 0이 되면 출력을 On시킨다.

Reset 신호가 입력되면 출력을 Off시키며 현재치는 설정치가 된다. 카운터의 현재치가 0에 도달하기 전에 Reset 신호가 On되어도 현재치는 바로 설정치가 된다.

즉 회로의 구성과 동작원리는 가산 카운터와 동일하나 펄스가 입력될 때마다 목표치로부터 -1씩 감소시키므로 목표치로부터 남은 수량의 표시에 적합한 명령이다.

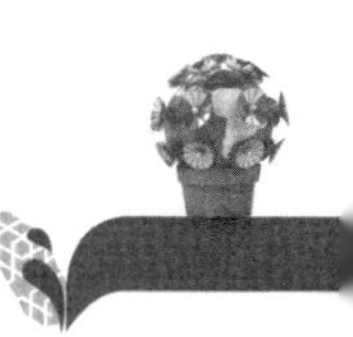

(3) 가감산 카운터 명령 – CTUD

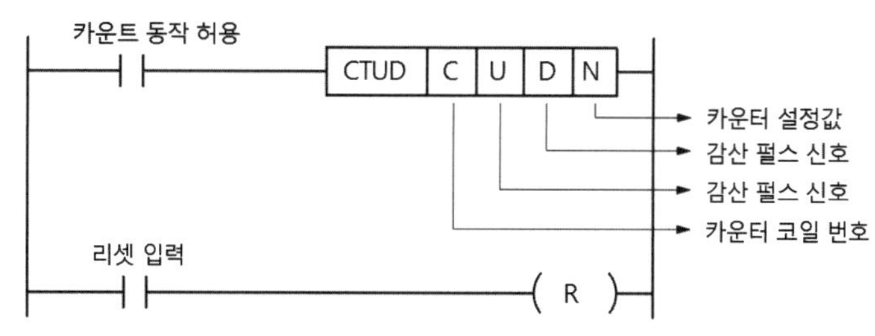

[그림 6-29] 가감산 카운터 명령

가산펄스 단자에 입상펄스가 입력될 때마다 현재치가 +1씩 가산되고, 감산펄스 단자에 입상펄스가 입력될 때마다 현재치가 -1씩 감산된다.

현재치가 설정치 이상이면 출력을 On시키고 설정치 미만으로 내려가면 출력은 Off된다.

리셋 신호가 On하면 현재치는 0으로 초기화되고 출력도 Off된다.

U, D로 지정된 디바이스에 펄스신호가 동시에 On되면 현재치는 변하지 않는다.

카운트 동작 허용신호는 On된 상태를 유지하고 있어야만 카운트가 가능하기 때문에 카운트 동작 허용신호는 상시On 접점을 사용하거나 시퀀스 프로그램에 사용하지 않은 내부 릴레이 등의 b접점을 사용하면 좋다.

가감산 카운터의 프로그램 예를 그림 6-30에 나타냈고, 그 동작내용을 타임차트로 나타낸 것이 그림 6-31이다.

회로에서 카운트 허용신호인 F099는 상시On 플래그이며, 가산 펄스신호는 P001, 감산펄스 신호는 P002이다.

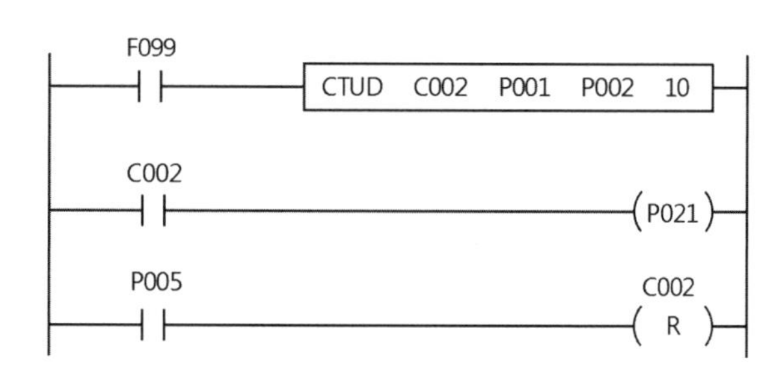

[그림 6-30] 가감산 카운터 회로 예

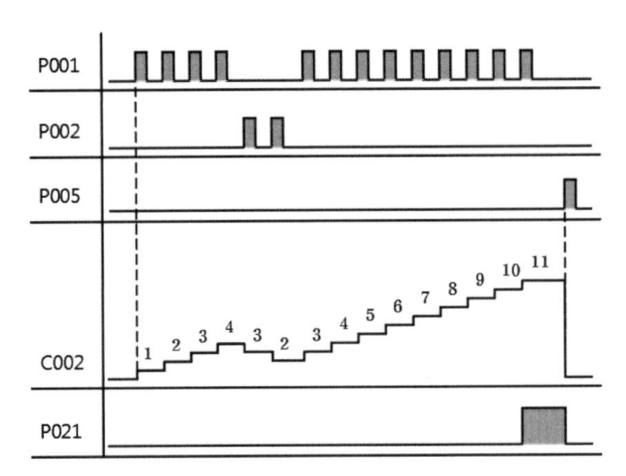

[그림 6-31] 그림 6-30 회로의 타임차트

(4) 링 카운터 명령 - CTR

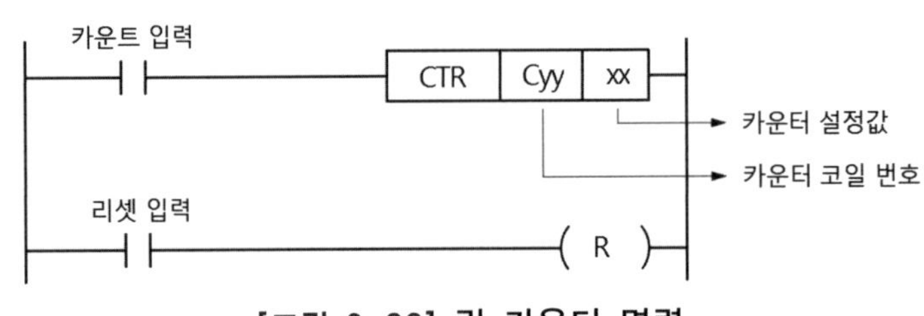

[그림 6-32] 링 카운터 명령

입상펄스가 입력될 때마다 현재치가 +1씩 가산되고, 설정치에 도달하면 출력을 On 시킨다.

설정치에 도달하기 전, 또는 설정치에 도달한 후에 Reset 신호가 On되면 설정치는 0이 되고 출력도 Off된다.

카운터의 값이 설정치에 도달한 상태에서 Up단자에 입상펄스가 다시 입력되면 카운터의 현재치는 0으로 돌아가고 다음 신호가 들어오면 카운터의 현재치를 +1씩 증가시킨다.

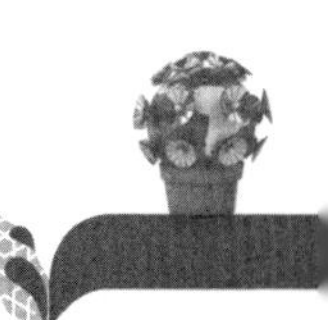

03 응용 명령의 문법과 기능

1 데이터 전송(Move)명령

(1) 전송명령의 문법

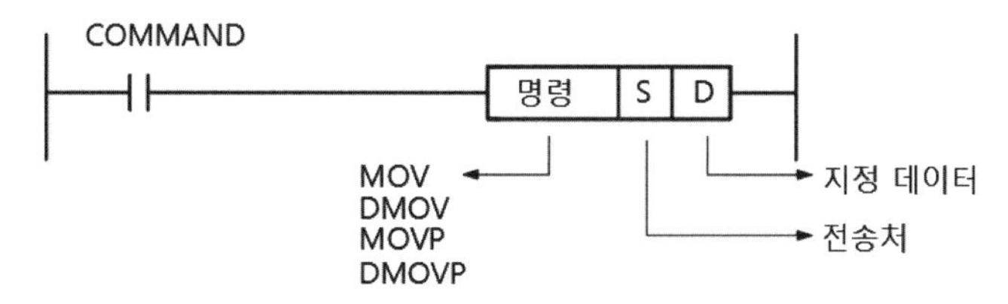

[그림 6-33] 전송명령 문법

데이터 레지스터나 타이머, 카운터의 현재값 또는 레지스터에 격납되어 있는 수치나 입출력 디바이스, 내부 데이터 등의 조합으로 표현된 수치정보를 다른 요소사이에서 단순히 이동시키거나 정수로 기록하는 명령을 데이터 전송명령이라 한다.

그림 6-33은 데이터 전송명령의 문법형식으로 입력조건 커맨드가 On되면 S로 지정된 영역의 데이터를 지정된 D영역으로 전송하는 명령이다. 데이터의 크기는 기본 1워드이고, 2워드의 데이터를 전송시킬 때는 DMOV, DMOVP 명령을 사용한다.

MOVP나 DMOVP명령에서 P의 의미는 전송 입력명령이 Off에 On으로 변할 때 1스캔만 전송하는 명령이다.

데이터 전송명령은 데이터 영역에 특정 수치를 전송할 경우에 많이 쓰이며, PLC 내부 카운터 명령의 설정치나 타이머 명령의 설정치를 사용자가 직접 입력할 경우에도 많이 쓰인다. 또한 작업시작과 함께 타이머를 On시킨 후 작업이 끝나는 시간에 타이머의 현재치를 데이터 영역에 전송해서 작업을 하는데 소요된 시간을 측정할 때에도 사용한다.

(2) 전송명령의 예제

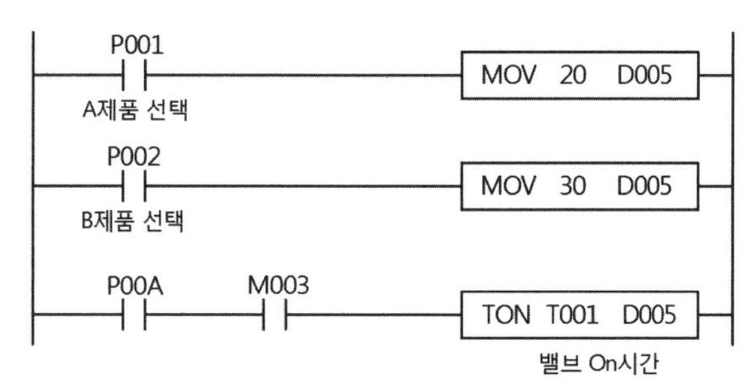

[그림 6-34] 전송명령 회로 예

그림 6-34는 전송명령의 일례로 2개의 제품을 선택 생산하는 설비에서 밸브 On시간을 선택 스위치로 선택 입력하면 타이머 설정시간이 제품에 맞게 설정되도록 전송명령어를 응용한 프로그램 예이다.

2 데이터 비교명령

(1) 비교명령의 문법

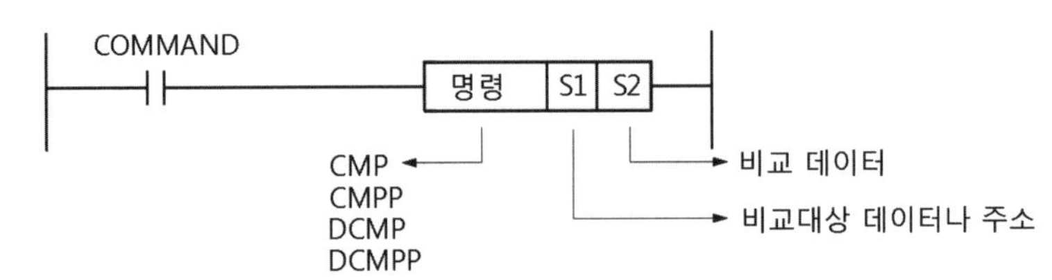

[그림 6-35] 비교명령 문법

비교명령이란 데이터 레지스터나 타이머, 카운터의 현재값, 레지스터에 격납되어 있는 데이터값, P, M등의 릴레이 조합으로 표현되는 수치를 다른 요소사이에서 비교하는 명령을 말한다.

그림 6-35가 데이터 비교명령의 문법형식으로 입력조건이 On되면 S1과 S2의 대소를 비교하여 그 결과를 6개 특수 릴레이의 해당 플래그를 On시킨다.

플래그의 세트기준은 표 6-4와 같으며 6개의 특수 릴레이는 바로 이전에 사용한 비교명령에 대한 결과만을 표시하고, 프로그램 내에서 사용횟수에는 제한이 없다.

[표 6-4] 대소 비교의 특수 릴레이

플래그	F120	F121	F122	F123	F124	F125
SET기준	<	≦	=	>	≧	≠
S1 > S2	0	0	0	1	1	1
S1 < S2	1	1	0	0	0	1
S1 = S2	0	1	1	0	1	0

(2) 비교명령의 예제

어느 제조라인에서 제품이 생산될 때마다 입력접점 P001에 의해 Up/Down 카운터의 현재값이 +1씩 증가되고, 다음 공정의 검사공정에서 불량이 판정되면 입력접점 P002에 의해 현재치에서 -1씩 감소시켜 생산량 관리가 이루어져야 하는데 카운터의 현재값이 50 이상이 되면 출력 P041을 On시켜야 한다면 프로그램 예는 그림 6-36과 같이 된다.

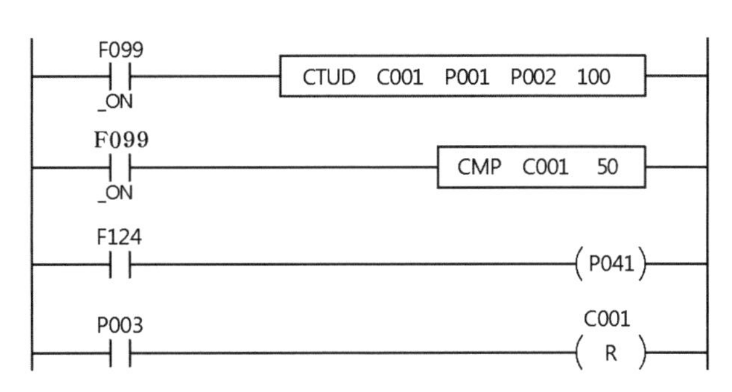

[그림 6-36] 비교명령 회로 예

3 비교연산 명령

(1) LOAD 비교연산

LOAD 비교연산 명령은 S1과 S2의 대소를 비교하여 연산기호의 등호조건이 성립하면 이후의 접점 또는 코일을 On하고 이외의 연산결과는 Off한다.

등호조건에 따른 연산 결과 처리는 표 6-5와 같다.

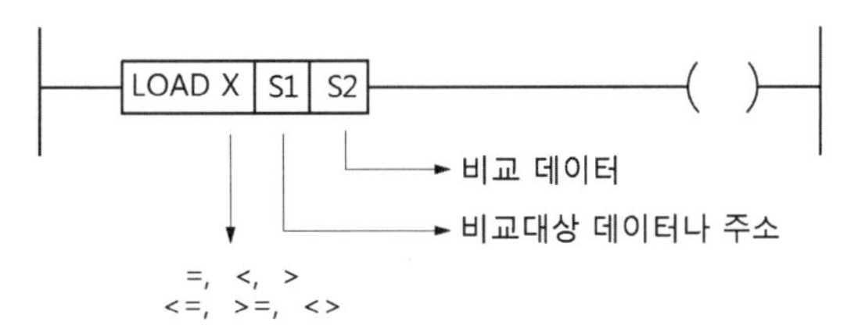

[그림 6-37] LOAD 비교연산 문법

[표 6-5] 등호 조건에 따른 연산 결과

X 조건	조 건	연산 결과
=	S1 = S2	On
< =	S1 ≤ S2	On
> =	S1 ≥ S2	On
< >	S1 ≠ S2	On
<	S1 < S2	On
>	S1 > S2	On

그림 6-38의 회로는 앞서 그림 6-36의 비교명령 예제를 비교연산 명령을 사용하여 작성한 회로이다.

제조라인에서 제품이 생산될 때마다 Up/Down 카운터의 현재값이 +1씩 증가되고, 다음 공정의 검사공정에서 불량이 판정되면 현재치에서 -1씩 감소시켜 생산량 관리가 이루어져야 하는데 카운터의 현재값이 50 이상이 되면 출력 P041을 On시키는 프로그램을 비교연산 명령으로 작성한 것이다.

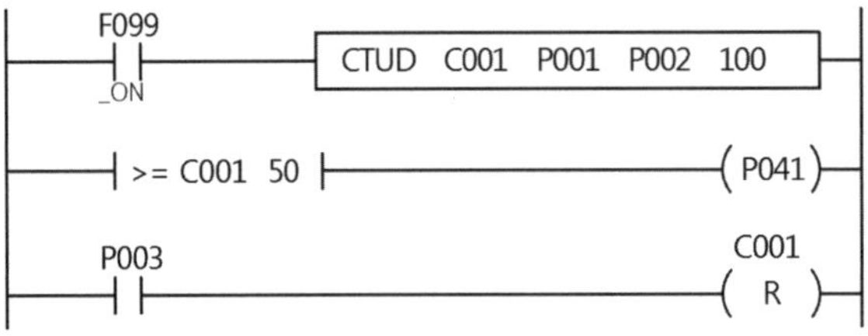

F099
_ON
CTUD C001 P001 P002 100
>= C001 50
P041
P003
C001
R

[그림 6-38] LOAD 비교연산 회로 예

(2) AND 비교연산

AND 비교연산 명령은 S1과 S2의 대소를 비교하여 연산기호의 등호조건과 일치하면 On, 불일치하면 Off하여 이 결과와 현재의 연산결과를 AND하여 새로운 연산 결과로 한다.

등호조건에 따른 연산 결과는 표 6-5와 동일하다.

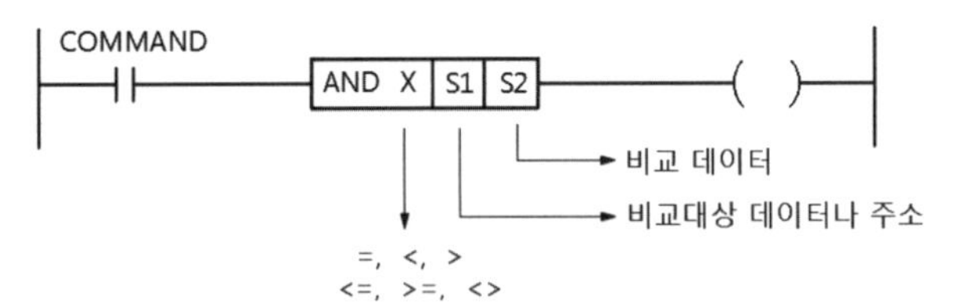

[그림 6-39] AND 비교연산 문법

(3) OR 비교연산

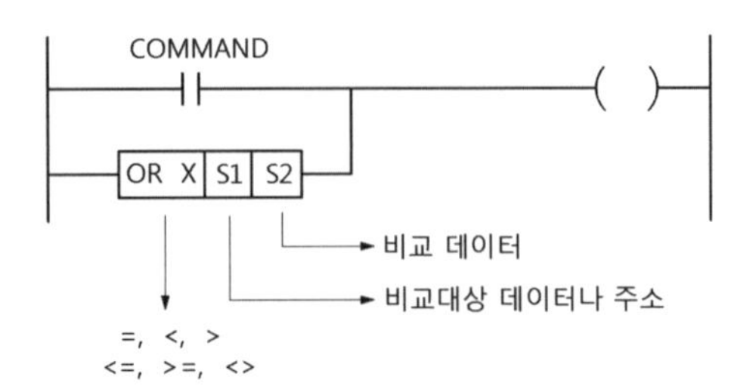

[그림 6-40] OR 비교연산 문법

OR 비교연산 명령은 S1과 S2의 대소를 비교하여 연산기호의 등호조건과 일치하면 On, 불일치하면 Off하여 이 결과와 현재의 연산결과를 OR하여 새로운 연산 결과로 한다.

등호조건에 따른 연산 결과는 표 6-5와 동일하다,

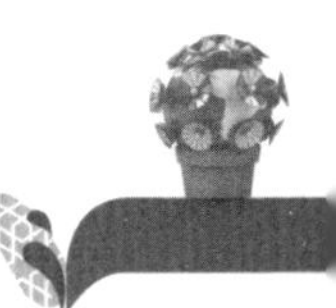

4 데이터 이동명령

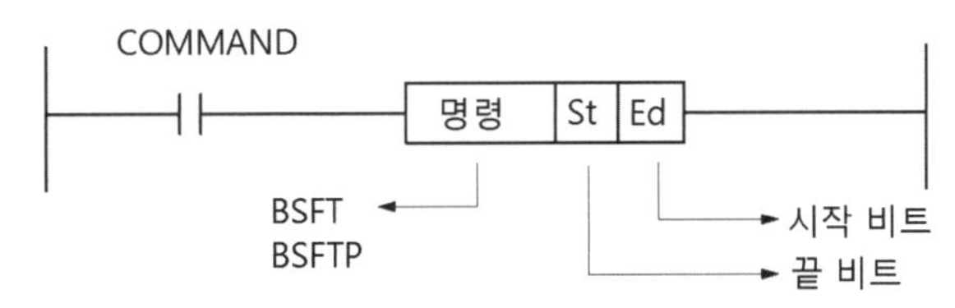

[그림 6-41] 이동명령 문법

레지스터에 저장된 데이터를 입력신호에 따라 지정된 비트만큼 이동시키는 명령을 이동명령이라 한다.

이동명령은 컨베이어 시스템이나 턴테이블상의 제어에 있어서 여러 위치에서의 작업정보나 검사 등의 데이터를 검출한 후, 컨베이어나 턴테이블의 이동에 따라 그 상태를 기억시켜 이동하고, 다른 위치에서 그 정보에 따라 작업을 실시하거나 조치를 실시하는 경우 등의 공정제어에 유효한 명령이다.

이동명령은 데이터가 저장되어 있는 영역의 시작비트 St와 실행이 종료되는 영역의 Ed비트를 지정하고 입력지령에 신호에 따라 비트 시프트를 실행하는 명령이다.

이동명령의 프로그램 예로 입력신호 P002가 On될 때마다 M010의 데이터를 시작비트 M010부터 END비트 M014까지 시프트하고 M010의 데이터는 P001로 주는 프로그램은 그림 6-42와 같으며 그 동작원리를 나타낸 타임차트가 그림 6-43이다.

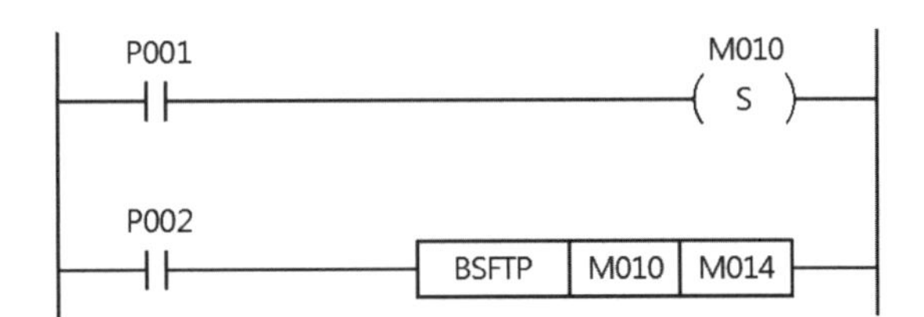

[그림 6-42] 이동명령의 회로 예

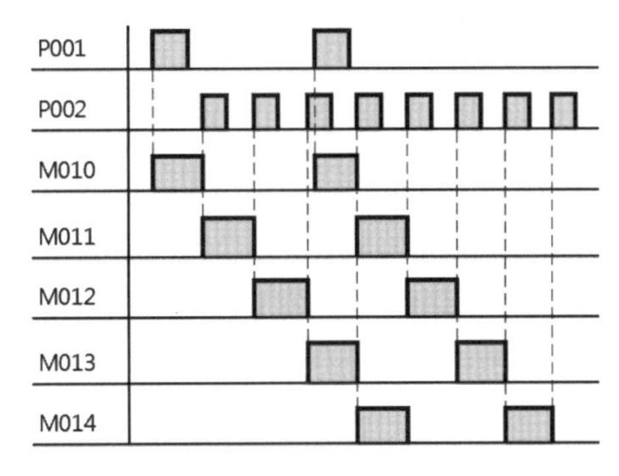

[그림 6-43] 그림 6-42회로의 타임차트

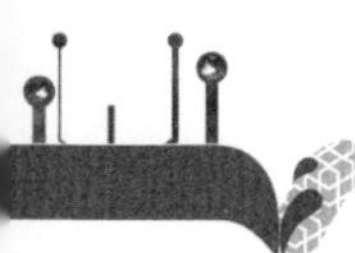

5 변환명령

(1) BCD 변환명령

입력조건이 On되면 S의 BIN 데이터 또는 BIN 데이터가 저장된 영역의 값을 BCD로 변환하여 D로 지정한 영역으로 변환된 값을 저장하는 명령이다.

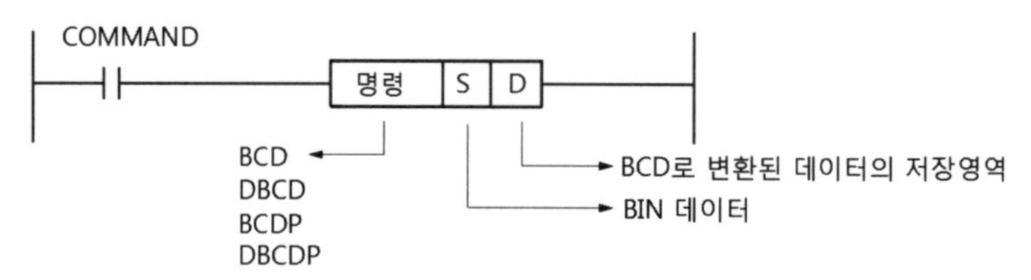

[그림 6-44] BCD 변환명령 문법

(2) BIN 변환명령

입력조건이 On되면 S의 BCD 데이터 또는 BCD 데이터가 저장된 영역의 값을 BIN으로 변환하여 D로 지정한 영역으로 값을 변환하여 저장하는 명령이다.

COMMAND
명령 | S | D
BIN
DBIN
BINP
DBINP
BIN으로 변환된 데이터의 저장영역
BCD 데이터

[그림 6-45] BIN 변환명령 문법

6 산술연산 명령

(1) BIN 덧셈연산

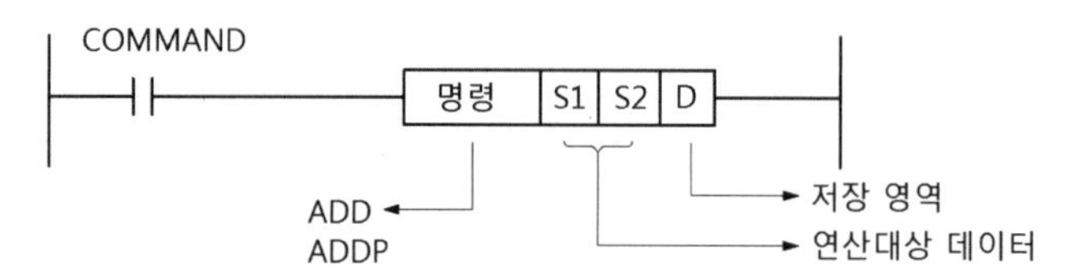

[그림 6-46] BIN 덧셈연산 명령 문법

그림 6-46은 BIN 덧셈연산 명령의 문법형식으로 입력조건이 On되면 S1로 지정된 워드 데이터와 S2로 지정된 워드 데이터를 가산하여 그 결과를 D로 지정된 영역에 저장하는 명령이다.

덧셈명령 응용 예로 2대의 생산량을 관리하기 위해 1번 기계의 생산량 카운터 C001과 2번 기계의 생산량 카운터 C002로 각각 생산량을 카운트하고 두 대의 생산량을

합하여 데이터 레지스터 D005번지에 저장하는 프로그램은 그림 6-47과 같다.

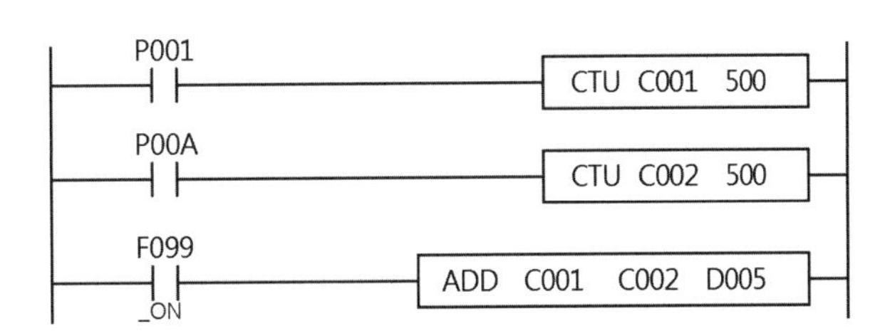

[그림 6-47] 덧셈연산 명령의 프로그램 예

(2) BIN 뺄셈연산

COMMAND
명령 S1 S2 D
SUB
SUBP
저장 영역
연산대상 데이터

[그림 6-48] BIN 뺄셈연산 명령 문법

그림 6-48은 BIN 뺄셈연산 명령의 문법형식으로 입력조건이 On되면 S1로 지정된 워드 데이터에서 S2로 지정된 워드 데이터를 감산하여 그 결과를 D로 지정된 영역에 저장하는 명령이다.

(3) BIN 곱셈연산

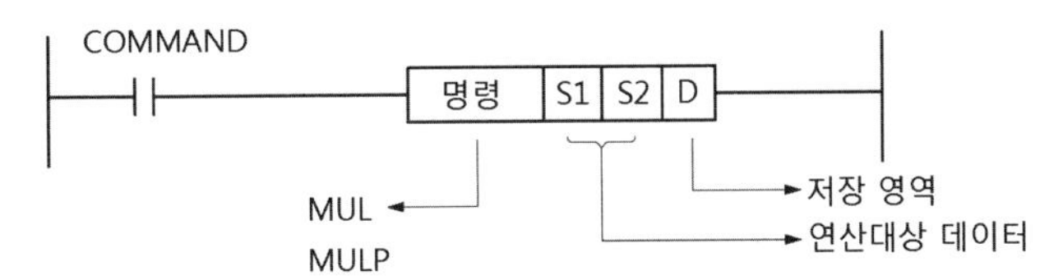

[그림 6-49] BIN 곱셈연산 명령 문법

입력조건이 On되면 S1로 지정된 워드 데이터와 S2로 지정된 워드 데이터를 곱셈하여 그 결과를 D로 지정된 영역에 저장하는 명령을 곱셈연산 명령이라 하며, 프로그램의 문법은 그림 6-49와 같다.

곱셈연산 명령의 프로그램 예 입력신호 P001이 Off에서 On되면 P010에 20을 곱한 결과를 D006에 저장하는 프로그램 예는 그림 6-50과 같다.

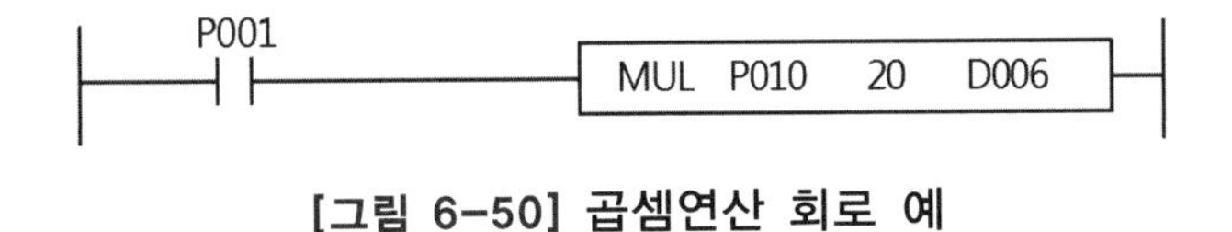

[그림 6-50] 곱셈연산 회로 예

(4) BIN 나눗셈연산

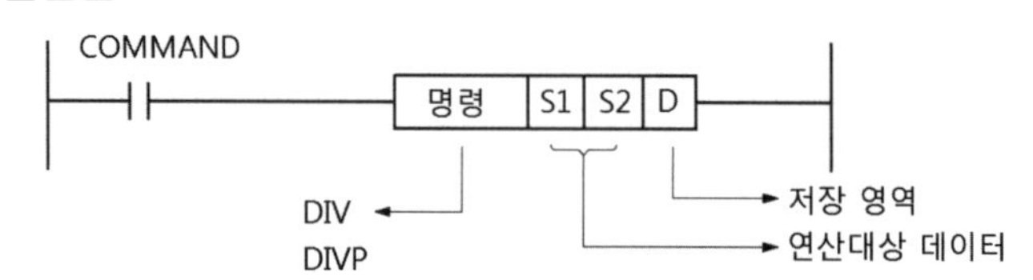

[그림 6-51] BIN 나눗셈연산 명령 문법

입력조건이 On되면 S1로 지정된 워드 데이터를 S2로 지정된 워드 데이터로 나눈 후에 그 결과 몫은 D에, 나머지를 D+1에 저장하는 나눗셈 명령으로 프로그램 문법은 그림 6-51과 같다.

한편 BCD 사칙연산 명령도 있는데 BIN 사칙연산과 문법이 동일하며 명령 뒤에 B를 붙여 나타낸다. 예를 들면 BCD 덧셈연산 명령은 ADDB, ADDBP로 뺄셈연산 명령은 SUBB, SUBBP로 나타내는 것이다.

7 조건처리 명령

(1) 분기명령

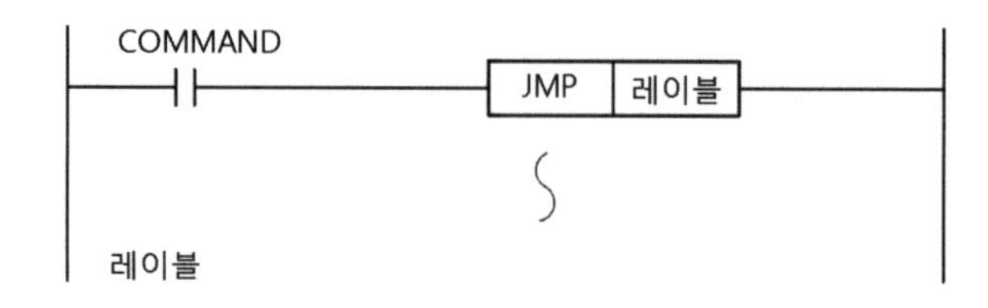

[그림 6-52] 분기명령 문법

일반적으로 점프명령이라고 부르는 분기명령은 시퀀스의 일부를 실행하지 않는 명령으로서 스캔타임의 단축을 목적으로 사용되며, 기종에 따라서는 출력 코일의 이중 출력이 가능하기도 한다.

분기명령은 비상사태 발생시 처리해서는 안되는 프로그램이나 특정한 상황에서 처리하지 말아야 하는 프로그램 등에 사용한다.

그림 6-52는 분기명령의 프로그램 문법으로 JMP명령의 입력조건이 On하면 지정 레이블 이후로 JMP하며, JMP와 레이블 사이의 프로그램은 처리되지 않는다.

JMP 명령은 중복 사용 가능하지만 점프할 위치의 레이블은 중복 사용할 수 없다.

레이블은 영문은 16자, 한글은 8자 이내에서 사용할 수 있다.

분기명령의 프로그램 예로 입력 P00A가 On되면 JMP 불량발생과 레이블 불량발생 사이의 회로를 수행하지 않는 프로그램은 그림 6-53과 같다.

P00A
JMP 불량발생
P000 M005
TON T002 500
T002
P045
레이블 불량발생

[그림 6-53] 분기명령 프로그램 예

(2) 호출명령

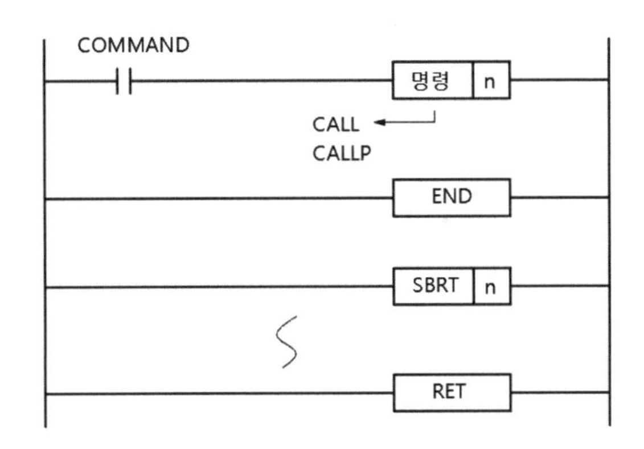

[그림 6-54] 호출명령 문법

콜(Call)명령이라고 하는 호출명령은 프로그램 수행 중에 입력조건이 성립하면 CALL n 명령에 따라 SBRT n~RET 명령사이의 프로그램을 수행하는 명령으로 프로그램 문법은 그림 6-54와 같다.

CALL No는 중첩하여 사용 가능하며, 반드시 SBRT n~RET 명령사이의 프로그램은 END 명령 뒤에 있어야 한다.

n은 호출할 함수의 문자열로 영문은 16자 이내, 한글은 8자 이내로 사용하여야 하며, SBRT 내에서 다른 SBRT를 Call하는 하는 것이 가능하며, 16회까지 사용할 수 있다.

호출명령의 일례로 입력신호 P011이 On되면 CALL B1이 수행되어 SBRT B1~RET 사이의 회로를 수행하는 프로그램 예가 그림 6-55이다.

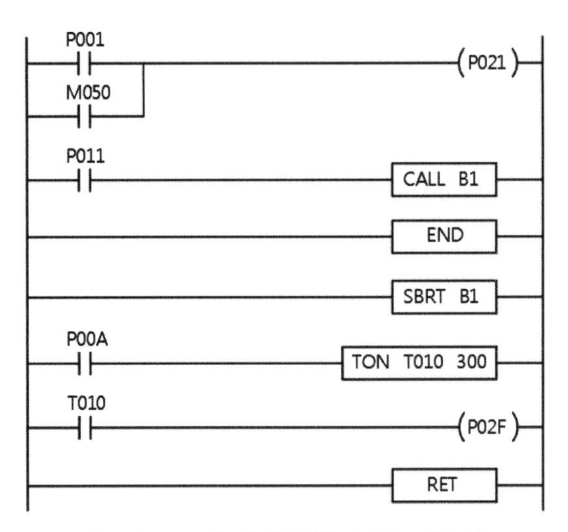

[그림 6-55] 호출명령 프로그램 예

(3) 루프(Loop)명령

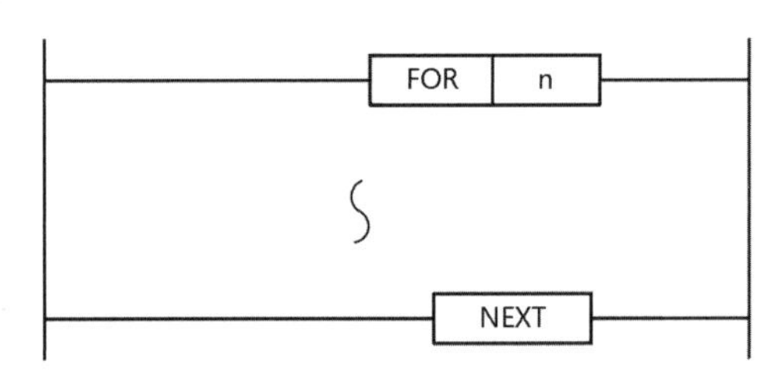

[그림 6-56] 루프명령 문법

지정된 시퀀스 범위를 지정 횟수만큼 반복 실행하는 명령을 루프명령 또는 FOR~NEXT명령이고 하며, 시퀀스 일부가 동일한 동작으로 여러 번 실행하는 구간의 명령으로 유효하다.

PLC가 프로그램 연산 중에 FOR를 만나면 FOR부터 NEXT 명령까지의 프로그램을 지정횟수 n회 실행한 후 NEXT 명령의 다음 스텝을 실행한다.

반복 동작횟수 n은 1부터 65535까지 지정할 수 있다.

하나의 프로그램에는 16회까지 FOR~NEXT를 사용할 수 있다.

FOR~NEXT를 빠져 나오는 다른 방법으로 BREAK명령을 사용할 수도 있다.

잘못된 프로그램에 의해 무한루프가 이루어질 경우 스캔주기가 길어질 수 있으므로, 워치독 타이머(WDT) 명령을 사용하여 WDT 설정치를 넘지 않도록 설정하는 것이 바람직하다.

루프명령 프로그램 예로 프로그램 중에 FOR~NEXT 사이의 회로를 5회 반복수행하는 회로인데 입력신호 P015가 On되면 FOR~NEXT 루프를 무시하고 루프종료 위치인

NEXT 다음으로 빠져나와 연산하는 회로는 그림 6-57과 같다.

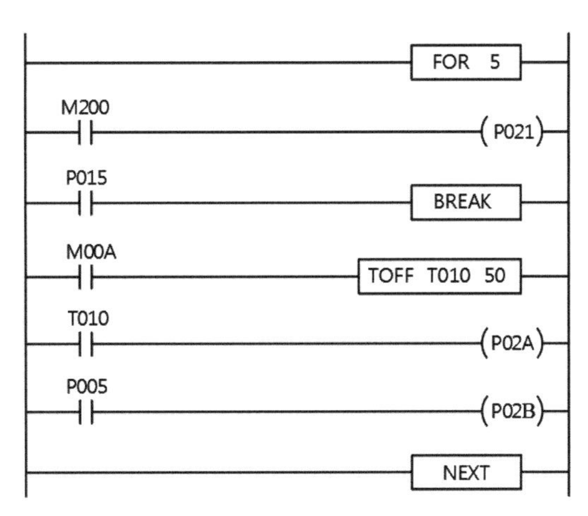

[그림 6-57] 루프명령 프로그램 예

CHAPTER 07

XGT PLC 제어실습

XGT PLC 제어실습

01 XG5000 프로그램 설치와 사용법

1 소프트웨어 설치와 사용법

기계설비의 동작 프로그램을 설계하여 PLC 메모리에 로딩(쓰기)하기 위해서는 프로그램 툴이 필요하며, PLC 프로그램 툴에는 핸디형 프로그래머나 PC가 사용된다.

PLC 프로그램 툴로 PC를 이용하려면 PLC 메이커가 제공하는 소프트웨어를 설치하여 사용하여야 한다.

명령어 설명에서 지정한 XGT PLC용 소프트웨어는 LS 산전(LS Electric) 홈페이지에서 무상으로 다운받아 사용할 수 있다.

XGT PLC용 소프트웨어는 XG5000으로 홈페이지 하단의 다운로드 자료실에 회원가입 없이도 다운 받을 수 있으며, 설치가 완료되면 바탕화면에 그림 7-1의 아이콘이 생성된다.

[그림 7-1] XGT PLC용 소프트웨어 실행 아이콘

(1) XG5000 화면의 구성

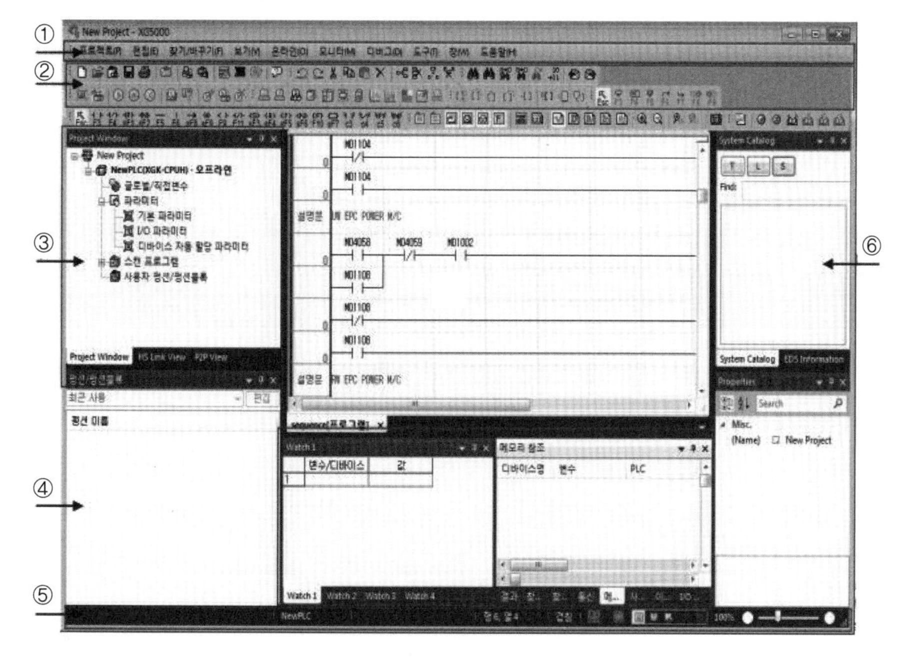

[그림 7-2] XG5000의 화면구성

① **메뉴** : 프로그램을 위한 기본 메뉴이다.
② **도구모음** : 메뉴를 간편하게 실행할 수 있다.
③ **프로젝트 창** : 현재 열려있는 프로젝트의 구성요소를 나타낸다.
④ **펑션/펑션블록 창** : 최근에 사용된 펑션/펑션블록을 나타낸다.
⑤ **상태 바** : XG5000의 상태, 접속된 PLC의 정보 등을 나타낸다.
⑥ **시스템 카탈로그 창** : 시스템 카탈로그 및 EDS 정보 등을 나타낸다.

(2) 프로젝트 메뉴의 주요 기능

① **새 프로젝트** : 프로젝트를 처음 생성한다.
② **프로젝트 열기** : PC에 저장되어 있는 기존의 프로젝트를 연다.
③ **PLC로부터 열기** : PLC에 있는 프로젝트 및 프로그램을 업-로드한다.
④ **KGL WIN 파일 열기** : KGL WIN용 프로젝트 파일을 연다.
⑤ **GM WIN 파일 열기** : GM WIN용 프로젝트 파일을 연다.
⑥ **프로젝트 저장** : 프로젝트를 PC에 저장한다.
⑦ **다른 이름으로 저장** : 프로젝트를 다른 이름으로 저장한다.
⑧ **프로젝트 닫기** : 프로젝트를 닫는다.
⑨ **이진 파일로 저장** : 프로젝트 내용을 볼 수 없는 이진 파일로 저장한다.

⑩ 이진 파일을 PLC로 쓰기 : 이진 파일을 PLC로 쓰며, 프로젝트 내용은 볼 수 없다.
⑪ 메모리 모듈로부터 열기 : 메모리 모듈로부터 프로젝트를 연다.
⑫ 메모리 모듈로 쓰기 : 메모리 모듈에 프로젝트를 쓴다.

(3) 편집 메뉴의 주요 기능

① 편집취소 : 프로그램 편집 창에서 편집을 취소하고 바로 이전 상태로 되돌린다.
② 재실행 : 편집 취소된 동작을 다시 복구한다.
③ 잘라내기 : 블록을 잡아 삭제하면서 클립보드에 복사한다.
④ 복사 : 블록을 잡아 클립보드에 복사한다.
⑤ 붙여넣기 : 클립보드로부터 편집 창에 복사한다.
⑥ 삭제 : 블록을 잡아 삭제하거나 선택된 항목을 삭제한다.
⑦ 모두 선택 : 현재 활성화된 창의 모든 내용을 블록으로 표시한다.
⑧ 삽입모드/겹침모드 : 접점 입력시, 삽입모드인지 겹침모드인지 표시한다.
⑨ 라인 삽입 : 커서 위치에 새로운 라인을 추가한다.
⑩ 라인 삭제 : 커서 위치에 있는 라인을 삭제한다.
⑪ 셀 삽입 : 커서 위치에 입력 가능한 셀을 추가한다.
⑫ 셀 삭제 : 커서 위치에서 하나의 셀을 삭제한다.
⑬ 프로그램 최적화 : 프로그램을 자동으로 최적화 시켜준다.
⑭ 설명문/레이블 입력 : 커서 위치에 설명문 또는 레이블을 입력한다.
⑮ 비실행문 설정 : 커서가 있는 렁 또는 블록 설정된 영역을 렁 단위로 비실행문을 설정한다.

(4) 찾기/바꾸기 메뉴의 주요 기능

① 디바이스 찾기 : 디바이스를 종류별로 찾는다.
② 문자열 찾기 : 원하는 문자를 찾는다.
③ 디바이스 바꾸기 : 원하는 디바이스를 찾아 새로운 디바이스로 바꾼다.
④ 문자열 바꾸기 : 원하는 문자를 찾아 새로운 문자로 바꾼다.
⑤ 찾아가기 : 스텝/라인, 렁 설명문, 레이블, END명령어 등의 위치로 커서를 이동시킨다.

(5) 보기 메뉴의 주요 기능

① IL : LD 편집 중 IL 보기로 전환시킨다.
② LD : IL 편집 중 LD 보기로 전환시킨다.
③ 프로젝트 창 : 프로젝트 창을 보이거나 숨긴다.
④ P2P 창 : P2P 보기 창을 보이거나 숨긴다.
⑤ 고속링크 창 : 고속링크 보기 창을 보이거나 숨긴다.
⑥ 메시지 창 : 메시지 창을 보이거나 숨긴다.
⑦ 변수 모니터 창 : 변수 모니터 창을 보이거나 숨긴다.
⑧ 명령어 창 : 명령어 창을 보이거나 숨긴다.
⑨ 프로그램 검사 : 프로그램을 검사하여 결과를 메시지 창의 프로그램 검사 탭에 나타낸다.
⑩ 화면 확대 : 화면을 확대하여 보여준다.
⑪ 화면 축소 : 화면을 축소하여 보여준다.
⑫ 접점 수 증가 : 접점의 수를 증가 시켜준다.

(6) 온라인 메뉴의 주요 기능

① 접속/접속 끊기 : PLC와 접속하거나 접속을 해제한다.
② 접속 설정 : 접속 방법을 설정한다.
③ 모드 전환 : 런, 스톱, 디버그 등 PLC 모드를 전환시킨다.
④ 읽기 : 파라미터/프로그램/설명문 등을 PLC로부터 읽어 온다.
⑤ 쓰기 : 파라미터/프로그램/설명문 등을 PLC에 쓴다.
⑥ PLC와 비교 : 프로젝트를 PLC에 저장된 프로젝트와 비교한다.
⑦ 강제 I/O설정 : 강제 I/O 설정창을 보여준다.
⑧ 런 중 수정 시작 : 런 중 수정을 시작한다.
⑨ 런 중 수정 쓰기 : 런 중 수정된 프로그램 및 정보를 PLC에 쓴다.
⑩ 런 중 수정 종료 : 런 중 수정을 종료한다.

(7) 모니터 메뉴의 주요 기능

① 모니터 시작/끝 : 모니터를 시작/종료한다.
② 모니터 일시정지 : 모니터를 일시정지한다.
③ 모니터 다시 시작 : 일시정지된 모니터를 다시 시작한다.
④ 현재값 변경 : 모니터 중인 디바이스의 값을 설정한다.
⑤ 시스템 모니터 : 시스템 모니터를 실행한다.

⑥ 디바이스 모니터 : 디바이스 모니터를 실행한다.
⑦ 사용자 이벤트 : 이벤트 설정과 이벤트 이력이 보인다.
⑧ 데이터 트레이스 : 데이터 트레이스를 실행한다.

(8) 디버그 메뉴 주요 기능

① 디버그 시작/끝 : 디버그 모드로 전환하여 디버그를 시작하고 디버그를 끝낸다.
② 런 : 브레이크 포인트까지 런 시킨다.
③ 스텝 오버 : 한 스텝씩 런 시킨다.
④ 스텝 인 : 서브루틴을 디버깅한다.
⑤ 스텝 아웃 : 서브루틴으로부터 빠져 나간다.
⑥ 커서 위치까지 런 : 커서 위치까지 런 시킨다.
⑦ 브레이크 포인트 설정/해제 : 브레이크 포인트를 설정 또는 해제한다.
⑧ 브레이크 조건 : 브레이크 조건을 설정한다.

(9) 도구 메뉴의 주요 기능

① 네트워크 관리자 : PLC 네트워크를 보여주고 파라미터를 설정한다.
② 온도 제어 : XG-TCON 툴을 실행한다.
③ 위치 제어 : XG-PM 툴을 실행한다.
④ 주소 계산기 : 주소 계산기를 실행한다.
⑤ 시뮬레이터 시작 : 시뮬레이터를 시작한다.
⑥ 아스키 테이블 표 : 아스키 테이블 표를 표시한다.
⑦ 사용자 정의 : 도구, 명령어를 사용자가 정의한다.
⑧ 옵션 : XG5000 환경을 사용자에 맞게 변경할 수 있다.

(10) 새 프로젝트 만들기

프로젝트를 새로 만든다.
이때는 프로젝트 이름과 동일한 폴더도 같이 만들어지고 그 안에 프로젝트 파일이 생성된다.

[순서]
메뉴 [프로젝트] - [새 프로젝트]를 선택한다.

[그림 7-3] 새 프로젝트 설정 대화상자

[대화상자 설명]

① **프로젝트 이름** : 원하는 프로젝트 이름을 입력한다. 이 이름이 프로젝트 파일 이름이 되며, 통합형 프로젝트 파일의 확장자는 "xgwx"이다.

② **파일 위치** : 사용자가 입력한 프로젝트 이름으로 폴더가 만들어지고 그 폴더에 프로젝트 파일이 생성된다.

③ **[…]** : 기존 폴더를 보고 프로젝트 파일 위치를 지정해 준다.

④ **CPU 시리즈** : PLC 시리즈를 선택한다.

⑤ **CPU 종류** : CPU 기종을 선택한다.

⑥ **프로그램 이름** : 프로젝트에 기본으로 포함되는 프로그램 이름을 입력한다.

⑦ **프로젝트 설명문** : 프로젝트 설명문을 입력한다.

⑧ **디바이스 자동할당** : 디바이스 자동할당을 선택하면 다음과 같은 기능을 이용할 수 있다.

- 로컬 변수 : 프로그램 안에서만 접근 가능한 변수
- 글로벌 변수 : 모든 프로그램에서 접근 가능한 변수

⑨ **프로그램 언어** : IEC형 PLC 또는 디바이스 자동할당을 선택했을 때만 선택 가능하다.

(11) LD(래더도) 회로 입력

LD 프로그램은 릴레이 논리 다이어그램에서 사용되는 코일이나 접점 등의 그래픽 기호를 통하여 PLC 프로그램을 표현한다.

LD 편집 요소의 입력은 LD 도구모음에서 입력할 요소를 선택한 후 지정한 위치에서 마우스를 클릭하거나 단축키를 눌러 시작한다.

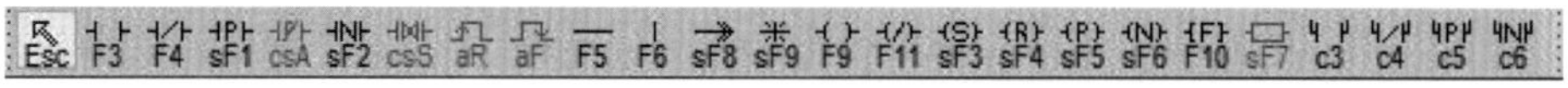

[그림 7-4] LD 편집 도구모음

1) 접점 입력

접점(a접점, b접점, 양변환 검출접점, 음변환 검출접점)을 입력한다.

[순서]

① 도구모음에서 접점을 선택한 후 입력하고자 하는 위치에 클릭하면 변수/디바이스 입력 대화창이 열린다.

② 대화창에서 변수나 디바이스를 입력한 후 확인을 누르거나 엔터키를 입력한다.

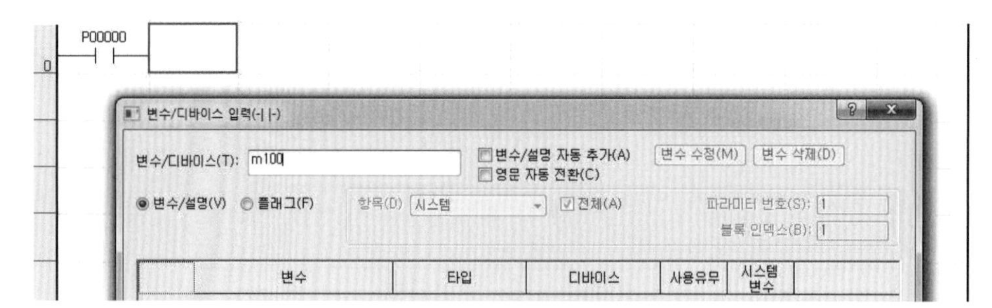

[그림 7-5] 접점 입력화면

③ 변수/디바이스 입력 대화창에서 변수명으로 입력하려면 미리 [프로젝트] 메뉴의 변수/설명에서 I/O할당 내역을 등록해야 한다.

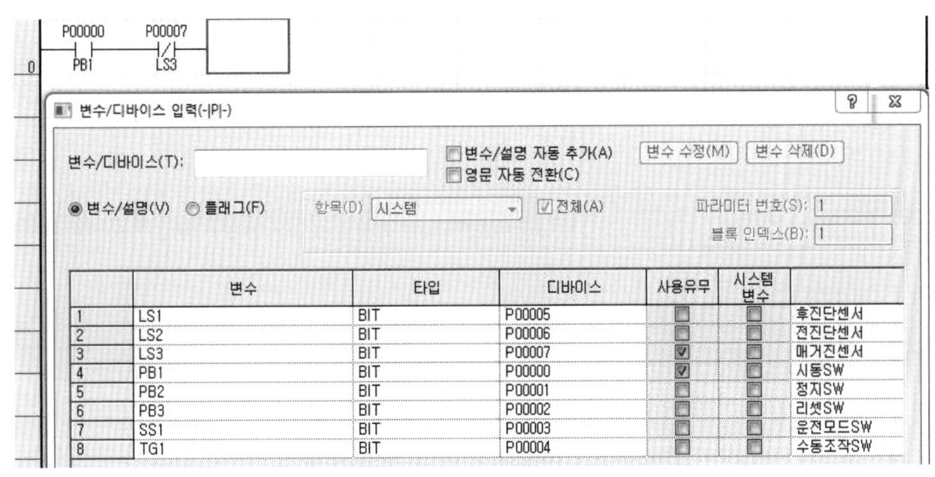

[그림 7-6] 변수 등록 후 입력화면

2) OR접점 입력

OR접점(OR a접점, OR b접점, 양변환 검출 OR접점, 음변환 검출 OR접점)을 입력한다.

[순서]

① OR 연결하고자 하는 위치로 커서를 이동시킨다.

② 도구모음에서 입력할 접점의 종류를 선택하고 편집 영역을 클릭하거나, 또는 입력하고자 하는 OR접점에 해당하는 단축키(C3, C4, C5, C6)를 누른다.

③ 변수입력 대화 상자에서 디바이스 명을 입력한 후 확인을 누른다.

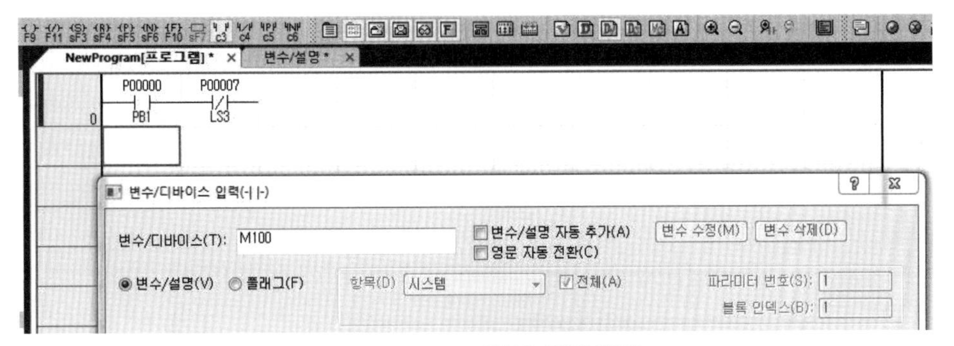

[그림 7-7] OR접점 입력화면

3) 코일명령 입력

코일(코일, 역코일, 양변환 검출코일, 음변환 검출코일)을 입력한다.

[순서]

① 코일을 입력하고자 하는 위치로 커서를 이동시킨다.

② 도구모음에서 입력할 코일의 종류를 선택하고 편집 영역을 클릭하거나, 또는 입력하고자 하는 코일에 해당하는 단축키(F9)를 누른다.

③ 변수입력 대화 상자에서 디바이스 명을 입력한 후 확인을 누른다.

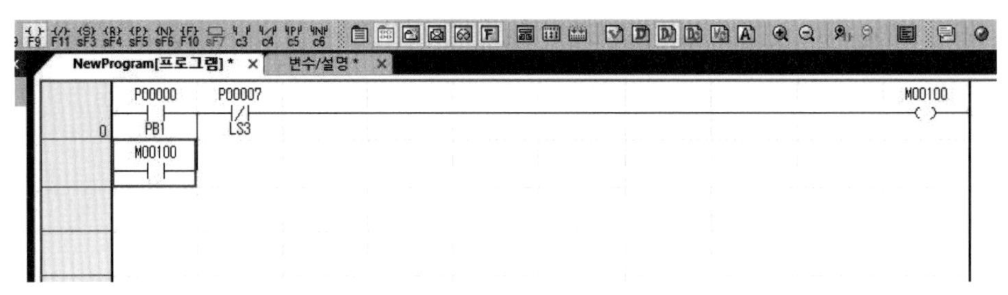

[그림 7-8] 코일명령 입력화면

4) 타이머/카운터 명령어 입력

타이머/카운터 명령을 입력한다.

[순서]

① 명령을 입력할 위치로 커서를 이동시킨다.

② 도구모음에서 펑션/펑션블록을 선택하고 편집 영역을 클릭하거나, 또는 단축키(F10)를 누른다.

③ 응용명령 입력 대화 상자에서 타이머 종류, 타이머 코일번호, 시간 설정값 순서로 입력한 후 확인을 누른다. 카운터 입력도 동일하다.

[그림 7-9] 타이머 / 카운터 명령 입력화면

02 자기유지 회로 실습

기동신호가 On되면 동시에 출력을 On시키고 기동신호가 Off되어도 정지신호가 On 될 때까지 출력을 유지시키는 회로를 자기유지 회로라 한다.

자기유지 회로는 출력의 a접점을 기동신호와 병렬로 접속함으로써 가능하다.

지속되지 않은 신호나 짧은 기동신호의 기억을 위해 자기유지 회로가 필요하다.

대다수 실제회로는 자기유지 회로이며, 특히 전동기의 기동회로나 편측전자(single solenoid) 밸브 구동회로에서 반드시 필요하다.

그림 7-10은 릴레이에 의한 자기유지 회로이며, 이 회로를 PLC 프로그래밍 순서에 따라 실습한다.

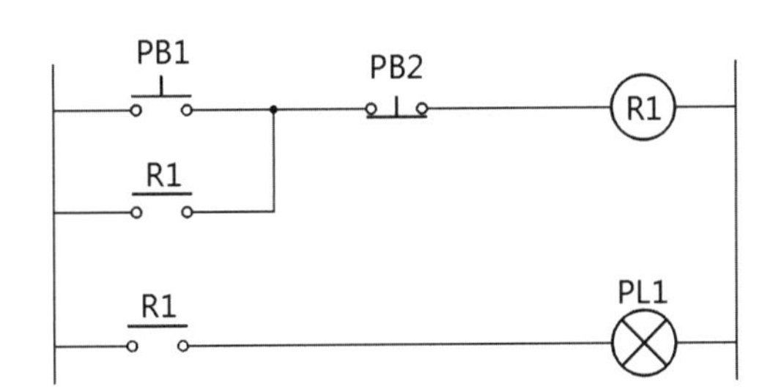

[그림 7-10] 릴레이의 자기유지 회로

1 입출력 할당

실습을 위해 트레이너에 장착된 PLC 기종을 확인하고 입출력 어드레스를 확인한다.

여기서는 XGB-DR32H(입력 어드레스 : P000~P00F, 출력 어드레스 : P020~P02F) 모델로 할당한다.

그림 7-10의 회로에서 외부입력은 PB1과 PB2이며, 외부출력은 PL1이므로 표 7-1과 같이 할당한다.

[표 7-1] 자기유지 회로의 입출력 할당표

입력 할당				출력 할당			
번호	입력기기명	문자기호	할당 번호	번호	출력기기명	문자기호	할당 번호
1	세트 스위치	PB1	P001	1	운전 표시등	PL1	P021
2	리셋 스위치	PB2	P002				

2 입출력 배선도 작성

입출력 할당표를 토대로 입출력 배선도(I/O배선도)를 작성한다.
그림 7-11이 자기유지 회로의 입출력 배선도이다.

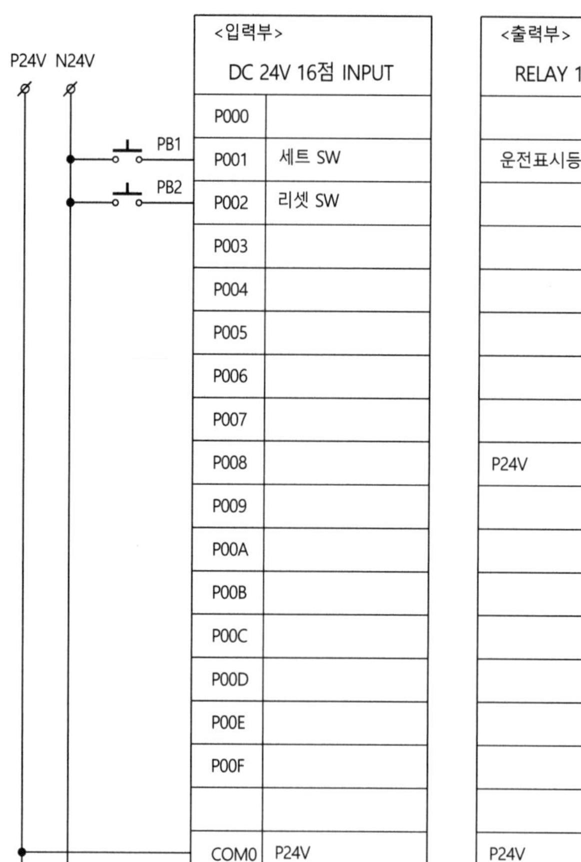

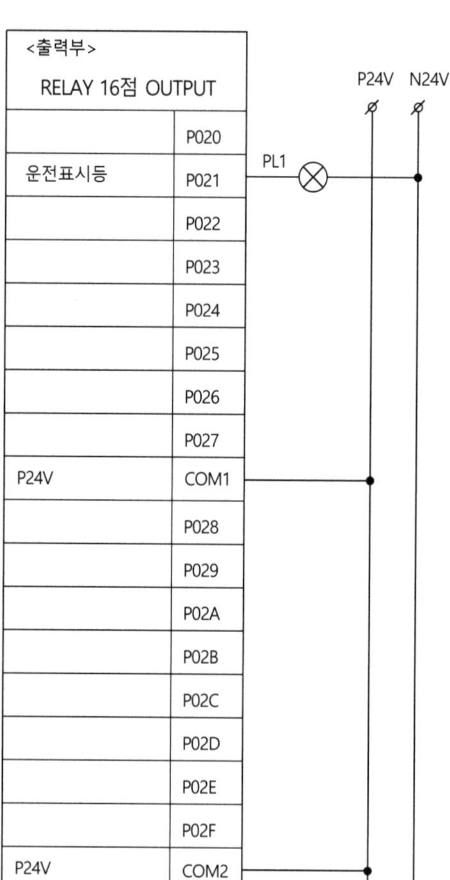

[그림 7-11] 자기유지 회로의 입출력 배선도

3 프로그램 입력

[순서]

① 바탕화면의 XG5000 아이콘을 클릭하여 실행한다.

② [프로젝트] 메뉴에서 새 프로젝트를 선택하여 대화창의 프로젝트 이름에 자기유지회로, CPU시리즈 항에 XGB, CPU 종류 항에 XGB-XBCH, 프로그램 이름 항에 자동회로를 입력한 후 확인을 누른다.

③ 프로젝트 창 안의 변수/설명을 클릭하여 디바이스 보기를 선택한 후 입출력 할당내역을 등록한다.

④ 프로젝트 창에서 자동회로를 클릭한 후 프로그램을 입력한다.
⑤ 보기방식을 변수/디바이스 보기로 선택한다.

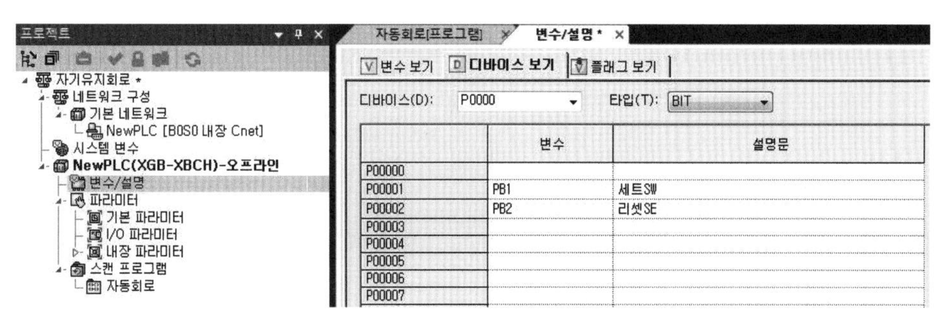

[그림 7-12] 변수등록 화면

[그림 7-13] 프로그램 입력화면

4 프로그램 쓰기

[순서]

① XG5000으로 작성된 프로그램을 PLC의 메모리에 쓰기(다운로딩) 하려면 PC와 PLC간 통신이 이루어져야 한다.

② [온라인] 메뉴의 접속설정에서 통신방식을 설정하고 통신 케이블을 접속시킨 후 [접속]을 클릭하면 온라인 상태가 되며, 쓰기 메뉴가 활성화된다.
현재 컴퓨터와 PLC간 통신에 가장 많이 사용되고 있는 USB통신을 하기 위해서는 PLC측은 미니 5핀 케이블을 사용하며, USB드라이버가 설치되어 있어야 한다. 드라이브 확인은 컴퓨터의 장치관리자에서 범용직렬버스 컨트롤러 창에서 확인할 수 있다.

③ 7-14와 같이 접속설정 후 접속이 완료되면 쓰기를 눌러 프로그램을 PLC로 전송한다.

[그림 7-14] 접속설정 실행화면

5 입출력 배선

입출력 배선도를 보고 PLC 배선을 실시한다.

배선순서는 반드시 지켜지는 것은 아니며, 현장 상황에 따라 달라질 수 있으나 다음 순서로 하면 극성의 실수 없이 비교적 빠르게 실시할 수 있다.

① 입력부의 콤먼배선을 한다.(COM0에 P24V)
② 입력기기간 공통배선을 한다.(PB1과 PB2의 좌측 N24V)
③ 입력기기와 입력부간 배선을 한다.(PB1의 오른쪽 단자와 P001단자, PB2의 오른쪽 단자와 P002 단자측 N24V)
④ 출력부의 콤먼배선을 한다.(COM1과 COM2에 P24V)
⑤ 출력부와 출력기기간 배선을 한다.(P021단자와 PL1 왼쪽 단자간 P24V)
⑥ 출력기기간 공통배선을 한다.(PL1 오른쪽 단자에 N24V)

6 시운전과 모니터링

PLC를 운전모드(RUN)로 전환한다.

운전모드로의 전환은 모드 선택스위치로 전환하거나, [온라인] 메뉴의 모드전환 창에서 할 수 있다.

PB1을 눌러(On) 운전표시등 PL1이 점등되는지 확인한다.

PB1에서 손을 떼도 운전 표시등(PL1)이 계속 점등되는지 확인한다.

내부 릴레이의 동작상태는 [모니터] 메뉴에서 모니터 시작을 누르면 화면상에서 확인할 수 있다.

PB2를 눌러 자기유지가 해제되어 PL1이 소등되는지 확인한다.

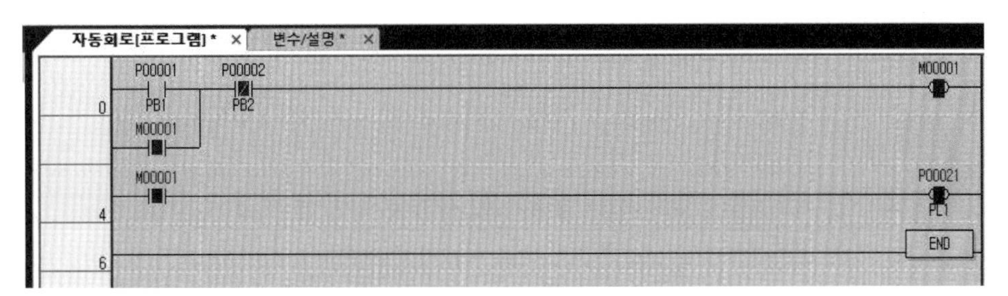

[그림 7-15] 모니터 실행화면

7 PLC 출력접점으로 자기유지 시킨 회로

PLC는 출력요소로 사용하는 코일, 즉 외부출력, 내부릴레이, 타이머, 카운터 등의 요소는 내부회로의 접점으로 얼마든지 사용할 수 있다.

때문에 릴레이 회로와 같이 자기유지를 위해 반드시 내부 릴레이를 사용할 필요가 없다.

즉 그림 7-16 화면 그림과 같이 출력요소 P021로 자기유지를 할 수 있으며, 이 방법이 프로그램 어드레스를 줄여 스캔타임이 짧아지며, 내부 릴레이는 다른 용도로 사용 가능하기 때문에 여러모로 이점이 있다.

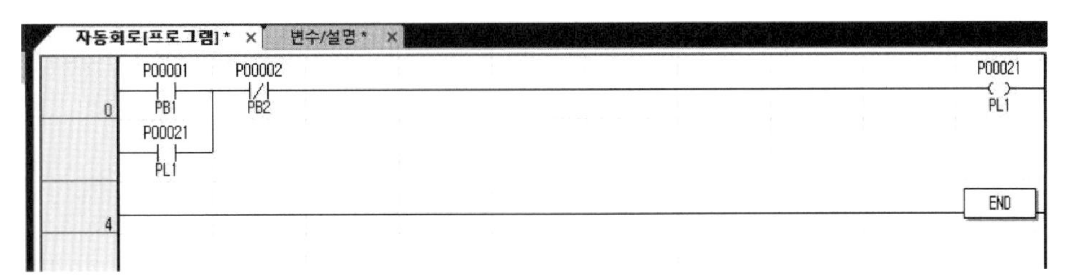

[그림 7-16] 출력접점으로 자기유지 시킨 회로

8 세트명령을 이용한 자기유지 회로

대부분의 PLC는 동작유지 명령인 SET명령(또는 SET코일)과 RST명령(또는 RESET 코일) 기능을 내장하고 있으므로 출력요소의 접점을 병렬로 연결하지 않아도 자기유지 시킬 수 있다.

PLC 프로그래머에 따라서는 세트명령을 이용하여 자기유지 시키는 경우가 많으며, 그림 7-17의 그림은 세트코일과 리셋코일을 사용하여 자기유지 회로를 구성한 것이다.

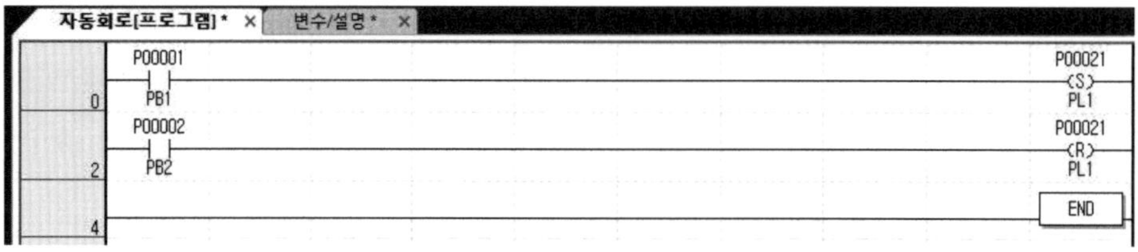

[그림 7-17] 세트명령으로 자기유지 시킨 회로

03 One Button 회로 실습

명령입력 신호가 Off에서 On되면 출력요소가 On되고, 명령입력 요소가 Off되어도 출력요소는 On상태를 유지하며, 다시 명령입력 요소가 On되면 출력요소가 Off되는 회로를 Push On/Push Off회로 또는 One Button회로라고 한다.

운전 스위치와 정지 스위치에 의한 운전-정지 회로보다 한 개의 스위치로 운전-정지가 가능하기 때문에 기기의 수를 절약하고, 그로 인한 입력 점수도 절약되며 스위치가 많은 조작반에서는 조작의 오류도 감소시킬 수 있는 장점이 있다.

그림 7-18이 논리에 의한 One Button 회로이다.

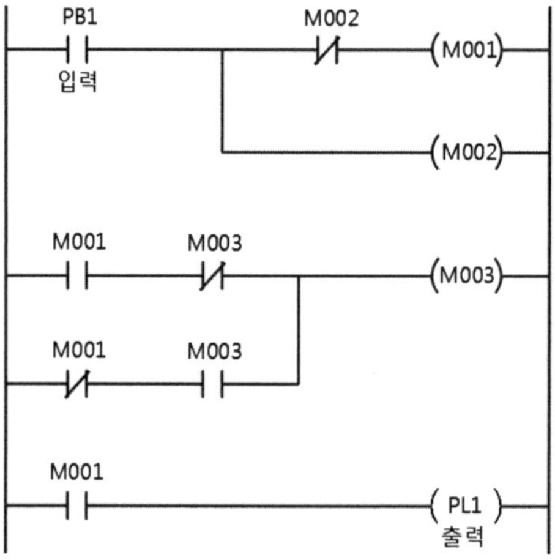

[그림 7-18] One Button 회로

1 입출력 할당

실습을 위해 트레이너에 장착된 PLC 기종을 확인하고 입출력 어드레스를 확인한다.

앞서 실습한 XGB-DR32H(입력 어드레스 : P000~P00F, 출력 어드레스 : P020~P02F) 모델로 할당한다.

그림 7-18의 회로의 입출력 할당 내역은 표 7-2와 같다.

[표 7-2] One Button회로의 입출력 할당표

입력 할당				출력 할당			
번호	입력기기명	문자기호	할당 번호	번호	출력기기명	문자기호	할당 번호
1	입력 스위치	PB1	P001	1	출력 표시등	PL1	P021

2 입출력 배선도 작성

입출력 할당표를 토대로 입출력 배선도(I/O배선도)를 작성한다.

그림 7-19가 One Button 회로의 입출력 배선도이다.

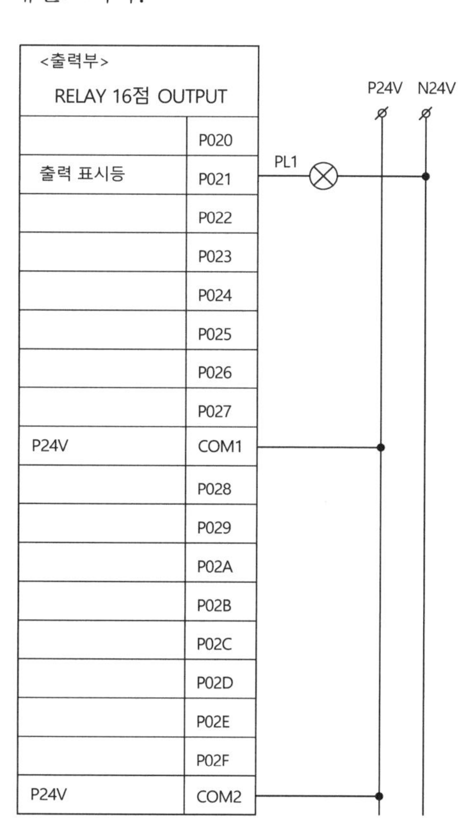

[그림 7-19] One Button 회로의 입출력 배선도

3 프로그램 입력

[순서]

① 바탕화면의 XG5000 아이콘을 클릭하여 실행한다.

② [프로젝트] 메뉴에서 새 프로젝트를 선택하여 대화창의 프로젝트 이름에 One Button 회로, CPU시리즈 항에 XGB, CPU 종류 항에 XGB-XBCH, 프로그램 이름 항에 자동회로를 입력한 후 확인을 누른다.

③ 프로젝트 창 안의 변수/설명을 클릭하여 디바이스 보기를 선택한 후 입출력 할당내역을 등록한다.

④ 프로젝트 창에서 자동회로를 클릭한 후 프로그램을 입력한다.

⑤ 보기방식을 변수/디바이스 보기로 선택한다.

[그림 7-20] One Button 회로의 입력화면

4 프로그램 쓰기

[순서]

① XG5000으로 작성된 프로그램을 PLC의 메모리에 쓰기(다운로딩) 하려면 PC와 PLC간 통신이 이루어져야 한다.

② [온라인] 메뉴의 접속설정에서 통신방식을 설정하고 통신 케이블을 접속시킨 후 [접속]을 클릭하면 온라인 상태가 되며, 쓰기메뉴가 활성화된다.

③ 쓰기를 눌러 프로그램을 PLC로 전송한다.

5 입출력 배선

입출력 배선도를 보고 PLC 배선을 실시한다.

① 입력부의 콤먼배선을 한다.(COM0에 P24V)

② 입력기기간 공통배선을 한다.(PB1의 좌측 N24V)

③ 입력기기와 입력부간 배선을 한다.(PB1의 오른쪽 단자와 P001단자)
④ 출력부의 콤먼배선을 한다.(COM1과 COM2에 P24V)
⑤ 출력부와 출력기기간 배선을 한다.(P021단자와 PL1 왼쪽 단자)
⑥ 출력기기간 공통배선을 한다.(PL1 오른쪽 단자에 N24V)

6 시운전과 모니터링

PLC를 운전모드(RUN)로 전환한다.

운전모드로의 전환은 모드 선택스위치로 전환하거나, [온라인] 메뉴의 모드전환 창에서 할 수 있다.

PB1을 눌러(On) 출력 표시등 PL1이 점등되는지 확인한다.

PB1에서 손을 떼도 출력 표시등 PL1이 계속 점등되는지 확인한다.

다시 PB1을 눌러 출력 표시등 PL1이 소등되는지 확인한다.

내부 릴레이의 동작상태는 [모니터] 메뉴에서 모니터 시작을 누르면 화면상에서 확인할 수 있다.

7 펄스명령을 사용한 One Button회로

그림 7-18의 회로에서 내부 릴레이 M002의 역할은 입력 PB1의 On시간이 길고 짧음에 관계없이 M001의 신호를 1스캔타임 동안만 On시키는 역할을 한다.

PLC의 CPU는 고속연산을 하므로 회로에 따라 입력시간이 다르면 연산결과가 변하기 때문에 입력신호를 1스캔에만 이용할 필요가 있고 이때 편리하게 사용하는 명령이 펄스명령이다.

펄스명령은 입력신호나 출력 코일에 사용할 수 있으며, XBC 기종에서는 양변환 검출접점과 양변환 검출 코일명령이 있다.

그림 7-21은 양변환 검출접점을 사용한 One Button회로 입력화면이며, 그림 7-22는 양변환 검출 코일명령을 사용한 One Button회로 입력화면이다.

[그림 7-21] 양변환 검출접점에 의한 One Button 회로의 입력화면

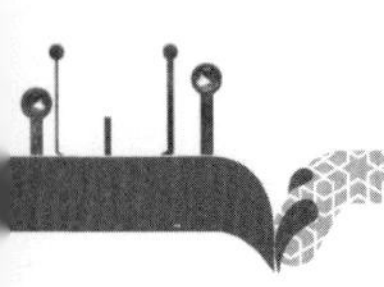

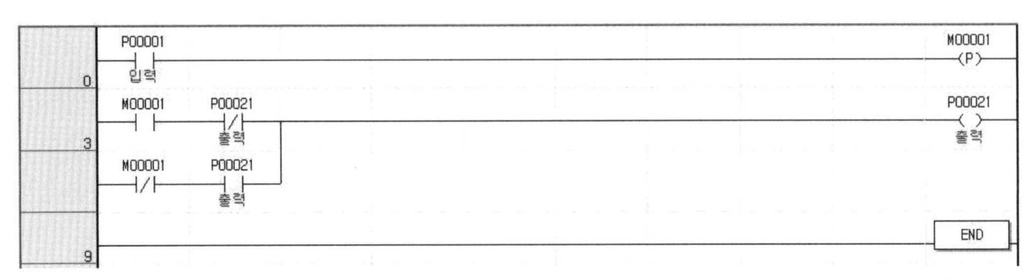

[그림 7-22] 양변환 검출코일에 의한 One Button 회로의 입력화면

8 비트출력 반전명령을 사용한 One Button회로

PLC 메이커에서는 많이 사용되는 회로를 문법 처리한 응용명령이 있다.

One Button회로의 동작을 문법 처리한 명령을 비트출력 반전명령이라 하며, 통상 FF명령이라 부른다.

FF명령을 사용한 One Button회로를 그림 7-23에 나타냈다.

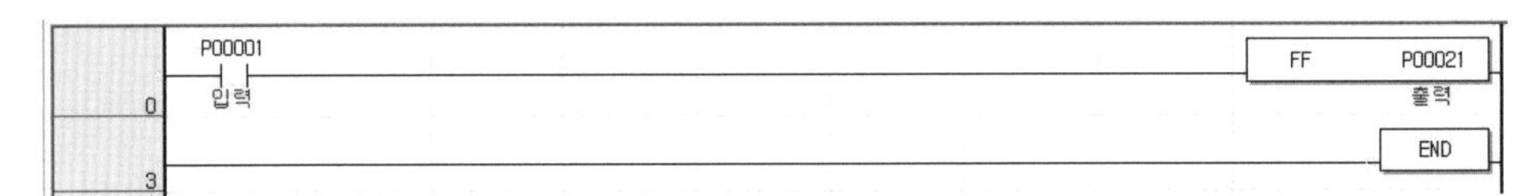

[그림 7-23] 비트출력 반전명령에 의한 One Button 회로의 입력화면

04 인터록 회로 실습

기기의 보호나 작업자의 안전을 위해 기기의 동작상태를 나타내는 접점을 사용하여 관련된 기기의 동작을 금지하는 회로를 인터록 회로라 한다.

모터의 정-역 회로에서 정회전 중에 역회전 입력이 On되거나 양측 전자밸브에 의한 실린더 구동에서 전진측 솔레노이드가 동작 중에 후진측 솔레노이드가 작동해서는 절대적으로 안된다. 이와 같이 상반된 동작의 경우 어느 한쪽이 동작 중일 때는 반대측 동작을 금지하는 기능의 회로가 인터록 회로이며 안전회로 중 하나이다.

인터록은 자신의 b접점을 상대측 회로에 직렬로 연결하여 어느 한쪽이 동작 중일 때에는 관련된 다른 기기는 동작할 수 없도록 규제한다.

그림 7-24는 앞서 설명한 릴레이의 인터록 회로로서, 누름버튼 스위치 PB1을 On시켜 R1릴레이가 동작되어 출력 PL1이 On된 상태에서 PB2가 눌려도 R2릴레이는 동작

할 수 없다. 또한 PB2가 먼저 입력되어 R2가 동작하면 R1릴레이는 역시 동작할 수 없는 기능을 가진 회로가 인터록 회로이다.

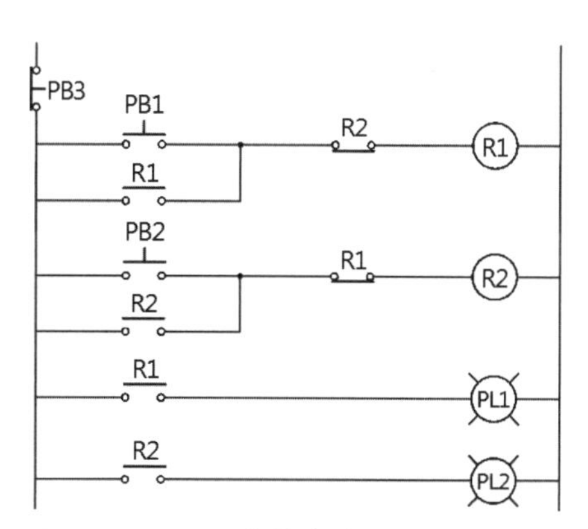

[그림 7-24] 릴레이의 인터록 회로

1 입출력 할당

실습을 위해 트레이너에 장착된 PLC 기종을 확인하고 입출력 어드레스를 확인한다.

앞서 실습한 XGB-DR32H(입력 어드레스 : P000~P00F, 출력 어드레스 : P020~P02F) 모델로 할당한다.

그림 7-24 회로의 입출력 할당 내역은 표 7-3과 같다.

[표 7-3] 인터록 회로의 입출력 할당표

입력 할당				출력 할당			
번호	입력기기명	문자기호	할당 번호	번호	출력기기명	문자기호	할당 번호
1	정회전 스위치	PB1	P001	1	정회전 표시등	PL1	P021
2	역회전 스위치	PB2	P002	2	역회전 표시등	PL2	P022
3	정지 스위치	PB3	P003				

2 입출력 배선도 작성

입출력 할당표를 토대로 입출력 배선도(I/O배선도)를 작성한다.

그림 7-25가 인터록 회로의 입출력 배선도이다.

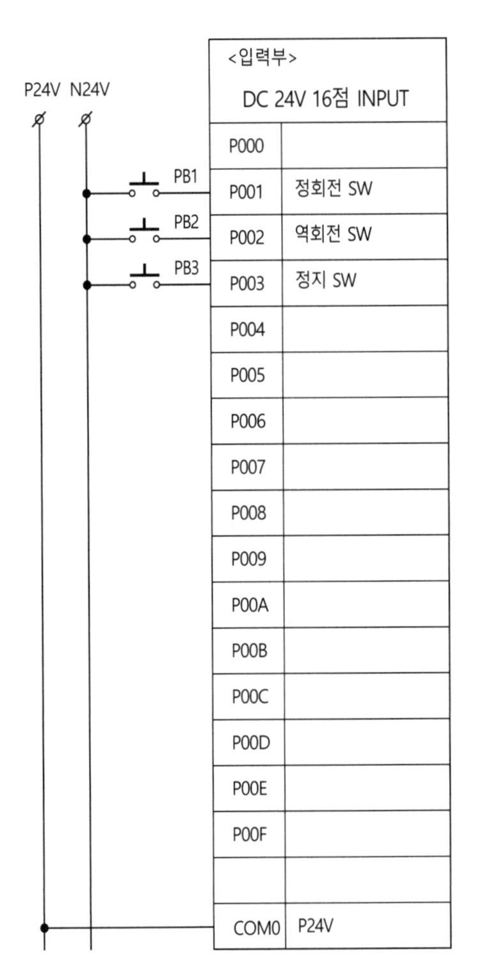

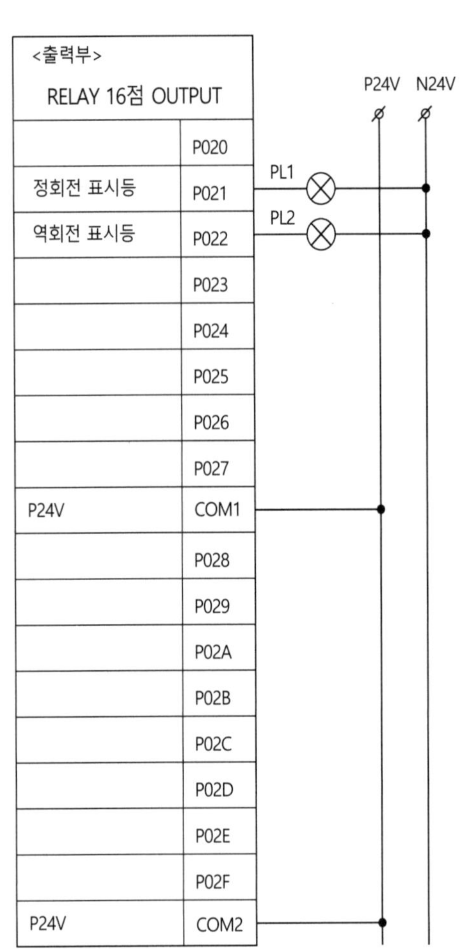

[그림 7-25] 인터록 회로의 입출력 배선도

3 프로그램 입력

[순서]

① 바탕화면의 XG5000 아이콘을 클릭하여 실행한다.

② [프로젝트] 메뉴에서 새 프로젝트를 선택하여 대화창의 프로젝트 이름에 인터록 회로실습, CPU시리즈 항에 XGB, CPU 종류 항에 XGB-XBCH, 프로그램 이름 항에 자동회로를 입력한 후 확인을 누른다.

③ 프로젝트 창 안의 변수/설명을 클릭하여 디바이스 보기를 선택한 후 입출력 할당내역을 등록한다.

④ 프로젝트 창에서 자동회로를 클릭한 후 프로그램을 입력한다.

⑤ 보기방식을 모두보기로 선택한다.

[그림 7-26] 인터록 회로의 입력화면(Ⅰ)

4 프로그램 쓰기

[순서]

① XG5000으로 작성된 프로그램을 PLC의 메모리에 쓰기(다운로딩) 하려면 PC와 PLC간 통신이 이루어져야 한다.

② [온라인] 메뉴의 접속설정에서 통신방식을 설정하고 통신 케이블을 접속시킨 후 [접속]을 클릭하면 온라인 상태가 되며 쓰기메뉴가 활성화된다.

③ 쓰기를 눌러 프로그램을 PLC로 전송한다.

5 입출력 배선

입출력 배선도를 보고 PLC 배선을 실시한다.

① 입력부의 콤먼배선을 한다.(COM0에 P24V)

② 입력기기간 공통배선을 한다.(PB1, PB2, PB3의 좌측 N24V)

③ 입력기기와 입력부간 배선을 한다.(PB1의 오른쪽 단자와 P001단자, PB2와 P002단자, PB3과 P003단자)

④ 출력부의 콤먼배선을 한다.(COM1과 COM2에 P24V)

⑤ 출력부와 출력기기간 배선을 한다.(P021단자와 PL1 왼쪽 단자, P022단자와 PL2 왼쪽 단자)

⑥ 출력기기간 공통배선을 한다.(PL1, PL2 오른쪽 단자에 N24V)

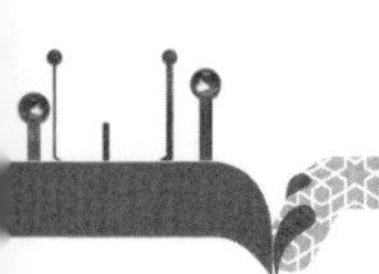

6 시운전과 모니터링

PLC를 운전모드(RUN)로 전환한다.

운전모드로의 전환은 모드 선택스위치로 전환하거나, [온라인] 메뉴의 모드전환 창에서 할 수 있다.

PB1을 눌러(On) 정회전 표시등 PL1이 점등되는지 확인한다.

PB1에서 손을 떼도 정회전 표시등 PL1이 계속 점등되는지 확인한다. 이 상태에서 PB2를 눌러 인터록이 작동되는지 확인한다.

PB3을 눌러 정회전 표시등 PL1이 소등되는지 확인한다.

PB2를 눌러 역회전 표시등 PL2가 점등되는지 확인한다.

PB2에서 손을 떼도 역회전 표시등 PL2가 계속 점등되는지 확인한다. 이 상태에서 PB1을 눌러 인터록이 작동되는지 확인한다.

PB3을 눌러 역회전 표시등 PL2가 소등되는지 확인한다.

내부 릴레이의 동작상태는 [모니터] 메뉴에서 모니터 시작을 누르면 화면상에서 확인한다.

그림 7-26이 인터록 회로를 입력하고 모두보기 방식으로 나타낸 회로이다.

릴레이 회로에서는 정지 스위치 PB3으로 왼쪽모선을 끊어 정회전과 역회전 모두를 정지시키는 논리였지만 PLC는 문법처리를 하지 않는 한 접점으로 끊을 수 없어서 정회전 회로와 역회전 회로 앞에 정지 스위치 PB3의 b접점으로 끊도록 한 것이다.

PLC는 한 번의 입력 배선만으로 내부 회로에서 a, b접점을 횟수에 제한 없이 사용할 수 있다는 장점이 있다.

그림 7-27은 정회전-정지 회로와 역회전-정지 회로 순서로 입력하고 인터록도 출력회로에서 처리한 회로인데 그림 7-26의 회로와 비교하면 오히려 어드레스 수가 3스텝 분이나 줄어든 것을 알 수 있다. (왼쪽 분기회로 앞의 숫자가 프로그램 어드레스 번호이며, 통상 스텝 번호라고 한다.)

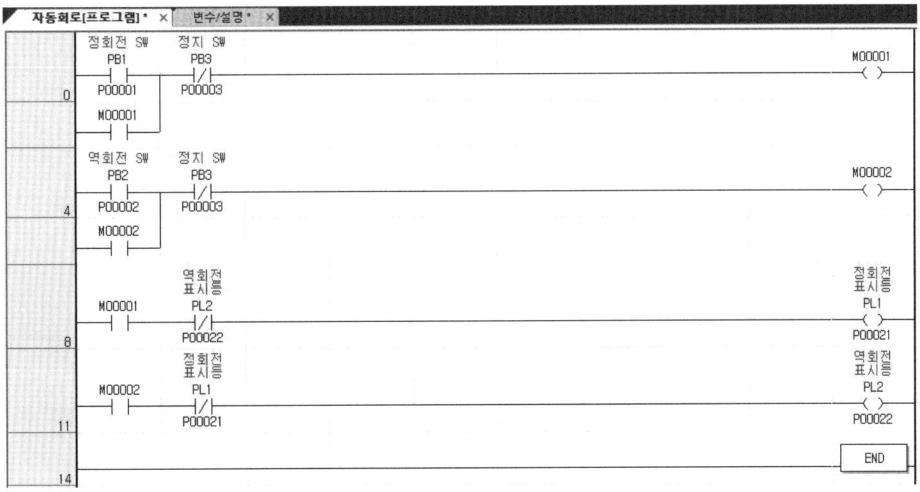

[그림 7-27] 인터록 회로의 입력화면(Ⅱ)

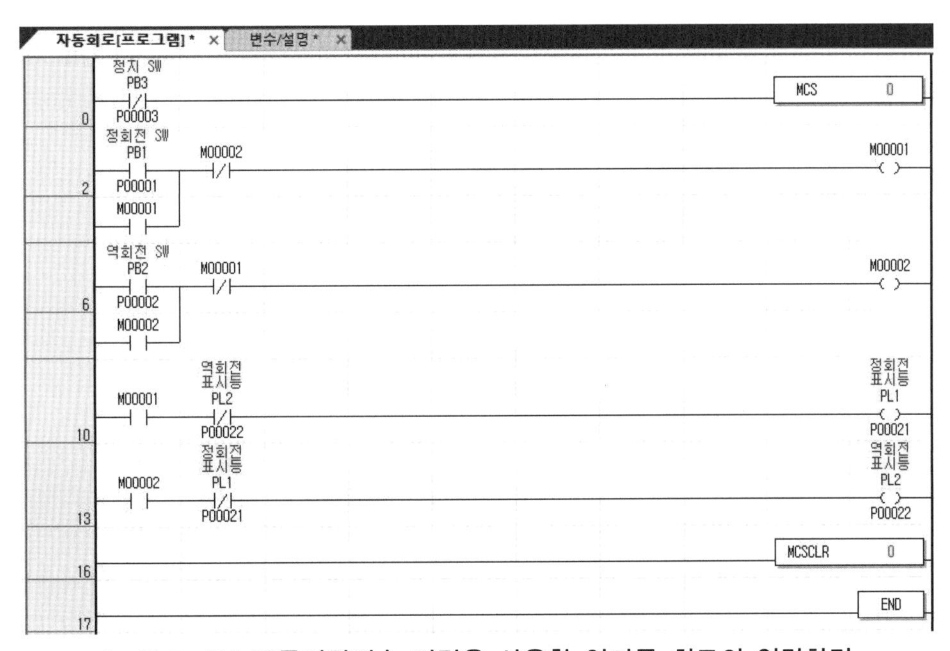

[그림 7-28] 공통직렬접속 명령을 사용한 인터록 회로의 입력화면

앞서 자기유지 회로 실습 항에서도 언급한 바와 같이 PLC 프로그래머에 따라서는 똑같은 기능의 회로라도 다르게 설계하므로 회로의 다양성을 익혀야 각 회로의 장단점을 파악할 수 있고 해독도 용이하다.

그림 7-28의 인터록 회로는 명령어 활용 항에서 설명한 공통직렬접속 명령(마스터 콘트롤 명령)을 사용한 인터록 회로이다.

또한 인터록도 명령회로 구간은 물론 출력회로 구간에서도 이중으로 처리한 회로인데 프로그래머에 따라서는 스캔타임이 PLC 응답시간에 큰 영향을 끼치지 않는다면 이와 같이 이중 인터록 회로로 처리하는 경우도 많다.

05 On 딜레이 타이머 회로 실습

입력신호가 On되더라도 곧바로 출력이 On되지 않고 미리 설정한 시간만큼 늦게 출력이 On되는 회로를 온 딜레이 회로라 한다.

온 딜레이 회로의 구성은 온 딜레이 타이머의 a접점을 이용하여 회로구성을 하며, 그림 7-29가 유접점의 On 딜레이 회로로서 누름버튼 스위치 PB1을 누르면 타임 릴레이(Timer)가 작동하기 시작하여 미리 설정해 둔 시간이 경과하면 타이머 접점이 닫혀 파일럿램프가 점등되며, 누름버튼 스위치 PB2를 누르면 타임 릴레이가 복귀하고 이에 따라 타이머의 접점도 열려 파일럿램프가 소등되는 회로이다.

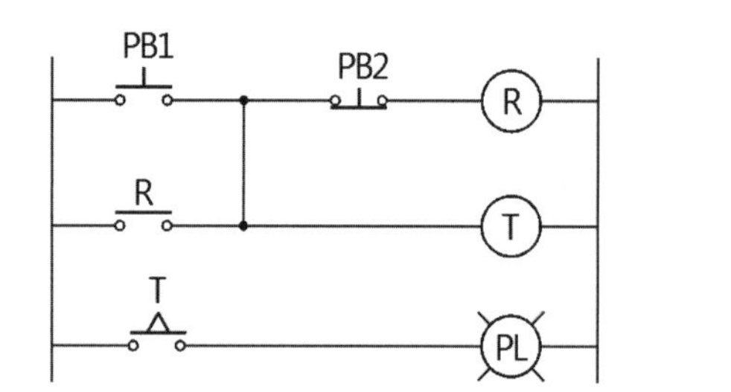

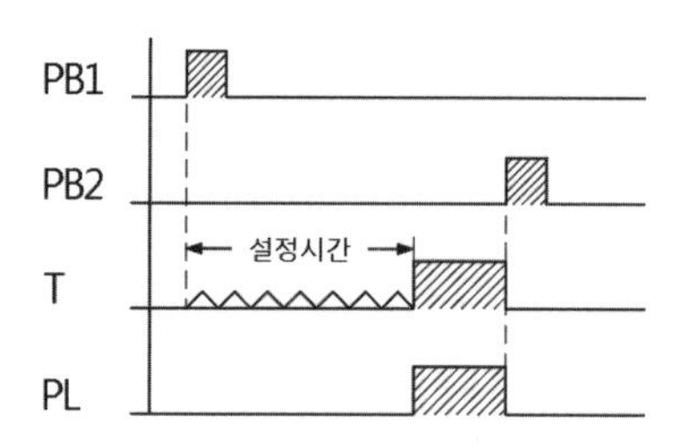

[그림 7-29] 유접점의 온 딜레이 회로와 동작 타임차트

유접점의 타이머는 타임처리 원리나 표시형식에 따라 아날로그 타이머와 디지털 타이머로 분류되는데 통상 아날로그 타이머는 1만원에서 2만원 정도이며, 디지털 타이머는 4만원에서 6만원 정도인데, PLC에는 수백에서 수천 개의 타이머가 내장되어 있고, 명령의 구분으로 On 딜레이, Off 딜레이 타이머를 구별하는 것 외에도 적산 타이머와 기타 기능의 타이머가 내장된 기종도 있다.

1 입출력 할당

실습을 위해 트레이너에 장착된 PLC 기종을 확인하고 입출력 어드레스를 확인한다.

앞서 실습한 XGB-DR32H(입력 어드레스 : P000~P00F, 출력 어드레스 : P020~P02F) 모델로 할당한다.

그림 7-29의 회로의 입출력 할당 내역은 표 7-4와 같다.

[표 7-4] On 딜레이 회로의 입출력 할당표

입력 할당				출력 할당			
번호	입력기기명	문자기호	할당 번호	번호	출력기기명	문자기호	할당 번호
1	운전 스위치	PB1	P001	1	출력 표시등	PL1	P021
2	정지 스위치	PB2	P002				

2 입출력 배선도 작성

입출력 할당표를 토대로 입출력 배선도(I/O배선도)를 작성한다.
그림 7-30이 On 딜레이 회로의 입출력 배선도이다.

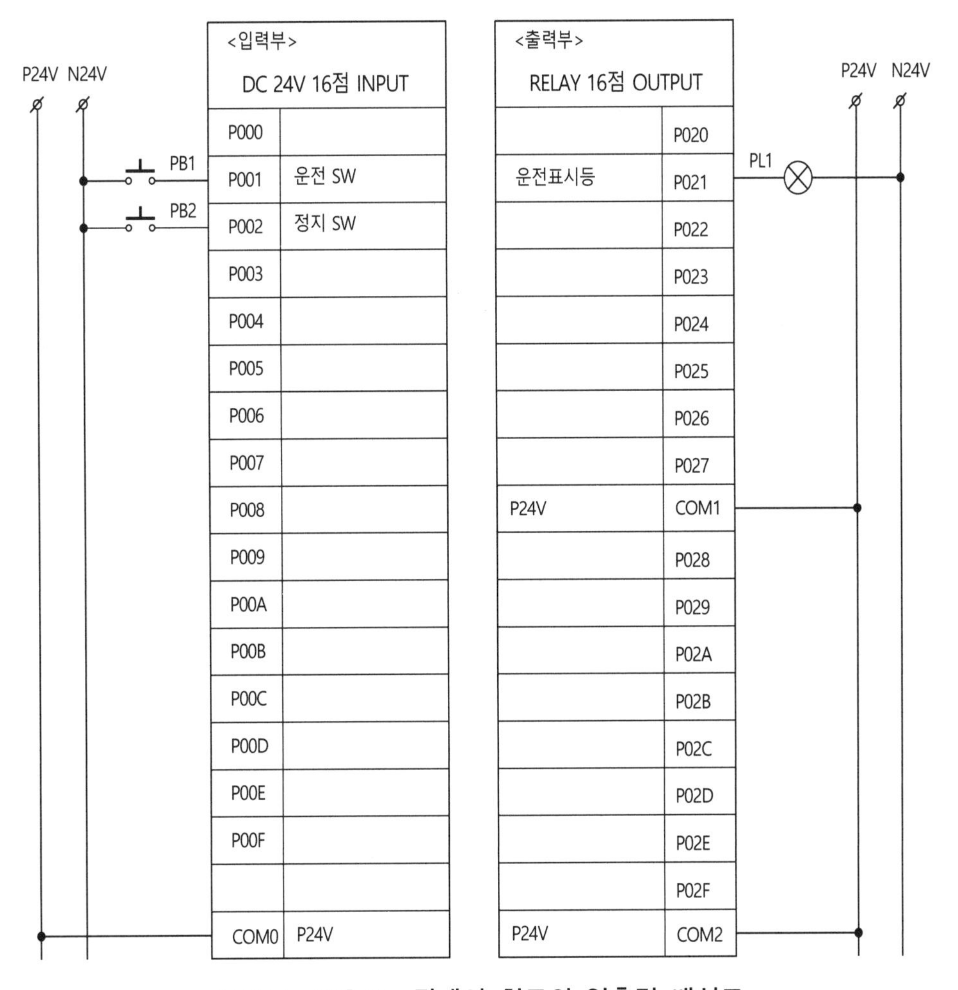

[그림 7-30] On 딜레이 회로의 입출력 배선도

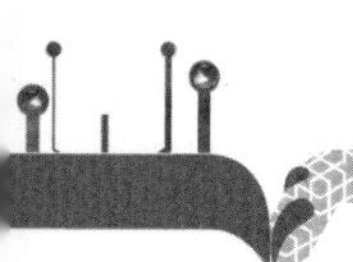

3 프로그램 입력

[순서]

① 바탕화면의 XG5000 아이콘을 클릭하여 실행한다.

② [프로젝트] 메뉴에서 새 프로젝트를 선택하여 대화창의 프로젝트 이름에 On 딜레이 회로, CPU시리즈 항에 XGB, CPU 종류 항에 XGB-XBCH, 프로그램 이름 항에 자동회로를 입력한 후 확인을 누른다.

③ 프로젝트 창 안의 변수/설명을 클릭하여 디바이스 보기를 선택한 후 입출력 할당내역을 등록한다.

④ 프로젝트 창에서 자동회로를 클릭한 후 프로그램을 입력한다.

⑤ 보기방식을 모두보기로 선택한다.

[그림 7-31] On 딜레이 회로 입력화면

4 프로그램 쓰기

[순서]

① XG5000으로 작성된 프로그램을 PLC의 메모리에 쓰기(다운로딩) 하려면 PC와 PLC간 통신이 이루어져야 한다.

② [온라인] 메뉴의 접속설정에서 통신방식을 설정하고 통신 케이블을 접속시킨 후 [접속]을 클릭하면 온라인 상태가 되며 쓰기메뉴가 활성화된다.

③ 쓰기를 눌러 프로그램을 PLC로 전송한다.

5 입출력 배선

입출력 배선도를 보고 PLC 배선을 실시한다.

① 입력부의 콤먼배선을 한다.(COM0에 P24V)

② 입력기기간 공통배선을 한다.(PB1과 PB2의 좌측 N24V)

③ 입력기기와 입력부간 배선을 한다.(PB1의 오른쪽 단자와 P001단자, PB2의 오른쪽 단자와 P002단자)
④ 출력부의 콤먼배선을 한다.(COM1과 COM2에 P24V)
⑤ 출력부와 출력기기간 배선을 한다.(P021단자와 PL1 왼쪽 단자)
⑥ 출력기기간 공통배선을 한다.(PL1 오른쪽 단자에 N24V)

6 시운전과 모니터링

PLC를 운전모드(RUN)로 전환한다.

운전모드로의 전환은 모드 선택스위치로 전환하거나, [온라인] 메뉴의 모드전환 창에서 할 수 있다.

PB1을 누르고 5초 경과 후에 출력 표시등 PL1이 On되는지 확인한다.

타이머의 경과값이나 내부 릴레이의 동작상태는 [모니터]메뉴에서 모니터 시작을 누르면 화면상에서 확인할 수 있다.

PB2를 눌러 출력 표시등이 Off되는지 확인한다.

7 타이머의 설정값이 변하는 경우의 회로

시간처리 목적의 타이머 회로에는 그림 7-31과 같이 항상 정해진 시간만 처리하는 경우도 있으나 제품 품종에 따라서 또는 생산량에 따라서 시간값이 변경되는 경우도 많다.

이와 같이 조건에 따라 시간이 변하는 경우는 타이머의 설정값 대신에 데이터레지스터 D번지수를 지정하고 터치패널이나 숫자키를 통해서 시간값을 외부에서 지령하여 처리한다.

[그림 7-32] 타이머의 설정값에 데이터레지스터 값을 지정한 회로 예

그러나 작업환경이나 작업자에 따라서는 외부에서 수시로 시간값을 변경하는 것이 불가능하거나 곤란한 경우도 있을 수 있다.

이와 같은 경우는 불가피하게 PLC의 내장 타이머가 아닌 유접점의 외부 타이머를 사용하여야 작업자가 수시로 손쉽게 시간을 변경할 수 있다.

[그림 7-33] 외부 타이머를 사용한 입력화면

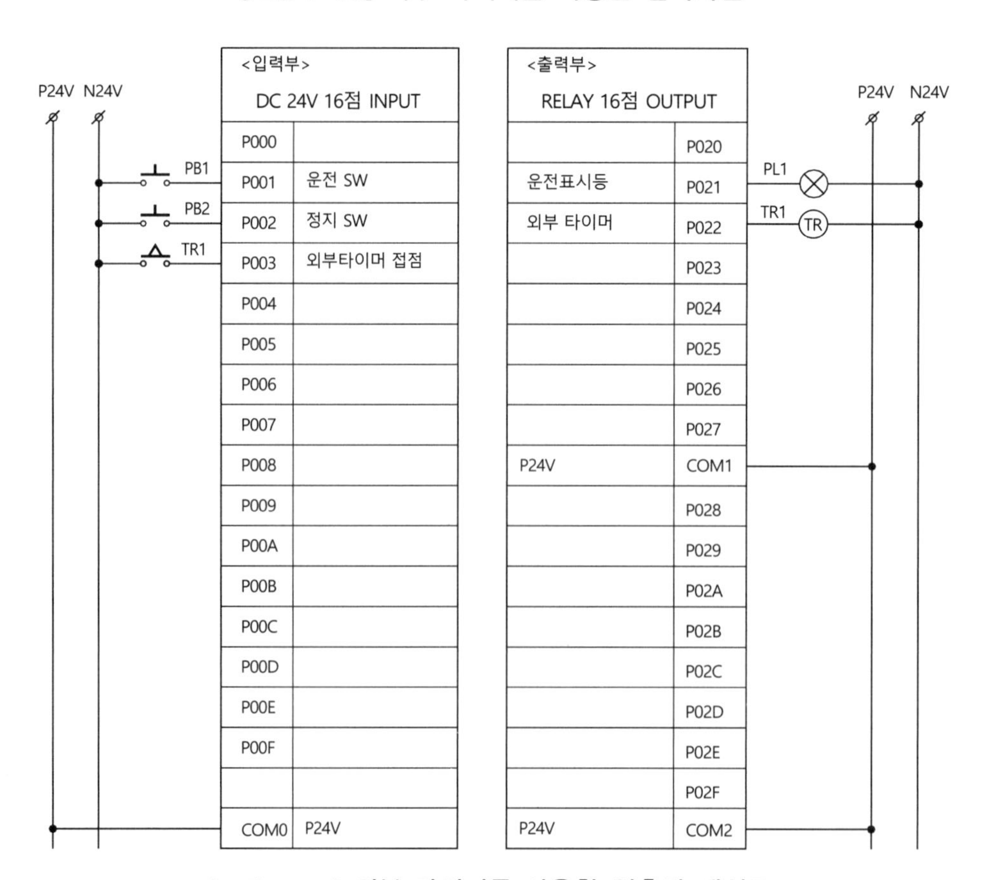

[그림 7-34] 외부 타이머를 사용한 입출력 배선도

외부 타이머를 사용하여 PLC로 시간처리 하려면 외부 타이머의 코일은 PLC의 출력에 접속되어야 하고, 타이머의 접점은 PLC의 입력에 접속되어야 한다.

그림 7-33이 수시로 시간을 변경하기 위해 PLC로 외부 타이머를 사용한 회로 입력 화면이며 그림 7-34가 입출력 배선도이다.

06 일정시간 동작회로 실습

입력이 On되면 동시에 출력이 On되고, 입력이 Off되어도 출력이 일정시간 동안 On 되어 있다가 스스로 Off되는 회로를 일정시간 동작회로라 한다.

일정시간 동작회로는 One Shot회로라 한다.

일정시간 동작회로는 Off에서 On으로 변화되는 것을 검출하는 회로나, 순간의 입력으로 일정시간 동안 동작하는 회로(예로 현관의 실내등 점등) 등에 적용된다.

시간처리 요소를 타이머 또는 타임 릴레이라고 하는데 PLC에는 타이머가 기본적으로 수백여 개 이상 내장되어 있기 때문에 운전 중 빈번한 시간변경이 없는 경우는 내부 타이머를 사용하는 것이 일반적이다.

그림 7-35는 릴레이 방식의 일정시간 동작회로를 나타낸 것이며, 입력 PB1을 On시키면 R1코일이 On되어 자기유지시키며, 동시에 타이머 코일 T1이 On되고, 또한 출력 PL1도 On된다. 이때부터 타이머에 설정된 시간이 경과되면 타이머 b접점이 열려 릴레이 코일을 Off시켜 자기유지가 해제되고, 동시에 출력도 Off된다.

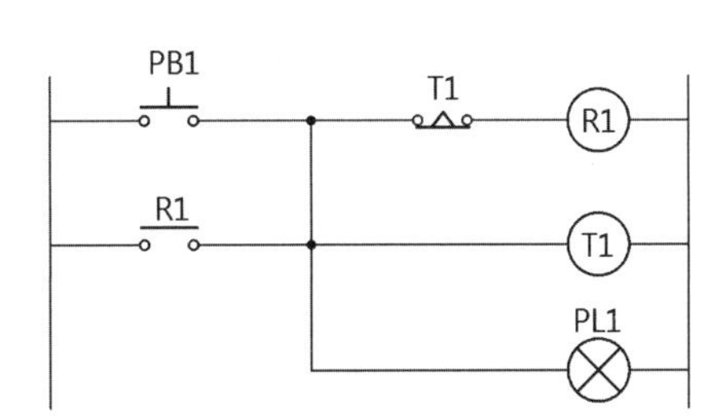

[그림 7-35] 릴레이 방식의 일정시간 동작회로

1 입출력 할당

실습을 위해 트레이너에 장착된 PLC 기종을 확인하고 입출력 어드레스를 확인한다.

앞서 실습한 XGB-DR32H(입력 어드레스 : P000~P00F, 출력 어드레스 : P020~P02F) 모델로 할당한다.

그림 7-35 회로의 입출력 할당 내역은 표 7-5와 같다.

[표 7-5] 일정시간 동작회로의 입출력 할당표

입력 할당				출력 할당			
번호	입력기기명	문자기호	할당 번호	번호	출력기기명	문자기호	할당 번호
1	입력 스위치	PB1	P001	1	출력 표시등	PL1	P021

2 입출력 배선도 작성

입출력 할당표를 토대로 입출력 배선도(I/O배선도)를 작성한다.
그림 7-36이 일정시간 동작회로의 입출력 배선도이다.

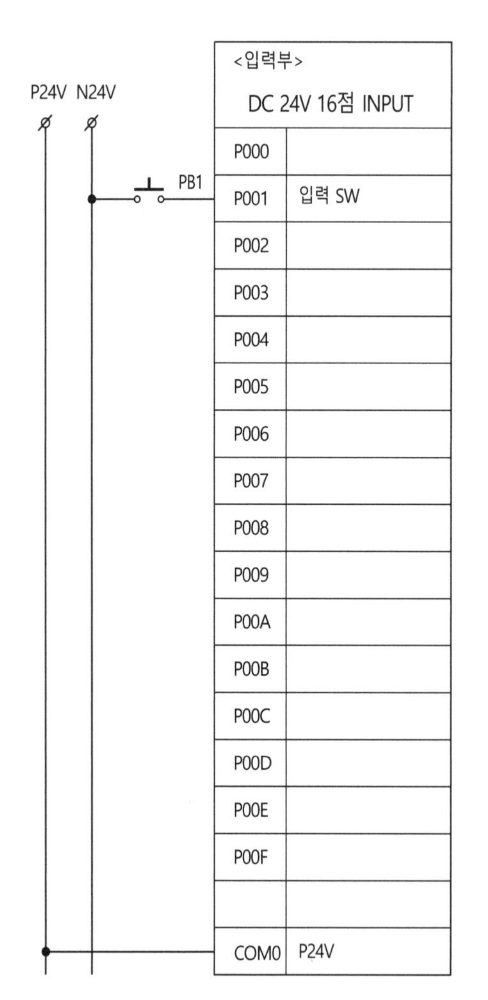

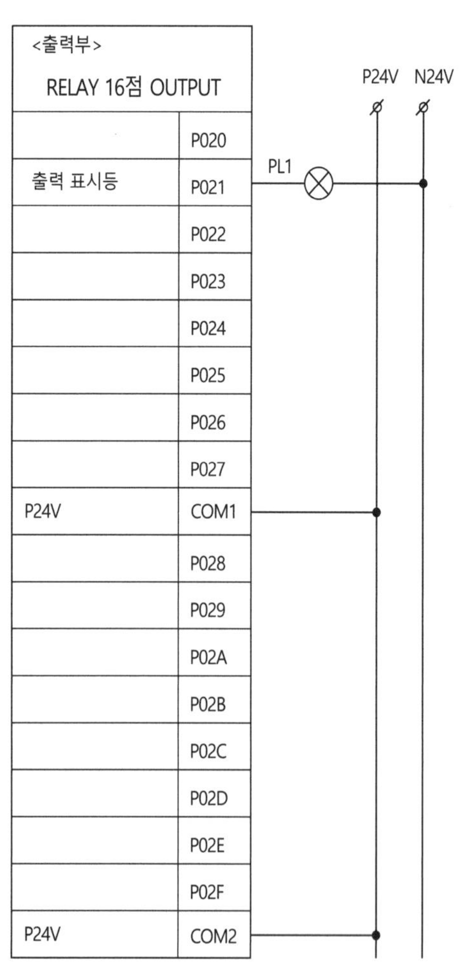

[그림 7-36] 일정시간 동작회로의 입출력 배선도

3 프로그램 입력

[순서]

① 바탕화면의 XG5000 아이콘을 클릭하여 실행한다.

② [프로젝트] 메뉴에서 새 프로젝트를 선택하여 대화창의 프로젝트 이름에 일정시간 동작회로, CPU시리즈 항에 XGB, CPU 종류 항에 XGB-XBCH, 프로그램 이름 항에 자동회로를 입력한 후 확인을 누른다.

③ 프로젝트 창 안의 변수/설명을 클릭하여 디바이스 보기를 선택한 후 입출력 할당내역을 등록한다.

④ 프로젝트 창에서 자동회로를 클릭한 후 프로그램을 입력한다.

⑤ 보기방식을 변수/디바이스 보기로 선택한다.

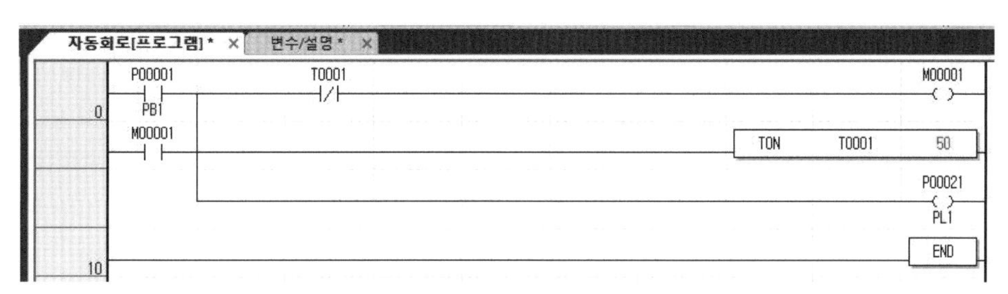

[그림 7-37] 일정시간 동작회로 입력화면

4 프로그램 쓰기

[순서]

① XG5000으로 작성된 프로그램을 PLC의 메모리에 쓰기(다운로딩) 하려면 PC와 PLC간 통신이 이루어져야 한다.

② [온라인] 메뉴의 접속설정에서 통신방식을 설정하고 통신 케이블을 접속시킨 후 [접속]을 클릭하면 온라인 상태가 되며 쓰기메뉴가 활성화된다.

③ 쓰기를 눌러 프로그램을 PLC로 전송한다.

5 입출력 배선

입출력 배선도를 보고 PLC 배선을 실시한다.

① 입력부의 콤먼배선을 한다.(COM0에 P24V)

② 입력기기간 공통배선을 한다.(PB1의 좌측 N24V)

③ 입력기기와 입력부간 배선을 한다.(PB1의 오른쪽 단자와 P001단자)

④ 출력부의 콤먼배선을 한다.(COM1과 COM2에 P24V)
⑤ 출력부와 출력기기간 배선을 한다.(P021단자와 PL1 왼쪽 단자)
⑥ 출력기기간 공통배선을 한다.(PL1 오른쪽 단자에 N24V)

6 시운전과 모니터링

PLC를 운전모드(RUN)로 전환한다.

운전모드로의 전환은 모드 선택스위치로 전환하거나, [온라인] 메뉴의 모드전환 창에서 할 수 있다.

PB1을 눌러(On) 출력 표시등 PL1이 On되는지 확인한다.

PB1에서 손을 떼도 출력 표시등 PL1이 계속 On되는지 확인한다.

타이머에 설정된 시간이 경과되면 출력 표시등 PL1이 Off되는지 확인한다.

타이머의 경과값이나 내부 릴레이의 동작상태는 [모니터] 메뉴에서 모니터 시작을 누르면 화면상에서 확인할 수 있다.

7 PLC 출력접점으로 자기유지 시킨 일정시간 동작회로

PLC는 출력요소로 사용하는 코일, 즉 외부출력, 내부 릴레이, 타이머, 카운터 등의 요소는 접점으로 얼마든지 사용할 수 있으므로 릴레이 회로와 같이 자기유지를 위해 반드시 내부 릴레이를 사용할 필요가 없다.

즉 그림 7-38 화면 그림과 같이 출력요소 P021로 자기유지 하면 스텝수도 줄일 수 있고, 내부 릴레이도 다른 목적으로 사용할 수 있다.

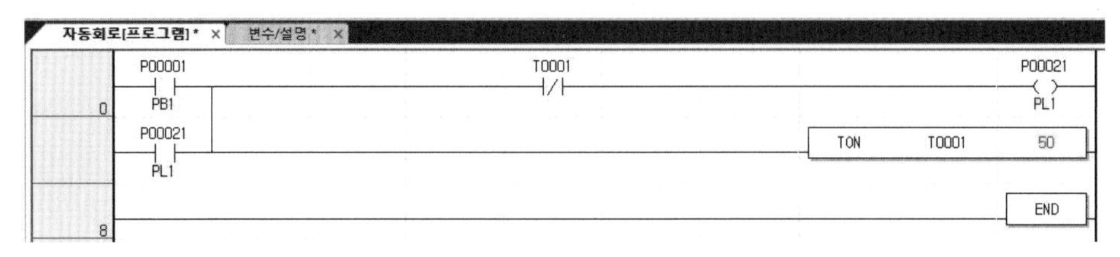

[그림 7-38] 출력요소의 접점으로 자기유지 시킨 일정시간 동작회로 입력화면

8 모노스테이블 타이머를 사용한 일정시간 동작회로

XGT PLC에는 모노스테이블 타이머(Monostable Timer) 명령이 있으며, 이 타이머의 동작은 입력조건이 On되면 현재치가 설정치로 되고 출력을 On시키며, 타이머값이 감소하여 0에 도달하면 출력을 Off시키는 동작을 한다.

즉, 모노스테이블 타이머는 일정시간 동작기능의 타이머이므로 그림 7-39와 같이 일정시간 동작회로가 간단해진다.

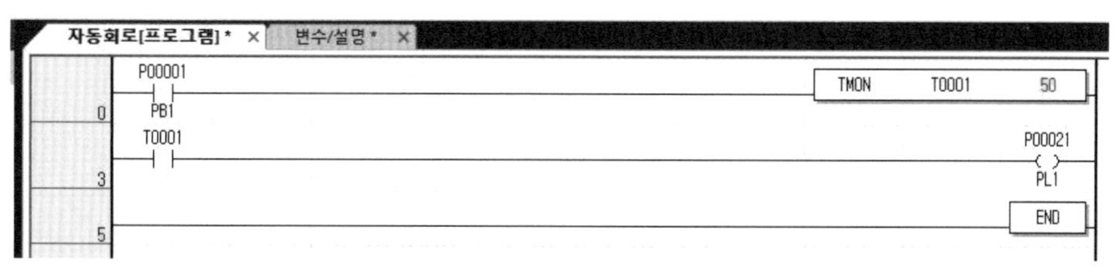

[그림 7-39] 모노스테이블 타이머 명령을 사용한 일정시간 동작회로 입력화면

07 카운터 회로 실습

카운터는 수(數)의 신호처리 요소로서 기계 동작의 횟수 누계나 생산 수량의 계수 목적으로 사용된다.

유접점의 카운터는 통상 4만원에서 7만원 정도의 가격으로 유통되는데 PLC 내에는 이러한 카운터가 수백 개에서 수천 개까지 내장되어 있다.

카운터의 종류에도 가산 카운터, 감산 카운터, 가감산 카운터의 기능이 기본적으로 제공되고 일부 기종에서는 링카운터와 같은 특수 용도의 카운터가 있는 기종도 있다.

그림 7-40의 회로는 가산 카운터의 회로 예로 카운트 입력 PB1이 Off에서 On으로 변화될 때마다 가산 카운터 1번의 현재값을 1씩 증가시키는 회로이다. 카운터 설정값이 10이므로 카운트 펄스 입력이 10회 On되면 카운터 접점이 닫혀 출력 PL1이 On되는 회로이며, PB2를 On시키면 카운터는 0으로 초기화되고 접점도 열려 출력 PL1이 소등되는 회로이다.

[그림 7-40] 가산 카운터 명령 회로 예

1 입출력 할당

실습을 위해 트레이너에 장착된 PLC 기종을 확인하고 입출력 어드레스를 확인한다.

앞서 실습한 XGB-DR32H(입력 어드레스 : P000~P00F, 출력 어드레스 : P020~P02F) 모델로 할당한다.

그림 7-40 회로의 입출력 할당 내역은 표 7-6과 같다.

[표 7-6] 가산 카운터 회로의 입출력 할당표

입력 할당				출력 할당			
번호	입력기기명	문자기호	할당 번호	번호	출력기기명	문자기호	할당 번호
1	입력 스위치	PB1	P001	1	출력 표시등	PL1	P021
2	리셋 스위치	PB2	P002				

2 입출력 배선도 작성

입출력 할당표를 토대로 입출력 배선도(I/O배선도)를 작성한다.

그림 7-41이 카운터 회로의 입출력 배선도이다.

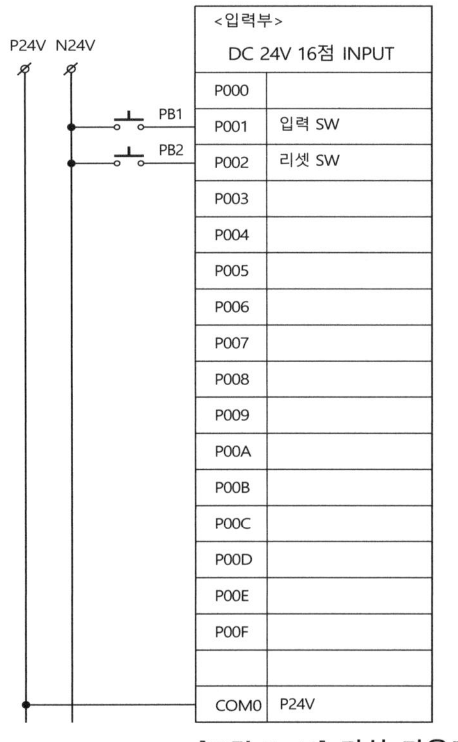

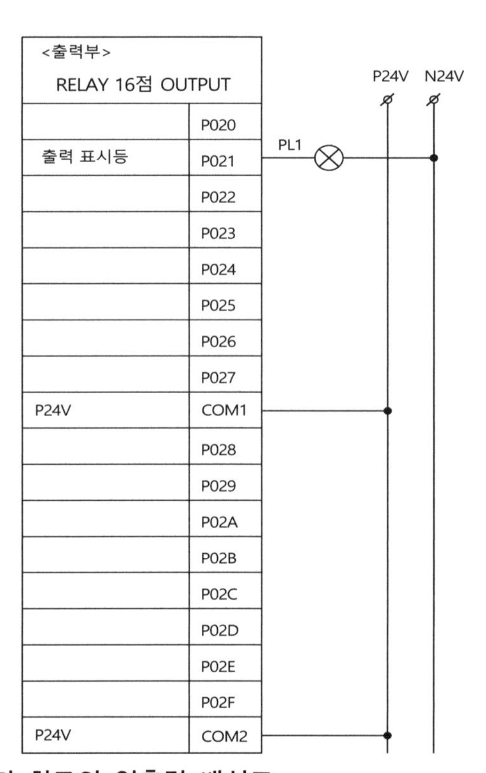

[그림 7-41] 가산 카운터 회로의 입출력 배선도

3 프로그램 입력

[순서]

① 바탕화면의 XG5000 아이콘을 클릭하여 실행한다.

② [프로젝트] 메뉴에서 새 프로젝트를 선택하여 대화창의 프로젝트 이름에 카운터 회로, CPU시리즈 항에 XGB, CPU 종류 항에 XGB-XBCH, 프로그램 이름 항에 자동회로를 입력한 후 확인을 누른다.

③ 프로젝트 창 안의 변수/설명을 클릭하여 디바이스 보기를 선택한 후 입출력 할당내역을 등록한다.

④ 프로젝트 창에서 자동회로를 클릭한 후 프로그램을 입력한다.

⑤ 보기방식을 모두보기로 선택한다.

[그림 7-42] 가산 카운터 회로 입력화면

4 프로그램 쓰기

[순서]

① XG5000으로 작성된 프로그램을 PLC의 메모리에 쓰기(다운로딩) 하려면 PC와 PLC간 통신이 이루어져야 한다.

② [온라인] 메뉴의 접속설정에서 통신방식을 설정하고 통신 케이블을 접속시킨 후 [접속]을 클릭하면 온라인 상태가 되며, 쓰기메뉴가 활성화된다.

③ 쓰기를 눌러 프로그램을 PLC로 전송한다.

5 입출력 배선

입출력 배선도를 보고 PLC 배선을 실시한다.

① 입력부의 콤먼배선을 한다.(COM0에 P24V)

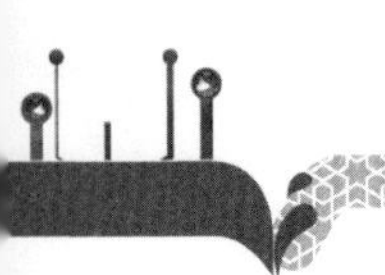

② 입력기기간 공통배선을 한다.(PB1과 PB2의 좌측 N24V)
③ 입력기기와 입력부간 배선을 한다.(PB1의 오른쪽 단자와 P001단자, PB2의 오른쪽 단자와 P002단자)
④ 출력부의 콤먼배선을 한다.(COM1과 COM2에 P24V)
⑤ 출력부와 출력기기간 배선을 한다.(P021단자와 PL1 왼쪽 단자)
⑥ 출력기기간 공통배선을 한다.(PL1 오른쪽 단자에 N24V)

6 시운전과 모니터링

PLC를 운전모드(RUN)로 전환한다.

운전모드로의 전환은 모드 선택스위치로 전환하거나, [온라인] 메뉴의 모드전환 창에서 할 수 있다.

카운터의 현재값을 확인하기 위해 [모니터] 메뉴에서 모니터 시작을 눌러 모니터링 상태로 한다.

PB1을 눌러(On) 카운터 C1의 현재값이 0에서 1로 증가되는지 확인한다.

계속해서 카운터의 현재값이 10이 될 때까지 On-Off를 반복시킨다.

카운터의 현재값이 설정값인 10이 되면 출력 표시등 PL1이 점등되는지 확인한다.

카운터 리셋 스위치 PB2를 눌러 카운터가 초기화 되는지 확인한다.

유접점의 카운터는 표시 자릿수에 따라 4자릿수 카운터부터 8자릿수 카운터까지 출시되고 있듯이 PLC의 내장 카운터도 최대로 카운트할 수 있는 값이 정해져 있으며, 대부분 5자릿수 이하이다.

XGK PLC의 카운터는 설정값에 도달되더라도 카운트 펄스가 계속 입력되면 최대치까지 현재값을 증가시키는데 최대 카운트치는 65,535회까지이다.

그러므로 그 이상의 펄스를 카운트하려면 카운터와 카운터를 조합하여야 하며, 그림 7-43이 회로 예로 가산 카운터 C001이 1부터 10,000까지 카운트를 하는데 현재값이

[그림 7-43] 카운터의 조합으로 최대값 이상을 카운트하는 회로

설정값 10,000에 도달되면 출력 C001의 접점이 On되어 C002에 카운트 펄스를 주게 된다. 동시에 3열의 회로에서 C001을 리셋시키므로 C001의 현재값은 0이 된다. 따라서 C002의 값에 10,000을 곱하고 C001의 현재값을 더하면 총 카운트 값이 된다.

08 플리커 회로와 응용명령 활용실습

입력이 On하면 출력이 On-Off 동작을 반복하는 회로를 플리커(Flicker) 회로라 하며 플리커 회로는 자동차의 방향지시등과 같이 상태를 강조하기 위해 사용된다. 출력의 On시간과 Off시간은 타이머의 설정치로 지정한다.

그림 7-44가 유접점의 플리커 회로로서 이 회로를 응용하여 데이터 전송명령, 비교연산 명령, 산술연산 명령을 응용하여 실습한다.

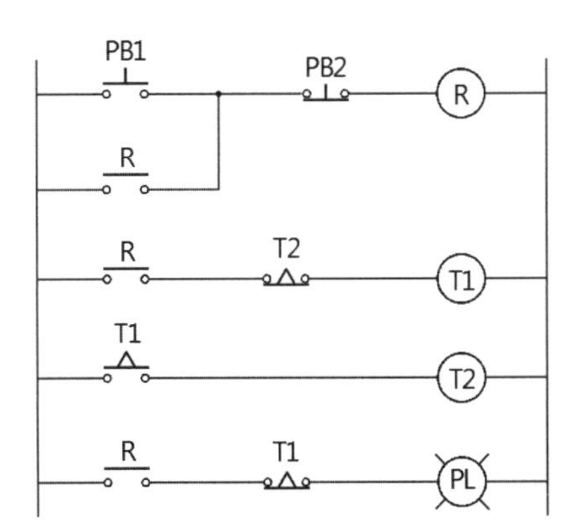

[그림 7-44] 유접점의 플리커 회로

1 입출력 할당

실습을 위해 트레이너에 장착된 PLC 기종을 확인하고 입출력 어드레스를 확인한다.

XGT시리즈의 일체형 모델인 XGB-DR32H는 입력 어드레스가 P000~P00F번지까지이고, 출력 어드레스가 P020~P02F로 되어 있다.

그림 7-44 회로의 입출력 할당 내역은 표 7-7과 같다.

[표 7-7] 플리커 회로의 입출력 할당표

입력 할당				출력 할당			
번호	입력기기명	문자기호	할당 번호	번호	출력기기명	문자기호	할당 번호
1	On 스위치	PB1	P001	1	출력 표시등	PL1	P021
2	Off 스위치	PB2	P002				

2 입출력 배선도 작성

표 7-7의 입출력 할당표를 토대로 입출력 배선도(I/O배선도)를 작성한다.
그림 7-45가 플리커 회로의 입출력 배선도이다.

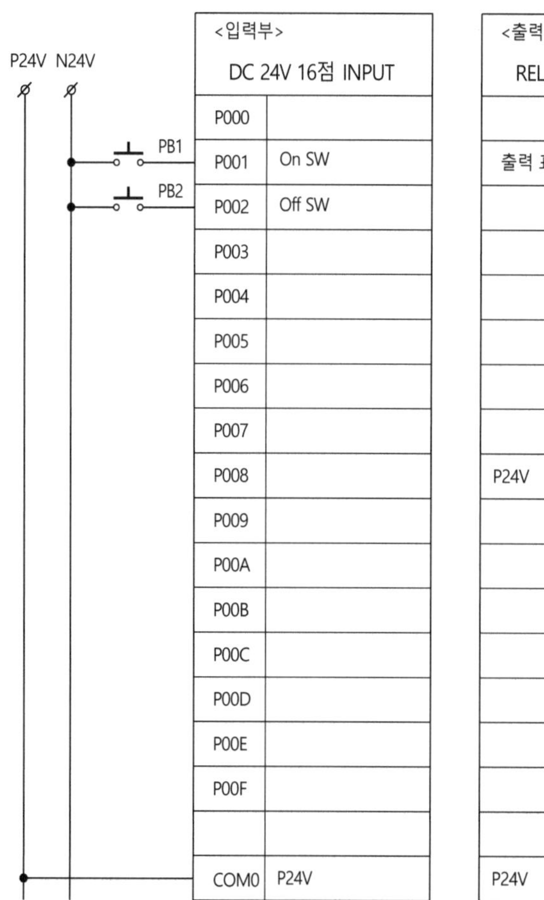

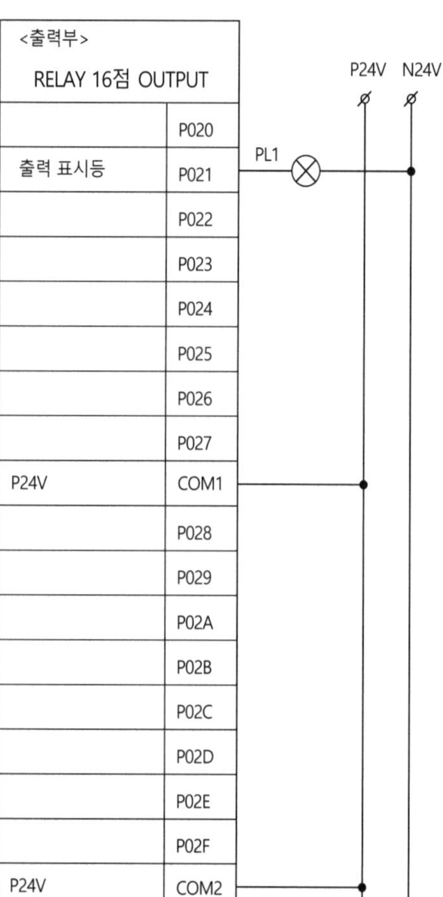

[그림 7-45] 플리커 회로의 입출력 배선도

3 프로그램 입력

[순서]

① 바탕화면의 XG5000 아이콘을 클릭하여 실행한다.

② [프로젝트] 메뉴에서 새 프로젝트를 선택하여 대화창의 프로젝트 이름에 플리커 회로, CPU시리즈 항에 XGB, CPU 종류 항에 XGB-XBCH, 프로그램 이름 항에 플리커 회로를 입력한 후 확인을 누른다.

③ 프로젝트 창 안의 변수/설명을 클릭하여 디바이스 보기를 선택한 후 입출력 할당내역을 등록한다.

④ 프로젝트 창에서 플리커 회로를 클릭한 후 프로그램을 입력한다. 이때 On시간은 2초, Off시간은 1초로 설정한다.

⑤ 보기방식을 모두보기로 선택한다.

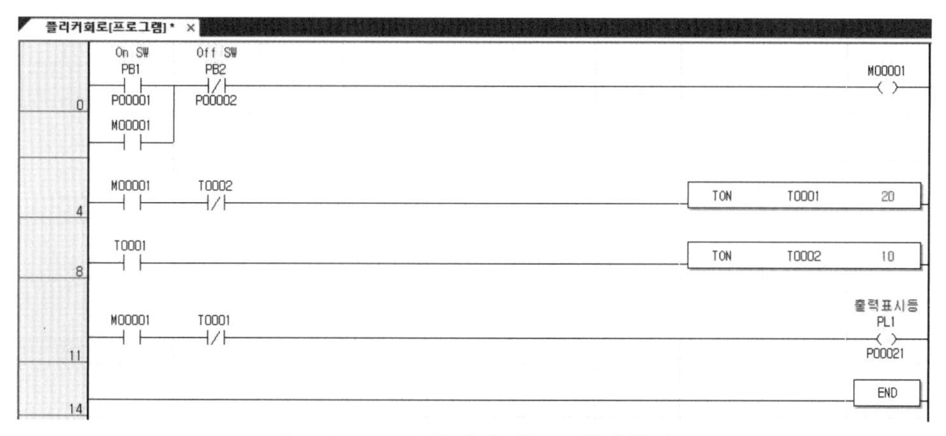

[그림 7-46] 플리커 회로 입력화면

4 프로그램 쓰기

[순서]

① [온라인] 메뉴의 접속설정에서 통신방식을 설정하고 통신 케이블을 접속시킨 후 [접속]을 클릭하면 온라인 상태가 되며, 쓰기 메뉴가 활성화된다.

② 쓰기를 눌러 프로그램을 PLC로 전송한다.

5 입출력 배선

입출력 배선도를 보고 PLC 배선을 실시한다.

① 입력부의 콤먼배선을 한다.(COM0에 P24V)
② 입력기기간 공통배선을 한다.(PB1과 PB2의 좌측 N24V)
③ 입력기기와 입력부간 배선을 한다.(PB1의 오른쪽 단자와 P001단자, PB2의 오른쪽 단자와 P002단자)
④ 출력부의 콤먼배선을 한다.(COM1과 COM2에 P24V)
⑤ 출력부와 출력기기간 배선을 한다.(P021단자와 PL1 왼쪽 단자)
⑥ 출력기기간 공통배선을 한다.(PL1 오른쪽 단자에 N24V)

6 시운전과 모니터링

PLC를 운전모드(RUN)로 전환한다.
운전모드로의 전환은 [온라인] 메뉴의 모드전환 창에서 할 수 있다.
타이머의 현재값을 확인하려면 [모니터] 메뉴에서 모니터 시작을 눌러 모니터링 상태로 한다.
PB1을 눌러(On) 출력 표시등 PL1이 On되고 2초간 점등하고 1초간 소등되는지 확인한다.
Off스위치 PB2를 누를 때까지 PL1이 On-Off를 반복하는지 확인한다.

7 조건에 따른 타이머값 변경 회로 실습

On명령의 PB1 스위치를 On시키면 Off명령의 PB2를 On시킬 때까지 출력 표시등 PL1이 일정주기로 On-Off를 반복시켜야 한다.
단, PB2를 누르지 않아도 출력 PL1이 10회 동작되면 정지되어야 하며, PL1의 On시간은 5회까지는 1초 On, 1초 Off되어야 하고, 6회부터 10회까지는 2초 On, 2초 Off되어야 한다. 또한 카운터는 10회 동작 후 자동으로 리셋되어야 한다.
이와 같은 조건의 경우라면 데이터 비교연산과 전송명령을 활용하면 용이하게 프로그램 처리할 수 있고 그 예가 그림 7-47의 회로이다.
이 회로에서 주의할 사항으로는 15번 스텝 열의 카운터 리셋회로이다. PLC는 어드레스 순서로 연산하므로 리셋명령이 정지신호 C1의 접점 앞에 놓이면 카운터를 먼저 리셋시키므로 자동정지가 안된다.

[그림 7-47] 데이터 비교에 따른 타이머 설정값 변경 회로

8 산술명령 응용회로 실습

On명령의 PB1 스위치를 On시키면 Off명령의 PB2를 On시킬 때까지 출력 표시등 PL1이 일정주기로 On-Off를 반복시켜야 한다.

단, PB2를 누르지 않아도 출력 PL1이 10회 동작되면 정지되어야 하며, PL1의 On시간은 1회는 1초 On, 2회는 2초 On, 3회는 3초 On되어야 하고, Off시간은 On시간보다 1초 더 길어야 한다. 즉, 1회는 2초 Off, 2회는 3초 Off, 3회는 4초 Off되어야 한다.

또한 4회부터 6회까지는 On시간은 3초, Off시간은 1초 작아야 하며, 7회부터는 On시간은 4초 Off시간은 2초이어야 한다.

이상의 조건에 맞게 작성된 회로가 그림 7-48이며, 비교연산, 덧셈연산, 뺄셈연산, 곱셈연산 명령을 활용한 예이다.

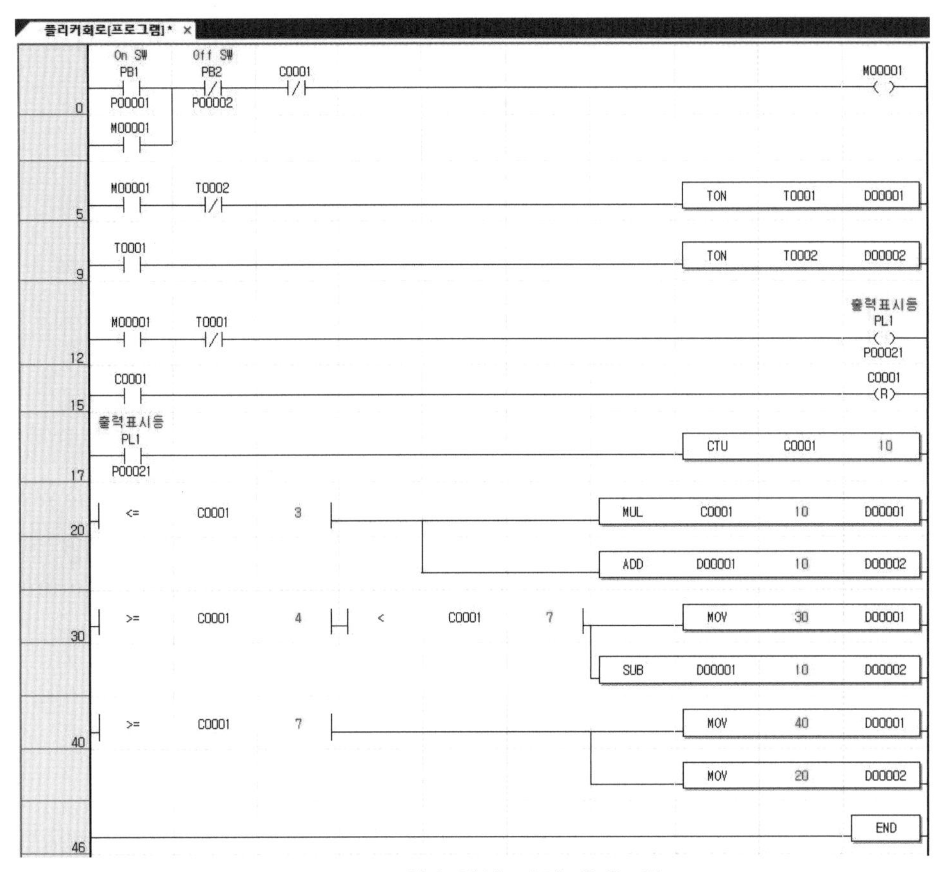

[그림 7-48] 산술연산 명령 응용 회로

09 에어 실린더의 동작회로 실습(Ⅰ)

자동화 설비의 직선운동 요소에서 가장 많이 사용되고 있는 것이 에어 실린더이며, PLC가 제어하는 부하 중에서 가장 많이 사용되고 있는 것이 에어 실린더이다.

에어 실린더 작동을 위해 PLC가 제어하는 것은 전자밸브의 솔레노이드이며, 전자밸브는 솔레노이드의 개수에 따라 편측 전자밸브와 양측 전자밸브가 있다.

때문에 실린더를 제어하는 전자밸브가 싱글 솔레노이드냐 또는 더블 솔레노이드냐에 따라 제어회로는 완전히 달라지므로 동력회로를 정확히 이해할 필요가 있다.

1 편측 전자밸브에 의한 에어 실린더 제어

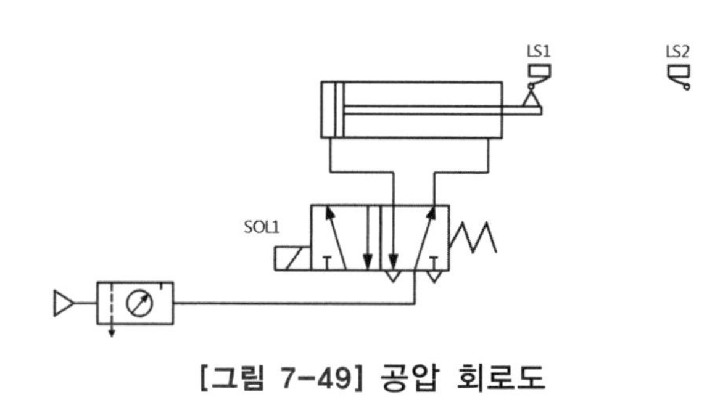

[그림 7-49] 공압 회로도

그림 7-49의 공압 회로도는 5포트 2위치 편측 전자밸브로 복동 실린더를 제어하는 회로도로서 전자밸브의 SOL1이 Off일 때는 공압조정유닛(FRL세트)으로 조정된 공압동력이 전자밸브의 P포트에서 B포트를 지나 복동 실린더의 후진측으로 가해지고 있어 피스톤이 후진상태에 놓여있다.

SOL1을 On시키면 전자밸브가 위치 전환되어 공압동력은 전자밸브의 P포트에서 A포트를 지나 실린더 전진측에 가해지므로 피스톤은 전진운동을 하게 되고, 전진끝단 위치에 도달되면 LS2 센서가 On되어 전진완료 상태임을 확인시켜 준다.

SOL1을 Off하면 전자밸브는 내장된 스프링의 힘으로 원위치되어 공압동력은 P포트에서 B포트를 지나 후진포트에 가해져 피스톤을 후진시키게 되고, 후진완료 되면 LS1 위치검출 센서가 On된다.

이 장치가 그림 7-50에 나타낸 시퀀스 차트대로 동작되도록 PLC 회로를 설계한다.

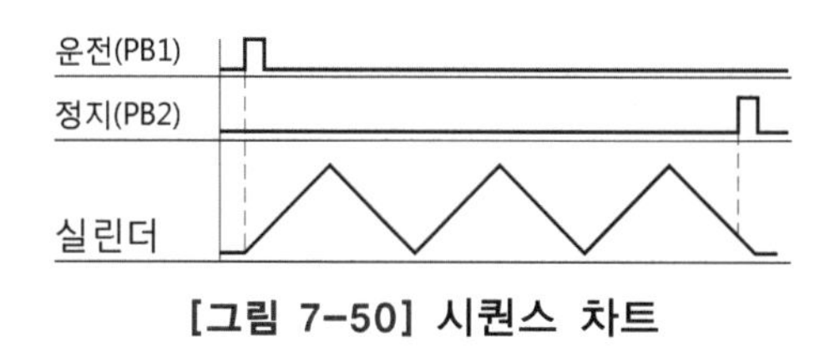

[그림 7-50] 시퀀스 차트

2 입출력 할당

실습을 위해 트레이너에 장착된 PLC 기종을 확인하고 입출력 어드레스를 확인한다.

XGT시리즈의 일체형 모델인 XGB-DR32H는 입력 어드레스가 P000~P00F번지까지 이고, 출력 어드레스가 P020~P02F로 되어 있다.

그림 7-49의 장치 구성도와 그림 7-50의 시퀀스 차트 요구사항을 검토하여 입출력 기기를 결정한 후 할당한 내용이 표 7-8이다.

[표 7-8] 에어 실린더 동작회로도의 입출력 할당표

입력 할당				출력 할당			
번호	입력기기명	문자기호	할당 번호	번호	출력기기명	문자기호	할당 번호
1	후진위치 검출센서	LS1	P001	1	전자밸브	SOL1	P021
2	전진위치 검출센서	LS2	P002				
3	운전 스위치	PB1	P008				
4	정지 스위치	PB2	P009				

3 입출력 배선도 작성

표 7-8의 입출력 할당표를 토대로 입출력 배선도(I/O배선도)를 작성한다.
그림 7-51이 에어 실린더 동작의 입출력 배선도이다.

4 회로 설계 및 프로그램 입력

[순서]

① 바탕화면의 XG5000 아이콘을 클릭하여 실행한다.

② [프로젝트] 메뉴에서 새 프로젝트를 선택하여 대화창의 프로젝트 이름에 에어 실린더 동작회로, CPU시리즈 항에 XGB, CPU 종류 항에 XGB-XBCH, 프로그램 이름 항에 자동회로를 입력한 후 확인을 누른다.

③ 프로젝트 창 안의 변수/설명을 클릭하여 디바이스 보기를 선택한 후 입출력 할당내역을 등록한다.

④ 프로젝트 창에서 자동회로를 클릭한 후 프로그램을 입력한다.

⑤ 보기방식을 변수/디바이스 보기로 선택한다.

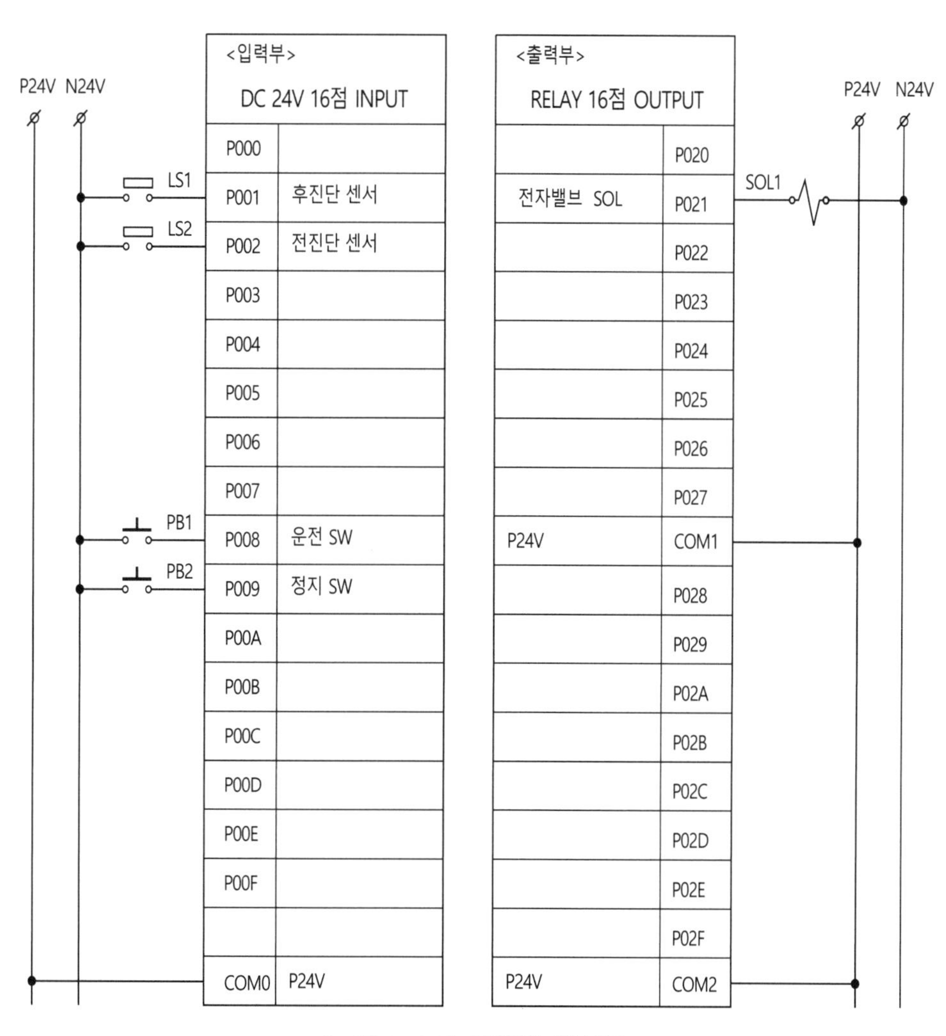

[그림 7-51] 입출력 배선도

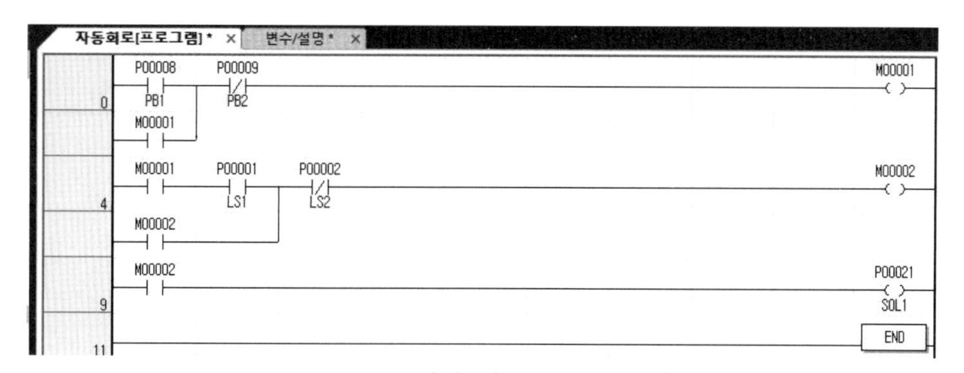

[그림 7-52] 에어 실린더 동작회로(I)

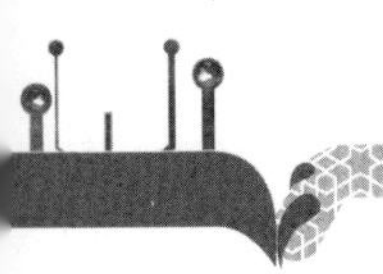

그림 7-52의 회로는 내부 릴레이의 a접점으로 자기유지 시킨 회로 예이고, 그림 7-53의 회로도는 외부 출력접점으로 자기유지 시킨 에어 실린더 동작회로이다.

또한 그림 7-54의 회로는 세트코일과 리셋코일 명령을 사용한 에어 실린더 동작 회로를 나타낸 것이다.

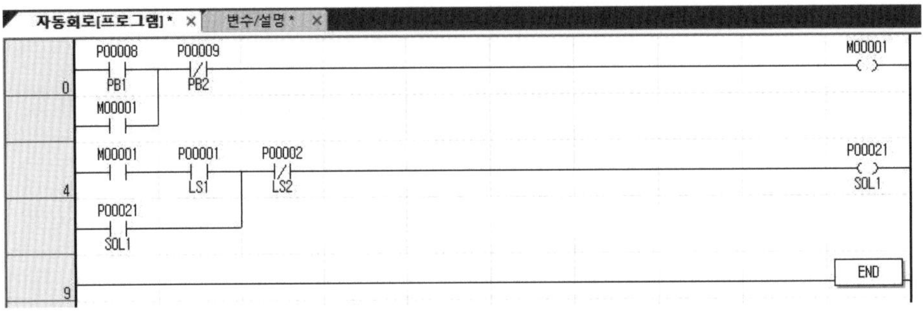

[그림 7-53] 에어 실린더 동작회로(Ⅱ)

[그림 7-54] 에어 실린더 동작회로(Ⅲ)

5 프로그램 쓰기

[순서]

① [온라인] 메뉴의 접속설정에서 통신방식을 설정하고 통신 케이블을 접속시킨 후 [접속]을 클릭하면 온라인 상태가 되며, 쓰기메뉴가 활성화된다.

② 쓰기를 눌러 프로그램을 PLC로 전송한다.

6 입출력 배선

입출력 배선도를 보고 PLC 배선을 실시한다.

① 입력부의 콤먼배선을 한다.(COM0에 P24V)

② 입력기기간 공통배선을 한다.(LS1과 LS2의 COM측과 PB1과 PB2의 좌측 N24V)

③ 입력기기와 입력부간 배선을 한다.(LS1의 NO단자와 P001단자, LS2의 NO단자와 P002단자, PB1의 우측 단자와 P008단자, PB2의 우측 단자와 P009단자)
④ 출력부의 콤먼배선을 한다.(COM1과 COM2에 P24V)
⑤ 출력부와 출력기기간 배선을 한다.(P021단자와 SOL1의 P측 단자)
⑥ 출력기기간 공통배선을 한다.(SOL1 N측 단자에 N24V)

7 시운전과 모니터링

PLC를 운전모드(RUN)로 전환한다.

운전모드로의 전환은 모드 선택스위치로 전환하거나, [온라인] 메뉴의 모드전환 창에서 할 수 있다.

실린더의 피스톤이 후진측에 있는지 확인한 후 PB1을 눌러(On) 실린더가 전진 운동되는지 확인한다.

PB1에서 손을 떼도 실린더의 피스톤이 왕복작동 되는지 확인하고, 정지 스위치 PB2를 누르면 동작을 완료하고 정지되는지 확인한다.

10 에어 실린더의 동작회로 실습(Ⅱ)

그림 7-55의 공압 동력 회로도는 5포트 2위치 양측 전자밸브로 복동 실린더를 제어하는 회로도이다.

SOL1은 실린더 전진용 솔레노이드이고 SOL2는 실린더 후진용 솔레노이드이다.

즉, SOL1을 On시키면 실린더의 피스톤은 전진운동을 하게 되고, SOL2를 On시키면 후진운동을 하게 되는데 이때 반대측 솔레노이드는 Off상태이어야 한다.

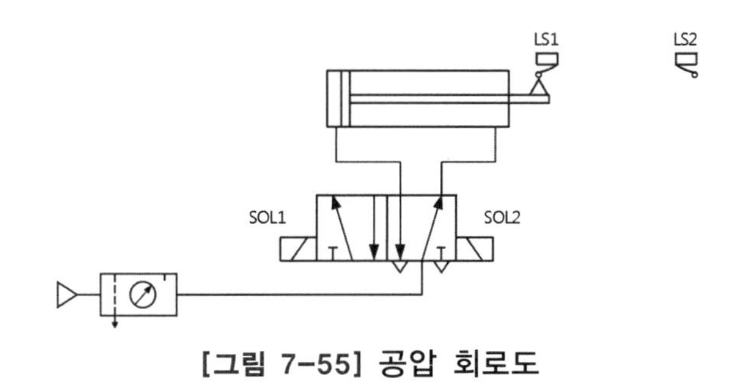

[그림 7-55] 공압 회로도

이 장치가 그림 7-56에 나타낸 시퀀스 차트대로 동작되도록 릴레이로 제어한 회로가 그림 7-57인데 이 회로를 PLC로 제어한다.

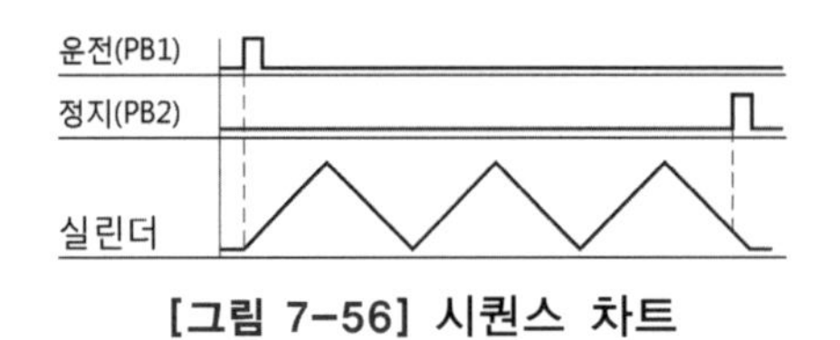

[그림 7-56] 시퀀스 차트

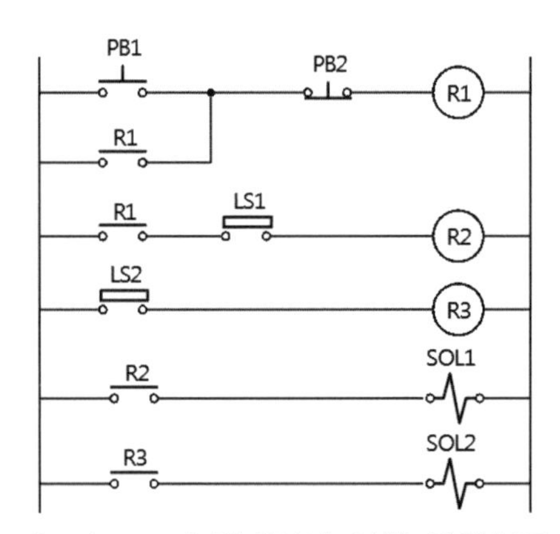

[그림 7-57] 릴레이에 의한 동작회로

1 입출력 할당

실습을 위해 트레이너에 장착된 PLC 기종을 확인하고 입출력 어드레스를 확인한다.

XGT시리즈의 일체형 모델인 XGB-DR32H는 입력 어드레스가 P000~P00F번지까지이고, 출력 어드레스가 P020~P02F로 되어 있다.

그림 7-57회로의 입출력 할당 결과가 표 7-9이다.

[표 7-9] 에어 실린더 동작회로도의 입출력 할당표

입력 할당				출력 할당			
번호	입력기기명	문자기호	할당 번호	번호	출력기기명	문자기호	할당 번호
1	후진위치 검출센서	LS1	P001	1	전자밸브	SOL1	P021
2	전진위치 검출센서	LS2	P002	2	전자밸브	SOL2	P022
3	운전 스위치	PB1	P008				
4	정지 스위치	PB2	P009				

2 입출력 배선도 작성

표 7-9의 입출력 할당표를 토대로 입출력 배선도(I/O배선도)를 작성한다.

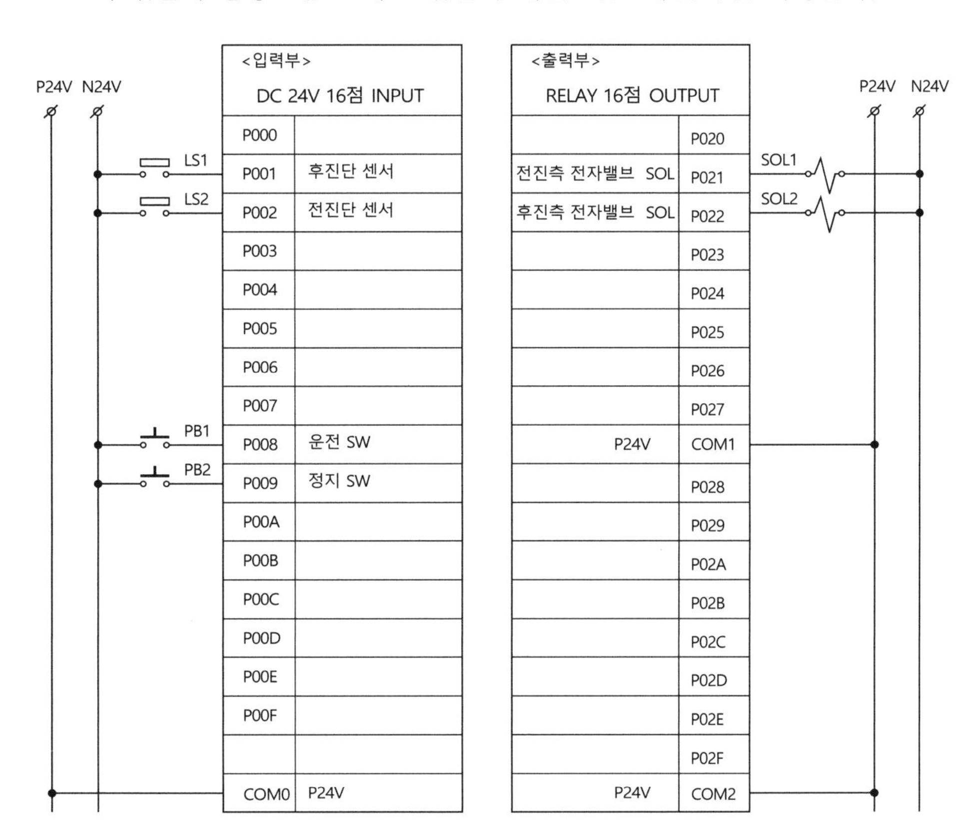

[그림 7-58] 에어 실린더 동작의 입출력 배선도

3 회로 설계 및 프로그램 입력

[순서]

① 바탕화면의 XG5000 아이콘을 클릭하여 실행한다.

② [프로젝트] 메뉴에서 새 프로젝트를 선택하여 대화창의 프로젝트 이름에 에어 실린더 동작회로, CPU시리즈 항에 XGB, CPU 종류 항에 XGB-XBCH, 프로그램 이름 항에 자동회로를 입력한 후 확인을 누른다.

③ 프로젝트 창 안의 변수/설명을 클릭하여 디바이스 보기를 선택한 후 입출력 할당내역을 등록한다.

④ 프로젝트 창에서 자동회로를 클릭한 후 프로그램을 입력한다.

⑤ 보기방식을 모두보기로 선택한다.

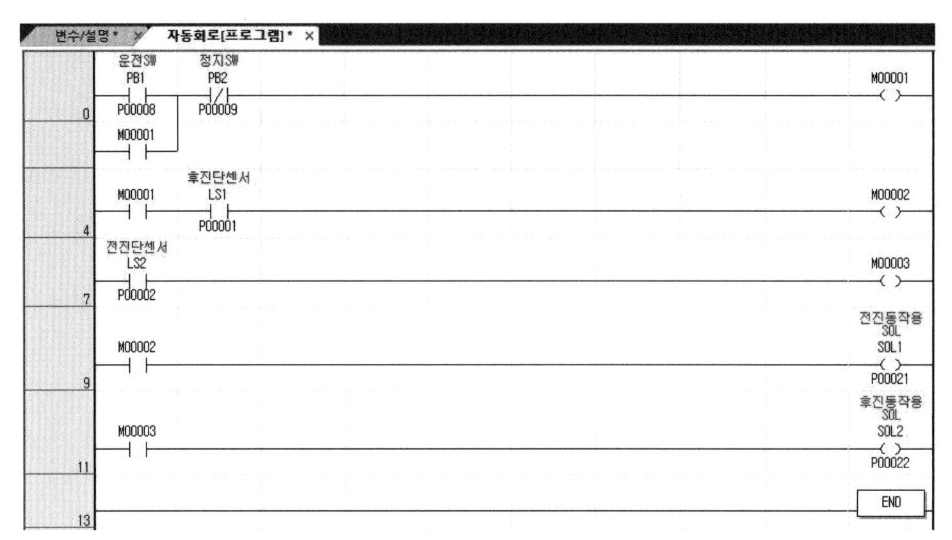

[그림 7-59] 에어 실린더 동작회로 입력화면(I)

4 프로그램 쓰기

[순서]

① [온라인] 메뉴의 접속설정에서 통신방식을 설정하고 통신 케이블을 접속시킨 후 [접속]을 클릭하면 온라인 상태가 되며, 쓰기메뉴가 활성화된다.

② 쓰기를 눌러 프로그램을 PLC로 전송한다.

5 입출력 배선

입출력 배선도를 보고 PLC 배선을 실시한다.

① 입력부의 콤먼배선을 한다.(COM0에 P24V)

② 입력기기간 공통배선을 한다.(LS1과 LS2의 COM측과 PB1과 PB2의 좌측 N24V)

③ 입력기기와 입력부간 배선을 한다.(LS1의 NO단자와 P001단자, LS2의 NO단자와 P002단자, PB1의 우측 단자와 P008단자, PB2의 우측 단자와 P009단자)

④ 출력부의 콤먼배선을 한다.(COM1과 COM2에 P24V)

⑤ 출력부와 출력기기간 배선을 한다.(P021단자와 SOL1의 P측 단자, P022단자와 SOL2의 P측 단자)

⑥ 출력기기간 공통배선을 한다.(SOL1과 SOL2의 N측 단자에 N24V)

6 시운전과 모니터링

PLC를 운전모드(RUN)로 전환한다.

실린더의 피스톤이 후진측에 있는지 확인한 후 PB1을 눌러(On) 실린더가 전진 운동되는지 확인한다.

PB1에서 손을 떼도 실린더의 피스톤이 왕복작동 되는지 확인하고, 정지 스위치 PB2를 누르면 동작을 완료하고 정지되는지 확인한다.

그림 7-59의 회로는 릴레이 회로를 래더로 변경한 회로이다.

양측 전자밸브는 전진동작용 SOL1을 On시킨 후 바로 Off시켜도 반대측 SOL을 On시키지 않으면 계속 동작상태를 유지하므로 동작회로에서 반드시 자기유지시킬 필요는 없다. 이와 같은 이유에서 유접점 회로는 동작유지가 필요 없는 회로에는 배선 수의 증가 때문에 굳이 자기유지를 하지 않는다.

그러나 PLC는 실제로 배선하여 동작유지를 하는 것이 아니라 명령으로 처리하기 때문에 유접점 제어에서와 같이 배선 수의 증가 문제는 발생되지 않으므로 동작의 지속성과 안전의 강화목적으로 자기유지를 거는 경우가 많으며, 상반된 동작의 경우는 인터록을 거는 것이 필수이다.

그림 7-60이 실린더 전후진 동작회로 모두에 자기유지를 시키고, 상호 인터록을 걸은 회로이다.

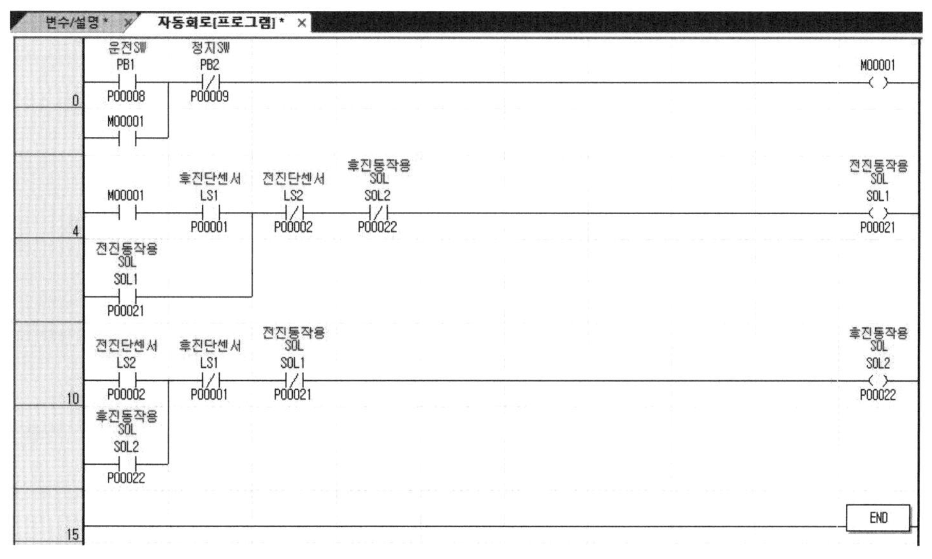

[그림 7-60] 에어 실린더 동작회로 입력화면(Ⅱ)

11 유도전동기의 제어회로 실습

1 제어 조건

3상 유도전동기의 정역제어회로를 설계 실습한다.
정회전 스위치(PB1)를 누르면 정회전하며, 정회전 표시등 PL2가 점등된다.
정지 스위치(PB3)를 누르면 정지되며, 정지 표시등 PL4가 점등된다.
역회전 스위치(PB2)를 누르면 역회전되며, 역회전 표시등 PL3이 점등된다.
운전 중 과부하가 발생되면 열동형 계전기가 작동되어 즉시 정지된다.
이상의 조건에 맞게 설계된 유접점 회로가 그림 7-61이다.

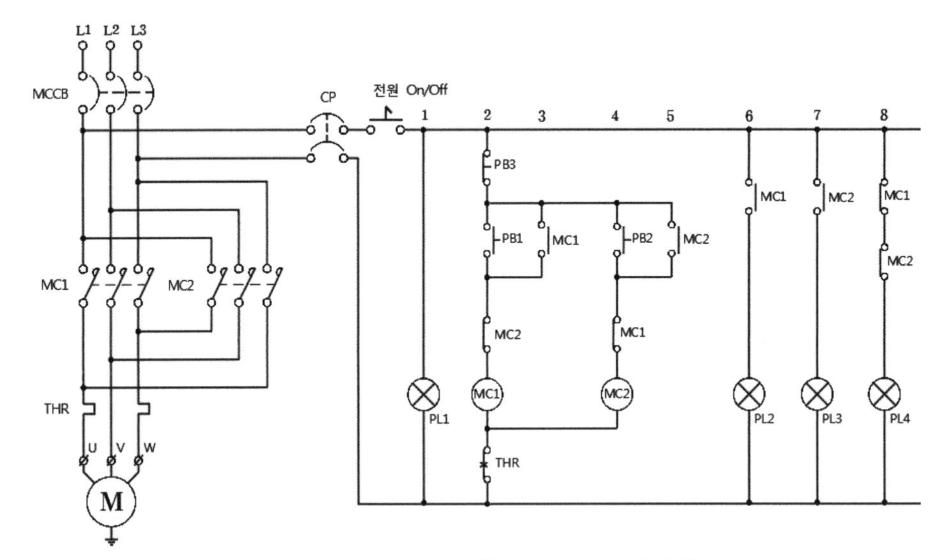

[그림 7-61] 3상 유도전동기의 정역제어회로

2 입출력 할당

실습을 위해 트레이너에 장착된 PLC 기종을 확인하고 입출력 어드레스를 확인한다.

XGT시리즈의 일체형 모델인 XGB-DR32H는 입력 어드레스가 P000~P00F번지까지이고, 출력 어드레스가 P020~P02F로 되어 있다.

제어 조건에 맞춰 입출력을 할당한다. 전동기 제어의 경우는 과전류 보호장치로 열동 계전기나 전자식 보호기를 사용하는데, PLC 제어일 경우는 반드시 입력에 할당을 해야 한다. 그래야만 과전류 트립이 발생되었을 때 프로그램을 리셋시킬 수 있다.

요구사항을 검토하여 입출력기기를 결정한 후 할당한 내용이 표 7-10이다.

[표 7-10] 전동기 정역 제어회로의 입출력 할당표

입력 할당				출력 할당			
번호	입력기기명	문자기호	할당 번호	번호	출력기기명	문자기호	할당 번호
1	정회전 스위치	PB1	P001	1	정회전 MC	MC1	P020
2	역회전 스위치	PB2	P002	2	역회전 MC	MC2	PO21
3	정지 스위치	PB3	P003	3	정회전 표시등	PL2	P028
4	열동형 계전기	THR	P004	4	역회전 표시등	PL3	P029
				5	정지 표시등	PL4	P02A

3 입출력 배선도 작성

표 7-10의 입출력 할당표를 토대로 입출력 배선도(I/O배선도)를 작성한다. 그림 7-62가 3상 유도전동기 정역제어회로의 입출력 배선도이다.

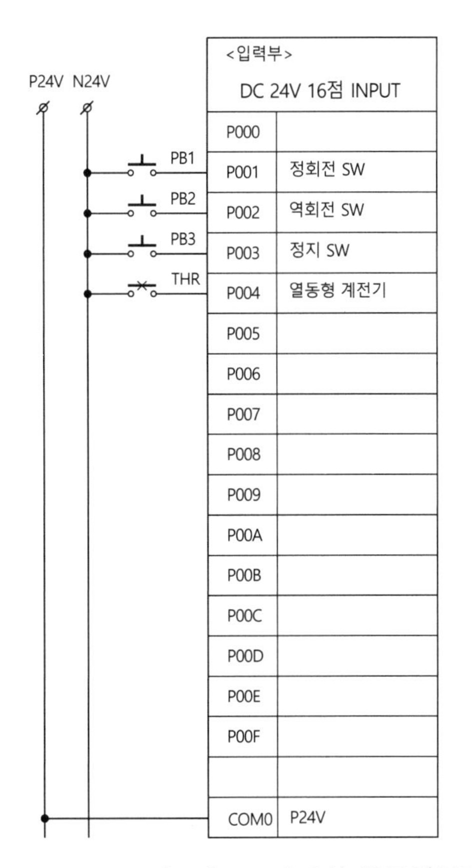

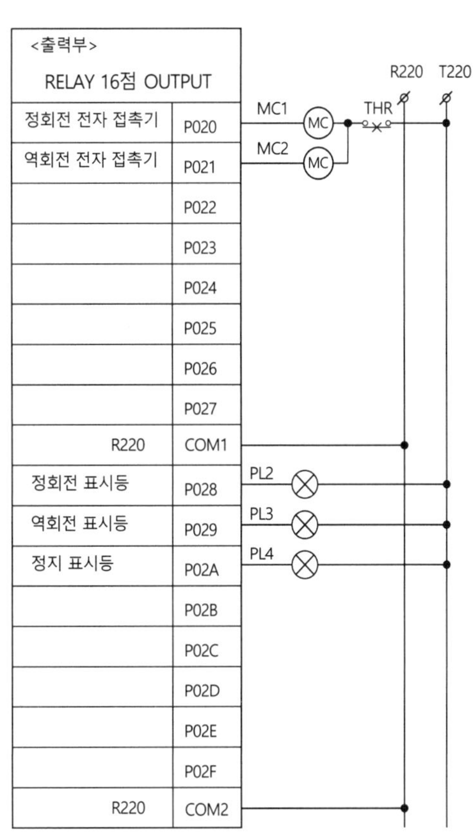

[그림 7-62] 3상 유도전동기의 정역제어의 입출력 배선도

4 회로 설계 및 프로그램 입력

[순서]

① 바탕화면의 XG5000 아이콘을 클릭하여 실행한다.

② [프로젝트] 메뉴에서 새 프로젝트를 선택하여 대화창의 프로젝트 이름에 유도전동기의 정역제어, CPU시리즈 항에 XGB, CPU 종류 항에 XGB-XBCH, 프로그램 이름 항에 자동회로를 입력한 후 확인을 누른다.

③ 프로젝트 창 안의 변수/설명을 클릭하여 디바이스 보기를 선택한 후 입출력 할당내역을 등록한다.

④ 프로젝트 창에서 자동회로를 클릭한 후 프로그램을 입력한다.

⑤ 보기방식을 변수/디바이스 보기로 선택한다.

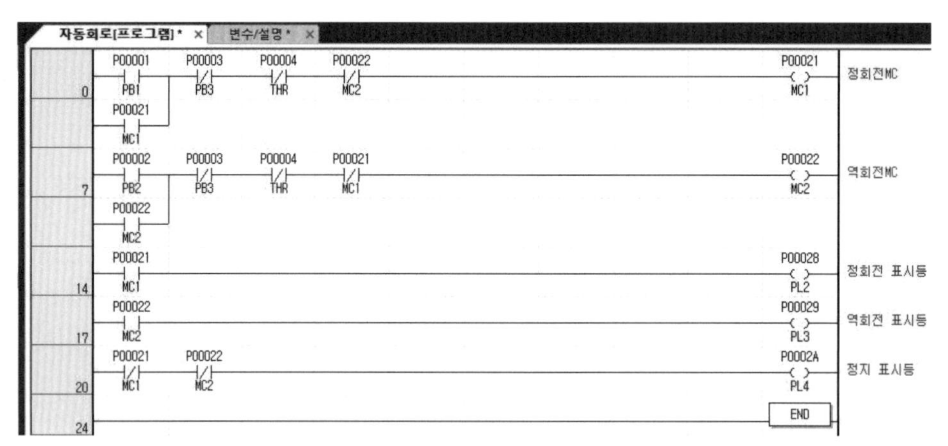

[그림 7-63] 3상 유도전동기의 정역제어회로 입력화면

5 프로그램 쓰기, 배선, 시운전

작성한 회로도를 PLC에 쓰고, 입출력 배선도대로 전기 배선을 실시한 후 시운전을 실시한다.

장비 실습이 불가한 경우는 소프트웨어 시뮬레이션으로 동작내용을 테스트한다.

[순서]

① [도구]메뉴의 시뮬레이터 시작버튼을 누르면 소프트웨어가 가상 PLC를 만들고 쓰기 대화창이 열린다.

② 대화창에서 확인버튼을 누르면 가상 PLC에 쓰기가 진행되고, 완료되면 화면은 모니터 상태가 된다.

③ 화면에서 조작스위치의 위치를 클릭하면 현재값 변경 대화창이 열리게 되며, 이 대화창에서 On/Off 조작을 하면서 출력의 결과를 확인한다.

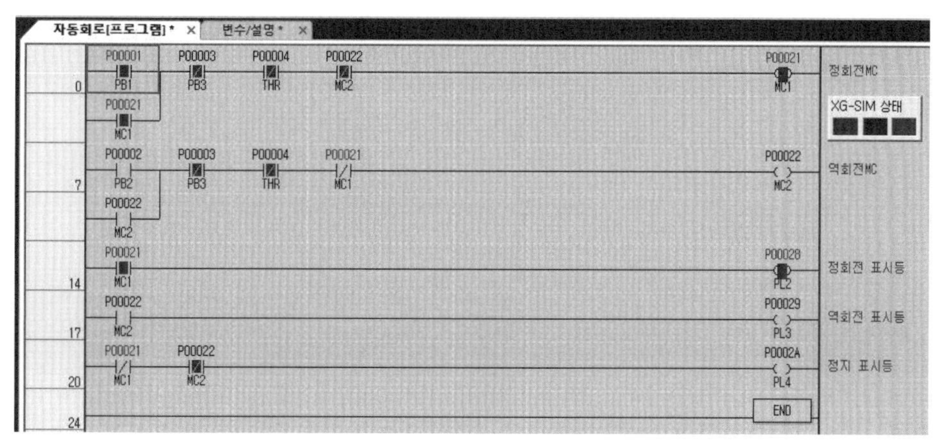

[그림 7-64] 소프트웨어 시뮬레이션 화면

12 전용기의 제어회로 실습(Ⅰ)

자동화 장치나 기계 등은 유공압 실린더나 전동기, 전자 클러치, 전자 브레이크 등 다수의 액추에이터가 정해진 순서에 따라 동작되어 목적을 달성하는 것이다. 이와 같이 미리 정해진 순서에 따라 동작순서의 각 단계를 순차적으로 진행시키는 회로를 통상 시퀀스 회로라고 한다.

전용기의 액추에이터 구성을 보면 적게는 2개에서 부터 수십 개까지 구성되어 동작되지만 회로의 기본은 2~3개의 액추에이터 동작조합으로 되어 있다. 따라서 2~3개 액추에이터의 시퀀스 회로를 능숙하게 설계할 수 있다면 복잡한 회로도 얼마든지 해결할 수 있는 것이다.

1 제어조건 결정하기

전용기의 회로설계 실습을 위해 그림 7-65의 장치 구성도에 나타낸 컨베이어간 이송장치를 설계, 실습하기로 한다.

이 장치의 동작 내용을 요약하면 하단의 컨베이어에 의해 상자가 이송되어 MAG센서가 동작되면 1단계로 실린더 A가 상승하여 상자를 들어올린다. 이어서 2단계로 실린더 B가 전진하여 상단의 컨베이어로 상자를 밀어 넣는다. 3단계로 실린더 A가 하강하며, 4단계로 실린더 B가 후진하여 1사이클이 종료된다.

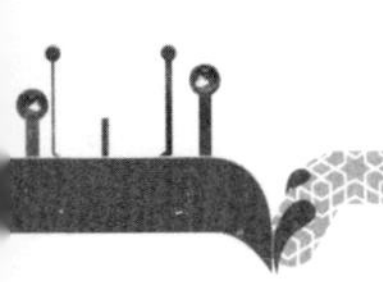

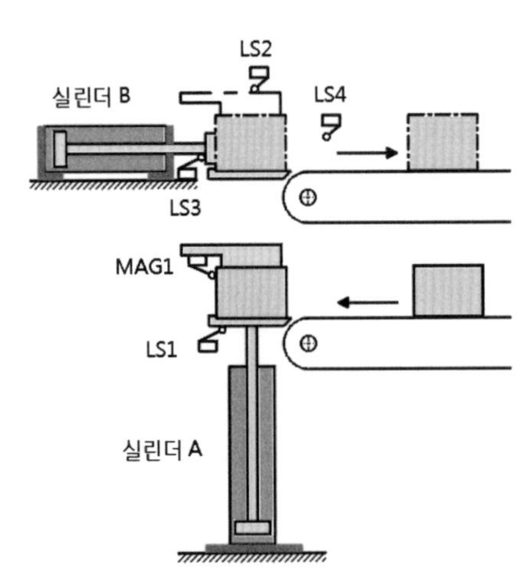

[그림 7-65] 컨베이어간 이송장치

이상의 동작 순서를 공정도로 작성하면 그림 7-66의 시퀀스 차트와 같다.

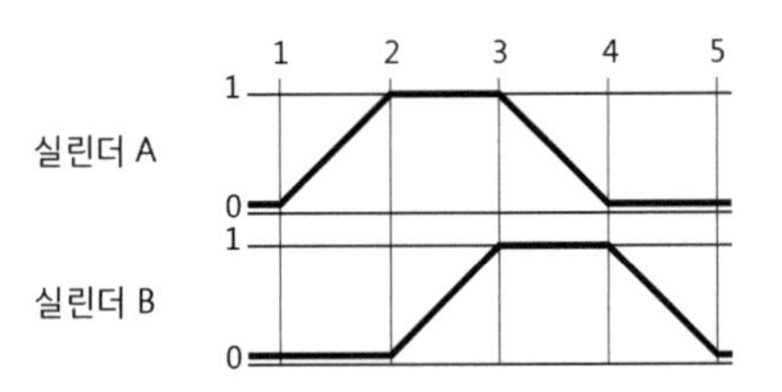

[그림 7-66] 컨베이어간 이송장치의 시퀀스 차트

그리고 컨베이어간 이송장치의 운전조건을 포함한 이상 발생시 비상정지 기능 등의 작업 보조 조건은 다음과 같이 요약된다.

① 운전 스위치를 On시키면 정지 스위치를 On시킬 때까지 운전을 반복해야 한다.

② 운전 중에는 운전 상태를 나타내는 운전 표시등이 점등되어야 한다.

③ 수동운전 모드에서 A와 B실린더는 각각의 수동조작 스위치에 의해 개별동작이 가능해야 한다. 당연히 자동운전 모드나 비상정지 상태에서는 수동운전이 되어서는 안 된다.

④ 비상정지 기능이 포함되어야 한다. 동작 중에 비상정지 스위치가 On되면 실린더 B가 먼저 복귀하고 1초 경과 후에 실린더 A가 복귀되어야 한다.
또한 비상상황을 알리는 비상 표시등이 1초 On, 1초 Off 주기로 점멸되어야 하고, 비상정지 스위치가 Off되면 소등되어야 한다.

2 동력회로 설계

동력회로가 없는 제어회로는 설계가 불가능할 뿐더러 해독도 불가능하다.

그림 7-65의 장치 구성도로 보아 실린더 A는 제품을 들어 올리는 리프터 실린더이므로 동작 중에 정전이 발생되더라도 복귀되어서는 안 된다. 때문에 실린더 A를 구동하는 전자밸브 형식은 반드시 양측 전자밸브이어야 하고, 실린더 B는 행정길이가 짧고 동작 중에 문제가 발생되면 복귀하는 쪽이 안전하다고 판단되어 그림 7-67과 같이 편측 전자밸브로 결정한다.

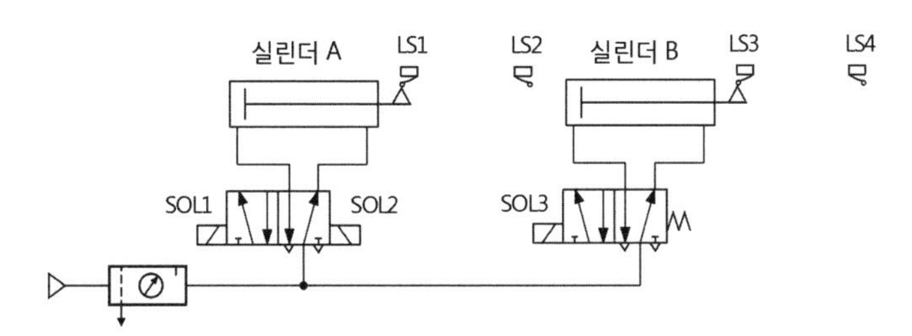

[그림 7-67] 컨베이어간 이송장치의 공압회로 구성도

3 입출력 할당표 작성

컨베이어간 이송장치의 동력 회로도와 제어조건을 요약하여 입력기기를 정리해보면, 다음과 같다.

(1) 조작반에서 명령입력용 기기

① 수동/자동 운전모드 선택 스위치 SS1
② 운전 스위치 PB1
③ 정지 스위치 PB2
④ 비상정지 스위치 ES1
⑤ A실린더 전진용 수동조작 스위치 TG1
⑥ A실린더 후진용 수동조작 스위치 TG2
⑦ B실린더 전·후진용 수동조작 스위치 TG3

(2) 기계장치에 장착되어 있는 검출용 기기

① 매거진 부품 유무 검출 센서 MAG1
② A실린더 후진끝단 위치 검출센서 LS1
③ A실린더 전진끝단 위치 검출센서 LS2

④ B실린더 후진끝단 위치 검출센서 LS3
⑤ B실린더 전진끝단 위치 검출센서 LS4

(3) 출력기기 – 부하 구동기기

① A실린더 전진용 전자밸브 SOL1
② A실린더 후진용 전자밸브 SOL2
③ B실린더 전후진용 전자밸브 SOL3

(4) 조작부에 설치되는 표시기기

① 운전상태 표시램프 PL1
② 비상정지 표시램프 PL2

[표 7-11] 컨베이어간 이송장치 입출력 할당표

입력 할당				출력 할당			
번호	입력기기명	문자기호	할당 번호	번호	출력기기명	문자기호	할당 번호
1	수동/자동 운전모드 선택 스위치	SS1	P008	1	A실린더 전진용 전자밸브	SOL1	P021
2	운전 스위치	PB1	P009	2	A실린더 후진용 전자밸브	SOL2	P022
3	정지 스위치	PB2	P00A	3	B실린더 전후진용 전자밸브	SOL3	P023
4	비상정지 스위치	ES1	P00B	4	운전 표시등	PL1	P028
5	A실린더 전진용 수동조작 스위치	TG1	P00C	5	비상 표시등	PL2	P029
6	A실린더 후진용 수동조작 스위치	TG2	P00D				
7	B실린더 전·후진용 수동조작 스위치	TG3	P00E				
8	매거진 센서	MAG1	P000				
9	A실린더 후진끝단 위치 검출센서	LS1	P001				
10	A실린더 전진끝단 위치 검출센서	LS2	P002				
11	B실린더 후진끝단 위치 검출센서	LS3	P003				
12	B실린더 전진끝단 위치 검출센서	LS4	P004				

이상의 내용을 정리하여 입출력 할당을 실시하면 표 7-11과 같다.

할당 순서를 요약하면 조작반용 기기와 기계장치에 설치되는 기기를 루트배선이 용이하도록 블록으로 분리하여 할당하였다. 또한 기기의 번호와 어드레스 번호를 같게 하여 운전자나 보전자가 기억하기 쉽게 할당하였고 중간에 어드레스를 비워둔 것은 입출력 접점 고장시 손쉽게 대처하도록 배려한 것이다.

4 입출력 배선도 작성

입출력 할당표를 근거로 입출력 배선도를 작성한다.

작성된 컨베이어간 이송장치의 입출력 배선도는 그림 7-68과 같다.

5 제어회로 설계

자동기계를 작동시키는 제어회로를 설계할 때는 기본적으로 모두 동작신호와 복귀신호를 고려하여 그들 신호에 각종 조건을 추가함으로써 이루어진다. 또한 다음에 열거한 항목을 포함하여 설계하려는 자동기계 독자적인 특성을 면밀히 검토하여야 한다.

① 잘못된 조작을 해도 작업자에게 위험이나 재해가 미치지 않는지, 또한 기계나 장치가 파손되지는 않는지?
② 고장이나 불의의 사고가 발생해도 안전측으로 작동하는지?
③ 정전시나 복전시의 동작상태는 어떻게 되는지?
④ 수동조작의 필요성과 그 시기는?
⑤ 제어용 기기에 여유가 있는지?
⑥ 시스템 이상시에 대처할 수 있는 방법은 무엇인지?
⑦ 반복제어의 경우에 일상정지와 비상정지 등의 기능은 필요한지?
⑧ 고장, 보수 등의 경우에 부분정지가 필요한지?
⑨ 보수, 점검이 용이하도록 회로구성이 되어 있는지?

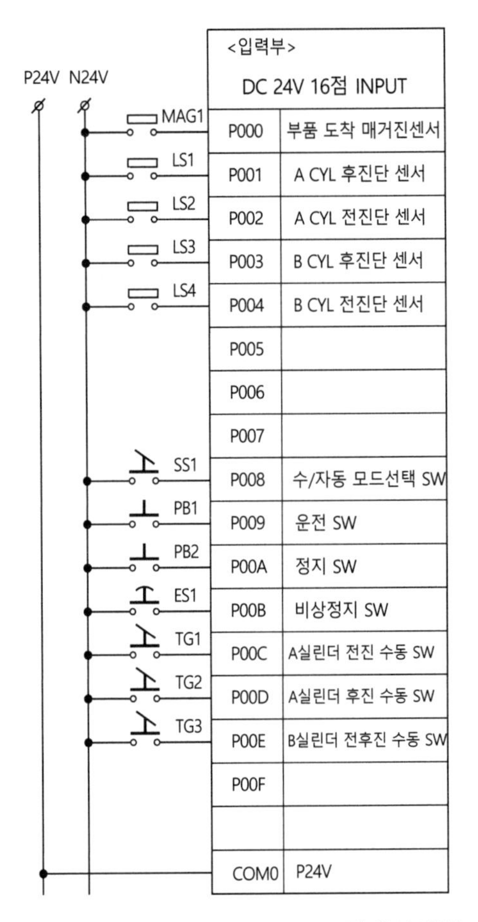

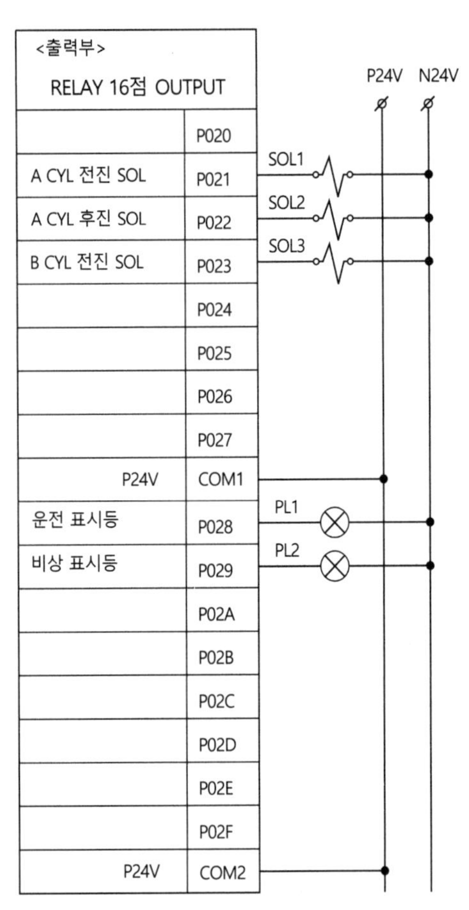

[그림 7-68] 컨베이어간 이송장치의 입출력 배선도

그러나 이상의 항목에 입각하여 충분한 회로를 설계하였다고 검토해도 실제로 제어 회로를 기계에 접속해서 운전하다 보면 의도대로 동작되지 않는 경우도 발생하고, 실제로 운전하는 과정에서 변경해야 할 문제점이 나타나는 것이 시퀀스 제어이다.

PLC 회로설계는 설계자마다 나름대로의 독창성을 가지고 계획된 설계법으로 회로를 설계하지만 설계순서나 패턴은 매우 유사하다.

즉, 회로의 설계순서는 먼저 자동 1사이클 회로를 설계한 다음 필요한 작업조건을 하나씩 추가하여 전체 회로를 완성해 가는 것이 일반적이다.

(1) 1스텝 회로설계

첫 번째 동작인 실린더 A의 전진회로는 운전신호가 On되고, 두 개의 실린더가 정상위치, 즉 후진상태에 있어야 하고 부품상자가 도착했다는 센서 MAG1이 On되어야만 하므로 회로 7-69와 같이 설계할 수 있다.

1열과 2열은 운전-정지 회로이고, 3열은 A실린더 전진 동작회로로 운전신호 M000, 상자도착 센서신호 MAG1, A실린더 후진신호 LS1, B실린더 후진신호 LS3을 AND 접속하여 내부릴레이 M001을 세트시키고 5열에서 a접점으로 SOL1을 On시키도록 한 것이다.

4열의 자기유지 회로는 솔레노이드 밸브가 양측형이므로 반드시 자기유지 회로로 할 필요는 없으나 A실린더가 리프터용이고 PLC는 실제 배선하는 것이 아니기 때문에 동작유지 시킨 것이다.

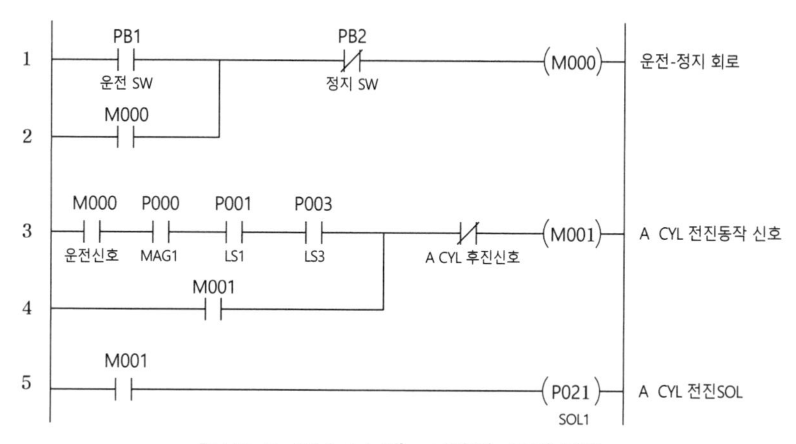

[그림 7-69] 1스텝, A전진 동작회로

(2) 2스텝 회로설계

운동의 두 번째 스텝인 B실린더 전진 동작회로를 설계하기 위해 동작조건을 요약해 보면 첫 단계인 A실린더가 전진완료 한 신호 LS2와 B실린더가 후진상태에 있다는 신호 LS3, 그리고 외부 센서 신호만을 이용하여 동작조건을 구성할 때 센서의 오동작에 의해 첫 스텝 동작이 진행하지 않았음에도 불구하고 두 번째 스텝 동작이 진행할 수 있으므로, 이 오동작의 방지를 위해 두 번째 이후 단계부터는 전단계 동작신호로 이용한 내부 릴레이 신호를 동작조건으로 하면 안정적이다.

따라서 B실린더 전진동작을 위한 신호는 LS2, LS3, M001이 모두 On될 때에만 이루어져야 하므로 그림 7-70의 회로와 같이 된다.

다만 전단계 동작신호 M001에는 P003의 신호가 포함되어 있으므로 P003을 넣지 않아도 동작의 신뢰도에는 영향이 없다, 2열의 자기유지 회로는 B실린더 제어용 전자밸브가 편측이기 때문에 반드시 자기유지 시켜야 한다.

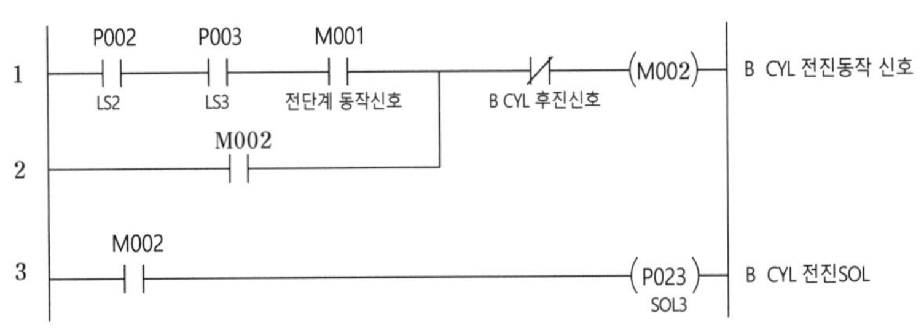

[그림 7-70] 2스텝, B전진 동작회로

(3) 3스텝 회로설계

세 번째 운동스텝인 A실린더 후진동작을 위한 조건은 2번째 스텝인 B실린더가 동작완료 했다는 신호 LS4와 A실린더는 전진상태에 있다는 신호 LS2, 그리고 전단계 동작 내부릴레이 신호 M002가 모두 AND조건이어야 하므로 그림 7-71의 회로와 같게 된다.

다만 여기서 고려해야 할 내용으로 A실린더 구동용 전자밸브는 양측형이기 때문에 전진 신호용의 SOL1이 첫 단계에서 세트되어 동작되고 있으므로 후진 신호용의 SOL2에 동작신호를 주어도 신호가 중복되어 동작되지 못하며, 이 상태가 오랫동안 진행되면 솔레노이드 코일이 소손된다. 그러므로 먼저 SOL1의 동작신호인 M001코일을 복귀시켜야 하므로, 그림 7-69의 3열 회로에서 A실린더 후진신호는 M003이 된다.

여기서도 전단계 동작신호 M002에는 P002의 신호가 포함되어 있으므로 P002를 넣지 않아도 동작의 신뢰도에는 영향이 없다. 또한 2열의 자기유지 회로도 A실린더 제어용 전자밸브가 양측형이고 후진동작 신호이므로 반드시 자기유지를 걸 필요는 없다.

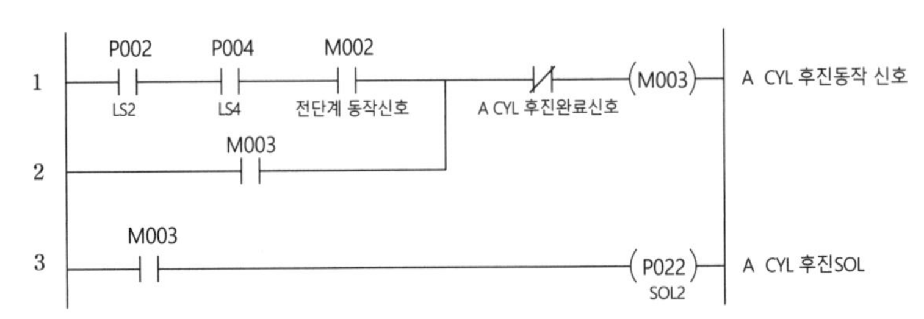

[그림 7-71] 3스텝, A후진 동작회로

(4) 4스텝 회로설계

네 번째 운동스텝인 B실린더 후진동작을 위한 조건은 3번째 스텝이 이행 완료했다는 신호 LS1과 B실린더는 전진상태에 있다는 신호 LS4, 전단계 동작의 내부릴레이 신호 M003이 모두 ON이어야 하므로 그림 7-72의 회로와 같이 된다.

따라서 M004의 신호로 B실린더를 복귀시켜야 하므로 그림 7-70의 회로 1열의 B실린더 후진신호가 M004가 되는 것이다.

2열의 자기유지 회로는 자동 1사이클 동작만을 고려한다면 필요 없으나 작업 보조 조건을 설계하기 위해 구성시킨 것이다.

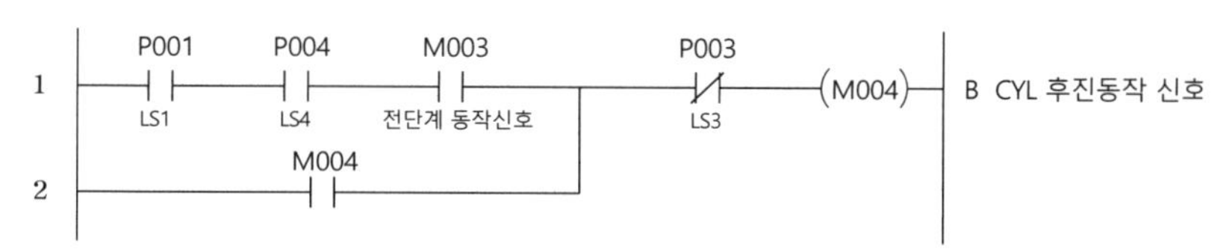

[그림 7-72] 4스텝, B후진 동작회로

(5) 운전 표시등 회로설계

운전 표시등 회로는 그림 7-73에 나타낸 것과 같이 운동의 첫 번째 스텝신호로 On 시키고 출력의 접점으로 자기유지를 시켰다. 운전 표시등의 Off는 마지막 스텝이 이행 완료 후에 이루어져야 하므로 마지막 스텝 신호 M004와 마지막 스텝 동작완료 센서신호 LS3을 AND로 하여 내부릴레이를 세트시킨 후 b접점으로 Off시킨 것이다.

다만 3열의 운전 표시등 Off회로는 동작회로 M004 앞에 있을 때만 1스캔 On되므로 프로그램 위치가 중요하다.

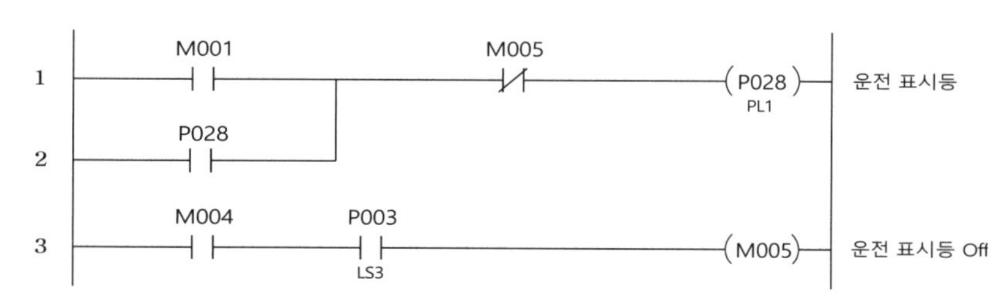

[그림 7-73] 운전 표시등 회로

(6) 수동운전 회로설계

수동운전은 기계설비의 조정이나 청소, 부분작업 등을 목적으로 자동운전과 별개로 운전자가 임의로 특정의 액추에이터를 개별 운전하는 기능을 말한다.

수동운전 중에는 어떤 경우라도 자동운전이 이루어져서는 안되고 또한 자동운전 중에도 수동운전이 되어서는 안된다.

다만 비상정지 상태에서의 수동운전 가능 여부는 기계설비의 상황에 따라서 허용되는 경우도 있고 허용되지 않는 경우도 있으므로 기계설비의 동작특성을 정확히 판단할 뿐만 아니라 운전자나 보전자의 협의도 필요하다.

수동운전 회로의 설계는 운전모드의 선택으로 자동운전을 금지시키고 PLC의 외부 출력 회로에서 자동 동작회로에 수동 동작회로를 병렬로 구성하는 것이 일반적이며, 수동조작 스위치로는 토글 스위치가 주로 사용된다.

그림 7-74가 수동운전 회로가 추가된 회로로 먼저 1열에서 자동운전 모드 스위치로 내부릴레이 M100을 세트시킨 후 2열에서 공통직렬접속 명령으로 자동운전 동작회로 구간을 묶어 수동운전과 인터록을 걸었고, 외부 출력 회로 5, 7, 9열에 수동운전 회로를 추가시킨 것이다.

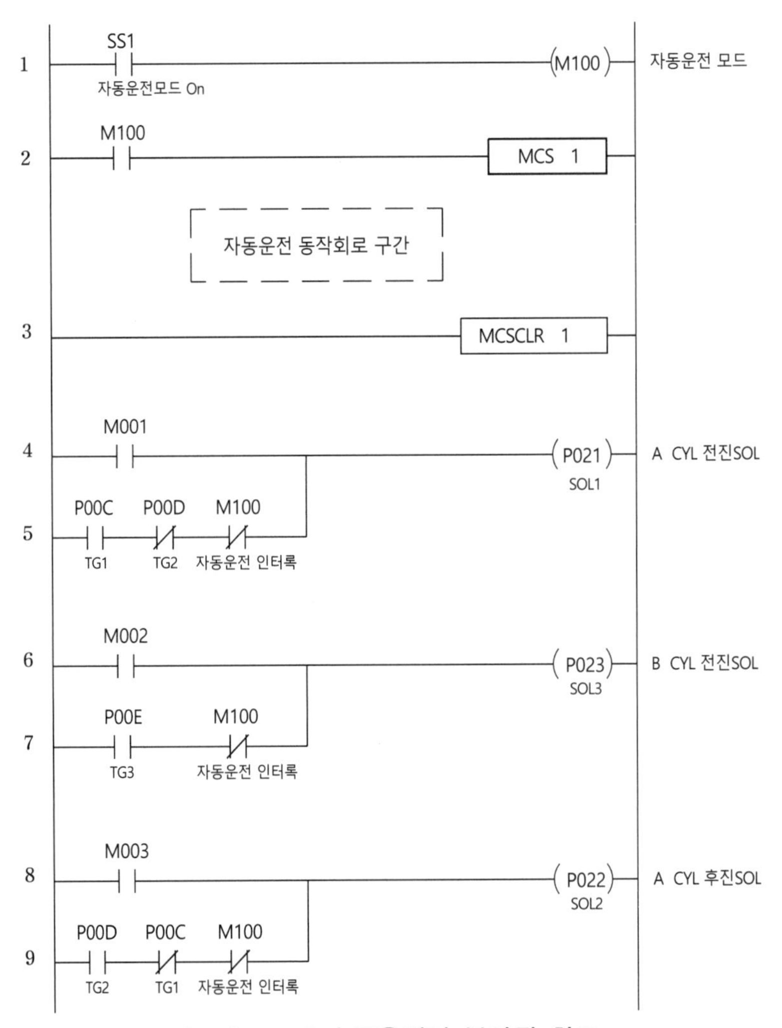

[그림 7-74] 수동운전이 부가된 회로

(7) 비상정지 회로설계

비상정지란 기계설비가 가동 중에 예기치 않은 위험이 발생되었을 때 기계설비나 사람을 보호할 목적으로 강제정지 시키는 기능을 말한다.

강제정지의 형태는 즉시 정지하거나 또는 즉시 복귀하거나 순서 복귀하는 경우 등 다양한 형태로 나타나며, 유공압 실린더의 경우에 즉시 정지하려면 전자밸브가 3위치 형식을 사용하거나 비상정지용 밸브를 추가하지 않으면 안된다.

또한 비상정지 상태에서는 설비 담당자는 물론 주변 사람들도 상황을 알 수 있도록 표시 경보장치를 작동시키는 것이 원칙이다.

컨베이어간 이송장치의 제어조건에서는 동작 중에 비상정지 스위치가 On되면 실린더 B가 먼저 복귀하고 1초 경과 후에 실린더 A가 복귀되어야 하고, 비상상황을 알리는 비상 표시등이 1초 On, 1초 Off 주기로 점멸되어야 하고, 비상정지 스위치가 Off되면 소등되어야 한다는 조건이었으며, 이에 맞게 설계된 회로가 7-75이다.

비상정지 기능도 어떤 작업 공정 중에도 정지시키기 위해 공통직렬접속 명령으로 자동운전 동작회로를 Off시키고 출력회로 구간에서 기능을 실현하는 방식이 일반적이다.

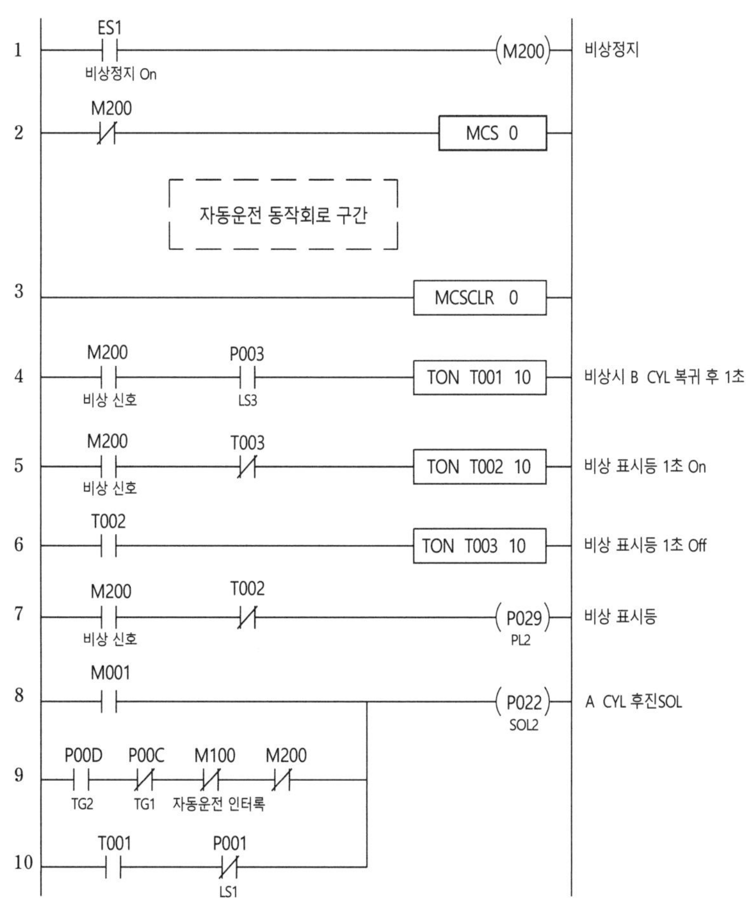

[그림 7-75] 비상정지 기능이 부가된 회로

회로설계 원리는 1열의 비상정지 스위치가 On되면 자동운전 동작회로 구간 전체가 MCS 명령으로 Off된다. 그 결과 편측 전자밸브로 구동되는 B실린더는 즉시 복귀하게 되고 B실린더가 복귀완료 되면 LS3이 On되어 4열의 타이머 T001이 동작된다.

T001의 설정시간 1초가 경과되면 타임업 되어 10열의 a접점을 닫아 A실린더 후진동

작용 SOL2를 On시켜 A실린더를 복귀시키게 된다. b접점의 LS1은 비상동작이 완료되었을 때 SOL2에 흐르는 전류를 차단하기 위한 것이며, 비상표시등 회로는 7열이고 플리커 동작은 5열과 6열의 회로이다.

그림 7-76과 7-77이 최종 완성된 컨베이어간 이송장치의 제어회로이다.

6 프로그램 쓰기, 배선, 시운전

XG5000을 열고 프로그램을 작성한 후 작성한 회로도를 PLC에 쓰고, 입출력 배선도대로 전기 배선을 실시한 후 시운전을 실시한다.

① 수동운전 기능을 테스트한다.
수동/자동 모드 선택 스위치 SS1을 수동운전모드(Off위치)에 놓고 수동조작 스위치 TG1, TG2, TG3을 각각 조작하여 실린더가 개별운전되는지 확인한다.
이때 운전 스위치 PB1을 눌러 자동운전 인터록이 걸려있는지도 확인한다.

② 운전모드를 자동운전 모드(SS1 On위치)에 놓은 상태에서 두개의 실린더가 후진상태에 있는지 확인한 후 매거진 센서 MAG1을 설정하여 On시킨 후 운전 스위치 PB1을 눌러 실린더가 동작순서에 맞게 운동하는지 확인한다.
이때 운전 표시등 PL1이 점등되는지도 확인한다.

③ 동작 중에 정지 스위치 PB2를 누르면 작업 중인 사이클을 종료하고 정지되는지 확인한다.
이때 B실린더가 후진끝단에 정지할 때 운전 표시등 PL1이 소등되는지도 확인한다.

④ A, B실린더가 전진상태에 있을 때 비상정지 스위치 ES1을 눌러 비상정지 조건이 정상적으로 작동되는지 확인한다.
즉, B실린더가 즉시 복귀되고 1초 경과 후에 A실린더가 복귀되어야 하며, 비상 표시등 PL2가 1초 주기로 점멸작동 되는지 확인한다.
이때 운전 표시등 PL1은 소등되었는지도 확인한다.

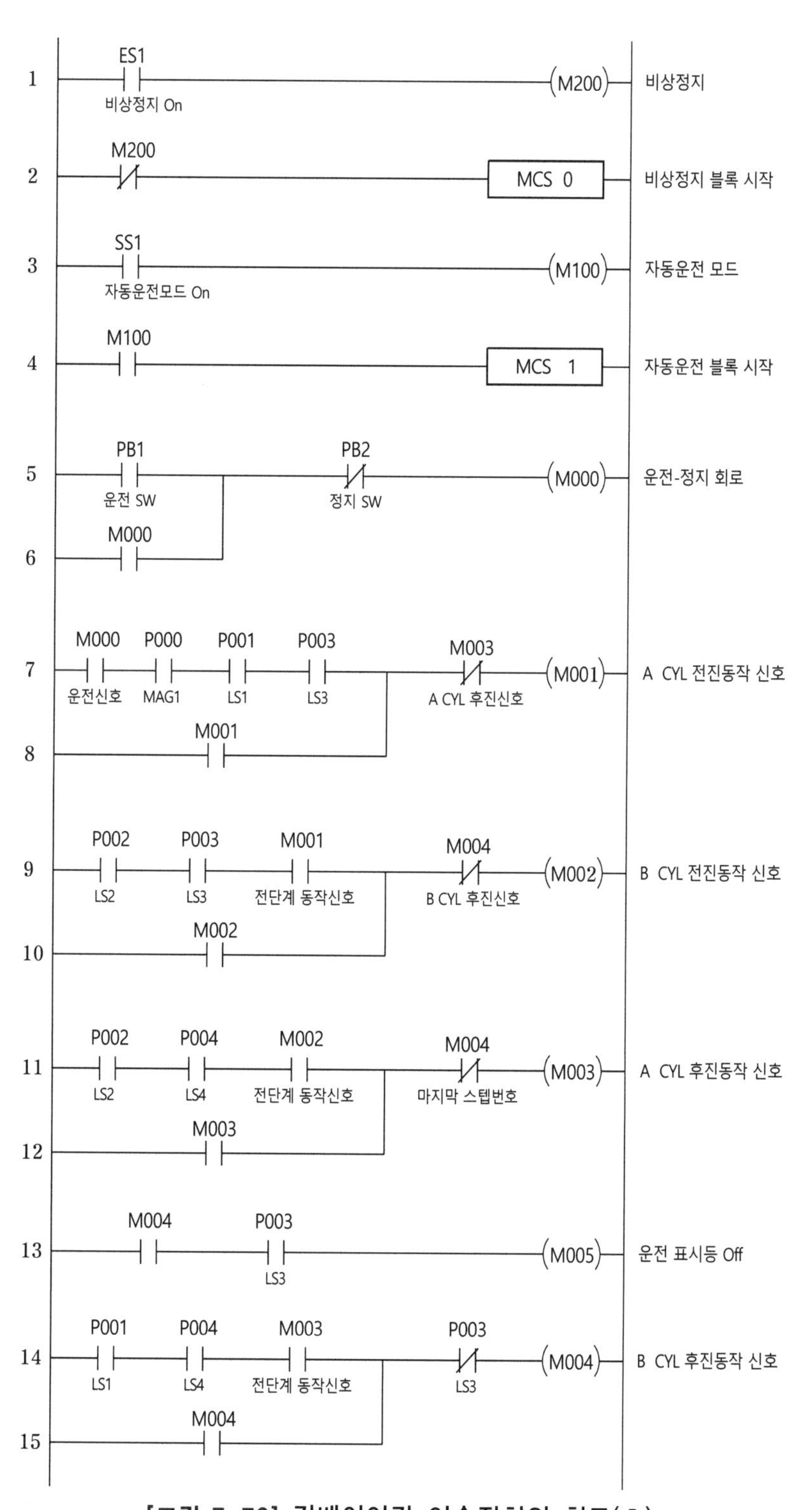

[그림 7-76] 컨베이어간 이송장치의 회로(I)

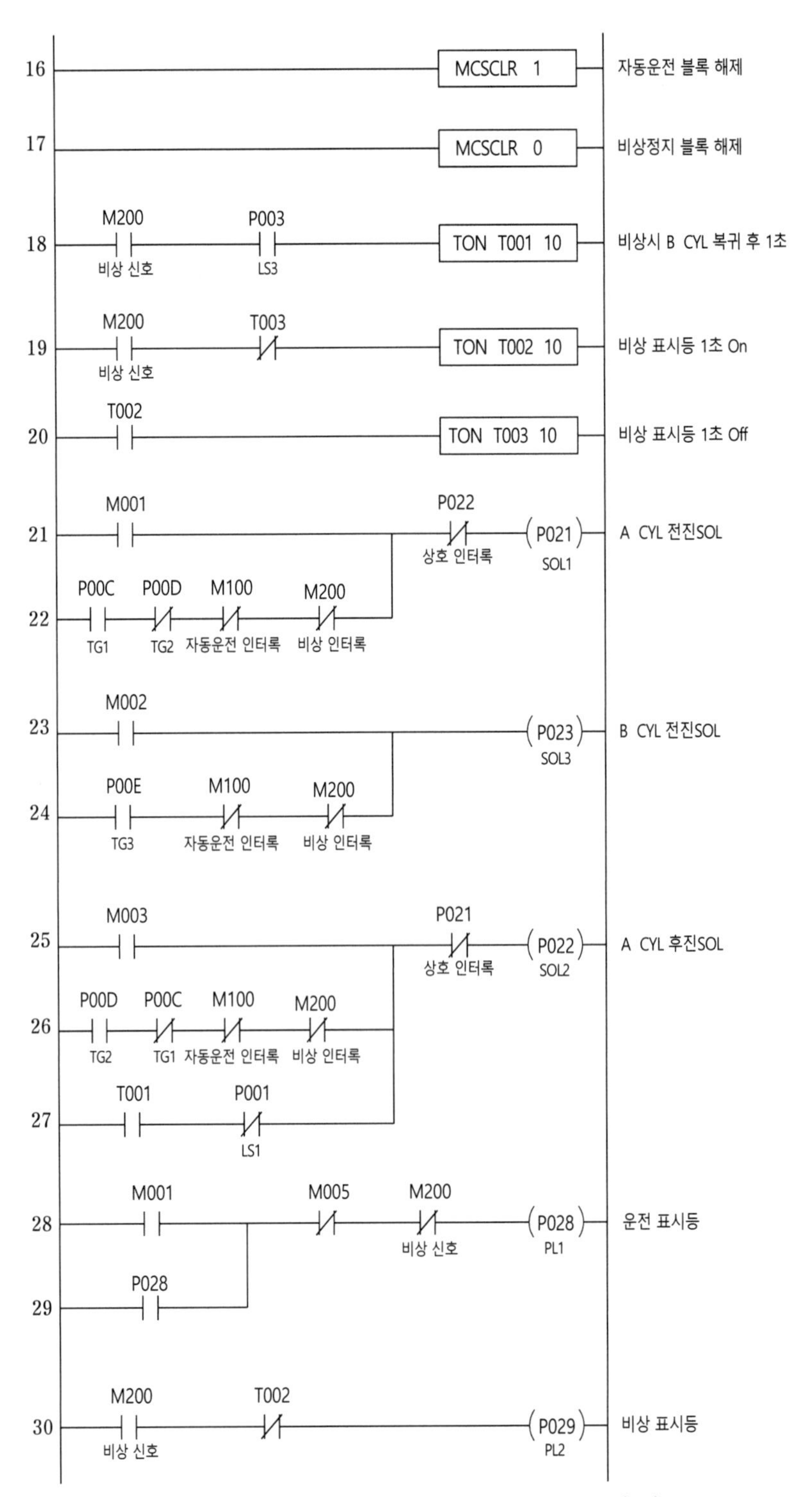

[그림 7-77] 컨베이어간 이송장치의 회로(Ⅱ)

7 순차제어 명령을 이용한 회로설계

PLC는 주 사용 목적이 범용 시퀀스 제어장치이기 때문에 순차작동 제어를 능률적이고 쉽게 처리할 수 있는 순차제어 명령을 포함하고 있다.

순차제어 명령은 앞서 명령어 문법에서 설명한 바와 같이 다음의 기능을 문법적으로 처리하고 있어서 순차제어 회로설계가 용이하면서 동작의 신뢰도가 높다고 할 수 있다.

① 동일 조 내에서 바로 이전의 스텝 번호가 On된 상태에서 현재 스텝번호의 입력조건이 On되면 현재 스텝번호의 출력을 On상태로 유지한다.
② 입력조건이 Off되어도 다음 스텝의 입력조건이 On되기 전까지 출력을 유지한다.
③ 같은 조 내 입력조건이 동시에 On되더라도 이전 스텝번호의 출력이 Off상태였다면 출력을 On시키지 않으며, 한 조 내에서는 반드시 한 스텝 번호만을 On시킨다.
④ SET Syyy.00스텝의 입력조건을 On시킴으로써 해당 조의 사이클을 종료시키며, 최종 스텝의 출력접점이 On되기 전이라도 SET Syyy.00스텝의 조건이 On되면 해당 조의 모든 출력을 Off상태로 리셋시킨다.
⑤ 초기 RUN시 Syyy.00은 On되어 있다.

즉 순차제어 명령에는 자기유지 기능과 보증의 인터록, 보호의 인터록 기능이 포함되어 있어 동작순서가 정해져 있는 컨베이어 장치나 액추에이터 순차 동작회로에 적합한 명령이다.

컨베이어간 이송장치의 회로를 순차제어 명령을 이용하여 설계하기로 한다.

(1) 1스텝 회로설계

첫 번째 동작인 실린더 A의 전진회로는 운전신호가 On되고, 두 개의 실린더가 정상위치인 후진상태에 있어야 하고 상자가 도착했다는 센서 MAG1이 On되어야만 하므로 다음 회로 7-78과 같이 설계할 수 있다.

1열과 2열은 운전-정지 회로이고, 3열은 A실린더 전진 동작회로로, 운전신호 M000, 상자도착 센서신호 MAG1, A실린더 후진신호 LS1, B실린더 후진신호 LS3을 AND 접속하여 순차제어 명령 SET S01조의 01번 스텝을 세트시킨 후 그 접점으로 4열에서 SOL1을 On시키도록 한 것이다.

순차제어 명령의 조 번호는 기계 또는 공정을 의미하므로 임의로 사용해도 무방하나 스텝번호는 반드시 1번 스텝부터 사용하여야 한다.

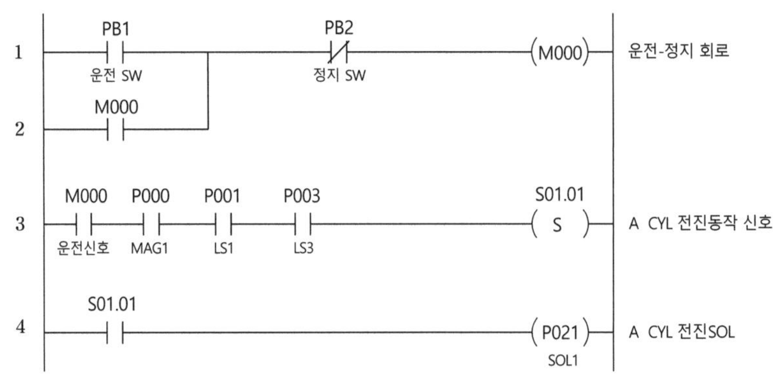

[그림 7-78] 1스텝, A전진 동작회로

(2) 2스텝 회로설계

운동의 두 번째 스텝인 B실린더 전진 동작회로를 설계하기 위해 동작조건을 요약해 보면 첫 번째 스텝의 A실린더가 전진완료 한 신호 LS2와 B실린더가 정상상태인 후진 상태에 있다는 신호 LS3이 만족되어야 하므로 그림 7-79와 같이 SET S01.02 스텝번호를 동작시킨 후 그 접점으로 B실린더 전진동작용 SOL3을 On시키도록 한 것이다.

B실린더를 전진시키는 전자밸브가 편측 솔레노이드이지만 자기유지 회로를 구성하지 않은 것은 순차제어 명령에 자기유지 기능이 포함되어 있기 때문이고, 앞서 내부 릴레이의 신호조합으로 설계한 회로와 같이 센서의 오작동에 대비해 전단계 동작신호를 포함시키지 않은 것도 명령 문법에 포함되어 있기 때문이다.

[그림 7-79] 2스텝, B전진 동작회로

(3) 3스텝 회로설계

세 번째 운동스텝인 A실린더 후진동작을 위한 조건은 2번째 스텝인 B실린더가 동작완료 했다는 신호 LS4와 A실린더는 전진상태에 있다는 신호 LS2의 신호로 SET S01조의 03스텝을 On시킨 후 그 접점으로 A실린더 후진동작용 솔레노이드 SOL3을 On시키도록 그림 7-80과 같이 구성하였다.

다만 여기서 고려해야 할 내용으로 S01조의 03스텝번호가 On되면 이전 스텝인 02번 스텝은 명령문법으로 리셋되므로 편측 전자밸브로 구동되는 B실린더가 02번 스텝으로 전진된 상태이어서 03번 스텝이 On되면 자동으로 후진하게 된다. 따라서 4열의

회로와 같이 B실린더 전진동작용 SOL3을 S01.03번 스텝신호로 동작상태를 유지하도록 구성해야 한다.

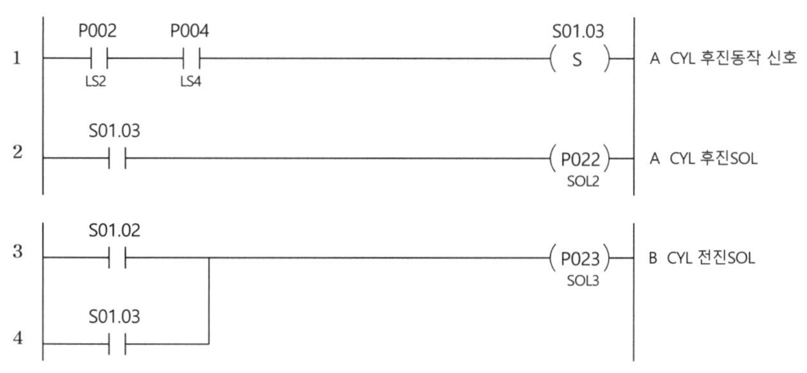

[그림 7-80] 3스텝, A후진 동작회로

(4) 4스텝 회로설계

4번째 운동스텝인 B실린더 후진동작을 위한 조건은 3번째 동작이 이행 완료했다는 신호 LS1과 B실린더는 전진상태에 있다는 신호 LS4로 SET S01.04번 스텝을 동작시키면 S01.03번 스텝이 Off되므로 B실린더가 후진하게 된다.

즉, 3번째 동작인 A실린더가 후진할 때 B실린더는 후진하지 않도록 그림 7-80의 4열에서 S01.03 스텝신호로 동작을 유지시켰는데, S01.04 스텝신호가 On되면 이전 스텝인 S01.03 스텝신호가 리셋되므로 B실린더가 후진하는 것이다.

또한 마지막 스텝동작이 완료된 후 다시 시동되려면 S01.04 스텝신호가 Off되어야 하므로 그림 7-81의 2열 회로와 같이 S01.00 스텝신호를 On시켜야 한다.

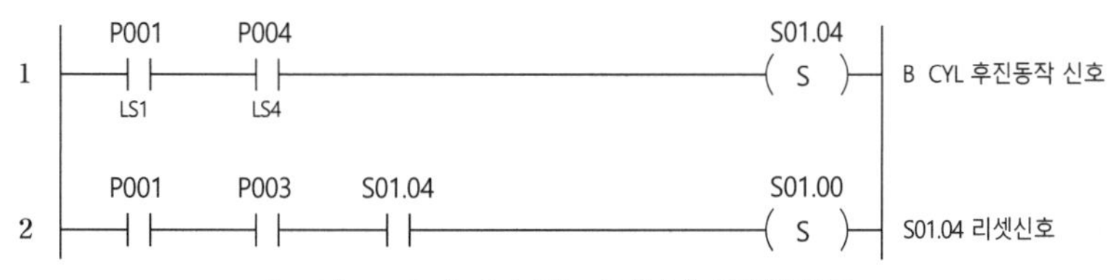

[그림 7-81] 4스텝, B후진 동작회로

(5) 운전 표시등 회로설계

운전 표시등 회로는 그림 7-82에 나타낸 것과 같이 운동의 첫 번째 스텝신호인 S01.01로 On시키고 출력의 접점으로 자기유지를 시켰다. 운전 표시등의 Off는 모든 동작이 종료되고 기계가 정지되었을 때 Off시켜야 하므로 S01.00으로 Off시킨 것이다.

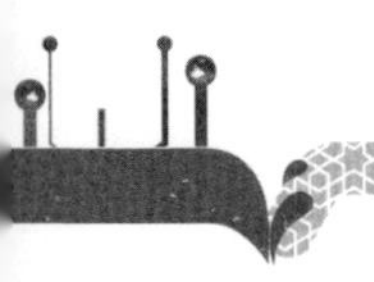

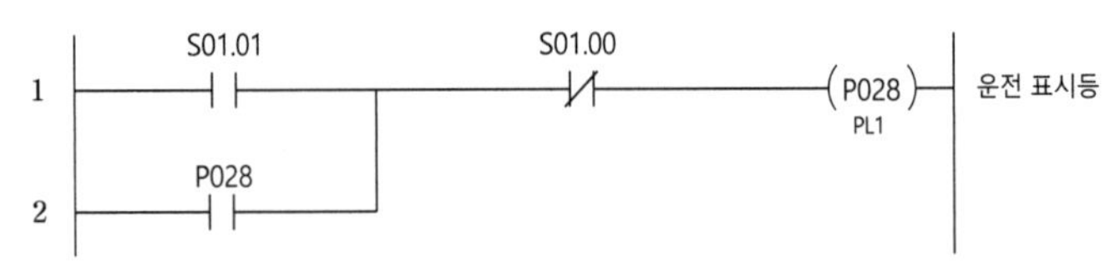

[그림 7-82] 운전 표시등 회로

(6) 수동운전 회로설계

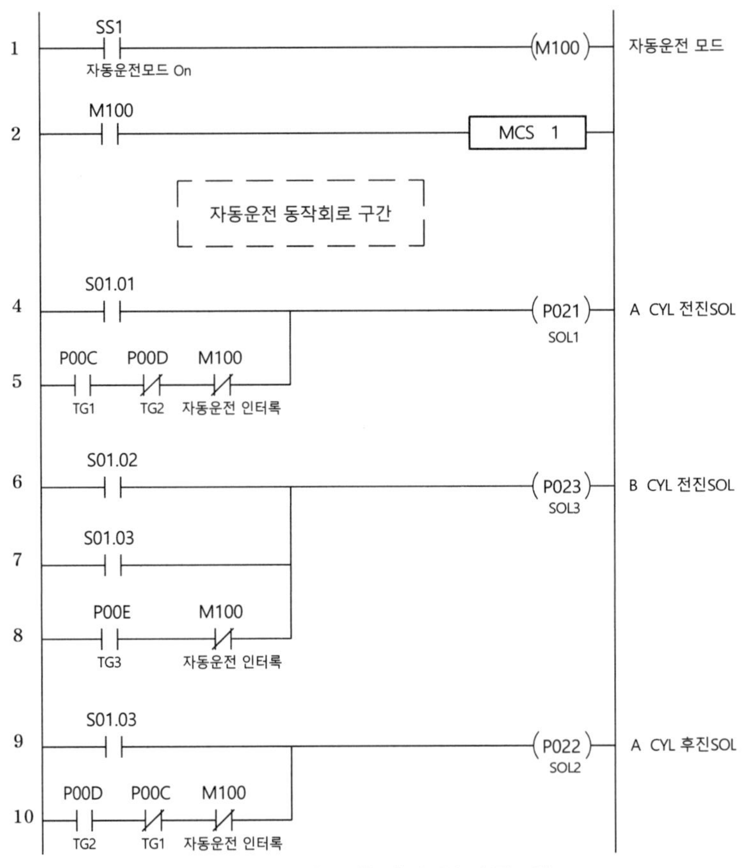

[그림 7-83] 수동운전이 부가된 회로

수동운전 회로의 설계는 운전모드의 선택으로 자동운전을 금지시키고 PLC의 외부 출력 회로에서 자동 동작회로에 수동 동작회로를 병렬로 구성하는 것이 일반적이며, 수동조작 스위치로는 토글 스위치가 주로 사용된다.

그림 7-83이 수동운전 회로가 추가된 회로로 먼저 1열에서 자동운전 모드 스위치로 내부릴레이 M100을 세트시킨 후 2열에서 공통직렬접속 명령으로 자동운전 동작회로 구간을 묶어 수동운전과 인터록을 걸었고, 외부 출력 회로 5, 8, 10열에 수동운전 회로를 추가시킨 것이다.

(7) 비상정지 회로설계

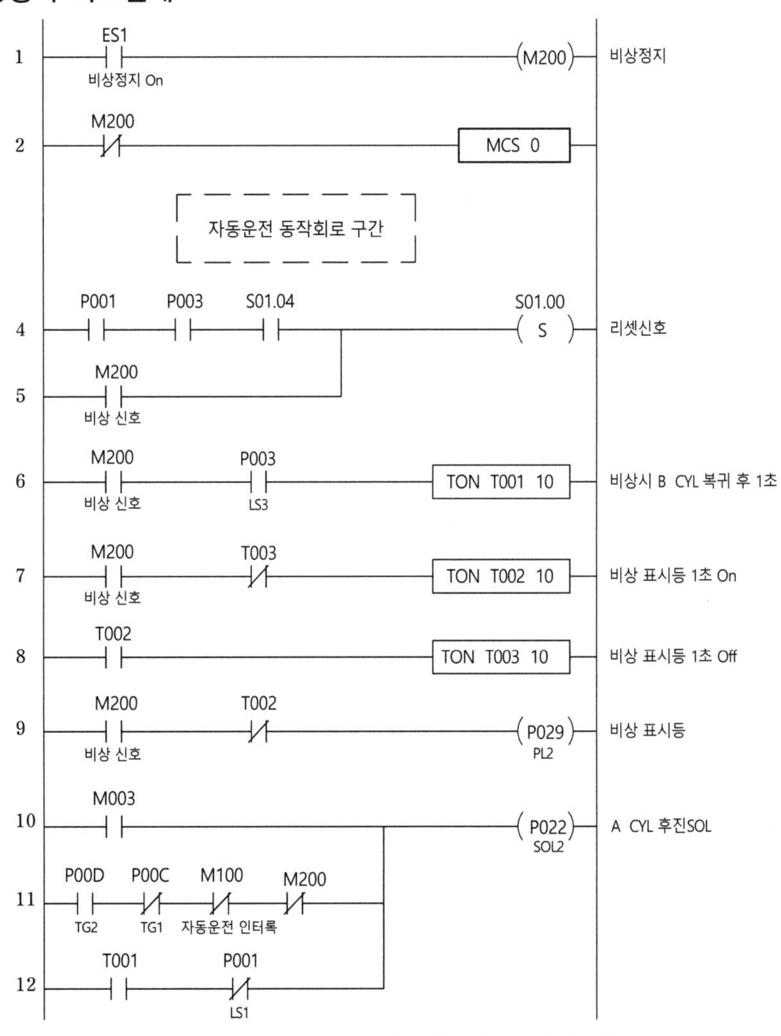

[그림 7-84] 비상정지 기능이 부가된 회로

비상정지란 기계설비가 가동 중에 예기치 않은 위험이 발생되었을 때 기계설비나 사람을 보호할 목적으로 강제정지 시키는 기능을 말한다.

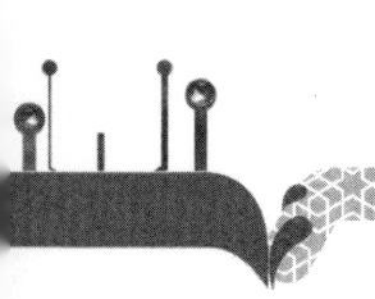

컨베이어간 이송장치의 제어조건에서는 동작 중에 비상정지 스위치가 On되면 실린더 B가 먼저 복귀하고 1초 경과 후에 실린더 A가 복귀되어야 하고, 비상상황을 알리는 비상 표시등이 1초 On, 1초 Off 주기로 점멸되어야 하고, 비상정지 스위치가 Off되면 소등되어야 한다는 조건이었으며, 이에 맞게 설계된 회로가 그림 7-84이다.

비상정지 기능도 어떤 작업 공정 중에도 정지시키기 위해 공통직렬접속 명령으로 자동운전 동작회로를 Off시키고 출력 회로 구간에서 기능을 실현하는 방식이 일반적이다.

회로설계 원리는 1열의 비상정지 스위치가 On되면 자동운전 동작회로 구간 전체가 MCS 명령으로 Off된다. 그 결과 편측 전자밸브로 구동되는 B실린더는 즉시 복귀하게 되고 B실린더가 복귀완료 되면 LS3이 On 되어 6열의 타이머 T001이 동작된다.

T001의 설정시간 1초가 경과되면 타임업 되어 12열의 a접점을 닫아 A실린더 후진동작용 SOL2를 On시켜 A실린더를 복귀시키게 된다. b접점의 LS1은 비상동작이 완료되었을 때 SOL2에 흐르는 전류를 차단하기 위한 것이며, 비상 표시등 회로는 9열이고 플리커 동작은 7열과 8열의 회로이다.

이상의 설계 회로를 종합하여 완성한 컨베이어간 이송장치의 회로가 그림 7-85와 7-86이다.

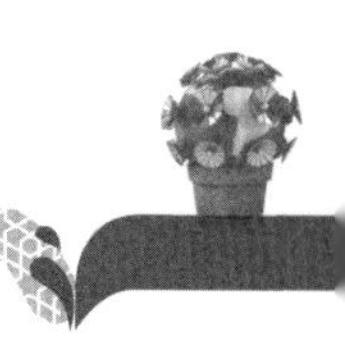

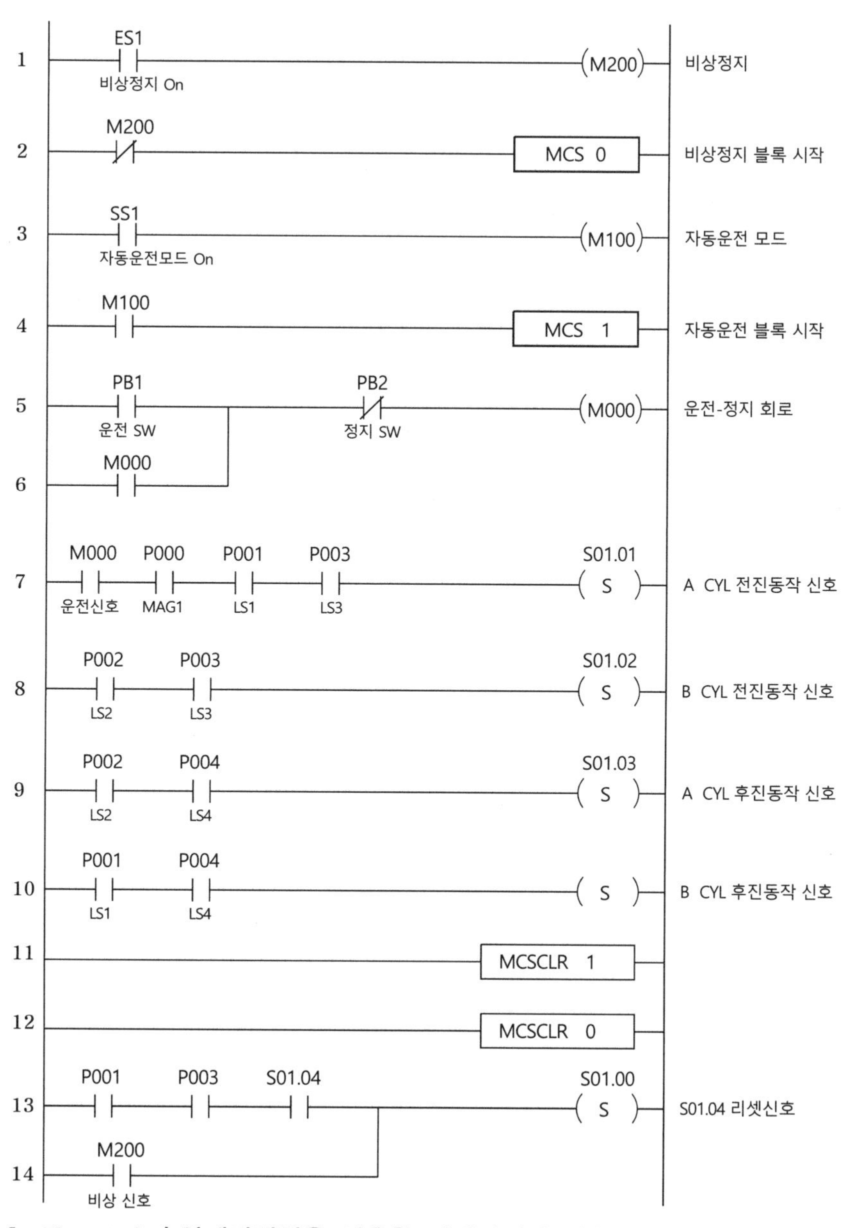

[그림 7-85] 순차제어명령을 이용한 컨베이어간 이송장치의 동작회로(Ⅰ)

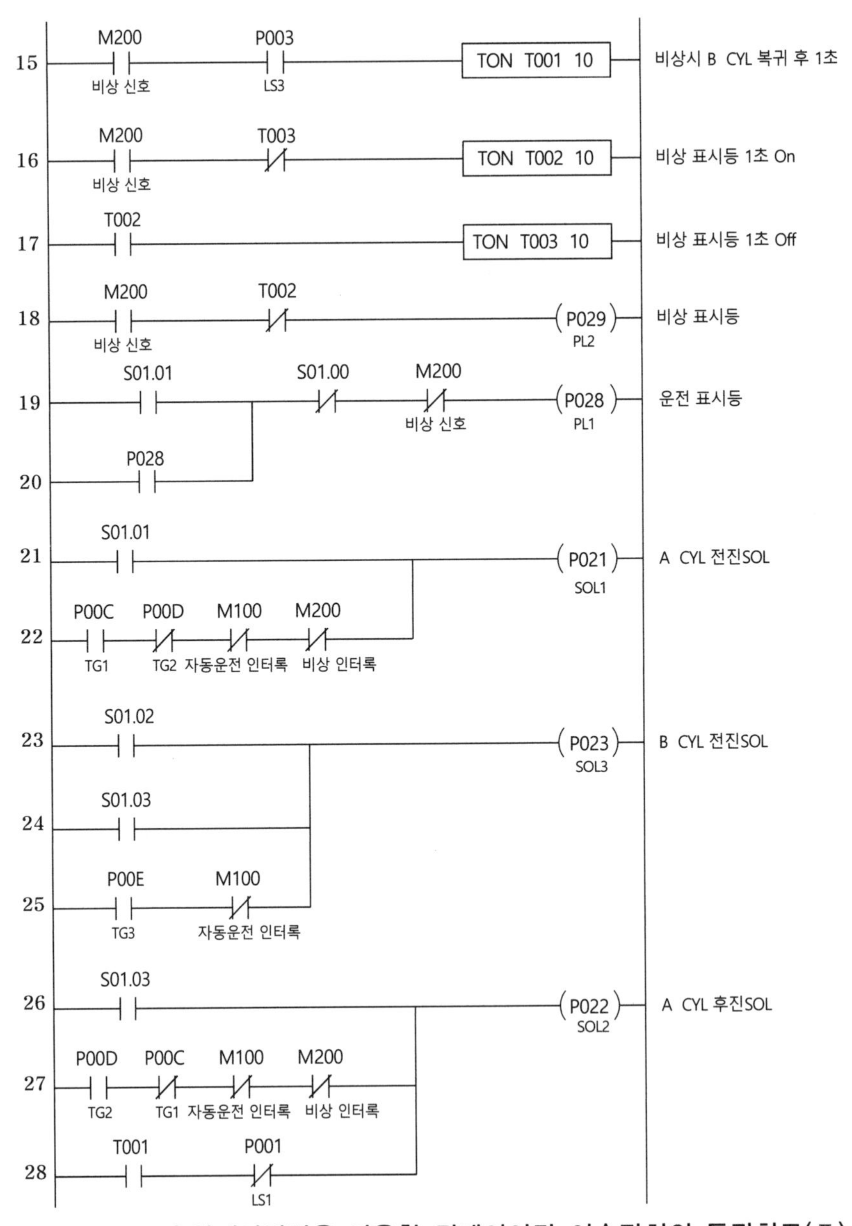

[그림 7-86] 순차제어명령을 이용한 컨베이어간 이송장치의 동작회로(Ⅱ)

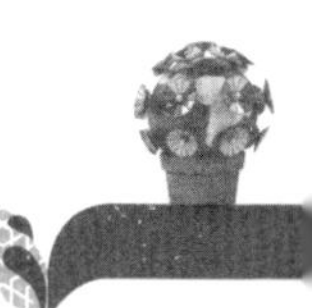

13 전용기의 제어회로 실습(Ⅱ)

1 제어조건 결정하기

전용기의 순차작동 회로설계 실습을 위해 그림 7-87의 장치 구성도에서 보인 것과 같이 제품 상자에 분말을 자동으로 충진하는 장치를 예로 들어 설계, 실습하기로 한다.

분말 충진장치는 호퍼에 채워진 분말제품의 출하를 위해 상자에 정량 충진하는 전용기로서 전 공정에서 준비된 상자가 롤러 컨베이어를 타고 슬라이딩 지그에 안착되면 A실린더가 전진하여 1번 상자를 세트시킨다. 이어서 B실린더가 전진하여 랙&피니언 기구에 의해 밸브를 열어 분말제품이 상자에 채워지면 후진하여 밸브를 닫는다.

다시 2번 상자 충진을 위해 A실린더가 후진하여 장치 구성도와 같이 상자 2를 세트시키면 B실린더가 전진하여 분말제품을 충진하고 복귀하여 1사이클이 종료된다.

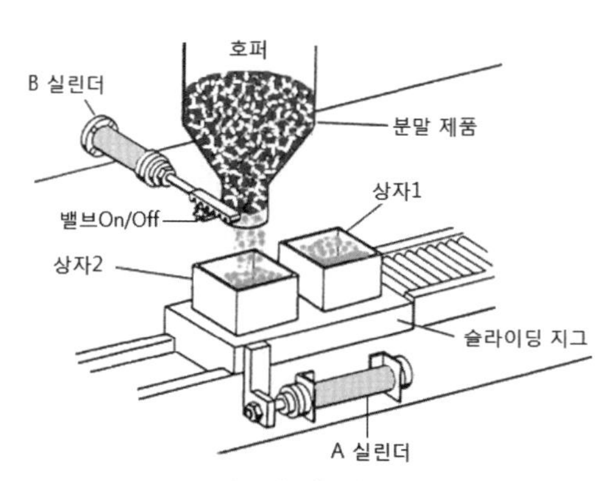

[그림 7-87] 분말 충진장치의 구성도

회로설계 1단계로 기계 시스템의 동작특성을 정확히 파악하여 동작 시퀀스를 결정하고, 시동조건, 수동조작 조건, 비상처리 조건, 각종 상태 표시조건 등을 결정한다.

분말 충진장치의 동작 순서는 A실린더 전진 → B실린더 전진 → 1번 상자 충진 → B실린더 후진 → A실린더 후진 → B실린더 전진 → 2번 상자 충진 → B실린더 후진 순서이이며 이 내용을 공정도로 작성하면 그림 7-88의 시퀀스 차트와 같다.

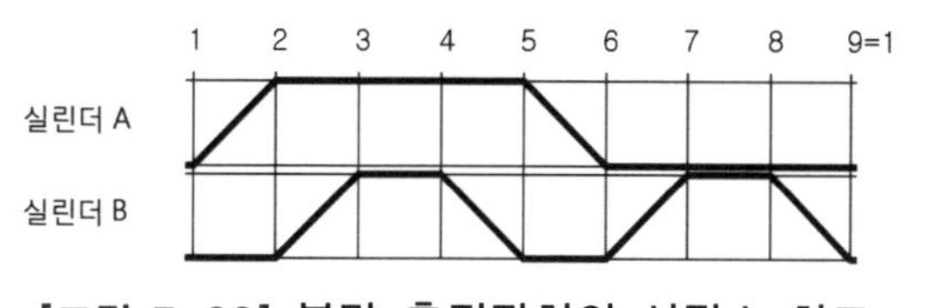

[그림 7-88] 분말 충진장치의 시퀀스 차트

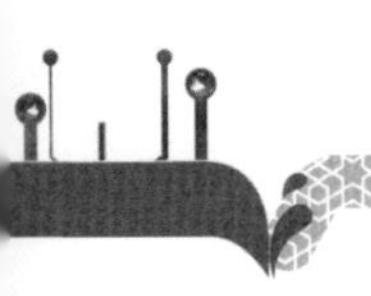

그리고 분말 충진장치의 수동운전을 포함한 이상 발생시 비상정지 기능 등의 작업 보조조건은 다음과 같이 요약된다.

① 자동운전 모드에서 시동 스위치를 누르면 정지 스위치를 누를 때까지 시퀀스 차트대로 반복 동작하며, 정지 스위치를 누르지 않을 때에는 총 10회 동작 후 자동 정지한다.
단, 먼저 상자선택이 되어야만 시동이 가능하다.

② 상자선택은 상자 선택용 스위치 PB1을 1회 누르면 A상자가 선택되고, 2회 누르면 B상자가, 3회 누르면 C상자가 선택된다.
PLC가 정지모드에서 운전모드로 바뀌거나 PB1을 4회 누르면 어느 상자도 선택되지 않는다.

③ A상자가 선택되면 1번 상자 충진시간은 2초이며, B상자는 2.5초, C상자는 3초간 충진된다. 2번 상자는 1번 상자보다 0.5초 더한 시간이 충진시간이다.

④ 동작 중에 비상정지 스위치를 누르면 즉시 B실린더가 복귀되고 3초 경과 후에 A실린더가 복귀되며, 동시에 비상표시등이 1초 주기로 점멸한다.

⑤ 운전 중에는 운전 표시등 PL1이 점등한다. 단, 비상시에는 소등되어야 한다.

⑥ 생산량 카운팅을 실시한다. 10회 동작 후 자동정지하며, 카운터 리셋 스위치에 의해 초기화된다.

⑦ 수동운전 모드에서 A와 B실린더는 각각의 수동조작 스위치에 의해 수동 전·후진이 가능해야 한다.
단, 비상정지시에는 A실린더는 동작되지 않아야 하고, B실린더는 수동조작 가능해야 한다.

2 동력회로 설계

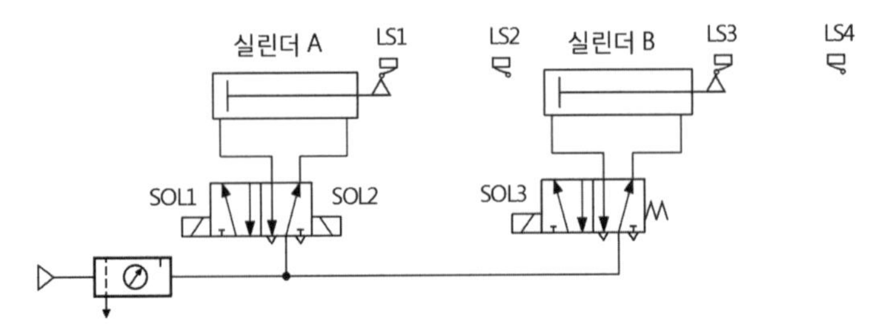

[그림 7-89] 분말 충진장치의 공압 회로 구성도(동력 회로도)

동력회로가 없는 제어회로는 설계가 불가능할 뿐더러 해독도 불가능하다.

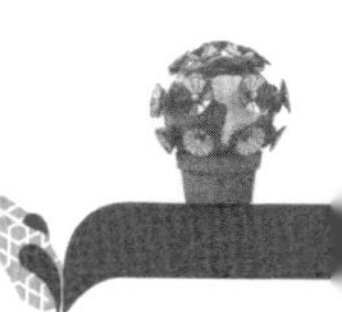

그림 7-87의 장치 구성도로 보아 A실린더는 분말 제품 충진시 어떠한 경우라도 복귀되어서는 안되므로 A실린더를 구동하는 전자밸브 형식은 반드시 양측형이어야 하고, B실린더는 충진을 위해 호퍼의 밸브를 On-Off하는 기능이므로 정전이나 사고 발생시 반드시 닫혀야 한다.

그러므로 B실린더를 제어하는 전자밸브는 반드시 편측 전자밸브를 사용하여야 하며, 이 내용의 동력회로가 그림 7-89이다.

3 입출력 할당표 작성

분말 충진장치 동력 회로도와 제어조건을 요약하여 입력기기를 정리해보면,

(1) 조작반에서 명령입력용 기기

① 상자 선택용 스위치 PB1
② 시동 스위치 PB2
③ 정지 스위치 PB3
④ 카운터 리셋 스위치 PB4
⑤ 비상정지 스위치 ES1
⑥ 수동/자동 운전모드 선택 스위치 SS1
⑦ A실린더 전진용 수동조작 스위치 TG1
⑧ A실린더 후진용 수동조작 스위치 TG2
⑨ B실린더 전후진용 수동조작 스위치 TG3

(2) 기계장치에 장착되어 있는 검출용 기기

① A실린더 후진끝단 위치 검출센서 LS1
② A실린더 전진끝단 위치 검출센서 LS2
③ B실린더 후진끝단 위치 검출센서 LS3
④ B실린더 전진끝단 위치 검출센서 LS4

(3) 출력기기 - 부하 구동기기

① A실린더 전진용 전자밸브 SOL1
② A실린더 후진용 전자밸브 SOL2
③ B실린더 전후진용 전자밸브 SOL3

(4) 조작부에 설치되는 표시기기

① 운전 표시등 PL1
② 비상정지 표시등 PL2

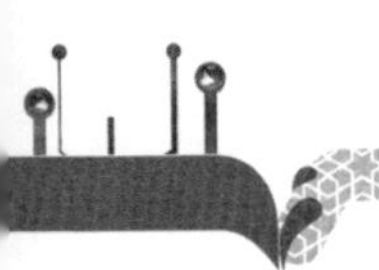

③ A상자 선택 표시등 LED1
④ B상자 선택 표시등 LED2
⑤ C상자 선택 표시등 LED3

이상의 내용을 정리하여 입출력 할당을 실시하면 표 7-12와 같다.

[표 7-12] 분말 충진장치의 입출력 할당표

입력 할당				출력 할당			
번호	입력기기명	문자기호	할당 번호	번호	출력기기명	문자기호	할당 번호
1	상자 선택용 스위치	PB1	P007	1	A실린더 전진용 전자밸브	SOL1	P021
2	시동 스위치	PB2	P008	2	A실린더 후진용 전자밸브	SOL2	P022
3	정지 스위치	PB3	P009	3	B실린더 전·후진용 전자밸브	SOL3	P023
4	카운터 리셋 스위치	PB4	P00A		운전 표시등	PL1	P028
5	비상정지 스위치	ES1	P00B	5	비상정지 표시등	PL2	P029
6	수/자동 운전모드 선택 스위치	SS1	P00C	6	A상자 선택 표시등	LED1	P02A
7	A실린더 전진용 수동조작 스위치	TG1	P00D	7	B상자 선택 표시등	LED2	P02B
8	A실린더 후진용 수동조작 스위치	TG2	P00E	8	C상자 선택 표시등	LED3	P02C
9	B실린더 전후진용 수동조작 스위치	TG3	P00F				
10	A실린더 후진끝단 위치 검출센서	LS1	P001				
11	A실린더 전진끝단 위치 검출센서	LS2	P002				
12	B실린더 후진끝단 위치 검출센서	LS3	P003				
13	B실린더 전진끝단 위치 검출센서	LS4	P004				

4 입출력 배선도 작성

입출력 할당표를 근거로 입출력 배선도를 작성한다.
작성된 자동 분말 충진장치의 입출력 배선도는 그림 7-90과 같다.

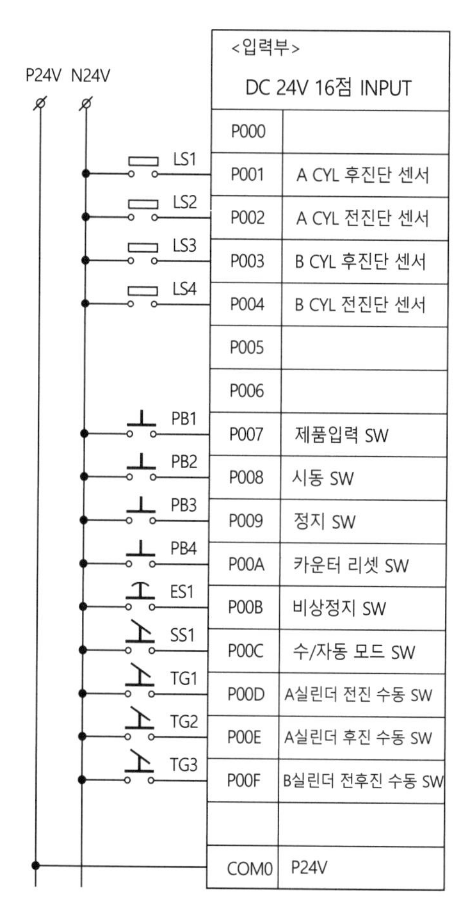

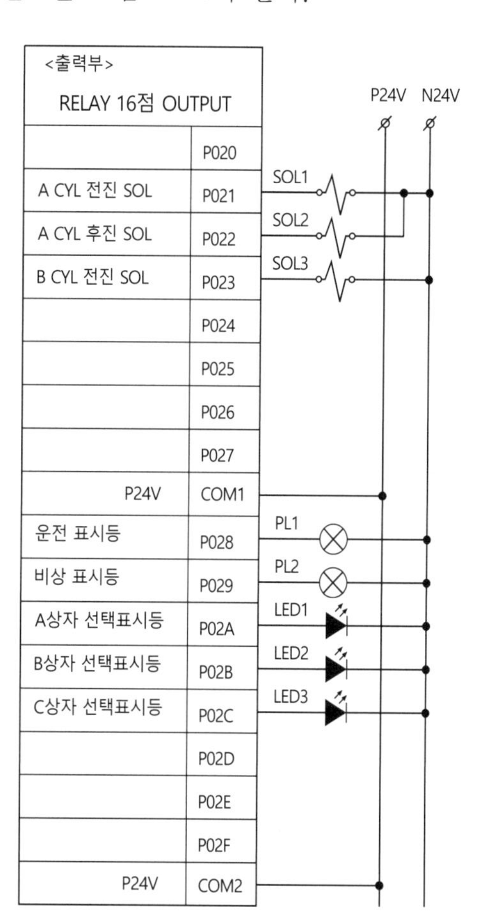

[그림 7-90] 분말 충진장치의 입출력 배선도

5 제어회로 설계

시퀀스 회로설계 3원칙과 내부 릴레이의 신호조합으로 작성한 분말 충진장치의 동작회로는 그림 7-91, 7-92, 7-93이다.

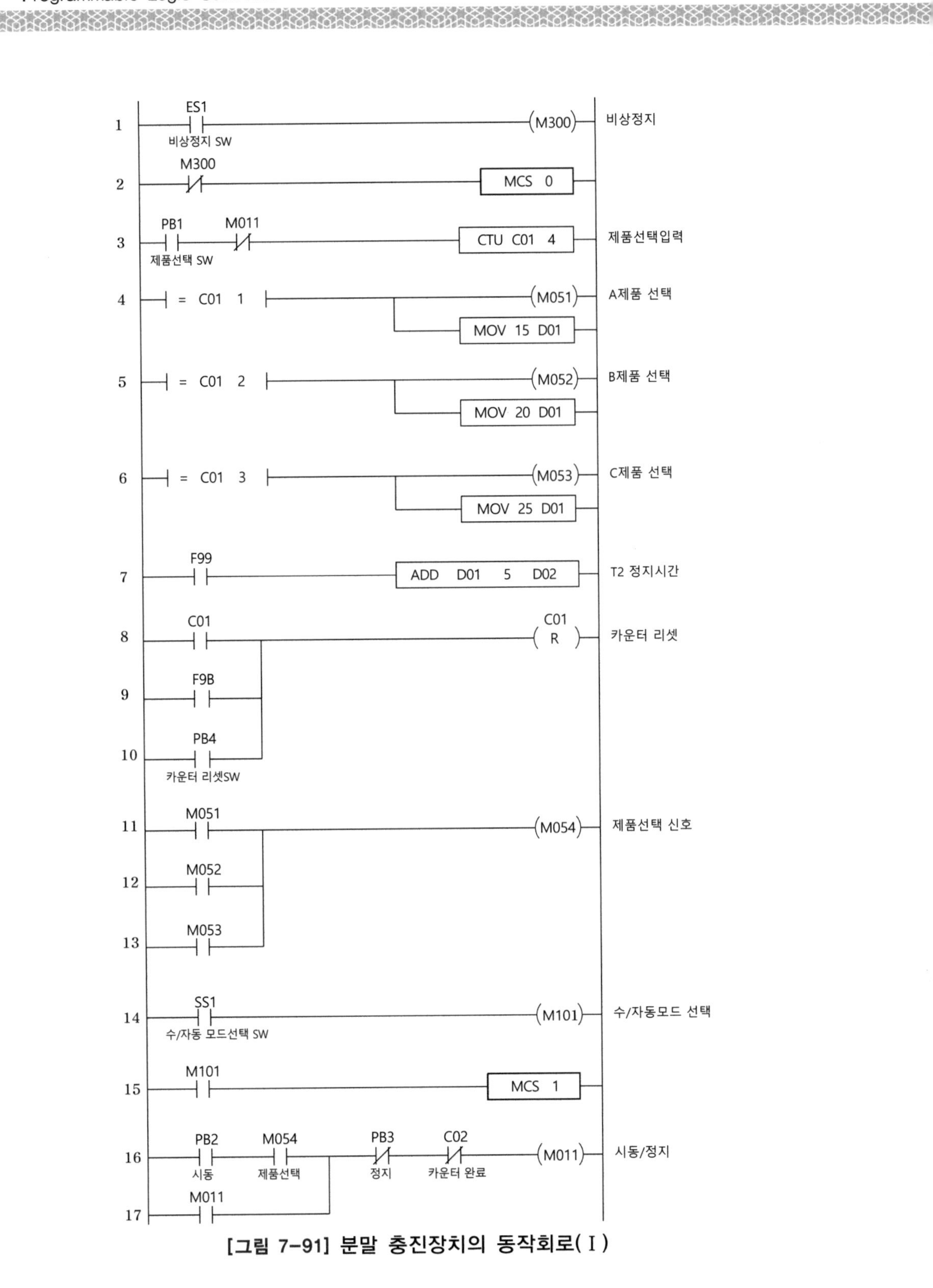

[그림 7-91] 분말 충진장치의 동작회로(Ⅰ)

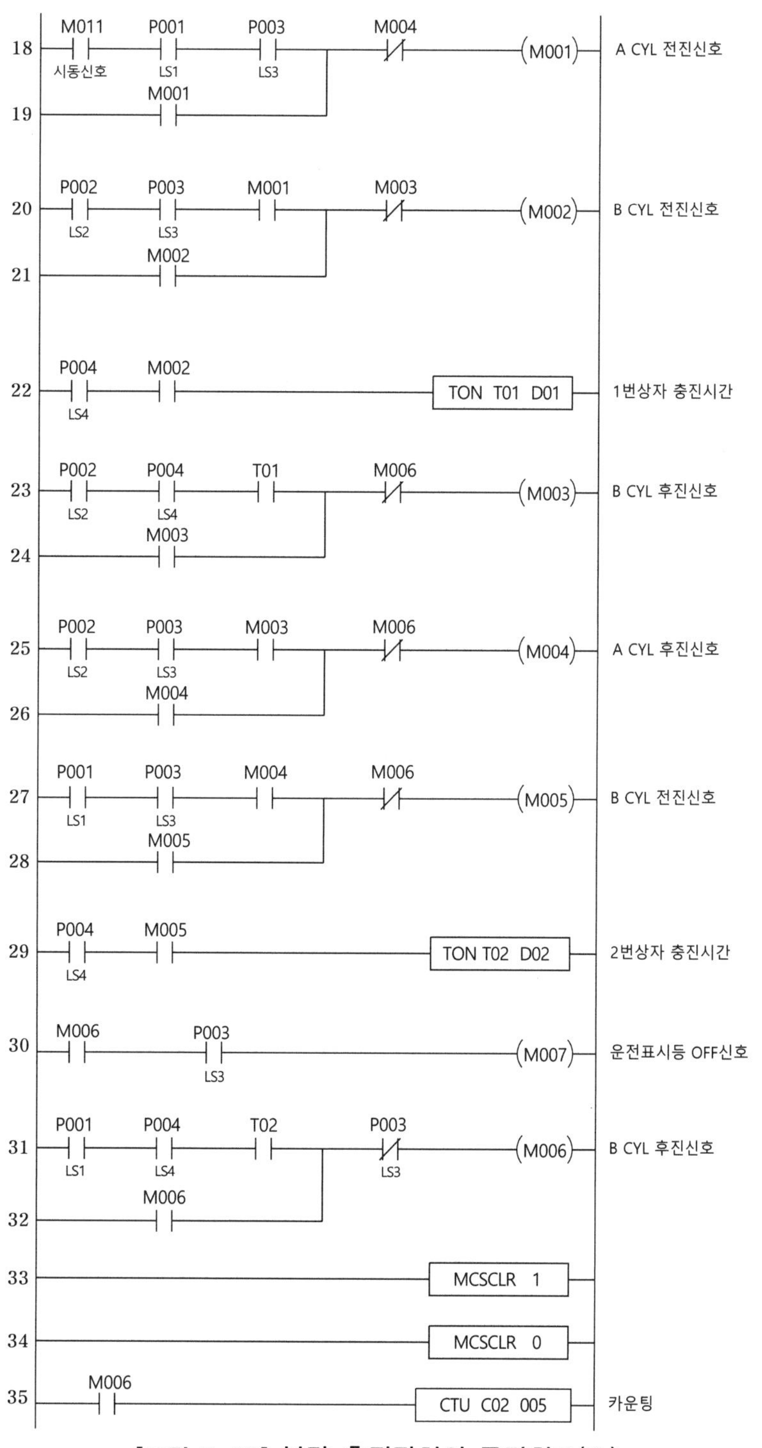

[그림 7-92] 분말 충진장치의 동작회로(Ⅱ)

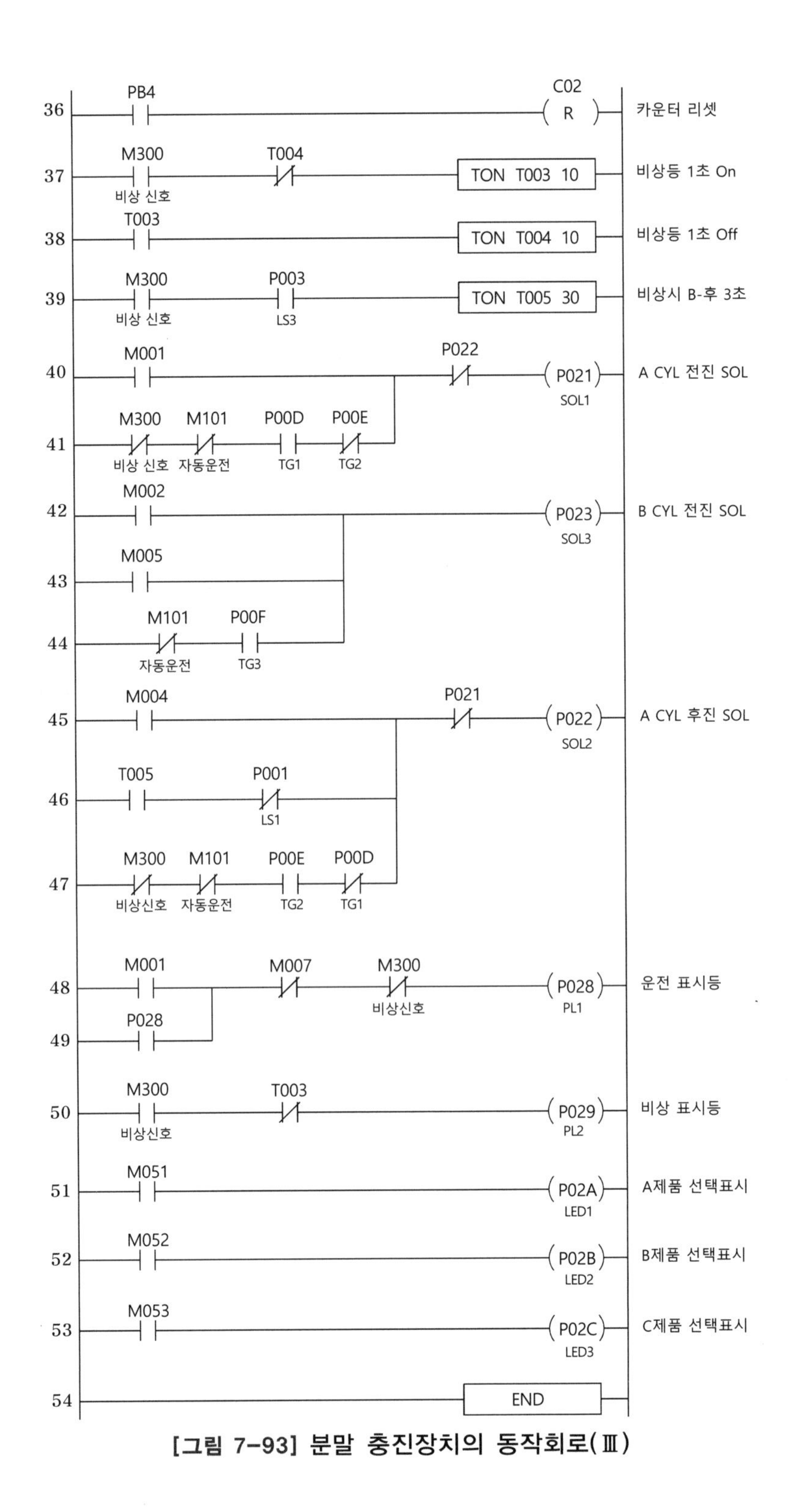

[그림 7-93] 분말 충진장치의 동작회로(Ⅲ)

14 전용기의 제어회로 실습(Ⅲ)

1 제어조건 결정하기

전용기의 회로설계 실습을 위해 그림 7-94의 장치 구성도에서와 같이 드릴링 장치를 예로 들어 설계, 실습하기로 한다.

자동 드릴링 장치는 제품에 구멍가공을 하는 전용기로서 중력식 매거진에 채워진 가공물(워크)을 실린더 A가 1개씩 분리·이송시킨 후 고정하면 주축 모터 D가 회전함과 동시에 실린더 B가 전진하여 구멍가공을 하고, 가공이 종료되면 실린더 B가 복귀하고 주축모터 D도 정지하게 된다. 이어서 실린더 A가 복귀하여 클램프가 해제되면 실린더 C가 전진하여 가공물을 컨베이어 위에 올려놓는다. 이때 컨베이어 구동모터 E도 회전을 하는 순서로 작동하는 드릴링 장치의 구성도이다.

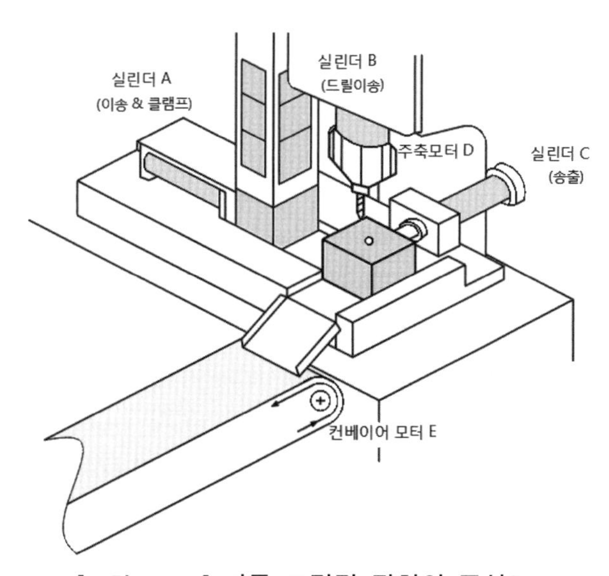

[그림 7-94] 자동 드릴링 장치의 구성도

이 장치에서 PLC 실습이 가능하도록 공압 실린더 구동 부분만 설계하기로 한다.

회로설계 1단계로 기계 시스템의 동작 특성을 정확히 파악하여 동작 시퀀스를 결정하고, 시동 조건, 수동조작 조건, 비상처리 조건, 각종 상태 표시조건 등을 결정한다.

드릴링 장치에서 실린더의 동작순서는 매거진에 부품이 있을 때에만 시동되어야 하고, 시동신호가 On되면 먼저 A실린더가 전진하여 매거진으로부터 부품을 분리하고 이송하여 고정한다. 고정이 완료되면 드릴 이송유닛의 B실린더가 하강하여 구멍 뚫기 작업을 실시하고 작업이 끝나면 상승하여 복귀한다. B실린더가 복귀 완료되면 A실린더가 후진하여 클램핑을 해제하고, 이어서 송출용의 C실린더가 전·후진하여 제품을 컨베이어 위로 밀어 이송하여 1사이클이 종료된다.

이상의 내용을 공정도로 작성하면 그림 7-95의 시퀀스 차트와 같다.

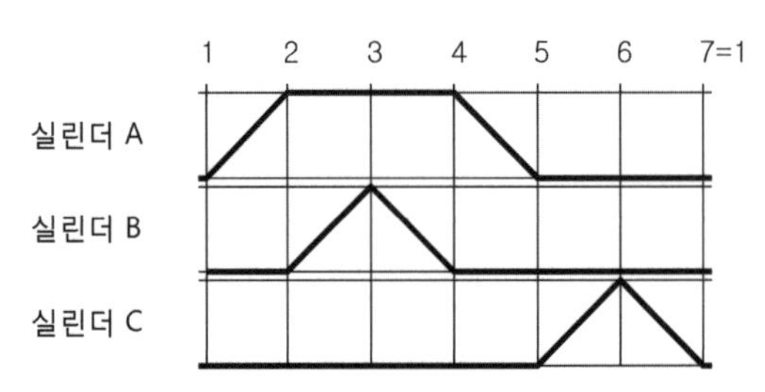

[그림 7-95] 자동 드릴링 장치의 시퀀스 차트

그리고 드릴링 장치의 수동운전을 포함한 이상 발생시 비상정지 기능 등의 작업 보조조건은 다음과 같이 요약된다.

① 단동(자동 1사이클) 및 연동(연속) 사이클 운전이 가능하여야 한다. 단, 연속사이클 운전시는 1사이클 종료 후 1.5초 후에 시동되어야 하다.

② 운전 중에는 운전 상태를 나타내는 표시등이 점등되어야 한다.

③ 구멍 뚫기 작업 중에 비상정지 신호가 On되면 B실린더가 복귀된 후 3초 경과 후에 A실린더가 복귀되어야 한다. 비상스위치가 On됨과 동시에 비상등이 2초 On, 2초 Off주기로 점멸되어야 하고, 비상스위치가 Off되면 소등되어야 한다.

④ 1개의 매거진에 50개의 부품이 저장 가능하므로 연동사이클 운전시에는 50개 작업 후에 연동운전이 스스로 정지되어야 하고 작업완료 표시등이 점등되어야 한다. 단, 비상접지한 사이클은 작업량에 포함되지 않아야 한다.

⑤ 수동운전 모드에서 A와 B실린더는 각각의 수동조작 스위치에 의해 개별동작 가능해야 한다. 당연히 자동운전 모드에서는 수동운전이 되어서는 안 된다. 다만 비상정지 상태에서는 A실린더는 수동조작이 되어서는 안 되고, B실린더는 수동조작이 가능하도록 한다.

2 동력회로 설계

동력회로가 없는 제어회로는 설계가 불가능할 뿐더러 해독도 불가능하다.

그림 7-94의 장치 구성도로 보아 실린더 A는 제품을 분리하고 이송 후 클램프시키는 기능이므로 B실린더가 구멍 가공 중에 정전이 발생되더라도 클램프가 해제되어서는 안 된다. 때문에 실린더 A를 구동하는 전자밸브 형식은 양측형이어야 하고, B와 C 실린더는 동작 중에 문제가 발생되면 복귀하는 쪽이 안전하다고 판단되어 그림 7-96과 같이 편측 전자밸브로 결정한다.

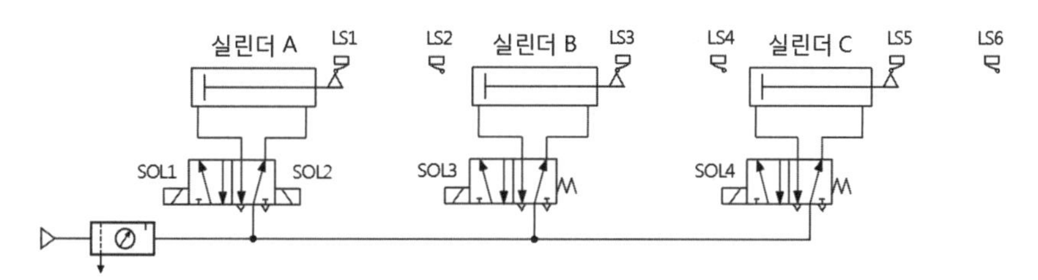

[그림 7-96] 자동 드릴링 장치의 공압 회로 구성도

3 입출력 할당표 작성

드릴링 장치의 동력회로도와 제어조건을 요약하여 입력기기를 정리해보면,

(1) 조작반에서 명령입력용 기기

① 수동/자동 운전모드 선택 스위치 SS1
② 시동 스위치 PB1
③ 연동사이클 선택 스위치 PB2
④ 연동사이클 정지 스위치 PB3
⑤ 비상정지 스위치 ES1
⑥ 카운터 리셋 스위치 PB4
⑦ A실린더 전진용 수동조작 스위치 TG1
⑧ A실린더 후진용 수동조작 스위치 TG2
⑨ B실린더 전·후진용 수동조작 스위치 TG3

(2) 기계장치에 장착되어 있는 검출용 기기

① 매거진 부품 유무 검출센서 MAG1
② A실린더 후진끝단 위치 검출센서 LS1
③ A실린더 전진끝단 위치 검출센서 LS2

④ B실린더 후진끝단 위치 검출센서 LS3
⑤ B실린더 전진끝단 위치 검출센서 LS4
⑥ C실린더 후진끝단 위치 검출센서 LS5
⑦ C실린더 전진끝단 위치 검출센서 LS6

(3) 출력기기 – 부하 구동기기

① A실린더 전진용 전자밸브 SOL1
② A실린더 후진용 전자밸브 SOL2
③ B실린더 전·후진용 전자밸브 SOL3
④ C실린더 전·후진용 전자밸브 SOL4

(4) 조작부에 설치되는 표시기기

① 운전상태 표시램프 PL1
② 비상정지 표시램프 PL2
③ 작업완료 카운터 표시등 PL3

이상의 내용을 정리하여 입출력 할당을 실시하면 표 7-13과 같다.

[표 7-13] 자동 드릴링 장치의 입출력 할당표

입력 할당				출력 할당			
번호	입력기기명	문자기호	할당 번호	번호	출력기기명	문자기호	할당 번호
1	수동/자동 운전모드 선택 스위치	SS1	P007	1	A실린더 전진용 전자밸브	SOL1	P021
2	시동 스위치	PB1	P008	2	A실린더 후진용 전자밸브	SOL2	P022
3	연동사이클 선택 스위치	PB2	P009	3	B실린더 전·후진용 전자밸브	SOL3	P023
4	연동사이클 정지 스위치	PB3	P00A	4	C실린더 전·후진용 전자밸브	SOL4	P024
5	비상정지 스위치	ES1	P00B	5	운전 표시등	PL1	P028
6	카운터 리셋 스위치	PB4	P00C	6	비상정지 표시등	PL2	P029
7	A실린더 전진용 수동조작 스위치	TG1	P00D	7	작업완료 카운터 표시등	PL3	P02A
8	A실린더 후진용 수동조작 스위치	TG2	P00E				
9	B실린더 전후진용 수동조작 스위치	TG3	P00F				
10	매거진 부품 검출센서	MAG1	P000				
11	A실린더 후진끝단 위치 검출센서	LS1	P001				
12	A실린더 전진끝단 위치 검출센서	LS2	P002				
13	B실린더 후진끝단 위치 검출센서	LS3	P003				
14	B실린더 전진끝단 위치 검출센서	LS4	P004				
15	C실린더 후진끝단 위치 검출센서	LS5	P005				
16	C실린더 전진끝단 위치 검출센서	LS6	P006				

4 입출력 배선도 작성

입출력 할당표를 근거로 입출력 배선도를 작성한다.
작성된 자동 드릴링 장치의 입출력 배선도는 그림 7-97과 같다.

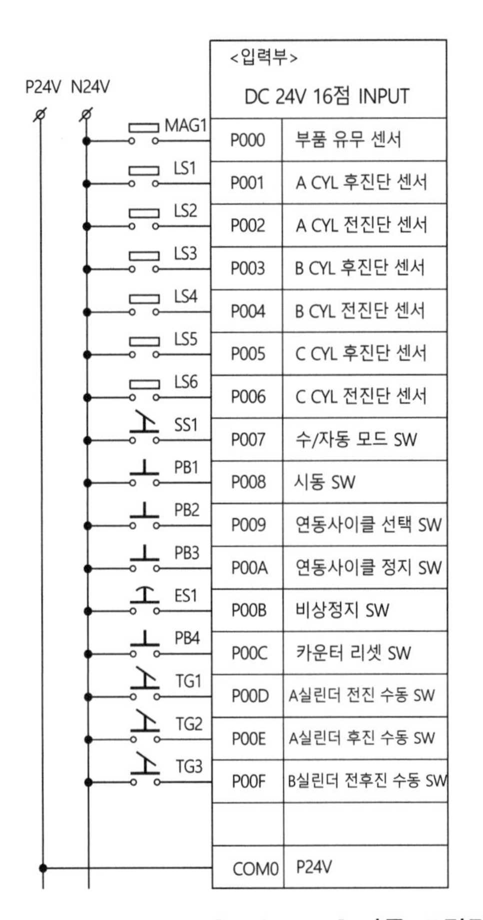

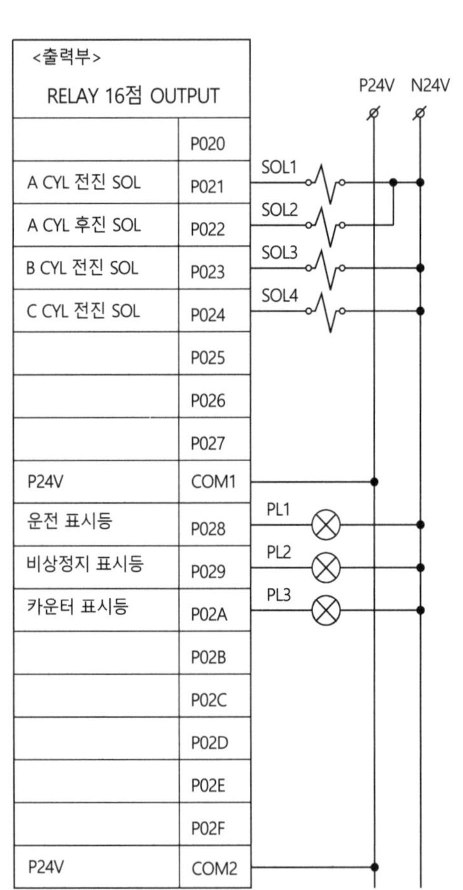

[그림 7-97] 자동 드릴링 장치의 입출력 배선도

5 제어회로 설계

자동 드릴링 장치의 동작회로는 그림 7-98, 7-99, 7-100이다.

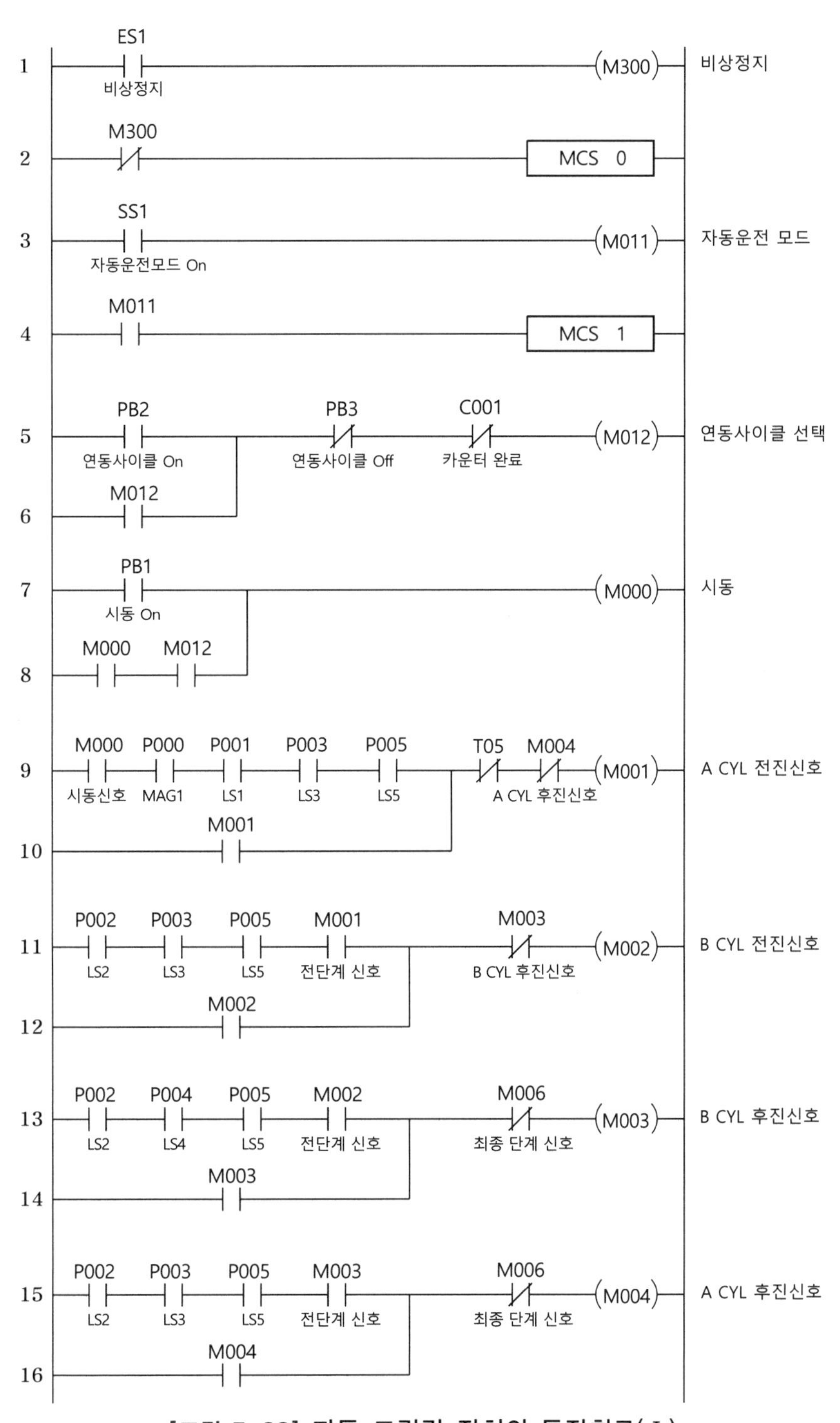

[그림 7-98] 자동 드릴링 장치의 동작회로(I)

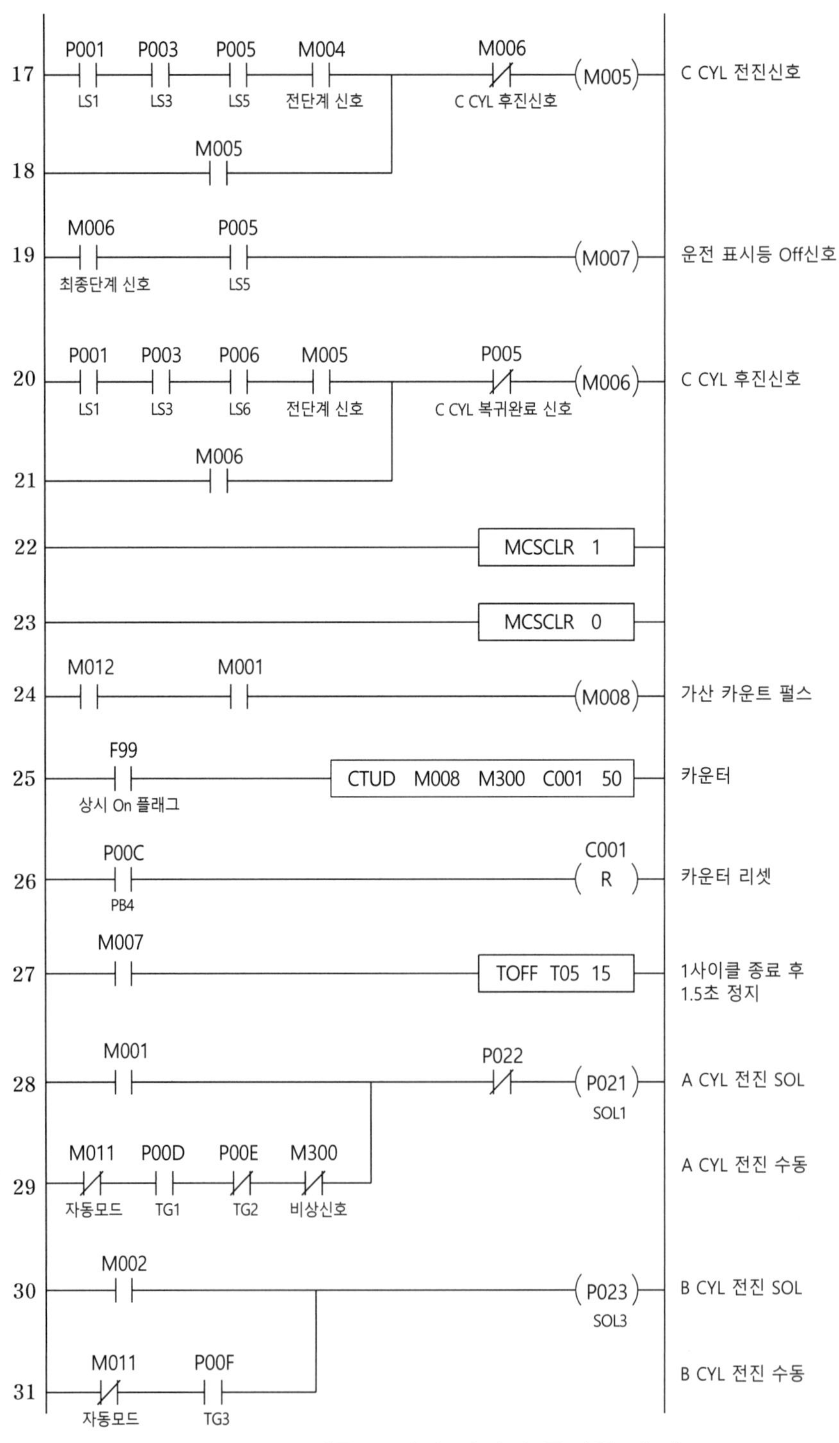

[그림 7-99] 자동 드릴링 장치의 동작회로(Ⅱ)

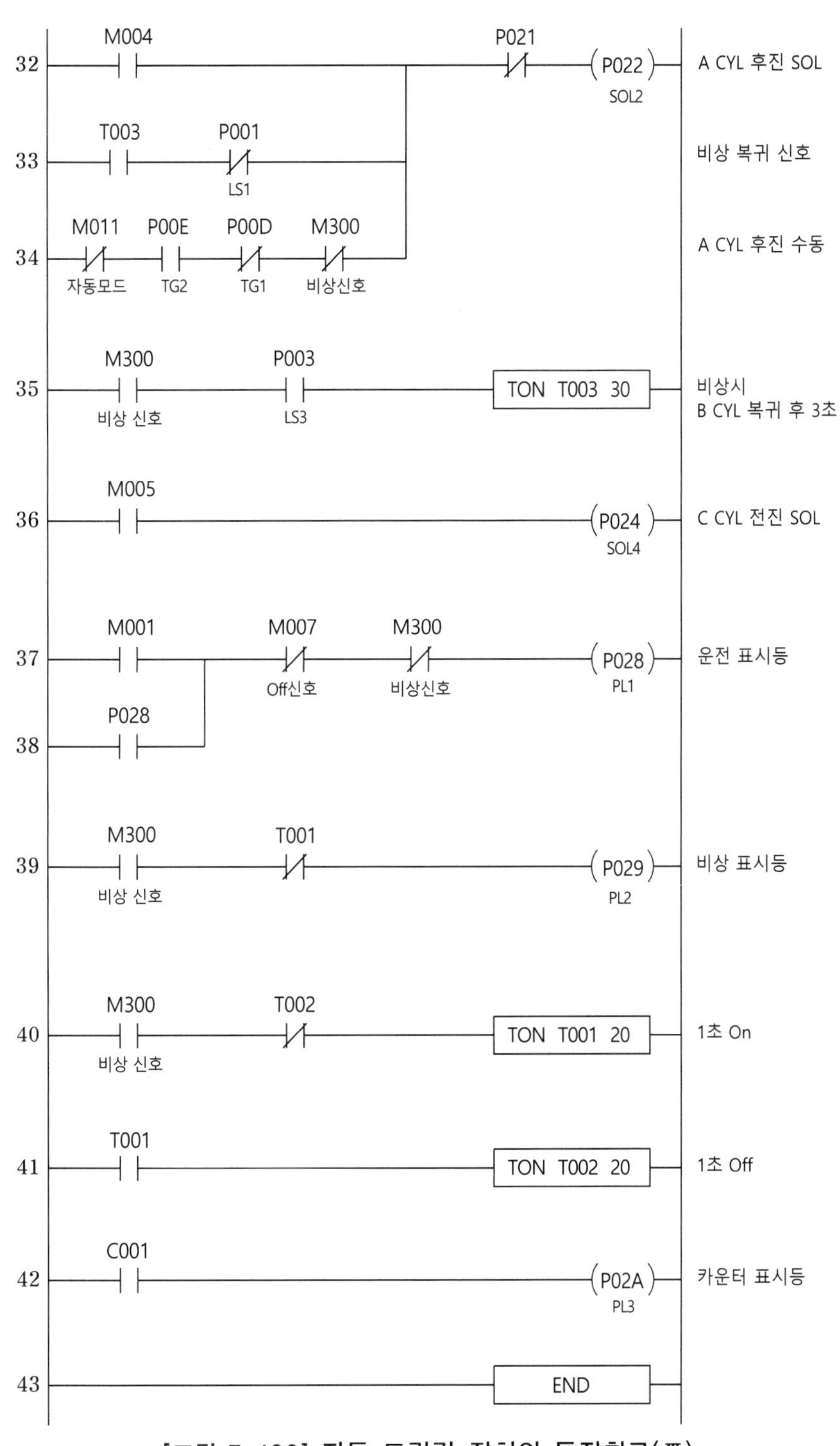

[그림 7-100] 자동 드릴링 장치의 동작회로(Ⅲ)

CHAPTER
08

멜섹 PLC 명령어 활용

멜섹 PLC 명령어 활용

01 멜섹(Melsec) PLC의 개요

멜섹(Melsec) PLC는 일본 미쓰비시 중공업사의 PLC 브랜드명으로 Mitsubishi Electric Sequence Controller의 줄임말이다.

멜섹 PLC는 80년대 A시리즈란 모델의 소형 PLC로 출시되어 이후 QnA시리즈, Q시리즈, QnU시리즈로 발전되어 왔다.

멜섹 PLC는 국내 산업에서 반도체 산업분야에서 가장 많이 사용되고 있고 자동차 산업 등에서도 많이 사용되어 왔으나 최근에는 국산 PLC의 품질이 좋아진데다 반일 정서 등의 요인으로 점차 그 사용이 축소되고 있다.

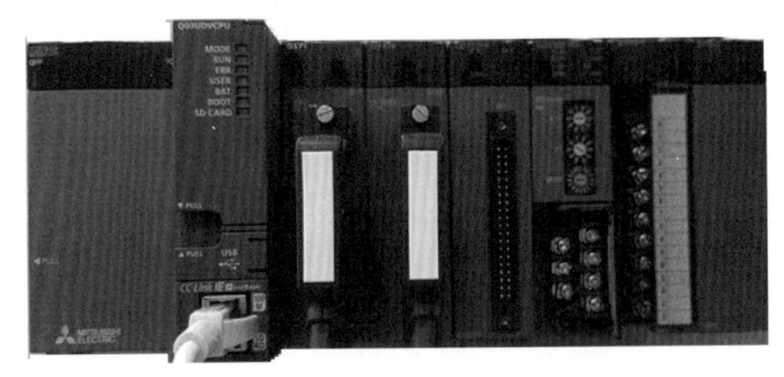

[그림 8-1] 멜섹 QnU시리즈 PLC

1 멜섹 PLC 사양

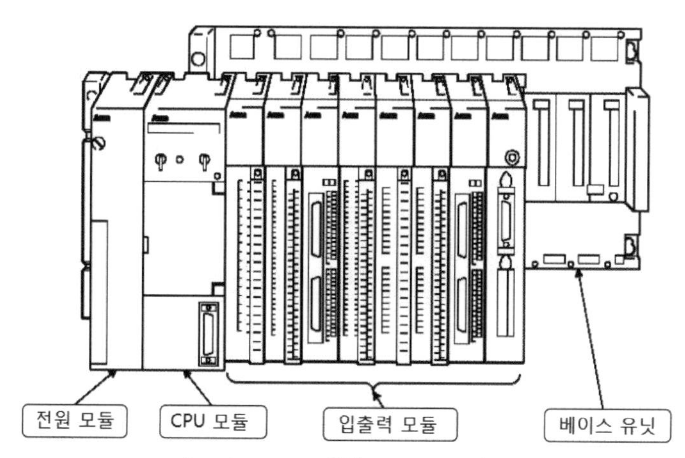

[그림 8-2] 멜섹 PLC 구성도

(1) CPU 모듈의 사양

[표 8-1] 멜섹 Q시리즈 PLC 성능사양

제어방식	종류	디바이스명	디폴트값		파라미터 설정에 의한 설정의 범위
			점수	사용 범위	
내부 User 디바이스	비트 디바이스 (1bit)	입력	8,192점	X0~X1FFF	–
		출력	8,192점	Y0~Y1FFF	
		스텝 릴레이	8,192점	S0~S8191	
		링크 특수 릴레이	2,048점	SB0~SB07FF	
		내부 릴레이	8,192점	M0~M8191	합계 29K 워드 이내에서 사용가능
		래치 릴레이	8,192점	L0~L8191	
		어넌시에이터	2,048점	F0~F2047	
		에지 릴레이	2,048점	V0~V2047	
		링크 릴레이	8,192점	B0~B1FFF	
	워드 디바이스 (1word)	타이머	2,048점	T0~T2047	
		적산 타이머	0점	ST0~ST2047	
		카운터	1,024점	C0~C1023	
		데이터 레지스터	12,288점	D0~D12287	
		링크 레지스터	8,192점	W0~W1FFF	
		특수 링크 레지스터	2,048점	SW0~SW07FF	

① 입력 : X

누름버튼 스위치, 셀렉터 스위치, 디지털 스위치 등의 외부기기에 의해 CPU모듈에 지령이나 데이터를 보내기 위한 요소로 식별문자는 X에 16진수를 사용하고, 총 8,192점을 사용할 수 있다.

② 출력 : Y

프로그램의 제어 결과를 외부의 릴레이, 전자밸브, 전자 접촉기, 솔레노이드, 표시등 등에 출력하는 요소이다. 식별문자로 Y를 수의 표현에는 16진수를 사용하고, 입력과 동일하게 총 8,192점을 사용할 수 있다.

③ 스텝 릴레이 : S

스텝 릴레이는 SFC 프로그램용 디바이스이다.

④ 링크 특수 릴레이 : SB

링크 특수 릴레이는 MELSECNET/H 네트워크 모듈 등의 인텔리전트 기능 모듈의 통신상태나 이상 검출상태를 나타내는 릴레이이다.

링크 특수 릴레이는 데이터 링크시에 발생하는 다양한 요인에 의해 On/Off되며, 링크 특수 릴레이를 모니터 함으로써 데이터 링크의 통신상태, 이상상태 등을 파악할 수 있다.

⑤ 내부 릴레이 : M

내부 릴레이는 LS산전의 XGT PLC와 같이 M으로 식별하며, 유접점 릴레이와 같이 코일이 On되면 a접점은 닫히고 b접점은 열리는 동작을 한다.

⑥ 래치 릴레이 : L

래치 릴레이는 CPU 모듈 내부에서 사용하는 정전기억으로 사용할 수 있는 보조 릴레이로서 L문자로 표시하고 8,192점이 내장되어 있다.

래치 기능은 CPU 모듈 본체의 배터리로 실행한다.

⑦ 어넌시에이터 : F

어넌시에이터는 사용자가 작성하는 설비의 이상, 고장 검출용의 프로그램에 사용하면 편리한 특수 릴레이이다.

고장 검출 프로그램에 어넌시에이터를 사용하여 특수 릴레이(SM62)가 ON되었을 때 특수 레지스터(SD62~79)를 모니터하면 설비를 이상, 고장 발생 유무(어넌시에이터 번호)를 확인할 수 있다.

⑧ 타이머 : T

시간처리 요소로 동작형태는 On딜레이 타이머이고, T문자로 식별되며 저속 타이머(100ms)와 고속타이머(10ms)로 분류되는데 고속타이머는 앞에 H를 붙이고 설정치 정수 앞에는 K를 붙여야 한다.

⑨ 적산 타이머 : ST

입력시간 합계를 누적처리하는 타이머로서 문자는 ST로 지정되며, 초기값은 0이므로 파라미터값으로 다른 워드 디바이스 값을 줄여서 사용 가능하다.

⑩ 카운터 : C

수(數)의 신호처리요소이고 식별문자는 C로 나타내며, 1,024개를 사용할 수 있다. 기능적으로는 가산 카운터이다.

⑪ 데이터 레지스터 : D

수치 정보나 비트 정보를 저장하는 메모리 요소로서 D로 지정한다.

(2) 입력모듈의 종류

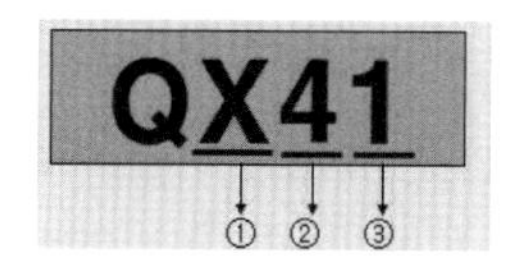

[그림 8-3] 입력모듈 형식번호

① 입력모듈을 표시함

② 입력모듈의 형식을 나타 냄

- 1 : AC 100V 입력모듈
- 2 : AC 200V 입력모듈
- 4 : DC 24V 싱크콤먼형 입력모듈
- 8 : DC 24V 소스콤먼형 입력모듈

③ 입력 점수를 나타 냄

- 0 : 16점 입력모듈
- 1 : 32점 입력모듈
- 2 : 64점 입력모듈

(3) 출력모듈의 종류

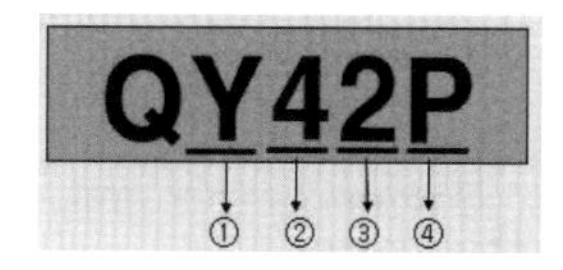

[그림 8-4] 출력모듈 형식번호

① 출력모듈을 표시함

② 출력모듈의 형식을 나타냄

- 1 : 릴레이 출력모듈
- 2 : 트라이액 출력모듈

- 4 : 트랜지스터 소스콤먼형 출력모듈
- 8 : 트랜지스터 싱크콤먼형 출력모듈

③ 출력 점수를 나타냄

- 0 : 16점 출력모듈
- 1 : 32점 출력모듈
- 2 : 64점 출력모듈

④ 프로텍터 내장형

02 멜섹 PLC 명령어의 종류

멜섹 PLC는 명령어를 시퀀스명령과 기본명령, 응용명령으로 구분하고 각각의 대표적 명령에는 다음과 같은 것들이 있다.

(1) 시퀀스명령

① 접점명령 : 연산시작, 직렬접속, 병렬접속 명령

② 결합명령 : 회로 블록의 접속, 연산결과의 펄스화, 연산결과의 저장명령

③ 출력명령 : 비트 다이스의 출력, 펄스출력, 출력 반전명령

④ 시프트 명령 : 비트 디바이스의 시프트

⑤ 마스터 컨트롤 명령

⑥ 종료명령

⑦ 기타명령 : 프로그램 정지, 무처리 등의 명령

(2) 기본 명령

① 비교연산 명령 : 데이터와 데이터간의 비교연산

② 데이터전송 명령 : 지정된 데이터의 전송

③ 산술연산 명령 : 데이터와 데이터간의 사칙연산

④ 데이터변환 명령 : 데이터와 데이터간 변환

⑤ 블록분기 명령 : 프로그램 점프

⑥ 프로그램 실행 제어명령 : 프로그램의 인터럽트 허가/금지

⑦ I/O 리플래시 명령 : 비트 디바이스의 리플래시

(3) 응용명령

응용명령에는 논리연산 명령, 로테이션 명령, 시프트 명령, 데이터 처리명령, 구조화 명령, 표시명령, 문자열 처리명령, 특수 함수명령 등이 있다.

1 접점명령

(1) 연산시작, 직렬접속, 병렬접속 명령

1) LD, LDI : 연산시작 명령

LD는 a접점 연산시작 명령으로 지정 디바이스의 On/Off 정보를 수신하여 연산결과로 한다.

LDI는 b접점 연산시작 명령으로 지정 디바이스의 On/Off 정보를 수신하여 연산결과로 한다.

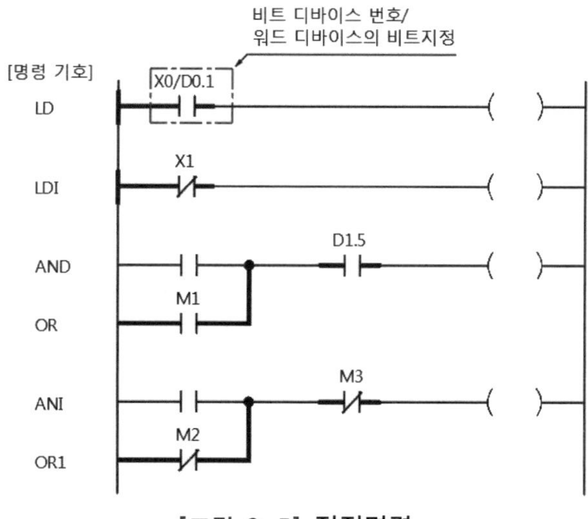

[그림 8-5] 접점명령

2) AND, ANI : 직렬접속 명령

AND는 a접점 직렬접속, ANI는 b접점 직렬접속 명령으로 지정 비트 디바이스의 On/Off 정보를 수신하여 이제까지의 연산결과와 AND연산을 실행하여 이 값을 연산결과로 한다.

3) OR, ORI : 병렬접속 명령

OR는 1개의 a접점 병렬접속, ORI는 1개의 b접점 병렬접속 명령으로, 지정 디바이스의 On/Off 정보나 워드 디바이스의 비트 지정시는 지정 비트의 정보를 수신하여, 이제까지의 연산결과와 OR결과를 실행하여 이 값을 연산결과로 한다.

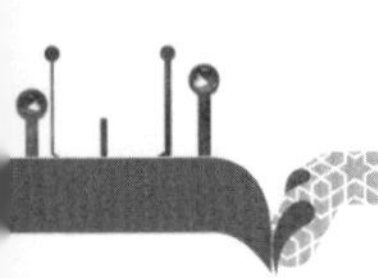

(2) 펄스연산 접점명령

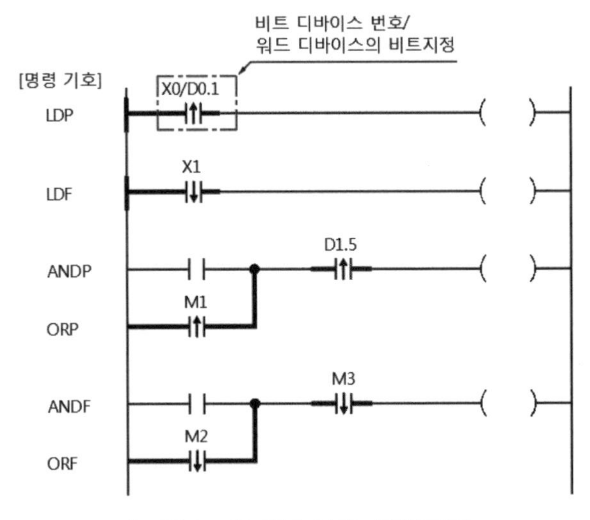

[그림 8-6] 펄스연산 접점명령

1) LDP, LDF : 펄스연산 시작명령

LDP는 펄스상승 연산시작 명령으로, 지정 비트 디바이스가 Off에서 On으로 변할 때 해당 출력을 1스캔 On하고, 워드 디바이스의 비트 지정시에는 지정이 0에서 1로 변화했을 때에만 On한다.

LDF는 펄스하강 연산시작 명령으로, 지정 비트 디바이스가 On에서 Off로 변할 때 해당 출력을 1스캔 On하고, 워드 디바이스의 비트 지정시에는 지정이 1에서 0으로 변화했을 때에만 On한다.

2) ANDP, ANDF : 펄스 직렬접속 명령

ANDP는 펄스상승 직렬접속 명령으로 지정된 디바이스가 Off에서 On으로 변할 때 1스캔 On시간만 전 단계 연산결과와 직렬처리(AND)하는 명령이다.

ANDF는 펄스하강 직렬접속 명령으로, 지정 비트 디바이스가 On에서 Off로 변할 때 1스캔 On시간만 전 단계 연산결과와 직렬처리(AND)하는 명령이다.

3) ORP, ORF : 펄스 병렬접속 명령

ORP는 펄스상승 병렬접속 명령으로 지정된 디바이스가 Off에서 On으로 변할 때 1스캔 On시간만 전 단계 연산결과와 병렬처리(OR)하는 명령이다.

ORF는 펄스하강 병렬접속 명령으로, 지정 비트 디바이스가 On에서 Off로 변할 때 1스캔 On시간만 전 단계 연산결과와 병렬처리(OR)하는 명령이다.

(3) 결합명령

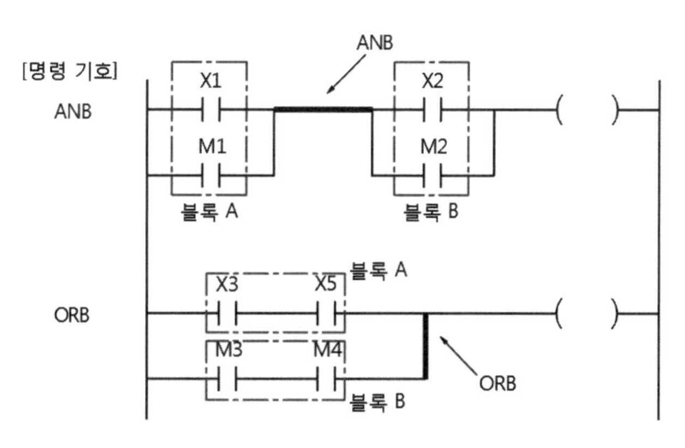

[그림 8-7] 결합명령

1) ANB : 회로블록 직렬접속 명령

2개의 병렬회로 A블록과 B블록을 직렬접속 연산하는 명령이다.

ANB 명령은 접점명령이 아니므로 데이터가 붙지 않는다.

ANB는 최대 사용횟수가 정해져 있으며, 최대 15명령(16블록)까지 사용 가능하다.

2) ORB : 회로블록 병렬접속 명령

2개의 직렬회로 A블록과 B블록을 병렬접속 연산하는 명령이다.

ORB는 2접점 이상의 회로블록을 병렬접속한다. 즉, 1접점만의 병렬접속은 OR이나 ORI 명령을 사용한다.

ORB 명령은 접점명령이 아니므로 데이터가 붙지 않는다.

ORB는 최대 사용횟수가 정해져 있으며, 최대 15명령(16블록)까지 사용가능하다.

(4) 반전명령

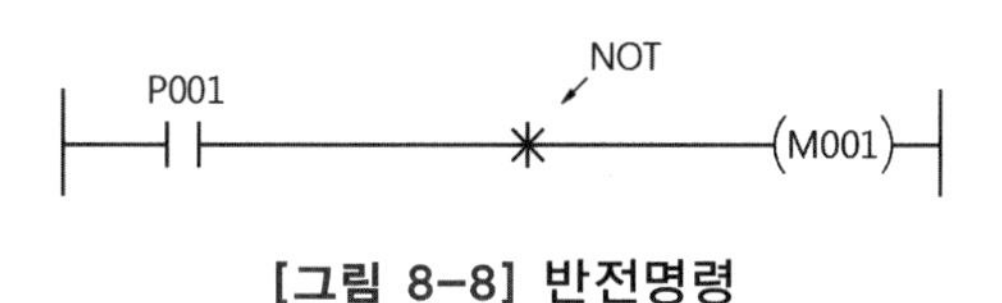

[그림 8-8] 반전명령

INV명령은 반전명령으로 이전까지의 연산결과를 반전시키는 명령이다.

INV명령은 LD나 OR의 위치에서는 사용할 수 없다.

2 출력명령

OUT 명령까지의 연산결과를 지정한 디바이스로 출력하는 명령이다.

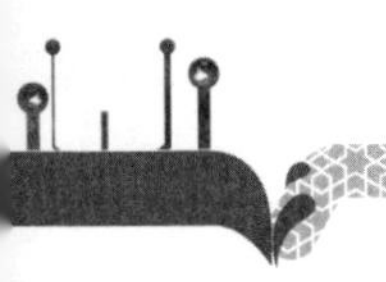

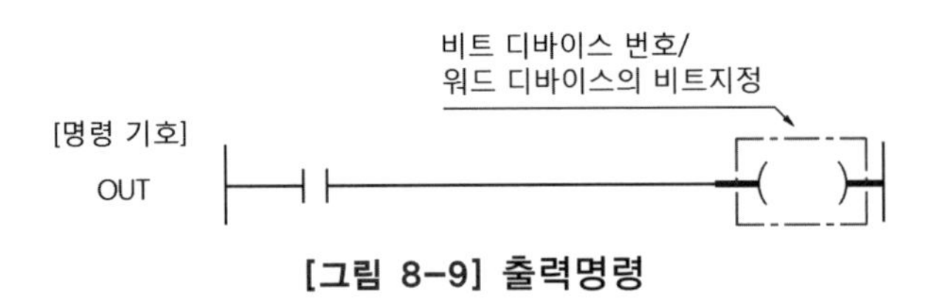

[그림 8-9] 출력명령

3 동작유지명령

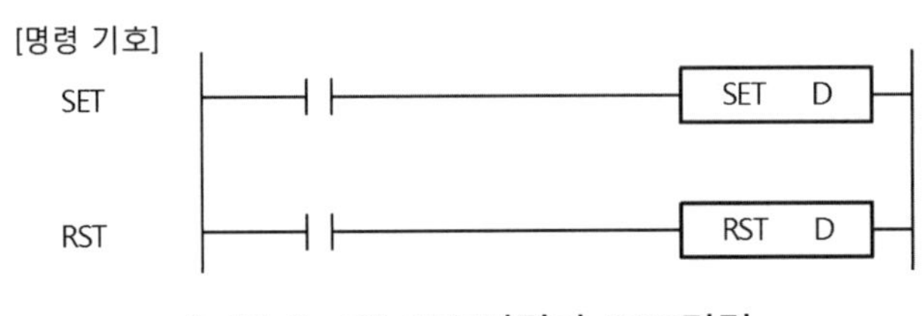

[그림 8-10] SET명령과 RST명령

(1) SET : 동작유지 출력명령

입력조건이 On되면 지정출력 디바이스를 On상태로 유지시키며, 입력조건이 Off되어도 출력은 On상태를 유지한다.

세트명령은 지속되지 않은 순간 입력신호의 기억회로에 사용된다.

SET명령으로 On된 접점은 RST명령으로만 Off시킬 수 있다.

(2) RST : 동작유지 해제명령

입력조건이 On되면 지정 출력접점을 Off상태로 유지시키며, 입력조건이 Off상태로 되어도 출력은 Off상태를 유지한다.

리셋(RST)명령은 타이머나 카운터의 초기화 명령으로 사용되기도 하고, 워드 디바이스비트를 지정한 경우는 지정비트를 0으로 한다.

4 펄스출력명령

(1) PLS : 펄스상승 출력명령

PLS 명령은 입력조건이 Off상태에서 On될 때 지정 디바이스를 1스캔 On시키는 명령이다.

신호가 Off에서 On으로 변화될 때 1회만 연산하는 처리의 지령신호로서 사용된다.

신호의 지속시간에 비해 출력의 동작시간이 길 때 펄스화된 신호로 변환하여 기동지령신호로 사용한다.

(2) PLF : 하강펄스 출력명령

PLF 명령은 입력조건이 On상태에서 Off될 때 지정접점을 1스캔 On시킨다.

하강펄스 출력명령은 신호의 Off시 One-Shot회로라고도 하며, 신호가 On에서 Off로 되는 타이밍으로 다음 동작제어의 지령을 내는 트리거 신호로 사용된다.

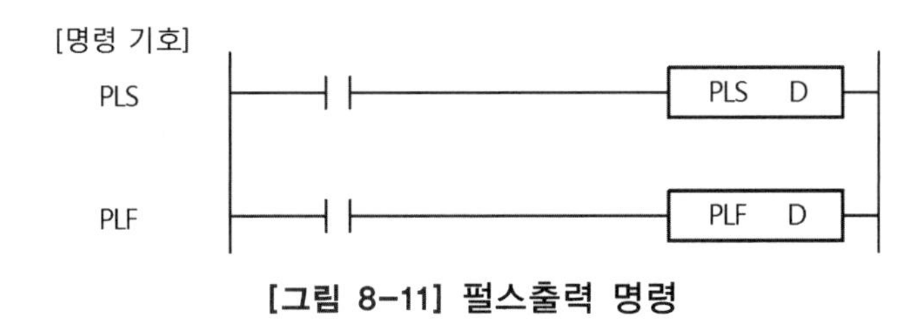

[그림 8-11] 펄스출력 명령

5 비트 디바이스 출력 반전명령

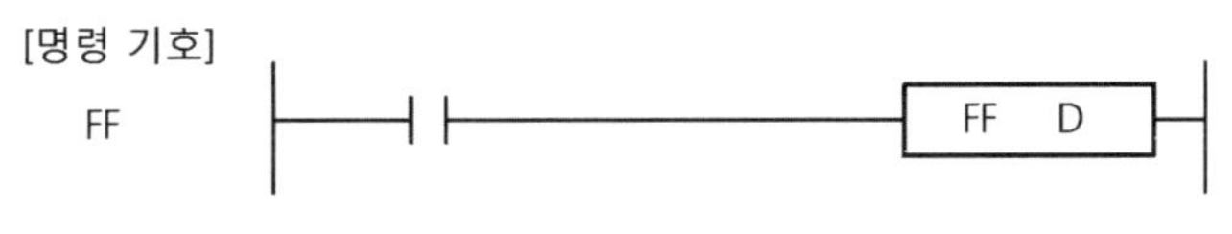

[그림 8-12] 비트 디바이스 출력 반전명령

비트 디바이스 출력 반전명령으로 FF로 표시하며, 입력접점이 Off에서 On으로 변화할 때 지정된 디바이스 상태를 반전시키는 명령이다.

FF의 출력명령은 출력 디바이스 Y, 보조 릴레이 M, K, L 등에 이용할 수 있으며, 입력 디바이스 X는 사용할 수 없다.

6 마스터컨트롤 명령

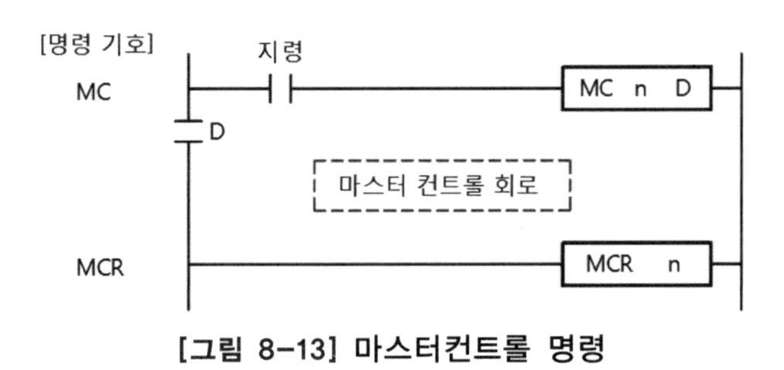

[그림 8-13] 마스터컨트롤 명령

공통 직렬접속 명령이라 한다.

MC의 입력조건이 On되면 MC 번호와 동일한 MCR 까지를 실행하고 입력조건이 Off하면 실행하지 않는다.

MC와 MCR은 반드시 쌍으로 사용하여야 한다.

네스팅(nesting)은 n0부터 n14까지 15까지 설정할 수 있다.

우선순위는 MC번호 0이 가장 높고 14가 가장 낮으므로 우선순위가 높은 순서로 사용하고 해제는 그 역순으로 해야 한다.

MCR명령이 1개소에 모여진 네스트 구조일 때는 가장 낮은 네스팅 번호 하나로 모든 마스터 컨트롤을 종료시킬 수 있다.

마스터 컨트롤 명령은 비상정지 명령이나 자동회로와 수동회로의 구분을 위해 블록 제어 명령으로 유효하다.

7 시프트 명령

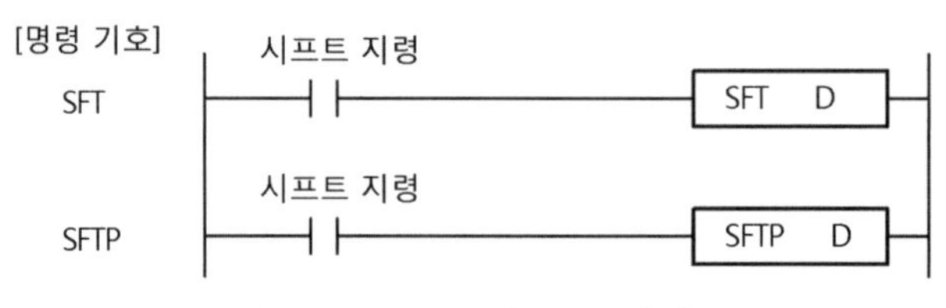

[그림 8-14] 시프트 명령

입력신호에 따라 지정된 디바이스는 한 개 적은 디바이스의 On/Off상태를 지정된 디바이스로 시프트하고, 한 개 적은 디바이스를 Off시킨다.

시프트할 선두 디바이스는 SET명령으로 On시켜야 한다.

연속으로 SFT, SFTP를 이용하여 프로그램 할 경우는 디바이스 번호가 큰 것부터 프로그램 해야 한다.

디바이스가 On되면 입력신호가 Off되어도 다음 스텝의 입력조건이 On되기 전까지 출력을 유지한다.

입력조건이 동시에 On되더라도 이전 스텝번호의 출력이 Off상태였다면 출력을 On시키지 않으며, 한 조 내에서는 반드시 한 스텝 번호만을 On시킨다.

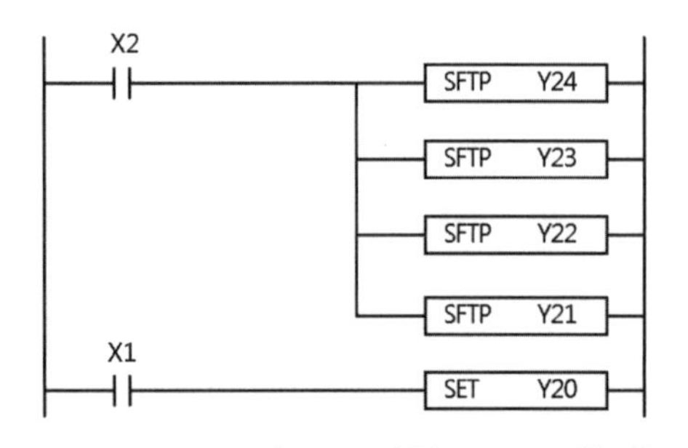

[그림 8-15] 시프트 명령 프로그램 예

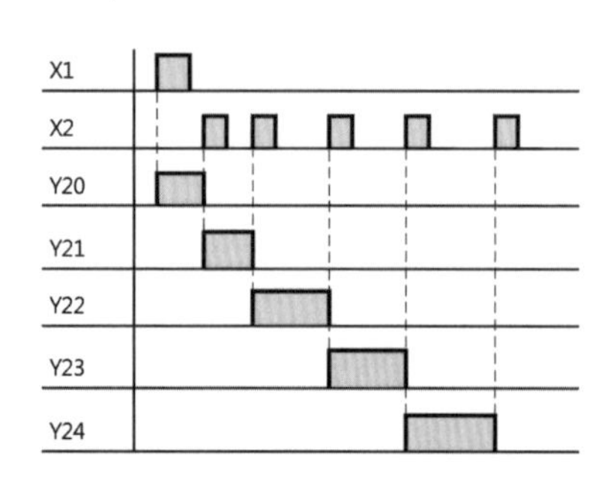

[그림 8-16] 그림 8-15의 타임차트

즉 시프트 명령에는 자기유지 기능과 보증의 인터록, 보호의 인터록 기능이 있어 동작순서가 정해져 있는 컨베이어 장치나 액추에이터 순차 동작회로에 적합한 명령이다.

8 타이머 명령

(1) 저속 타이머 : OUT T

OUT명령까지의 연산결과가 On일 때 타이머 코일이 On하여 설정값까지 카운트하고, 타임업 하면 a접점은 닫히고 b접점은 열리는 On 딜레이 동작기능의 타이머이다.

타이머의 시간값은 100ms이며, 설정값은 10진수이며 1부터 32767까지 지정할 수 있다.

(2) 고속 타이머 : OUTH T

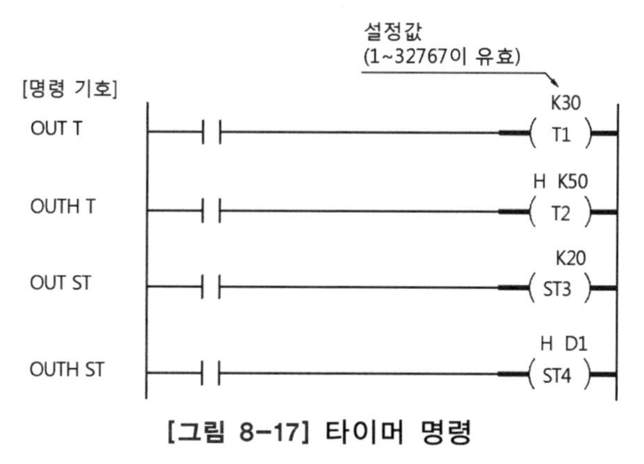

[그림 8-17] 타이머 명령

OUT명령까지의 연산결과가 On일 때 타이머 코일이 On하여 설정값까지 카운트하고, 타임업하면 a접점은 닫히고 b접점은 열리는 On 딜레이 동작기능의 타이머이다.

타이머의 초기 시간값은 10ms이며 파라미터에서 10ms부터 100ms까지 1ms 단위로 지정할 수 있으며, 설정값은 10진수이며 1부터 32,767까지 설정할 수 있다.

(3) 저속 적산타이머 : OUT ST

입력조건이 On된 시간을 누적하여 타이머의 설정시간에 도달하면 타이머 접점을 On시키는 명령이다.

즉 입력조건이 On되면 현재치가 증가하고, Off상태로 변환되면 현재치는 그 값을 유지한 상태로 정지되고, 다시 입력조건이 On되면 현재치는 누적되어 설정시간에 도달하면 출력접점을 On시킨다.

타임 업 이후 적산타이머의 현재값 클리어나 접점의 리셋은 RST명령으로 실행한다.

(4) 고속 적산타이머 : OUTH ST

저속 적산타이머와 기능은 같고 타이머의 설정값의 단위가 다를 뿐이다.

입력조건이 On된 시간을 누적하여 타이머의 설정시간에 도달하면 타이머 접점을 On시키는 명령으로 On 딜레이 동작의 타이머이다.

즉 입력조건이 On되면 현재치가 증가하고, Off상태로 변환되면 현재치는 그 값을 유지한 상태로 정지되고, 다시 입력조건이 On되면 현재치는 누적되어 설정시간에 도달하면 출력접점을 On시킨다.

타임 업 이후 적산타이머의 현재값 클리어나 접점의 리셋은 RST명령으로 실행한다.

9 카운터 명령 : OUT C

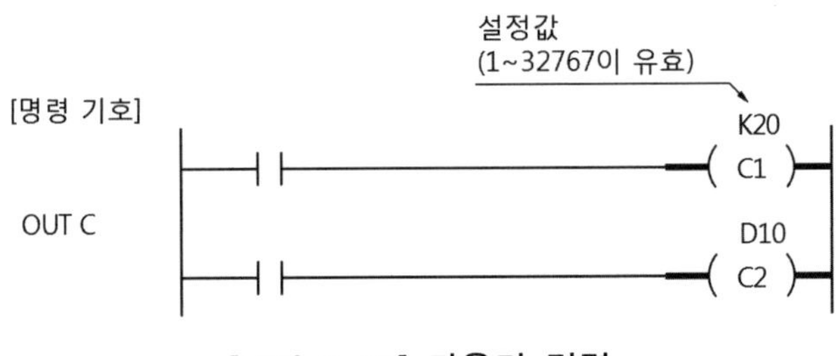

[그림 8-18] 카운터 명령

기능적으로 가산 카운터이다.

OUT명령까지의 연산결과가 Off에서 On으로 변화될 때마다 현재값을 +1씩 증가시켜 현재값이 설정값에 이르면 출력접점을 On시킨다.

연산결과가 On일 때는 카운트되지 않는다.

카운트 업 이후는 RST명령을 실행할 때까지는 카운트값이나 접점의 상태는 변화하지 않는다.

카운터의 설정값은 1부터 32,767까지 지정할 수 있다.

10 전송명령

(1) 전송명령의 문법

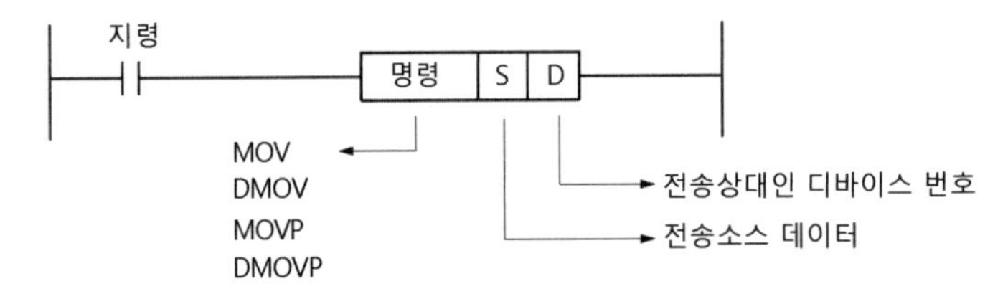

[그림 8-19] 전송명령 문법

데이터 레지스터나 타이머, 카운터의 현재값 또는 레지스터에 격납되어 있는 수치나 입출력 디바이스, 내부 데이터 등의 릴레이 조합으로 표현된 수치를 다른 요소사이에서 단순히 이동시키거나 정수로 기록하는 명령을 데이터 전송명령이라 한다.

그림 8-19는 데이터 전송명령의 문법형식으로 지령신호가 On되면 S로 지정된 영역의 데이터를 지정된 D영역으로 전송하는 명령이다.

S는 전송소스의 데이터값이나 데이터가 저장되어 있는 디바이스의 번호이고, D는 전송상대인 디바이스 번호가 된다.

데이터의 크기는 16비트이고, 32비트의 데이터를 전송시킬 때는 DMOV, DMOVP 명령을 사용한다.

MOVP나 DMOVP명령에서 P의 의미는 전송 입력명령이 Off에 On으로 변할 때 1스캔만 전송하는 명령이다.

데이터 전송명령은 데이터 영역에 특정 수치를 전송할 경우에 많이 쓰이며, PLC 내부 카운터 명령의 설정치나 타이머 명령의 설정치를 사용자가 직접 입력할 경우에도 많이 쓰인다.

(2) 전송명령의 예제

전송명령의 X1이 On될 때 정수 50을 D2번지에 저장하는 프로그램 예가 8-20이다.

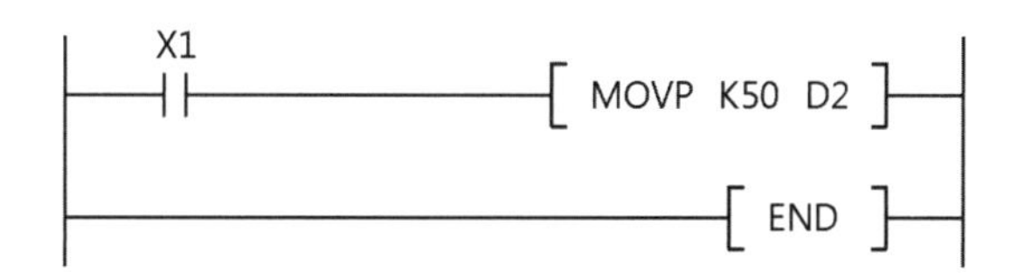

[그림 8-20] 전송명령의 회로 예

(3) 문자열 전송 : $MOV(P)

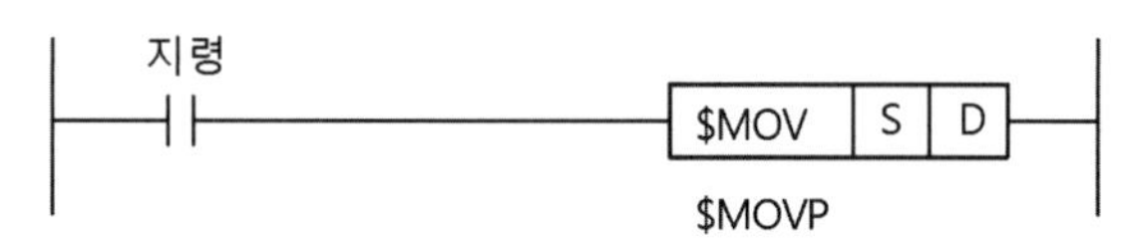

[그림 8-21] 문자열 전송명령의 문법

지령신호가 On되면 S로 지정된 디바이스 번호 이후에 저장되어 있는 문자열 데이터를 D로 지정된 디바이스 번호 이후로 전송하는 명령이다.

전송 문자열은 최대 16문자이고 S로 지정된 디바이스 번호부터 00H가 저장되어 있는 디바이스 번호까지 한 번에 문자열을 전송한다.

11 비교연산 명령

(1) LD 비교연산

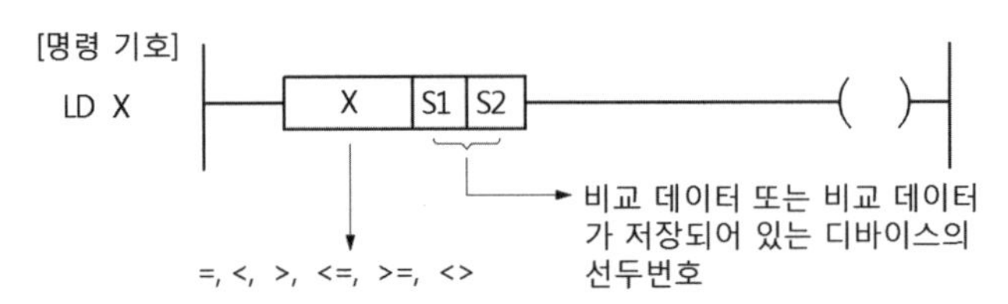

[그림 8-22] LD 비교연산 문법

LD 비교연산 명령은 S1로 지정된 16비트 데이터와 S2로 지정된 16비트 데이터의 크기를 비교하여 연산기호의 등호조건이 성립하면 이후의 코일을 On하고 이외의 연산결과는 Off한다.

등호조건에 따른 연산결과처리는 표 8-2와 같다.

[표 8-2] 등호 조건에 따른 연산결과

X 조건	조 건	연산결과
=	S1 = S2	On
< =	S1 ≤ S2	On
> =	S1 ≥ S2	On
< >	S1 ≠ S2	On
<	S1 < S2	On
>	S1 > S2	On

(2) AND 비교연산

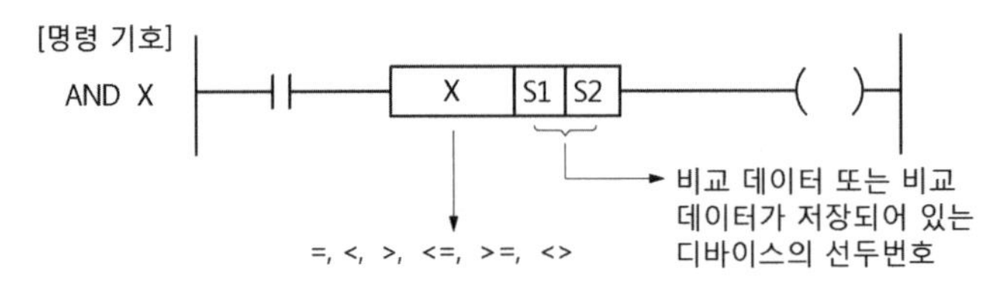

[그림 8-23] AND 비교연산 문법

AND 비교연산 명령은 S1로 지정된 16비트 데이터와 S2로 지정된 16비트 데이터의 대소를 비교하여 연산기호의 등호조건과 일치하면 On, 불일치하면 Off하여 이 결과와 이전의 연산결과를 AND하여 새로운 연산결과로 한다.

등호조건에 따른 연산결과는 표 8-2와 같다.

(3) OR 비교연산

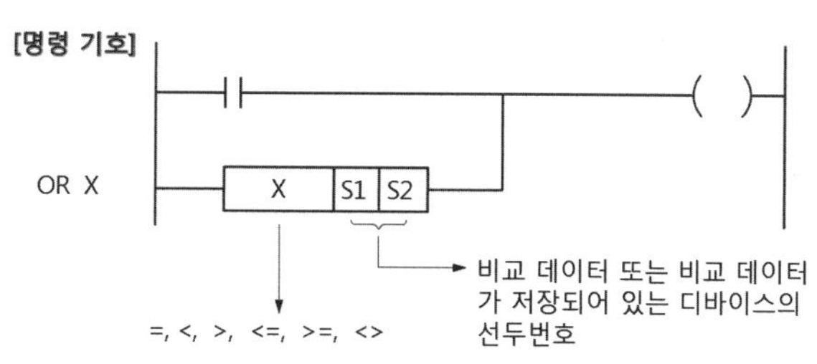

[그림 8-24] OR 비교연산 문법

OR 비교연산 명령은 S1로 지정된 16비트 데이터와 S2로 지정된 16비트 데이터의 대소를 비교하여 연산기호의 등호조건과 일치하면 On, 불일치하면 Off하여 이 결과와 현재의 연산결과를 OR하여 새로운 연산결과로 한다.

등호조건에 따른 연산결과는 표 8-2와 같다.

(4) 비교연산 명령 예제

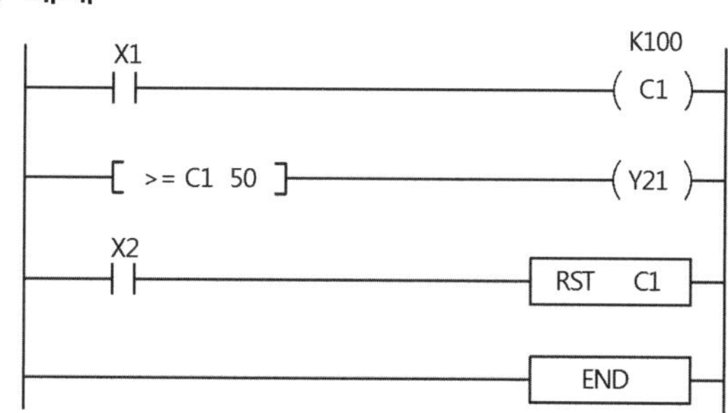

[그림 8-25] 비교연산 프로그램 예

제조라인에서 제품이 생산될 때마다 입력 X1의 신호에 의해 카운터 C1의 현재값이 +1씩 증가시키는데 카운터의 현재값이 50 이상이 되면 출력 Y21을 On시키는 프로그램은 그림 8-25와 같다.

12 산술연산 명령

(1) BIN 16비트 덧셈연산 : +, +P

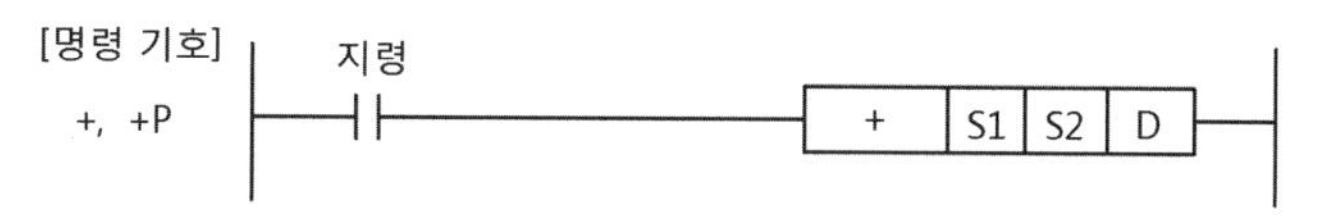

[그림 8-26] BIN 16비트 덧셈연산 명령 문법

그림 8-26은 BIN 16비트 덧셈연산 명령의 문법 형식으로 입력조건이 On되면 S1로 지정된 가산 대상 데이터 또는 가산 대상 데이터가 저장되어 있는 디바이스의 선두번

호와 S2로 지정된 가산 데이터 또는 가산 데이터가 저장되어 있는 디바이스의 선두번호의 데이터를 가산하여 그 결과를 D로 지정된 영역에 저장하는 명령이다.

(2) BIN 16비트 뺄셈연산 : -, -P

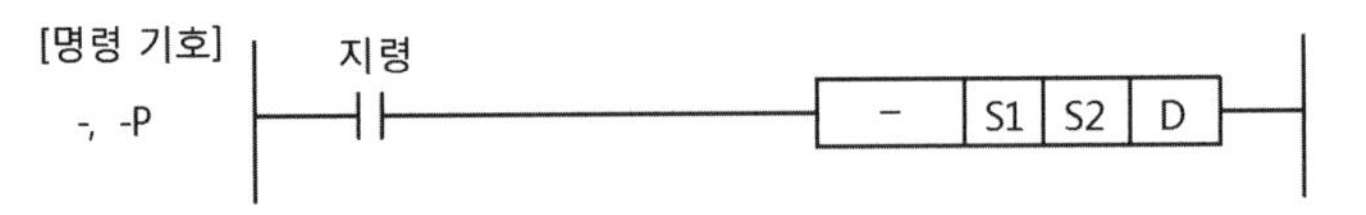

[그림 8-27] BIN 16비트 뺄셈연산 명령 문법

그림 8-27은 BIN 16비트 뺄셈연산 명령의 문법 형식으로 입력조건이 On되면 S1로 지정된 감산 대상 데이터 또는 감산 대상 데이터가 저장되어 있는 디바이스의 선두번호와 S2로 지정된 감산 데이터 또는 감산 데이터가 저장되어 있는 디바이스의 선두번호의 데이터를 감산하여 그 결과를 D로 지정된 영역에 저장하는 명령이다.

(3) BIN 16비트 곱셈연산 : ∗, ∗P

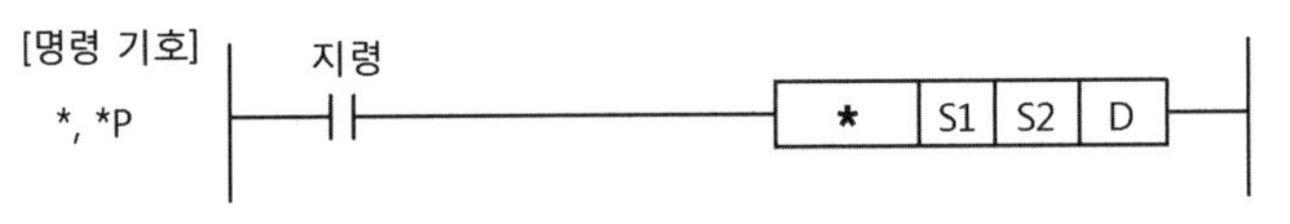

[그림 8-28] BIN 16비트 곱셈연산 명령 문법

그림 8-28은 BIN 16비트 곱셈연산 명령의 문법 형식으로 입력조건이 On되면 S1로 지정된 승산 대상 데이터 또는 승산 대상 데이터가 저장되어 있는 디바이스의 선두번호와 S2로 지정된 승산 데이터 또는 승산 데이터가 저장되어 있는 디바이스의 선두번호의 데이터를 승산하여 그 결과를 D로 지정된 영역에 저장하는 명령이다.

(4) BIN 16비트 나눗셈연산 : /, /P

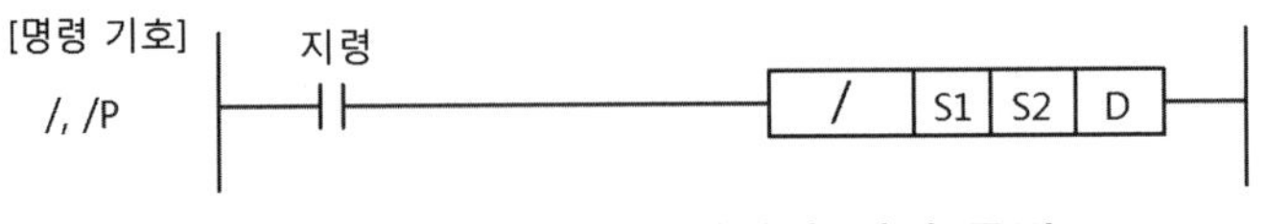

[그림 8-29] BIN 나눗셈연산 명령 문법

그림 8-29는 BIN 16비트 나눗셈연산 명령의 문법 형식으로 입력조건이 On되면 S1로 지정된 나눗셈 대상 데이터 또는 나눗셈 대상 데이터가 저장되어 있는 디바이스의 선두번호와 S2로 지정된 나눗셈 데이터 또는 나눗셈 데이터가 저장되어 있는 디바이스의 선두번호의 데이터를 나누어 그 결과를 D로 지정된 영역에 저장하는 명령이다.

한편 32비트 산술연산 명령에는 기호 앞에 D를 붙이며, BCD 4자리 산술연산 명령에는 기호 앞에 B를 붙여 구분하고 BCD 8자리 산술연산 명령에는 기호 앞에 DB를 붙여 구분한다.

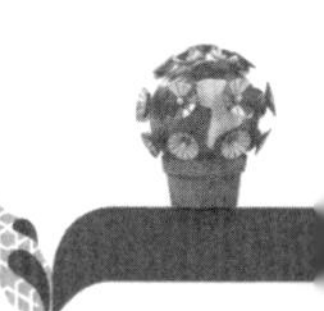

13 반복실행 명령 : FOR~NEXT

지정된 시퀀스 범위를 지정 횟수만큼 반복실행하는 명령을 반복실행 명령 또는 FOR~NEXT명령이고 하며, 시퀀스 일부가 동일한 동작으로 여러 번 실행하는 구간의 명령으로 유효하다.

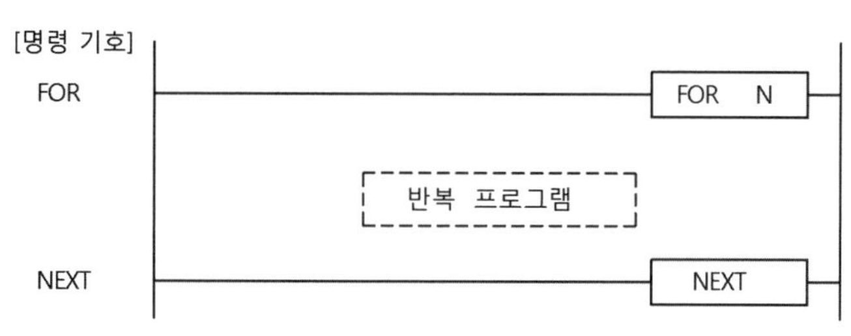

[그림 8-30] FOR-NEXT 명령 문법

PLC가 프로그램 연산 중에 FOR를 만나면 FOR부터 NEXT 명령까지의 프로그램을 지정횟수 n회를 실행한 후 NEXT 명령의 다음 스텝을 실행한다.

반복 동작횟수 n은 1부터 32767까지 지정할 수 있다.

하나의 프로그램에는 16회까지 FOR~NEXT를 사용할 수 있다.

FOR~NEXT를 빠져 나오는 다른 방법으로 BREAK명령을 사용할 수도 있다.

FOR~NEXT간의 프로그램을 실행하지 않을 때는 CJ, SCJ 명령으로 점프시킨다.

반복 실행명령의 예로 X1이 On일 때는 FOR~ NEXT 명령 구간을 실행하지 않고 P15라벨로 점프하며, X1 Off일 때는 FOR~NEXT 명령 구간을 5회 반복 실행하는 프로그램은 그림 8-31과 같다.

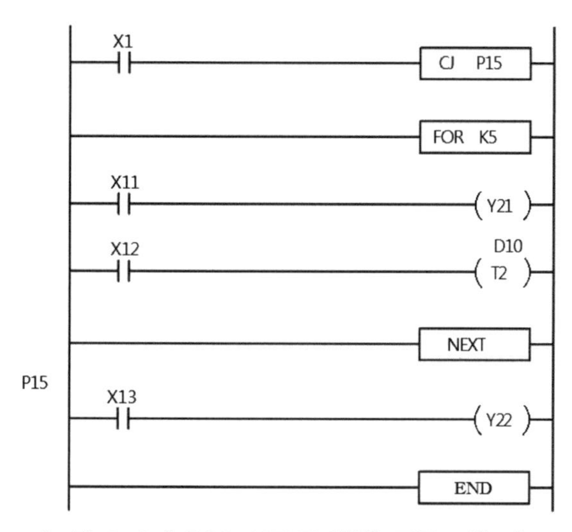

[그림 8-31] FOR-NEXT 명령 프로그램 예

14 분기명령 : CJ, SCJ, JMP

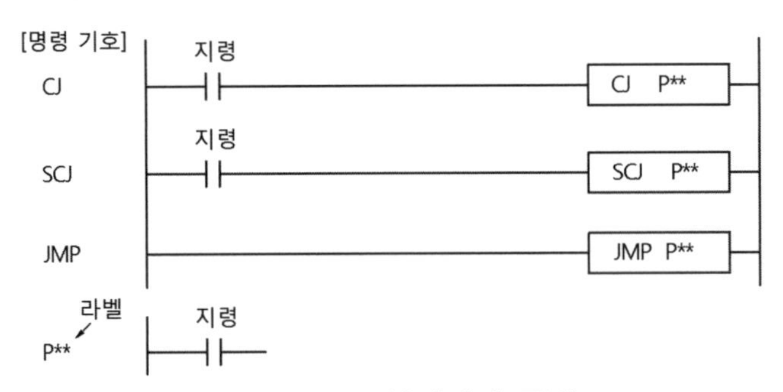

[그림 8-32] 분기명령 문법

일반적으로 점프명령이라고 부르는 분기명령은 시퀀스의 일부를 실행하지 않는 명령으로서 연산주기의 단축을 목적으로 사용되며, 기종에 따라서는 출력 코일의 이중 출력이 가능하기도 한다.

분기명령은 비상사태 발생시 처리해서는 안되는 프로그램이나 특정한 상황에서 처리하지 말아야 하는 프로그램 등에 사용한다.

그림 8-32는 분기명령의 프로그램 문법으로 CJ명령의 입력조건이 On하면 동일 프로그램 파일 내에 지정된 포인터 번호의 프로그램을 실행하는 명령이다.

CJ 명령은 중복 사용 가능하지만 점프할 위치의 라벨은 중복 사용할 수 없다.

SCJ 명령은 점프지령이 Off에서 On으로 변환한 다음의 스캔에서 동일 프로그램 파일 내에 지정된 포인터 번호의 프로그램을 실행하는 명령이다.

분기명령의 프로그램 예를 그림 8-33에 나타냈으며, X1이 On하면 P11의 라벨로 점프하고 CJ명령이 실행 중에는 X2와 X3이 On, Off해도 Y21, Y22는 변화하지 않는다.

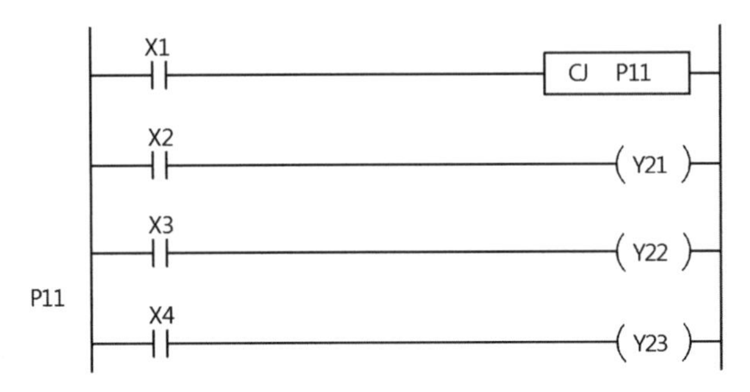

[그림 8-33] 분기명령 프로그램 예

03 GX Works2 프로그램 설치와 사용법

1 소프트웨어 설치

미쓰비시사 멜섹 PLC의 프로그램의 입력이나 수정, 모니터링 등을 위해서는 멜섹용 프로그램을 PC에 설치하고 그 사용법을 숙지해야 한다.

멜섹용 프로그램 소프트웨어는 80년대는 GPP라는 전용 프로그래밍 툴을 사용했고 그 이후에는 GX Developer를 사용하다가 GX Works, GX Works2로 업그레이드되었으며, 여기서는 Works2를 사용하여 프로그램을 작성하고, 모니터링, 시뮬레이션 등을 설명한다.

GX Works2의 소프트웨어는 한국미쓰비시전기 오토메이션 홈페이지에서 회원가입 후 다운받을 수 있으며, 그 외에도 ㈜다우에프에이 홈페이지에서도 다운받을 수 있다.

2 화면의 구성과 기능

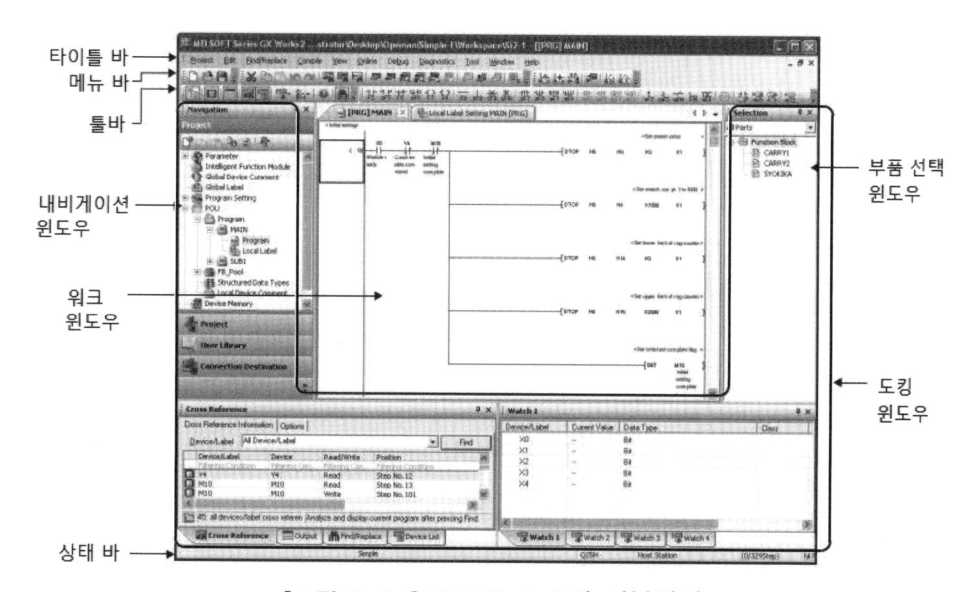

[그림 8-34] GX Works2의 기본화면

화면의 구성은 다음과 같다.

① 타이틀 바 : 프로젝트 명이 표시된다.
② 메뉴 바 : 각 기능을 실행하는 메뉴가 표시된다.

③ 툴 바 : 각 기능을 실행하는 툴 버튼이 표시된다.
④ 워크 윈도우 : 프로그래밍, 파라미터 설정, 모니터 등을 실행하는 화면이다.
⑤ 내비게이션 윈도우 : 프로젝트 내용이 트리 형식으로 표시된다.
⑥ 부품 선택 윈도우 : 프로그램 작성용 부품(펑션 블록 등)이 일람 형식으로 표시된다.
⑦ 아웃풋 윈도우 : 컴파일이나 체크 결과가 표시된다.
⑧ 디바이스 사용 리스트 윈도우 : 디바이스 사용 리스트가 표시된다.
⑨ 감시 윈도우 : 디바이스의 현재값을 모니터하거나 변경하는 화면이다.
⑩ 상태 바 : 편집 중인 프로젝트에 관한 정보가 표시된다.

3 래더 편집화면의 구성

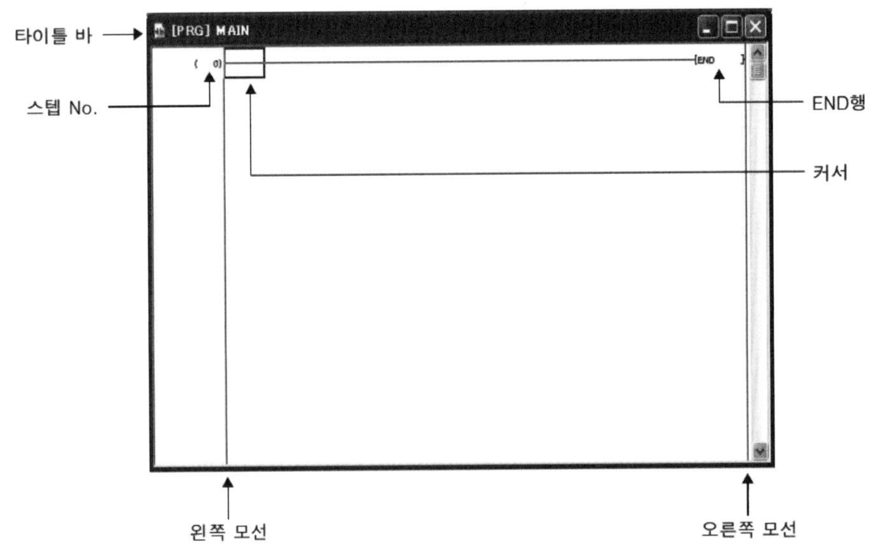

[그림 8-35] 래더 입력용 화면

① 타이틀 바 : 열려있는 데이터의 형식, 데이터 명, 상태 등이 표시된다.
② 스텝 No : 래더 블록의 선두 스텝 번호가 표시된다.
③ 커서 : 편집 대상이 되는 위치를 표시한다.
④ 왼쪽 모선과 오른쪽 모선 : 래더 프로그램의 모선이다.
⑤ END : 래더 프로그램의 최후를 나타낸다. END행 아래로는 프로그램을 작성할 수 없다.

4 새 프로젝트 작성하기

프로젝트를 새로 만든다.

[순서]
메뉴 [Project] – [New Project]를 선택한다.

[대화상자 설명]

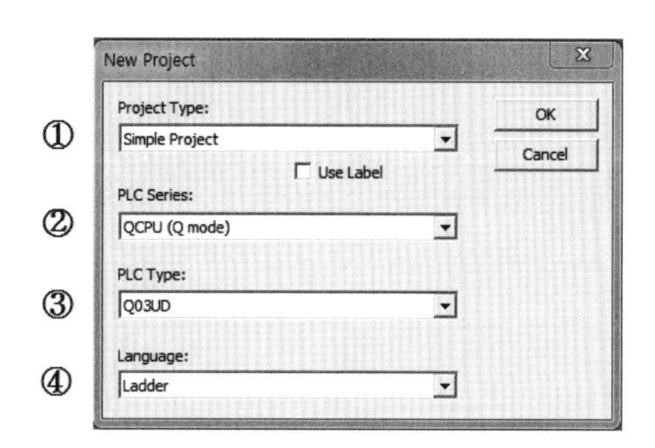

[그림 8-36] 새 프로젝트 설정 대화상자

① **프로젝트 종류** : 심플 프로젝트와 구조화 프로젝트를 선택한다.
심플 프로젝트는 미쓰비시 PLC의 CPU 명령을 사용하여 작성하는 단독 프로그램을 말하며, 구조화 프로젝트란 프로그램 파일 안에 태스크를 나누고 다시 프로그램을 그룹으로 나누어 구조화, 계층화하는 형태를 말한다.

② **PLC 시리즈** : 멜섹 PLC 종류를 선택한다.

③ **PLC 타입** : CPU 형식을 설정한다.

④ **언어** : 프로그램에 사용할 언어를 선택한다.

5 래더언어 회로 입력

편집		툴바	단축 키
래더 기호	a 접점	F5	F5
	a 접점 OR	sF5	Shift + F5
	b 접점	F6	F6
	b 접점 OR	sF6	Shift + F6
	코일	F7	F7
	응용 명령	F8	F8
	상승펄스	sF7	Shift + F7
	하강펄스	sF8	Shift + F8
	상승펄스 OR	aF7	Alt + F7
	하강펄스 OR	aF8	Alt + F8
	상승펄스 부정	saF5	Shift + Alt + F5
	하강펄스 부정	saF6	Shift + Alt + F6
	상승펄스 부정 OR	saF7	Shift + Alt + F7
	하강펄스 부정 OR	saF8	Shift + Alt + F8
	연산 결과 상승펄스화	aF5	Alt + F5
	연산 결과 하강펄스화	caF5	Alt + Ctrl + F5
	연산 결과 반전	caF10	Alt + Ctrl + F10

[그림 8-37] 래더기호 편집 도구 모음

래더 언어 프로그램은 릴레이 논리 다이어그램에서 사용되는 코일이나 접점 등의 그래픽 기호를 통하여 PLC 프로그램을 표현한다.

래더 편집요소의 입력은 래더 도구모음에서 입력할 요소를 선택한 후 지정한 위치에서 마우스를 클릭하거나 단축키를 눌러 시작한다.

(1) 접점 입력

접점(평상시 열린접점, 평상시 닫힌접점, 양변환 검출접점, 음변환 검출접점)을 입력한다.

[순서]

① 도구모음에서 접점을 선택한 후 입력하고자 하는 위치에 클릭하면 선택된 명령기호와 디바이스 입력 대화창이 열린다.

② 대화창에서 디바이스를 입력한 후 확인을 누르거나 엔터키를 입력한다.

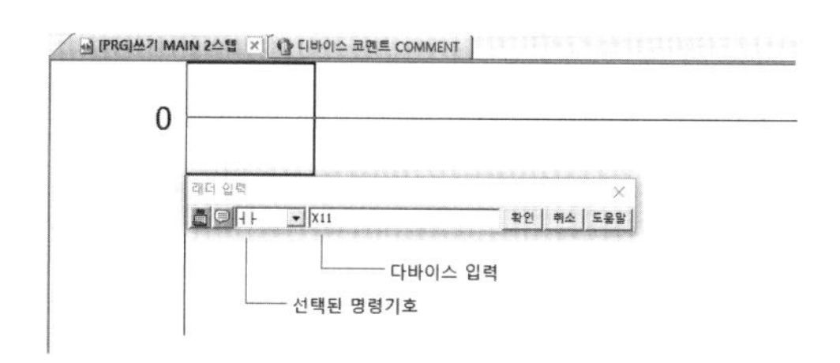

[그림 8-38] 접점 입력화면

(2) OR접점 입력

OR접점(평상시 열린 OR접점, 평상시 닫힌 OR접점, 양변환 검출 OR접점, 음변환 검출 OR접점)을 입력한다.

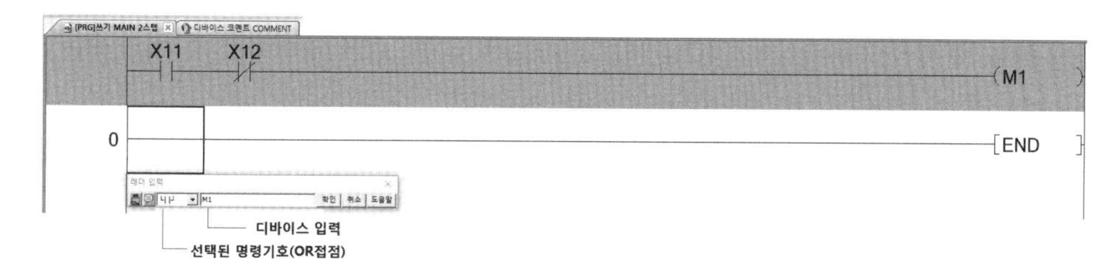

[그림 8-39] OR접점 입력화면

[순서]

① OR접점을 연결하고자 하는 위치로 커서를 이동시킨다.
② 도구모음에서 입력할 접점의 종류를 선택하거나, 또는 입력하고자 하는 OR접점에 해당하는 단축키(SF5, SF6, AF7, AF7, SAF7, SAF8)를 누른다.
③ 디바이스 입력 대화상자에서 디바이스 명을 입력한 후 확인을 누른다.

(3) 코일명령 입력

코일(코일, 역코일, 양변환 검출코일, 음변환 검출코일)을 입력한다.

[순서]

① 코일을 입력하고자 하는 위치로 커서를 이동시킨다.
② 도구모음에서 코일명령을 선택하거나, 또는 코일에 해당하는 단축키(F7)를 누른다.
③ 디바이스 입력 대화상자에서 디바이스 명을 입력한 후 확인을 누른다.

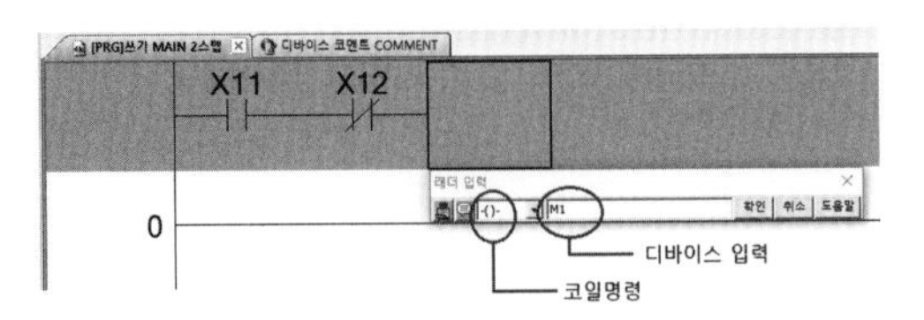

[그림 8-40] 코일명령 입력화면

(4) 타이머 명령어 입력

타이머 명령을 입력한다.

[순서]

① 명령을 입력할 위치로 커서를 이동시킨다.

② 도구모음에서 코일명령을 선택하거나, 또는 코일에 해당하는 단축키(F7)를 누른다.

③ 입력 대화상자에서 타이머 코일번호, 문자 K와 시간 설정값 순서로 입력한 후 확인을 누른다.

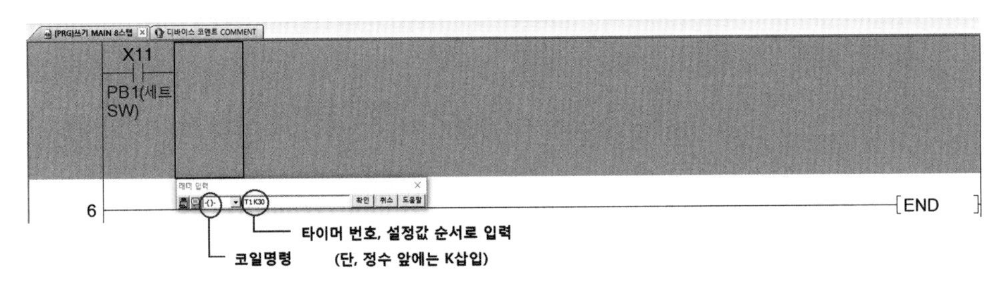

[그림 8-41] 타이머 명령 입력화면

(5) 카운터 명령어 입력

카운터 명령을 입력한다.

[순서]

① 명령을 입력할 위치로 커서를 이동시킨다.

② 도구 모음에서 코일명령을 선택하거나, 또는 코일에 해당하는 단축키(F7)를 누른다.

③ 입력 대화상자에서 카운터 번호, 문자 K와 설정값 순서로 입력한 후 확인을 누른다.

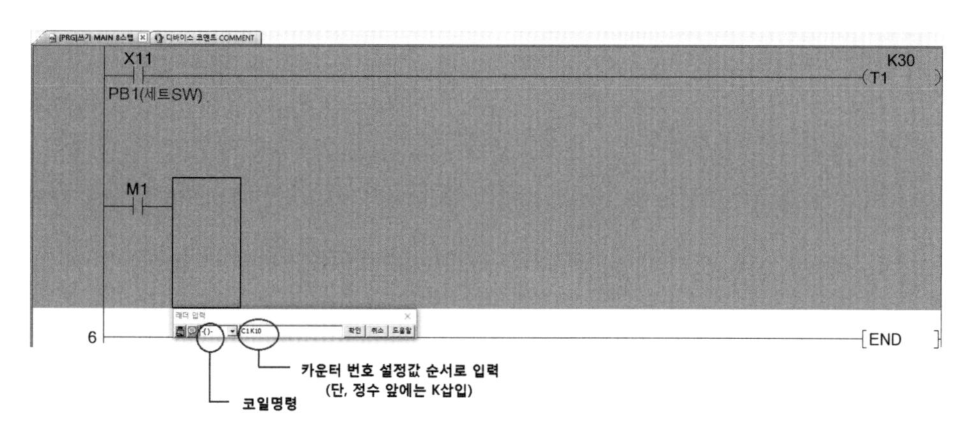

[그림 8-42] 카운터 명령 입력화면

04 자기유지 회로 실습

PLC 기종이나 제조사마다 차이점을 이해하기 위해 앞서 LS 산전(LS Electric)사의 XGT PLC에서 실습한 회로와 같은 회로를 실습해 보기로 한다.

자기유지 회로는 기동신호가 On되면 출력을 On시키고 기동신호가 Off되어도 정지 신호가 On될 때까지 출력을 유지시키는 회로를 말하며, 실제 회로의 대부분은 자기유지 회로이다.

그림 8-43는 릴레이에 의한 자기유지 회로이며, 이 회로를 멜섹 PLC로 프로그래밍 순서에 따라 실습한다.

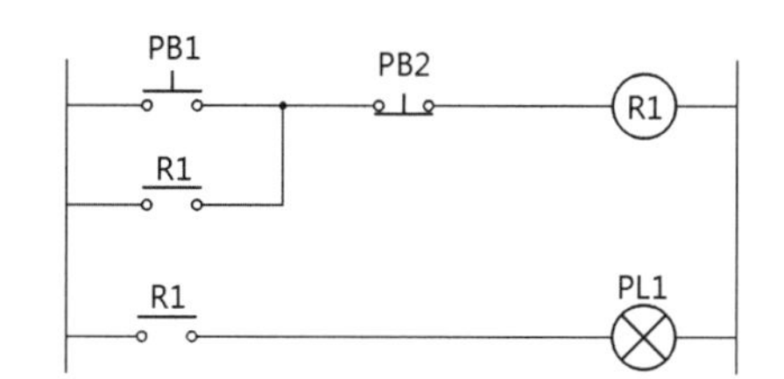

[그림 8-43] 릴레이의 자기유지 회로

1 입출력 할당

실습을 위해 트레이너에 장착된 PLC 기종을 확인하고 입출력 어드레스를 확인한다.

여기서는 멜섹 Q시리즈 Q03UDV CPU(입력 어드레스 : X010~X01F, 출력 어드레스 : Y030~P03F) 모델로 할당한다.

그림 8-43의 회로에서 외부입력은 PB1과 PB2이며, 외부출력은 PL1이므로 다음 표 8-3과 같이 할당한다.

[표 8-3] 자기유지 회로의 입출력 할당표

입력 할당				출력 할당			
번호	입력기기명	문자기호	할당 번호	번호	출력기기명	문자기호	할당 번호
1	세트 스위치	PB1	X011	1	운전 표시등	PL1	Y031
2	리셋 스위치	PB2	X012				

2 입출력 배선도 작성

입출력 할당표를 토대로 입출력 배선도(I/O배선도)를 작성한다.

그림 8-44이 자기유지 회로의 입출력 배선도이다.

입출력 배선도에 사용한 PLC의 입력모듈은 DC24V 싱크콤먼형 32점으로 0번 슬롯에 장착되어 어드레스는 X000에서 X01F까지이나 X000부터 X00F까지는 다른 기기가 접속되어 있어 X010번지부터 사용한 접속도이다.

출력모듈은 트랜지스터(TR) 소스콤먼형 32점 출력모듈로서 1번 슬롯에 장착되어 있어 어드레스가 Y020부터 Y03F까지인데 입력과 마찬가지로 Y020부터 Y030까지 다른 기기가 접속되어 있어 Y030번지부터 사용한 접속도이다.

마지막 P24V 결선은 증폭소자인 TR의 전원용이다.

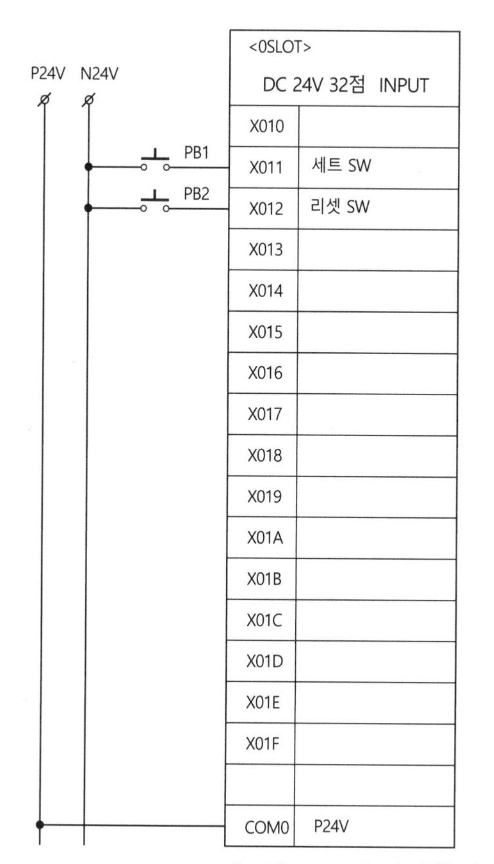

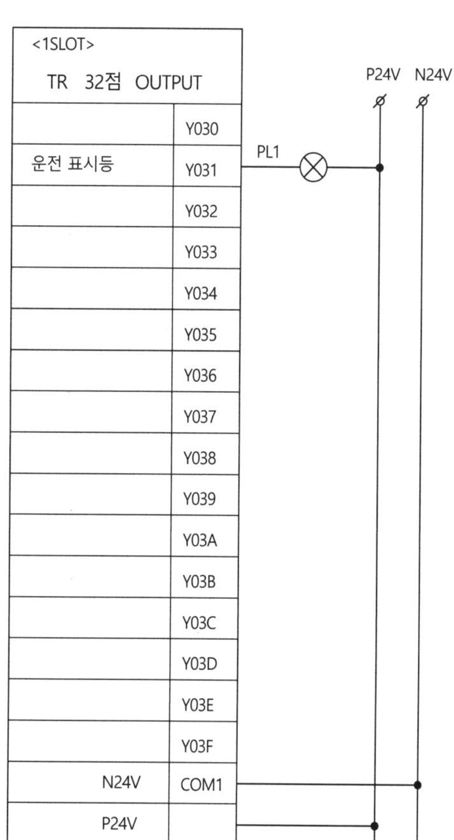

[그림 8-44] 자기유지 회로의 입출력 배선도

3 프로그램 입력

[순서]

① 바탕화면의 GX Works2 아이콘을 클릭하여 실행한다.

② [프로젝트] 메뉴에서 새 프로젝트를 선택하여 대화창에서 프로젝트 종류에서 심플 프로젝트, PLC 시리즈 항에서 QCPU(Q mode), PLC 기종 항에서 Q03UD, 프로그램언어에서 래더를 선택하고 확인(OK)을 누른다.

③ 내비게이션 윈도우 창에서 글로벌 디바이스 코멘트를 눌러 그림 8-45과 같이 입출력 할당내역의 변수를 등록한다.

④ 내비게이션 윈도우 창에서 프로그램 메인을 클릭하여 프로그램을 입력한다.

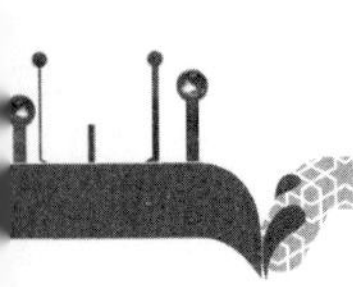

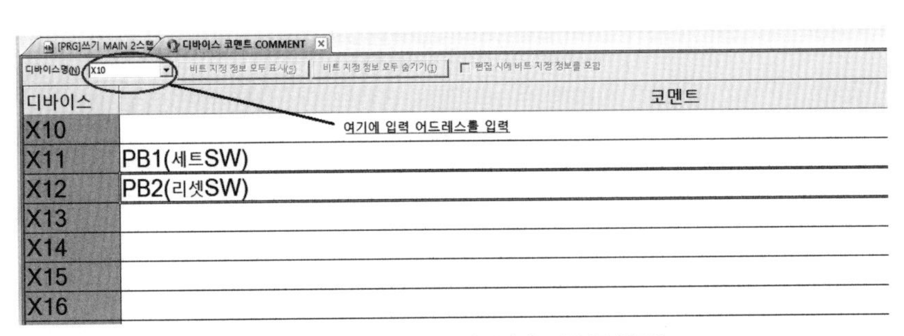

[그림 8-45] 글로벌 변수 등록화면

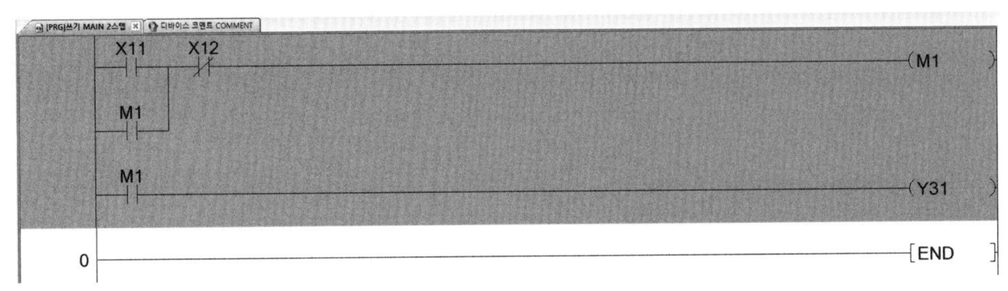

[그림 8-46] 프로그램 입력화면

⑤ 프로그램을 입력하고 컴파일 메뉴의 변환명령을 실행한다. 그림 8-47이 변환 실행 상태이다.

[그림 8-47] 컴파일 실행화면

4 프로그램 쓰기

[순서]

① GX Works2로 작성된 프로그램을 PLC의 메모리에 쓰기(다운로딩) 하려면 PC와 PLC간 통신이 이루어져야 한다.

② 내비게이션 윈도우 창의 접속대상 뷰를 클릭하면 그림 8-48과 같은 대화창이 나타난다.
여기서 PC측과 PLC측의 통신 방식을 선택하고, 네트워크 통신경로를 지정한다.

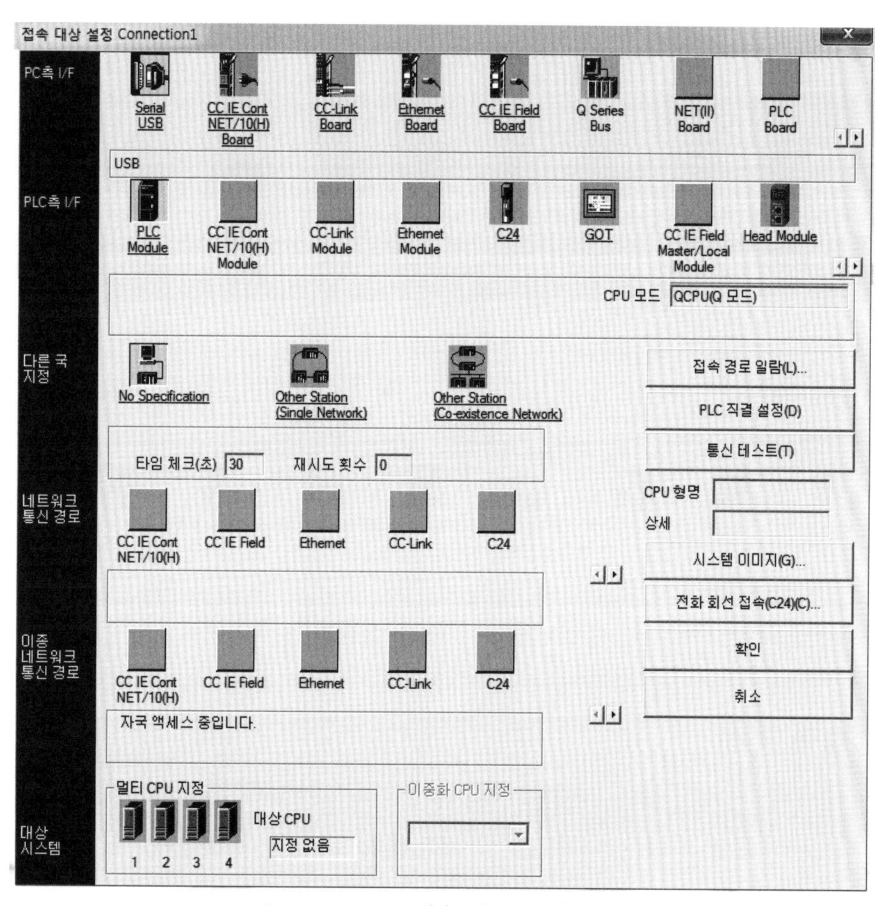

[그림 8-48] 접속설정 실행화면

③ 온라인 메뉴의 쓰기를 누르면 그림 8-49의 대화창이 열리는데 편집 중인 데이터를 선택하고 실행키를 눌러 프로그램을 PLC로 전송한다.

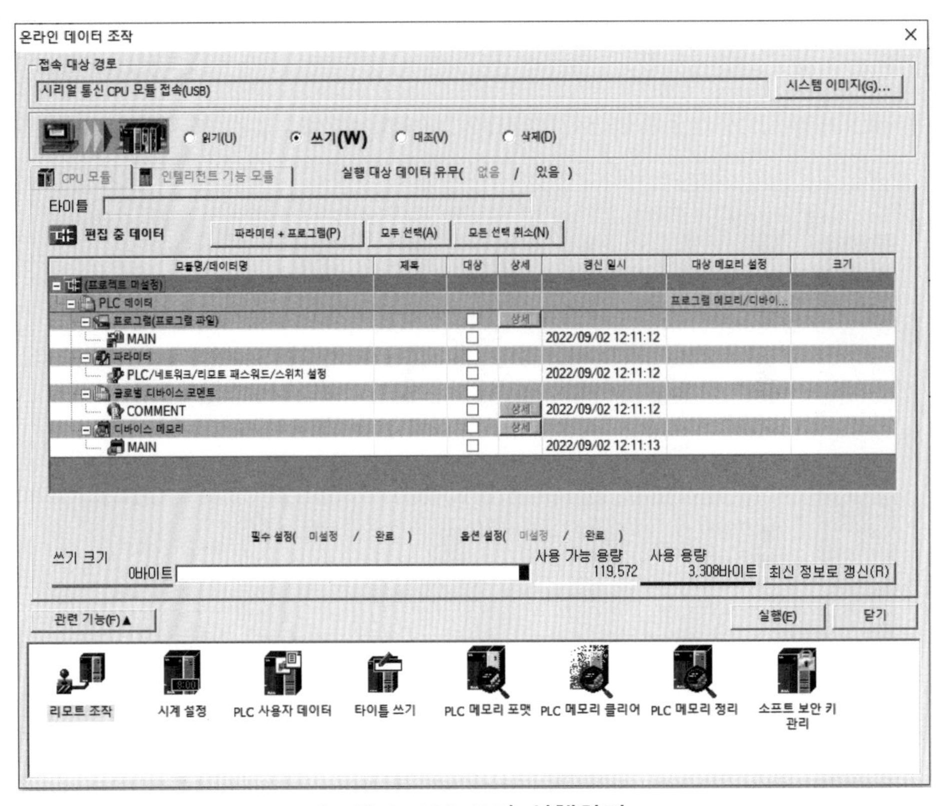

[그림 8-49] 쓰기 실행화면

5 입출력 배선

입출력 배선도를 보고 PLC 배선을 실시한다. 배선순서는 반드시 지켜져 있는 것은 아니며, 현장 상황에 따라 달라질 수 있으나 다음 순서로 하면 극성의 실수없이 비교적 빠르게 실시할 수 있다.

① 입력모듈의 콤먼배선을 한다.(COM0에 P24V)
② 입력기기간 공통배선을 한다.(PB1과 PB2의 좌측 N24V)
③ 입력기기와 입력모듈간 배선을 한다.(PB1의 오른쪽 단자와 X011단자, PB2의 오른쪽 단자와 X012 단자측 N24V)
④ 출력모듈의 콤먼배선을 한다.(COM1에 N24V)
⑤ 출력모듈과 출력기기간 배선을 한다.(Y031단자와 PL1 오른쪽 단자간 N24V)
⑥ 출력기기간 공통배선을 한다.(PL1 왼쪽 단자에 P24V)
⑦ 출력모듈 하단에 증폭소자용 전원 P24V를 연결한다.

6 시운전과 모니터링

PLC를 운전모드(RUN)로 전환한다.

PB1을 눌러(On) 운전표시등 PL1이 점등되는지 확인한다.

PB1에서 손을 떼도 운전 표시등(PL1)이 계속 점등되는지 확인한다.

내부 릴레이의 동작상태는 [온라인] 메뉴에서 모니터 시작을 누르면 화면상에서 확인할 수 있다.

PB2를 눌러 자기유지가 해제되어 PL1이 소등되는지 확인한다.

7 소프트웨어 시뮬레이션

실습용 트레이너가 없을 때는 소프트웨어 시뮬레이션 기능을 사용하여 회로를 테스트 할 수 있다.

[순서]

① [디버그] 메뉴에서 시뮬레이션 시작 명령을 클릭한다.

② 가상 PLC에 쓰기를 하고 시뮬레이션 표시창이 뜨면서 모니터 모드로 전환된다.

③ On/Off할 디바이스의 위치에 커서를 두고 [디버그] 메뉴에서 현재값 변경(Modify value) 명령을 실행하면 대화창이 열린다.

④ PB1의 X11을 On시키면 그림 8-50과 같이 내부 릴레이 M1이 On되고 출력 Y31번이 On되고 있음을 표시하고 있다.

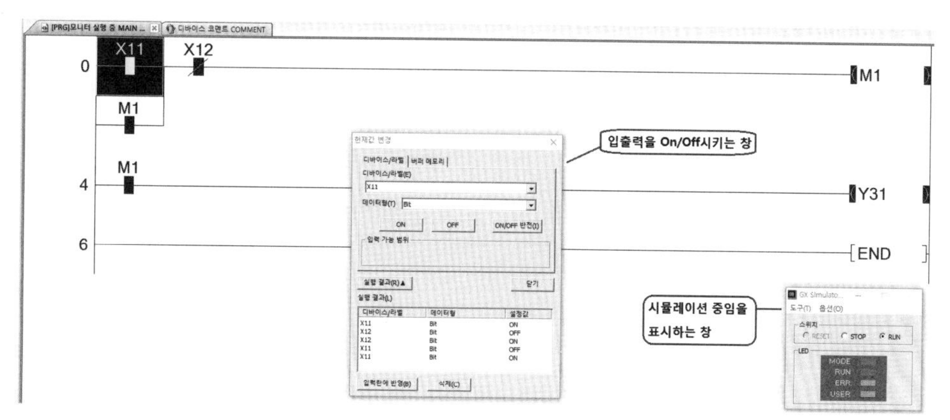

[그림 8-50] 시뮬레이션 실행화면

8 PLC 출력요소 접점으로 자기유지시킨 회로

PLC는 출력요소로 사용하는 코일, 즉 외부출력, 내부 릴레이, 타이머, 카운터 등의 요소는 접점으로 얼마든지 사용할 수 있다.

때문에 릴레이 회로와 같이 자기유지를 위해 반드시 내부 릴레이를 사용할 필요가 없다.

즉 그림 8-51 화면 그림과 같이 출력요소 Y31로 자기유지를 할 수 있으며, 이 방법이 프로그램 어드레스를 줄여 스캔타임이 짧아지며, 내부 릴레이는 다른 용도로 사용 가능하기 때문에 여러모로 이점이 있다.

[그림 8-51] 출력접점으로 자기유지 시킨 회로

9 세트명령을 이용한 자기유지 회로

대부분의 PLC는 동작유지 명령인 SET명령과 RST명령 기능을 내장하고 있으므로 출력요소의 접점을 병렬로 연결하지 않아도 자기유지 시킬 수 있다.

PLC 프로그래머에 따라서는 세트명령을 이용하여 자기유지 시키는 경우가 많으며, 그림 8-52의 화면은 세트코일과 리셋코일을 사용하여 자기유지 회로를 구성한 것이다.

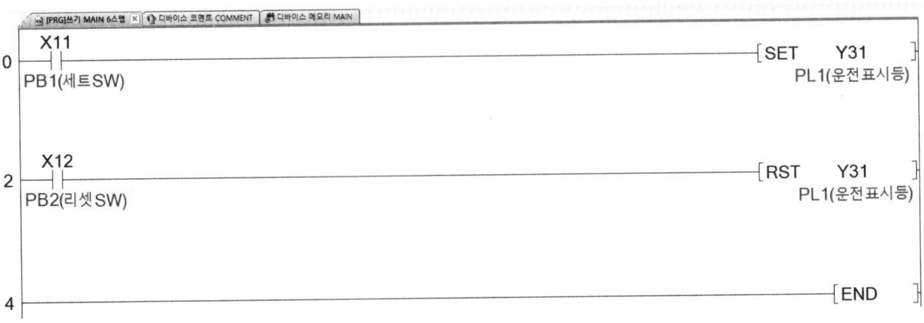

[그림 8-52] 세트명령으로 자기유지 시킨 회로

05 One Button회로 실습

명령입력 신호가 Off에서 On되면 출력요소가 On되고, 명령입력 요소가 Off되어도 출력요소는 On상태를 유지하며, 다시 명령입력 요소가 On되면 출력요소가 Off되는 회로를 Push On/Push Off회로 또는 One Button회로라고 한다.

운전 스위치와 정지 스위치에 의한 운전-정지 회로보다 한 개의 스위치로 운전-정지가 가능하기 때문에 기기의 수를 절약하고, 그로 인한 입력점수도 절약되며 스위치가 많은 조작반에서는 조작의 오류도 감소시킬 수 있는 장점이 있다.

그림 8-53가 논리에 의한 One Button회로이다.

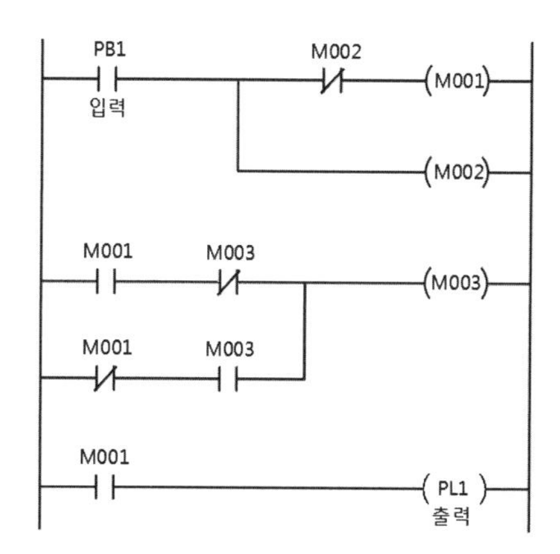

[그림 8-53] One Button회로

1 입출력 할당

실습을 위해 트레이너에 장착된 PLC 기종을 확인하고 입출력 어드레스를 확인한다.

여기서는 멜섹 Q시리즈 Q03UDV CPU(입력 어드레스 : X010~X01F, 출력 어드레스 : Y030~P03F) 모델로 할당한다.

그림 8-53 회로의 입출력 할당 내역은 표 8-4와 같다.

[표 8-4] One Button회로의 입출력 할당표

입력 할당				출력 할당			
번호	입력기기명	문자기호	할당 번호	번호	출력기기명	문자기호	할당 번호
1	입력 스위치	PB1	X011	1	출력 표시등	PL1	Y031

2 입출력 배선도 작성

입출력 할당표를 토대로 입출력 배선도(I/O배선도)를 작성한다.
그림 8-54가 One Button회로의 입출력 배선도이다.

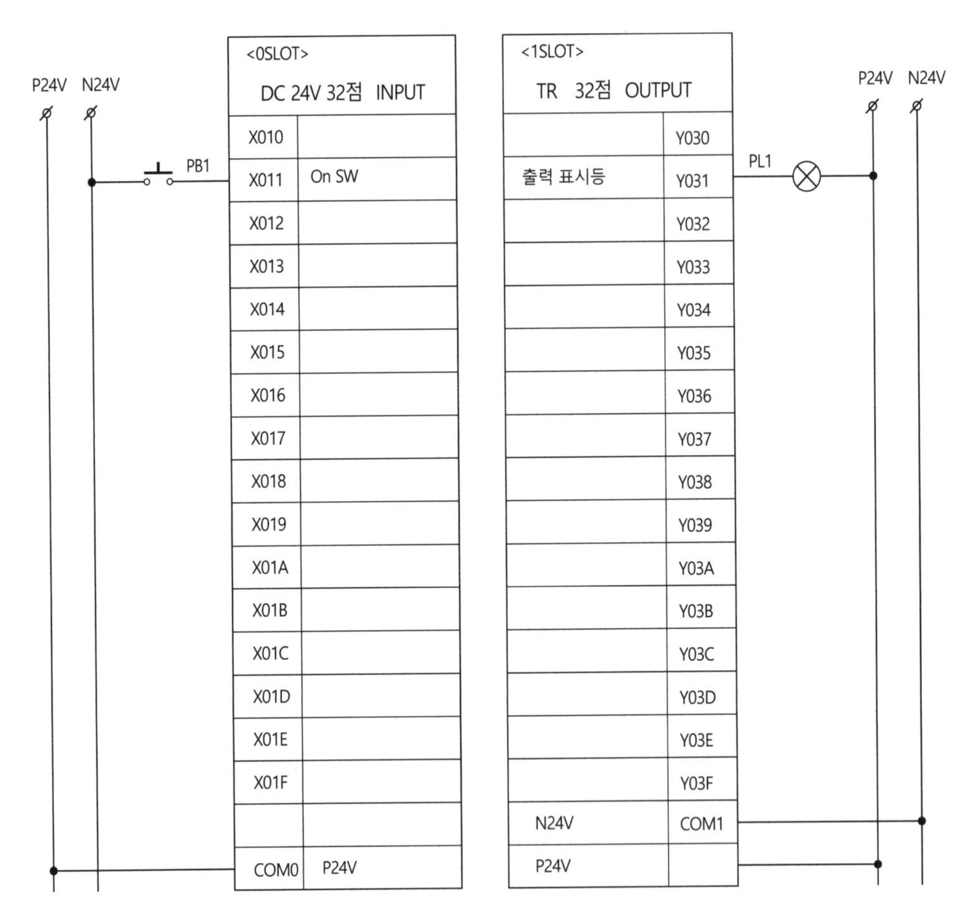

[그림 8-54] One Button회로의 입출력 배선도

3 프로그램 입력

[순서]

① 바탕화면의 GX Works2 아이콘을 클릭하여 프로그램을 실행한다.

② [프로젝트] 메뉴에서 새 프로젝트를 선택하여 대화창에서 프로젝트 종류에서 심플 프로젝트, PLC 시리즈 항에서 QCPU(Q mode), PLC 기종 항에서 Q03UD, 프로그램 언어에서 래더를 선택하고 확인(OK)을 누른다.

③ 내비게이션 윈도우 창에서 글로벌 디바이스 코멘트를 눌러 입출력 할당내역의 변수를 등록한다.

④ 내비게이션 윈도우 창에서 프로그램 메인을 클릭하여 프로그램을 입력한다.

⑤ 프로그램을 입력하고 컴파일 메뉴의 변환명령을 실행한다. 그림 8-55가 변환 실행상태이다.

[그림 8-55] One Button회로의 입력화면

4 프로그램 쓰기

[순서]

① GX Works2로 작성된 프로그램을 PLC의 메모리에 쓰기(다운로딩) 하려면 PC와 PLC간 통신이 이루어져야 한다.

② 내비게이션 윈도우 창의 접속대상 뷰를 클릭하여 대화창에서 PC측과 PLC측의 통신 방식을 선택하고, 네트워크 통신경로를 지정한다.

③ 온라인 메뉴의 쓰기를 눌러 대화창에서 쓰기 대상을 선택한 후 프로그램을 PLC로 전송한다.

5 입출력 배선

입출력 배선도를 보고 PLC 배선을 실시한다.

6 시운전과 모니터링

PLC를 운전모드(RUN)로 전환한다.

PB1을 눌러(On) 출력 표시등 PL1이 점등되는지 확인한다.

PB1에서 손을 떼도 출력 표시등 PL1이 계속 점등되는지 확인한다.

다시 PB1을 눌러 출력 표시등 PL1이 소등되는지 확인한다.

내부 릴레이의 동작상태는 [온라인] 메뉴에서 모니터 시작을 누르면 화면상에서 확인할 수 있다.

등록된 변수를 보려면 [보기] 메뉴에서 글로벌 변수보기를 누르면 화면에 표시된다.

7 펄스명령을 사용한 One Button회로

그림 8-53의 회로에서 내부 릴레이 M002의 역할은 입력 PB1의 On시간이 길고 짧음에 관계없이 M001의 신호를 1스캔타임 동안만 On시키는 역할을 한다.

PLC의 CPU는 고속연산을 하므로 회로에 따라 입력시간이 다르면 연산결과가 변하기 때문에 입력신호를 1스캔에만 이용할 필요가 있고 이때 편리하게 사용하는 명령이 펄스명령이다.

펄스명령은 입력신호나 출력 코일에 사용할 수 있으며, 멜섹 PLC는 펄스접점과 펄스코일 명령이 있다.

그림 8-56은 펄스접점을 사용한 One Button회로 입력화면이며, 그림 8-57은 펄스출력 명령을 사용한 One Button회로 입력화면이다.

[그림 8-56] 펄스접점에 의한 One Button회로의 입력화면

[그림 8-57] 펄스코일 명령에 의한 One Button회로의 입력화면

8 비트출력 반전명령을 사용한 One Button회로

PLC 메이커에서는 많이 사용되는 회로를 문법 처리한 응용명령이 있다.

One Button회로의 동작을 문법 처리한 명령을 비트출력 반전명령이라 하며, 통상 FF명령이라 부른다.

FF명령을 사용한 One Button회로를 그림 8-58에 나타냈다.

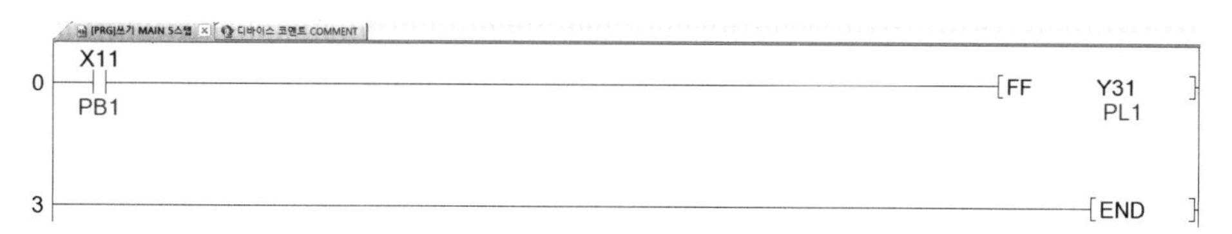

[그림 8-58] 비트출력 반전명령에 의한 One Button회로의 입력화면

06 On 딜레이 타이머 회로 실습

입력신호가 On되더라도 곧바로 출력이 On되지 않고 미리 설정한 시간만큼 늦게 출력이 On되는 회로를 온 딜레이 회로라 한다.

온 딜레이 회로의 구성은 온 딜레이 타이머의 a접점을 이용하여 회로구성을 하며, 그림 8-59가 유접점의 On 딜레이 회로이다. 누름버튼 스위치 PB1을 누르면 타임 릴레이(Timer)가 작동하기 시작하여 미리 설정해 둔 시간이 경과하면 타이머 접점이 닫혀 램프가 점등되며, 누름버튼 스위치 PB2를 누르면 타임 릴레이가 복귀하고 이에 따라 타이머의 접점도 열려 램프가 소등되는 회로이다.

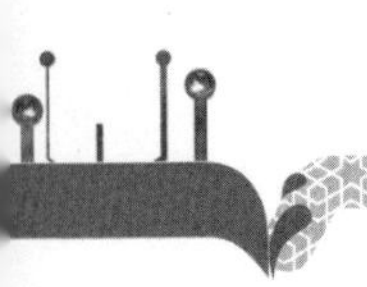

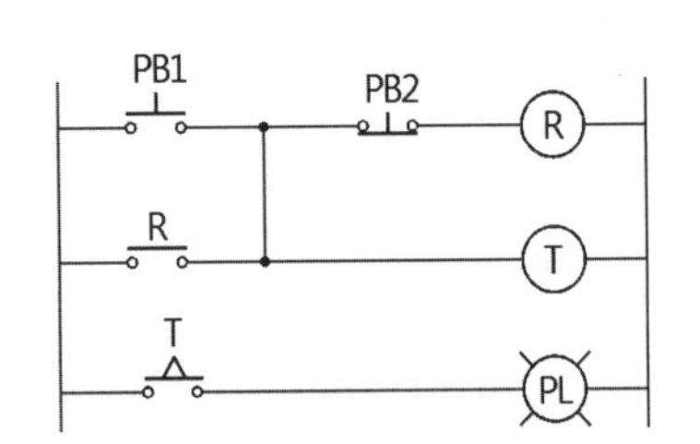

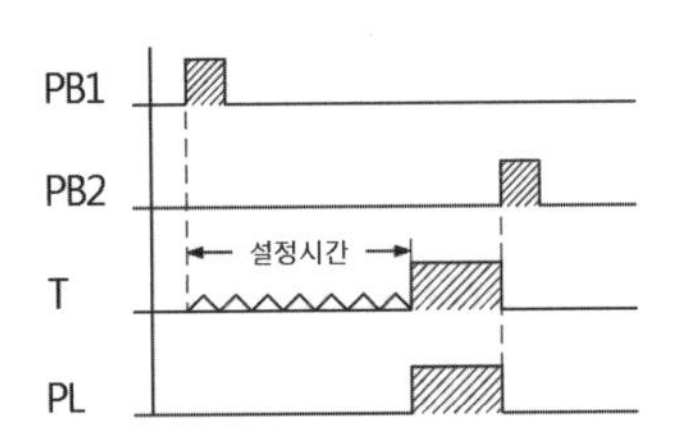

[그림 8-59] 유접점의 온 딜레이 회로와 동작 타임차트

1 입출력 할당

실습을 위해 트레이너에 장착된 PLC 기종을 확인하고 입출력 어드레스를 확인한다.

여기서는 멜섹 Q시리즈 Q03UDV CPU(입력 어드레스 : X010~X01F, 출력 어드레스 : Y030~P03F) 모델로 할당한다.

그림 8-59 회로의 입출력 할당 내역은 표 8-5와 같다.

[표 8-5] On 딜레이 회로의 입출력 할당표

입력 할당				출력 할당			
번호	입력기기명	문자기호	할당 번호	번호	출력기기명	문자기호	할당 번호
1	운전 스위치	PB1	X011	1	출력 표시등	PL1	Y031
2	정지 스위치	PB2	X012				

2 입출력 배선도 작성

입출력 할당표를 토대로 입출력 배선도(I/O배선도)를 작성한다.

그림 8-60이 On 딜레이 회로의 입출력 배선도이다.

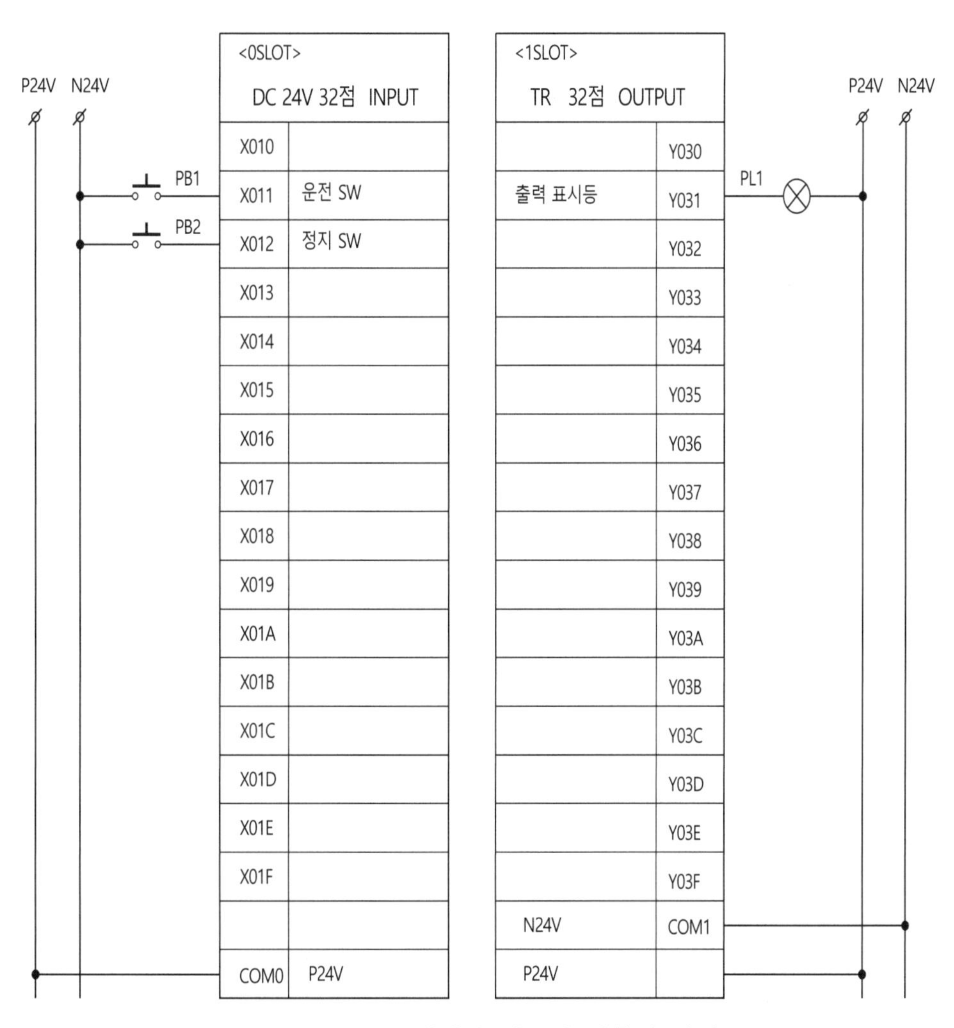

[그림 8-60] On 딜레이 회로의 입출력 배선도

3 프로그램 입력

[순서]

① 바탕화면의 GX Works2 아이콘을 클릭하여 프로그램을 실행한다.

② [프로젝트] 메뉴에서 새 프로젝트를 선택하여 대화창에서 프로젝트 종류에서 심플 프로젝트, PLC 시리즈 항에서 QCPU(Q mode), PLC 기종 항에서 Q03UD, 프로그램 언어에서 래더를 선택하고 확인(OK)을 누른다.

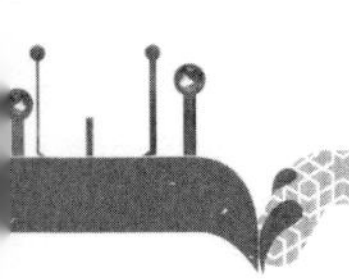

③ 내비게이션 윈도우 창에서 글로벌 디바이스 코멘트를 눌러 입출력 할당내역의 변수를 등록한다.

④ 내비게이션 윈도우 창에서 프로그램 메인을 클릭하여 프로그램을 입력한다.

⑤ 프로그램을 입력하고 컴파일 메뉴의 변환명령을 실행한다. 그림 8-61이 변환 실행상태이다.

[그림 8-61] On 딜레이 회로 입력화면

4 프로그램 쓰기

[순서]

① GX Works2로 작성된 프로그램을 PLC의 메모리에 쓰기(다운로딩) 하려면 PC와 PLC간 통신이 이루어져야 한다.

② 내비게이션 윈도우 창의 접속대상 뷰를 클릭하여 대화창에서 PC측과 PLC측의 통신방식을 선택하고, 네트워크 통신경로를 지정한다.

③ 온라인 메뉴의 쓰기를 눌러 대화창에서 쓰기대상을 선택한 후 프로그램을 PLC로 전송한다.

5 입출력 배선

입출력 배선도를 보고 PLC 배선을 실시한다.

6 시운전과 모니터링

PLC를 운전모드(RUN)로 전환한다.

운전모드로의 전환은 모드 선택스위치로 전환하거나, [온라인] 메뉴의 모드전환 창에서 할 수 있다.

PB1을 누르고 5초 경과 후에 출력 표시등 PL1이 On되는지 확인한다.

타이머의 경과값이나 내부 릴레이의 동작상태는 [온라인] 메뉴에서 모니터 시작을 누르면 화면상에서 확인할 수 있다.

PB2를 눌러 출력 표시등이 Off되는지 확인한다.

7 타이머의 설정값이 변하는 경우의 회로

시간처리 목적의 타이머 회로에는 그림 8-61과 같이 항상 정해진 시간만 처리하는 경우도 있으나 제품 품종에 따라서 또는 생산량에 따라서 시간값이 변경되는 경우도 많다.

이와 같이 조건에 따라 시간이 변하는 경우는 타이머의 설정값 대신에 데이터레지스터 D 어드레스를 지정하고 터치패널이나 숫자키를 통해서 시간값을 외부에서 지령하여 처리한다.

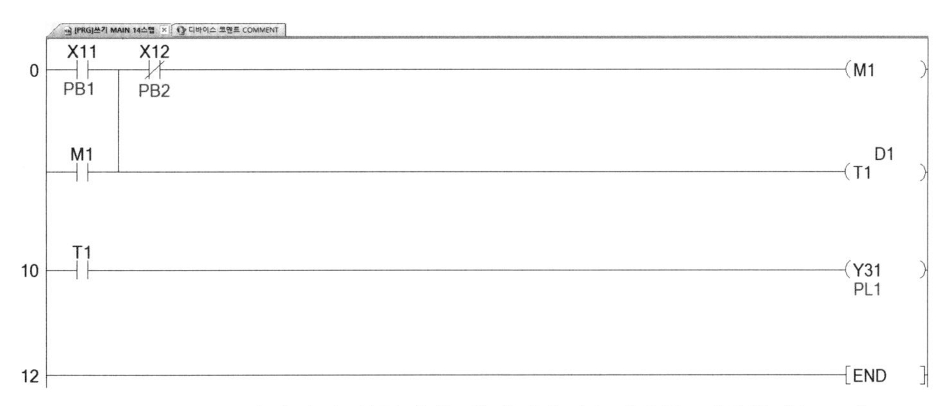

[그림 8-62] 타이머의 설정값에 데이터레지스터값을 지정한 회로 예

07 카운터 회로 실습

카운터 입력 PB1이 Off에서 On으로 변화될 때마다 가산 카운터 현재값을 증가시켜 목표값인 10에 도달되면 출력 표시등 PL1이 On되어야 하고, 카운터의 리셋은 PB2의 입력에 0으로 초기화되어야 하는 조건을 멜섹 PLC로 실습한다.

1 입출력 할당

실습을 위해 트레이너에 장착된 PLC 기종을 확인하고 입출력 어드레스를 확인한다.

여기서는 멜섹 Q시리즈 Q03UDV CPU(입력 어드레스 : X010~X01F, 출력 어드레스 : Y030~P03F) 모델로 할당한다.

제어 조건을 기초로 하여 입출력 할당을 한다.

[표 8-6] 카운터 회로의 입출력 할당표

입력 할당				출력 할당			
번호	입력기기명	문자기호	할당 번호	번호	출력기기명	문자기호	할당 번호
1	입력 스위치	PB1	X011	1	출력 표시등	PL1	Y031
2	리셋 스위치	PB2	X012				

2 입출력 배선도 작성

입출력 할당표를 토대로 입출력 배선도(I/O배선도)를 작성한다.

그림 8-63이 카운터 회로의 입출력 배선도이다.

3 프로그램 입력

[순서]

① 바탕화면의 GX Works2 아이콘을 클릭하여 프로그램을 실행한다.

② [프로젝트] 메뉴에서 새 프로젝트를 선택하여 대화창에서 프로젝트 종류에서 심플 프로젝트, PLC 시리즈 항에서 QCPU(Q mode), PLC 기종 항에서 Q03UD, 프로그램 언어에서 래더를 선택하고 확인(OK)을 누른다.

③ 내비게이션 윈도우 창에서 글로벌 디바이스 코멘트를 눌러 입출력 할당내역의 변수를 등록한다.

④ 내비게이션 윈도우 창에서 프로그램 메인을 클릭하여 프로그램을 입력한다.

⑤ 프로그램을 입력하고 컴파일 메뉴의 변환명령을 실행한다. 그림 8-64가 변환 실행상태이다.

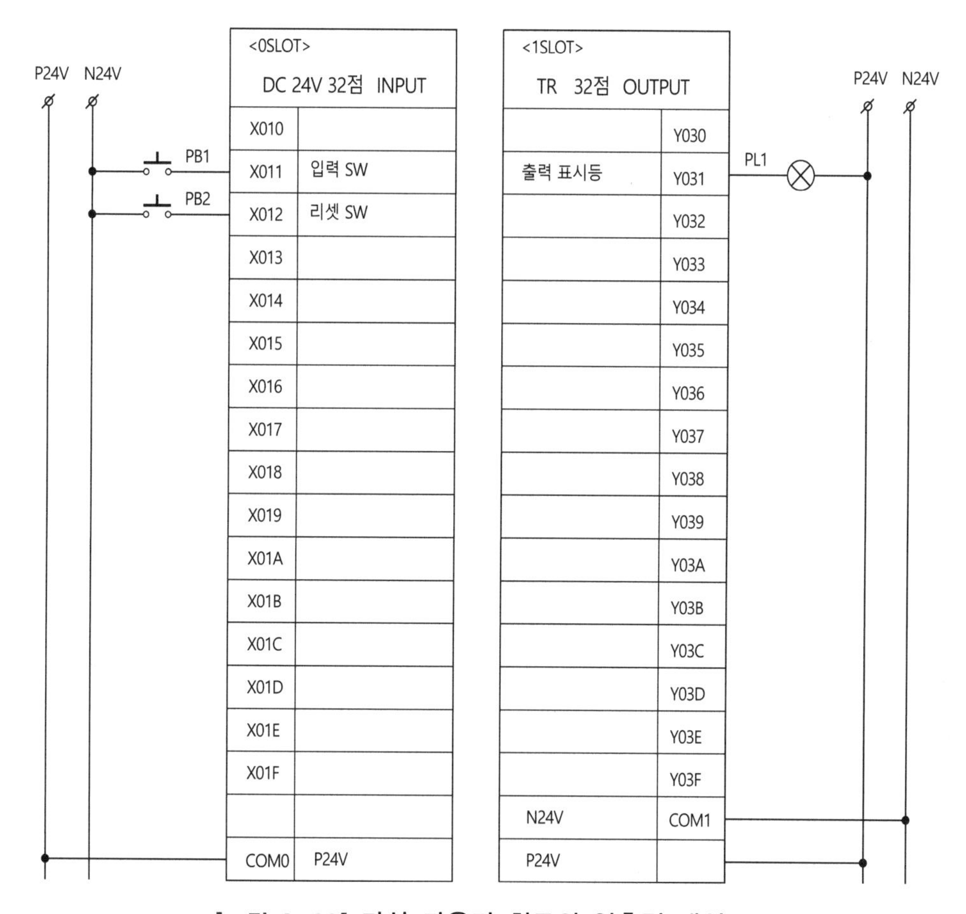

[그림 8-63] 가산 카운터 회로의 입출력 배선도

[그림 8-64] 가산 카운터 회로 입력화면

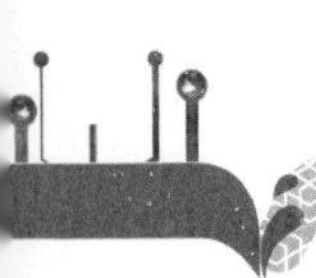

4 프로그램 쓰기

[순서]

① GX Works2로 작성된 프로그램을 PLC의 메모리에 쓰기(다운로딩) 하려면 PLC와 PC간 통신이 이루어져야 한다.

② 내비게이션 윈도우 창의 접속대상 뷰를 클릭하여 대화창에서 PC측과 PLC측의 통신방식을 선택하고, 네트워크 통신경로를 지정한다.

③ 온라인 메뉴의 쓰기를 눌러 대화창에서 쓰기 대상을 선택한 후 프로그램을 PLC로 전송한다.

5 입출력 배선

입출력 배선도를 보고 PLC 배선을 실시한다.

6 시운전과 모니터링

PLC를 운전모드(RUN)로 전환한다.

카운터의 현재값을 확인하기 위해 [온라인] 메뉴에서 모니터 시작을 눌러 모니터링 상태로 한다.

PB1을 눌러(On) 카운터 C1의 현재값이 0에서 1로 증가되는지 확인한다.

계속해서 카운터의 현재값이 10이 될 때까지 On-Off를 반복시킨다.

카운터의 현재값이 설정값인 10이 되면 출력 표시등 PL1이 점등되는지 확인한다.

카운터 리셋 스위치 PB2를 눌러 카운터가 초기화되는지 확인한다.

유접점의 카운터는 표시 자릿수에 따라 4자릿수 카운터부터 8자릿수 카운터까지 출시되고 있듯이 PLC의 내장 카운터도 최대로 카운트할 수 있는 값이 정해져 있으며, 대부분 5자릿수 이하이다.

멜섹 Q시리즈 PLC의 카운터는 설정값에 도달되면 접점을 On시키고 카운트 펄스가 계속 입력되더라도 현재값은 변화되지 않으며, 최대 설정값은 32,767회까지이다.

그러므로 그 이상의 펄스를 카운트하려면 카운터와 카운터를 조합하여야 하며, 그림 8-65가 회로 예로 가산 카운터 C001이 1부터 10,000까지 카운트를 하는데 현재값이 설정값 10,000에 도달되면 출력 C001의 접점이 On되어 C002에 카운트 펄스를 주게 된다. 동시에 3열의 회로에서 C001을 리셋시키므로 C001의 현재값은 0이 된다. 따라서 C002의 값에 10,000을 곱하고 C001의 현재값을 더하면 총 카운트 값이 된다.

[그림 8-65] 카운터의 조합으로 최대값 이상을 카운트하는 회로

08 플리커 회로와 응용명령 활용 실습

입력이 On하면 출력이 일정주기로 On-Off 동작을 반복하는 회로를 플리커(Flicker) 회로라 하며, 자동차의 방향지시등과 같이 상태를 강조하기 위해 사용되며, 출력의 On시간과 Off시간은 타이머의 설정치로 지정한다.

그림 8-66이 유접점의 플리커 회로로서 이 회로를 응용하여 데이터 전송명령, 비교연산 명령, 산술연산 명령을 응용하여 실습한다.

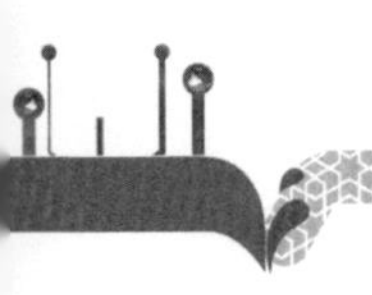

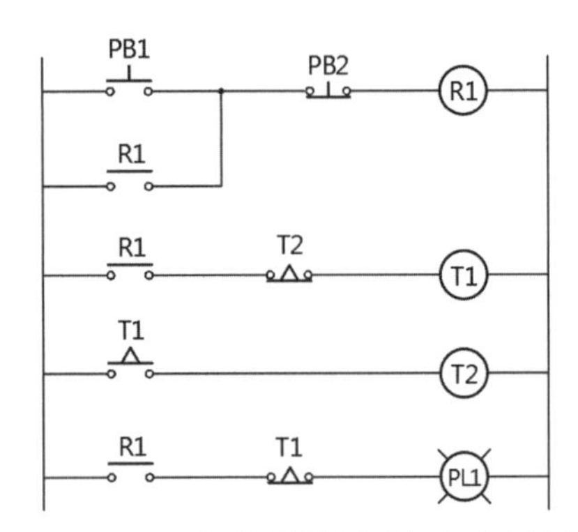

[그림 8-66] 유접점의 플리커 회로

1 입출력 할당

실습을 위해 트레이너에 장착된 PLC 기종을 확인하고 입출력 어드레스를 확인한다.

여기서는 멜섹 Q시리즈 Q03UDV CPU(입력 어드레스 : X010~X01F, 출력 어드레스 : Y030~P03F) 모델로 할당한다.

그림 8-66 회로의 입출력 할당 내역은 표 8-7과 같다.

[표 8-7] 플리커 회로의 입출력 할당표

입력 할당				출력 할당			
번호	입력기기명	문자기호	할당 번호	번호	출력기기명	문자기호	할당 번호
1	On 스위치	PB1	X011	1	출력 표시등	PL1	Y031
2	Off 스위치	PB2	X012				

2 입출력 배선도 작성

표 8-7의 입출력 할당표를 토대로 입출력 배선도(I/O배선도)를 작성한다.

그림 8-67이 플리커 회로의 입출력 배선도이다.

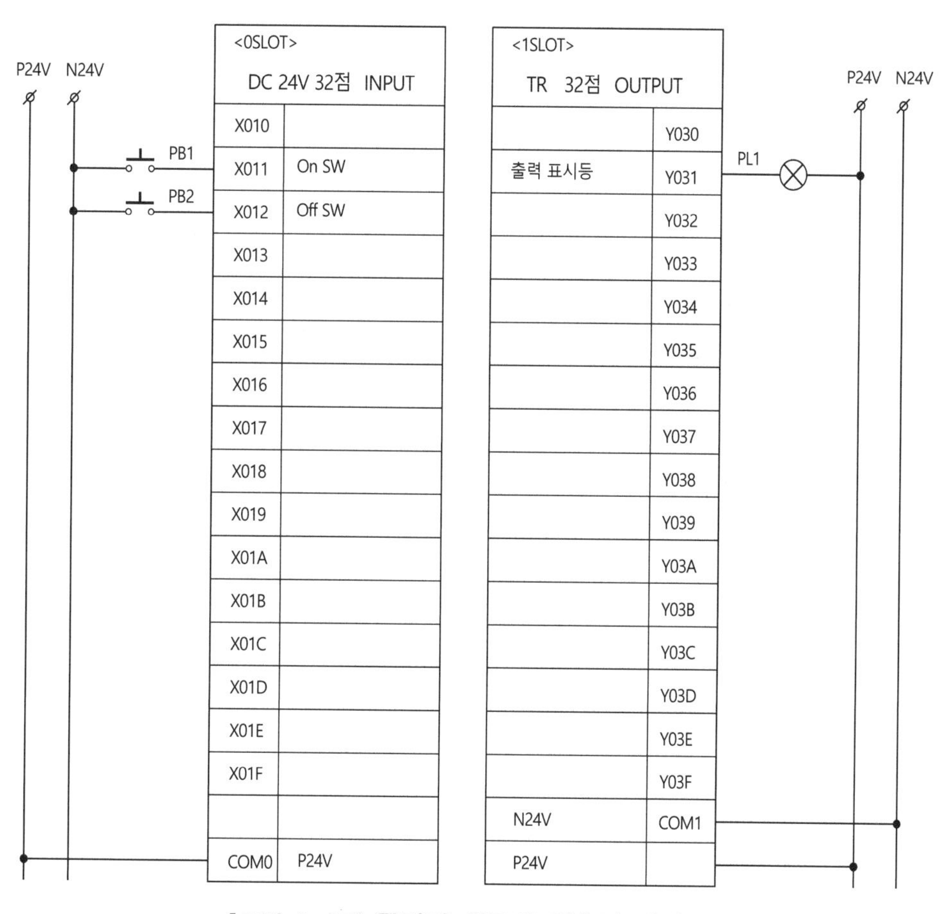

[그림 8-67] 플리커 회로의 입출력 배선도

3 프로그램 입력

[순서]

① 바탕화면의 GX Works2 아이콘을 클릭하여 프로그램을 실행한다.

② [프로젝트] 메뉴에서 새 프로젝트를 선택하여 대화창에서 프로젝트 종류에서 심플 프로젝트, PLC 시리즈 항에서 QCPU(Q mode), PLC 기종 항에서 Q03UD, 프로그램 언어에서 래더를 선택하고 확인(OK)을 누른다.

③ 내비게이션 윈도우 창에서 글로벌 디바이스 코멘트를 눌러 입출력 할당내역의 변수를 등록한다.

④ 내비게이션 윈도우 창에서 프로그램 메인을 클릭하여 프로그램을 입력한다. 이때 On시간은 2초, Off시간은 1초로 설정한다.

⑤ 프로그램을 입력하고 컴파일 메뉴의 변환명령을 실행한다. 그림 8-68이 변환 실행상태이다.

[그림 8-68] 플리커 회로 입력화면

4 프로그램 쓰기

[순서]

① GX Works2로 작성된 프로그램을 PLC의 메모리에 쓰기(다운로딩) 하려면 PLC와 PC간 통신이 이루어져야 한다.

② 내비게이션 윈도우 창의 접속대상 뷰를 클릭하여 대화창에서 PC측과 PLC측의 통신방식을 선택하고, 네트워크 통신경로를 지정한다.

③ 온라인 메뉴의 쓰기를 눌러 대화창에서 쓰기 대상을 선택한 후 프로그램을 PLC로 전송한다.

5 입출력 배선

입출력 배선도를 보고 PLC 배선을 실시한다.

6 시운전과 모니터링

PLC를 운전모드(RUN)로 전환한다.

타이머의 현재값을 확인하려면 [온라인] 메뉴에서 모니터 시작을 눌러 모니터링 상태로 한다.

PB1을 눌러(On) 출력 표시등 PL1이 On되고 2초간 점등하고 1초간 소등되는지 확인한다.

Off스위치 PB2를 누를 때까지 PL1이 On-Off를 반복하는지 확인한다.

7 조건에 따른 타이머 값 변경회로 실습

On명령의 PB1 스위치를 On시키면 Off명령의 PB2를 On시킬 때까지 출력 표시등 PL1이 일정주기로 On-Off를 반복시켜야 한다.

단, PB2를 누르지 않아도 출력 PL1이 10회 동작되면 정지되어야 하며, PL1의 On시간은 5회까지는 1초 On, 1초 Off되어야 하고, 6회부터 10회 까지는 2초 On, 2초 Off되어야 한다. 또한 카운터는 10회 동작 후 자동으로 리셋되어야 한다.

이와 같은 조건의 경우라면 데이터 비교연산과 전송명령을 활용하면 용이하게 프로그램 처리할 수 있고 그 예가 그림 8-69의 회로이다.

이 회로에서 주의할 사항으로는 19번 스텝 열의 카운터 리셋회로이다.

PLC는 어드레스 순서로 연산하므로 리셋명령이 정지신호 C1의 접점 앞에 놓이면 카운터를 먼저 리셋시키므로 자동정지가 안 된다.

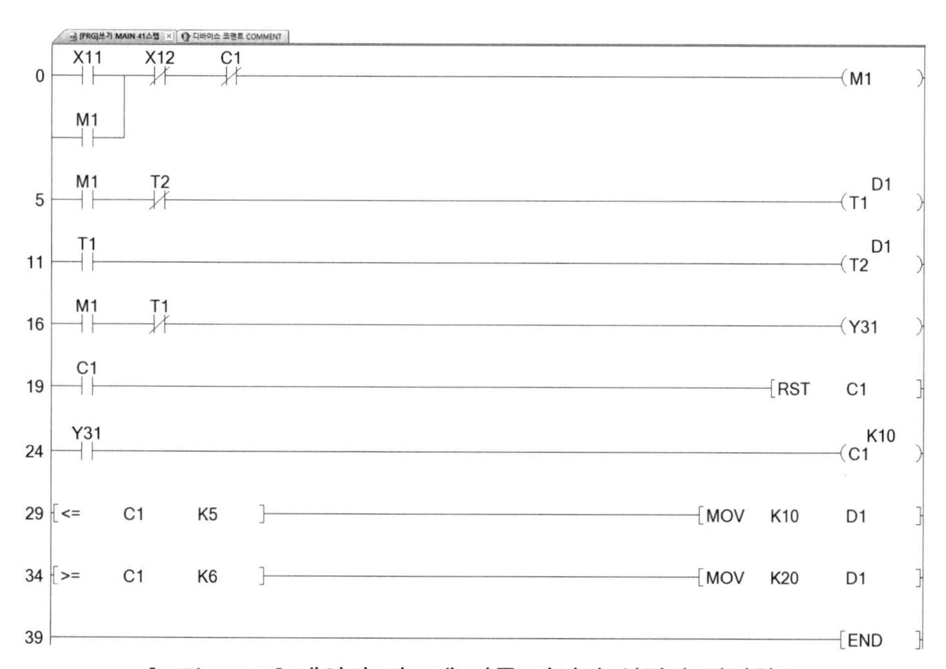

[그림 8-69] 데이터 비교에 따른 타이머 설정값 변경회로

8 산술명령 응용회로 실습

On명령의 PB1 스위치를 On시키면 Off명령의 PB2를 On시킬 때까지 출력 표시등 PL1이 일정주기로 On-Off를 반복시켜야 한다.

단, PB2를 누르지 않아도 출력 PL1이 10회 동작되면 정지되어야 하며, PL1의 On시간은 1회는 1초 On, 2회는 2초 On, 3회는 3초 On되어야 하고, Off시간은 On시간보다 1초 더 길어야 한다. 즉, 1회는 2초 Off, 2회는 3초 Off, 3회는 4초 Off되어야 한다.

또한 4회부터 6회까지는 On시간은 3초, Off시간은 1초 작아야 하며, 7회부터는 On시간은 4초 Off시간은 2초이어야 한다.

이상의 조건에 맞게 작성된 회로가 그림 8-70이며, 비교연산, 덧셈연산, 뺄셈연산, 곱셈연산 명령을 활용한 예이다.

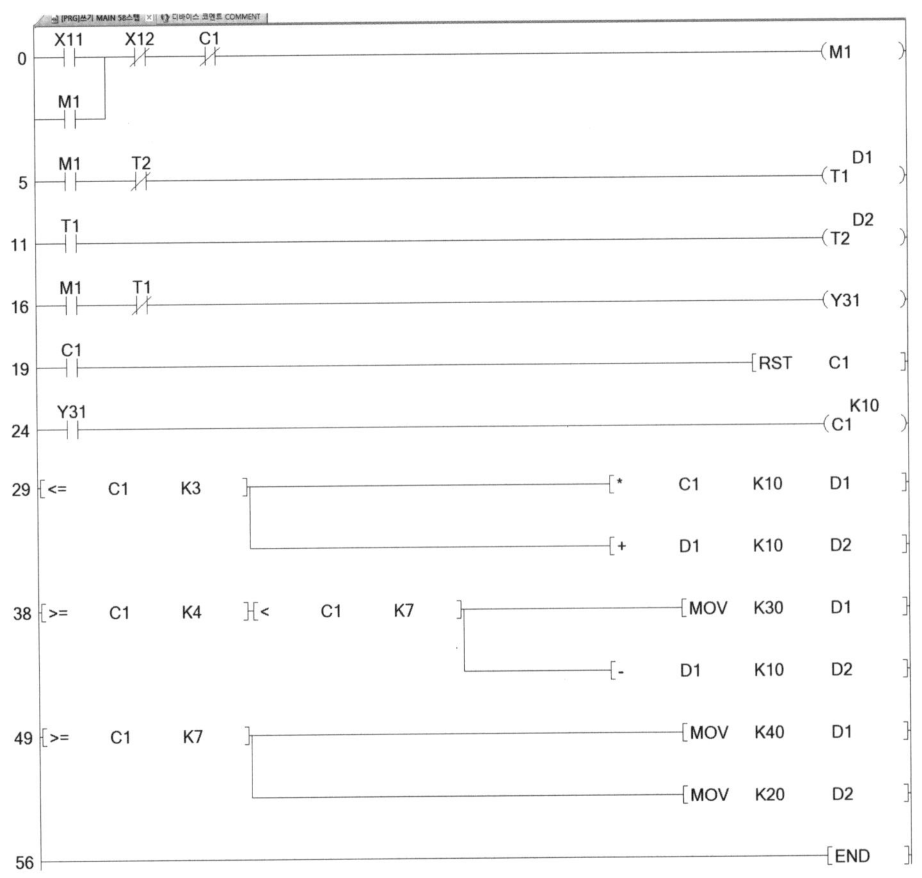

[그림 8-70] 산술연산 명령 응용회로

Memo

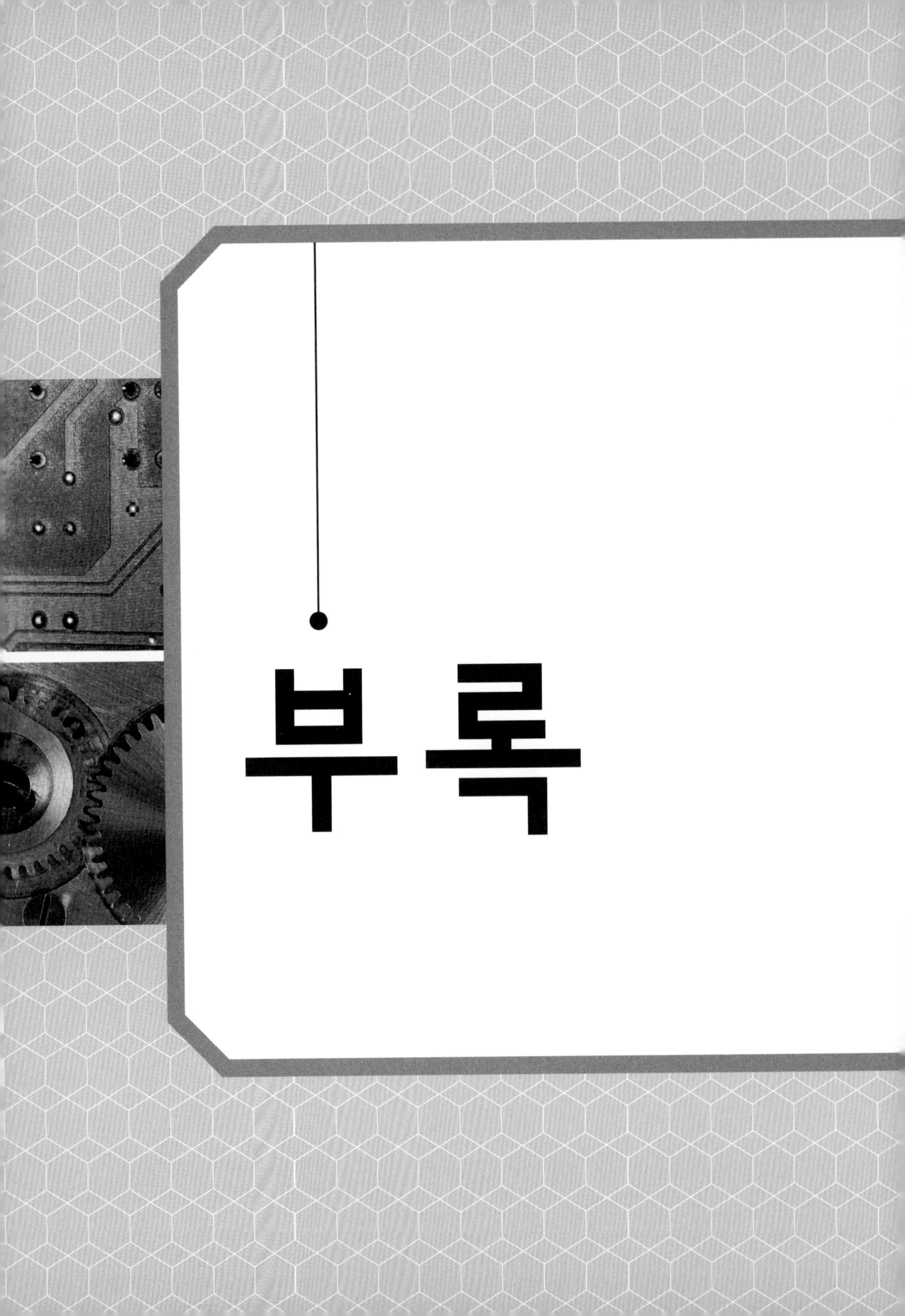

부 록

PLC가 쉬워지는 핵심 포인트

01_PLC

02_시퀀스 제어

03_유공압

부록 PLC가 쉬워지는 핵심 포인트

새로운 기술 분야의 학습을 위해서나 현장에서의 의사소통을 위해서는 용어의 정의가 먼저 선행되어야만 책이나 매뉴얼을 통해 지식을 습득할 때 이해도가 빠르고, 산업현장에서 대화도 가능하다.

또한 PLC는 자동차나 반도체 등의 제조산업에서는 물론 발전소, 석유화학 공장, 빌딩관리, 주차설비 제어, 방송국, 병원 등지에서도 사용되고 있고, 여러 가지 제어장치 중에서도 가장 많이 사용되고 있다.

때문에 자격증에서 필기검정이나 실기검정 과제로 PLC를 채택하는 종목에는 전기기능사, 생산자동화 기능사, 생산자동화 산업기사, 전기 기능장, PLC제어 유지보수 관리사, 전기산업기사, 전기기사 등 제법 많다.

여기서는 앞서 학습한 PLC제어에 관한 용어의 정의나 필기시험에 자주 출제되는 항목을 정리하여 PLC 학습에 도움을 주고자 한다.

01 PLC

1 PLC란 명칭은?

(1) Programmable Logic Controller의 약자이다.
(2) 프로그래머블 로직 컨트롤러를 직역하면 프로그램 변경이 가능한 논리제어기라고 할 수 있다.

2 PLC가 탄생된 배경이 된 자동화는?

(1) FMS(Flexible Manufacturing System) 자동화이다.
(2) FMS 자동화는 우리말로 유연 자동화라고 한다.
(3) 유연 자동화의 생산방식은 다품종 소량생산 방식이다.
(4) 1950년도의 자동화는 FA(Fixture Automation)자동화 시대였고 우리말로는 고정자동화라고 하며, 고정자동화의 생산방식은 대량생산 방식이다.

(5) 1970년대의 자동화가 FMS자동화 시대였다.
(6) 1990년대의 자동화는 CIM(Computer Integrated Manufacturing)자동화 시대였고, 우리말로는 통합 자동화라 하며, 다품종 소량생산 방식에 정보의 자동화가 추가되었다.
(7) 2010년대의 자동화는 스마트 팩토리(Smart Factory) 자동화라고 하며, 효율성 자동화, 합리의 자동화, 빅데이터의 자동화라고 한다.
(8) 앞으로 다가오는 시대의 자동화를 AI(Artificial Intelligence)자동화 시대라고 예측하며 우리말로 인공지능 자동화라고 한다.

3 PLC가 처리 가능한 기능은?

(1) PLC는 논리연산, 순서제어, 타이밍(시간 처리), 카운팅(수의 처리), 산술연산(사칙연산), 비교연산, 데이터 처리(데이터 이동, 데이터 전송, 데이터 변환), 통신 기능을 처리할 수 있다.
(2) 시험에는 "PLC 자체적으로 처리할 수 없는 기능은 무엇인가?"로 요구되며, 다른 말로는 논리연산 기능은 릴레이, 타이밍 기능은 타이머, 카운팅 기능은 카운터 등으로 나타내기도 한다.

4 PLC본체의 구성 요소는?

(1) PLC는 컴퓨터의 기본구성 요소와 동일하게 전원장치(전원모듈), 제어 연산부(CPU모듈), 기억장치(메모리모듈), 입력장치(입력모듈), 출력장치(출력모듈) 등 5대 기능요소로 구성된다.
(2) 시험에는 "PLC의 구성요소가 아닌 것은?", 또는 "CPU의 구성요소가 아닌 것은?"의 형태로 많이 제시된다.

5 PLC 증설 시스템이란?

(1) PLC 본체로는 최대로 사용할 수 있는 입출력(I/O) 점수가 제한되어 있다.
(2) 대형 설비를 PLC 1대로 제어할 때 본체로는 부족한 입출력 점수를 확장하기 위해 사용되는 시스템을 증설 시스템, 증설 PLC라고 한다.
(3) 따라서 증설 시스템은 통상 전원모듈과 입력모듈, 출력모듈로 구성되며, CPU나 메모리부는 PLC 본체에 속해 있다.
(4) 시험에는 "증설 시스템에 사용되지 않는 모듈은 무엇인가?"의 형태로 제시되거나, "증설 시스템을 사용하는 목적이 무엇인가?"의 형태로 많이 제시된다.

6 PLC제어의 특징은?

(1) 릴레이 기능, 타이머 기능, 카운터 기능, 래치 릴레이 기능 등을 쉽게 처리할 수 있다.
(2) 래치(lach) 릴레이는 키프(keep) 릴레이라고도 하며, 우리말로 정전 기억용 릴레이라고 한다.
(3) 데이터 처리(데이터 전송, 데이터 이동, 데이터 비교, 데이터 변환) 기능도 쉽게 처리 가능하다.
(4) 산술연산(덧셈, 뺄셈, 곱셈, 나눗셈) 처리할 수 있다.
(5) 먼 거리까지 하나의 케이블로 다양한 기기를 접속하여 제어할 수 있다.(리모트 I/O 통신기능이라 한다.)
(6) 동작상태를 LED나 자기진단 기능을 통해 표시하므로 고장을 쉽게 해결할 수 있다.
(7) 수천 개 이상의 내부 릴레이와 수백 개 이상의 타이머나 카운터 기능을 내장하고 있기 때문에 경제성이 우수하다고 표현한다.
(8) PLC의 CPU는 직렬 반복연산을 하기 때문에 프로그램 길이가 길면 스캔타임이 길어져 응답지연이 발생된다.
(9) 전자기적 환경(노이즈)에 취약하다.
(10) 시험에는 "PLC제어의 이점과 거리가 먼 것은?"의 형태로 출제되는 경향이 많다.

7 노이즈(noise)란?

(1) 노이즈는 신호에 간섭하여 정보의 전달을 저해하는 교란신호, 또는 회로 안에서 나타나는 필요한 신호 이외의 모든 전기적 신호라고 정의한다.
(2) 노이즈를 간단하게 전기적 잡음 또는 불필요한 전기신호라고도 표현한다.
(3) 노이즈의 성분은 엄밀히 말하면 전기 신호이지만 최근에는 온도 노이즈, 습도 노이즈 등으로 표현하기도 하는데, 이는 온도가 높아지면 PLC 구성소자의 열화가 촉진되고 마진이 저하되기도 하며, 습도가 높아지면 절연성을 떨어뜨리고, 습도가 낮아지면 정전기 등이 유발되어 최종적으로 전기적 문제를 야기한다고 해서 환경적 요소도 노이즈라고 표현하기도 한다.
(4) 노이즈의 종류에는 불평형 잡음, 서지 노이즈, 고조파 노이즈, 정전기, 유도성 노이즈, 낙뢰 노이즈, 누설전류, 돌입전류, 전자파 노이즈, 리플 등 종류가 제법 많다

8 PLC CPU의 구성요소는?

(1) CPU는 프로그램 어드레스를 결정짓는 프로그램 카운터(P.C), 명령어 해독기인 디코더, 산술논리 연산자(ALU), 일시기억 메모리인 레지스터 등으로 구성되어 있다.
(2) 시험에는 "PLC CPU의 구성요소가 아닌 것은?"의 형태로 많이 출제된다.

9 PLC의 기본 연산방식은?

(1) 직렬 반복연산이다.
(2) 반복연산은 다르게 순서연산, 어드레스 연산이라고 표현하기도 한다.
(3) 옵션 연산으로는 PLC 기종에 따라 정주기 연산, 인터럽트 연산, 병행 연산 등을 처리하지만 기본은 반복 연산이다.
(4) 시험에는 PLC의 기본 연산법을 물어보거나, "PLC의 연산법이 아닌 것은?"으로 물어 릴레이의 신호처리 방식인 병렬 연산 항목을 넣는 경우가 많다.

10 PLC CPU 선정시 검토 항목은?

(1) 처리기능, 처리속도, 사용하는 언어, 연산방식, 데이터 메모리의 종류와 용량, 자기진단 기능, 명령어의 종류, 입출력 제어방식, 입출력 처리 점수 등이다.
(2) 시험에는 "PLC CPU 선정시 검토항목과 거리가 먼 것은?"의 형태로 많이 제시된다.

11 PLC 프로그래밍 언어 중 릴레이 회로와 가상 유사한 언어는?

(1) 래더 다이어그램 언어이다.
(2) PLC 프로그래밍 언어는 기종에 따라 3가지에서 6가지 정도의 언어를 사용하는데, 가장 많이 사용되는 언어가 래더 다이어그램 언어, 줄여서 래더라고 하며, 이 밖에도 SFC언어, 리스트 명령 언어(니모닉 언어) 등이 모든 기종에서 사용된다.

12 PLC 데이터 또는 데이터 메모리란?

(1) PLC의 CPU가 시퀀스 제어 목적으로 사용하는 신호처리 요소를 PLC에서는 데이터 또는 데이터 메모리란 용어를 쓴다.
(2) 대표적 데이터 메모리로는 입출력 요소, 내부 릴레이(보조 릴레이라고도 함), 키프 릴레이, 타이머, 카운터, 데이터 레지스터, 스텝컨트롤러, 링크 릴레이, 특수 릴레이(어넌시에이터라고도 함) 등이다.

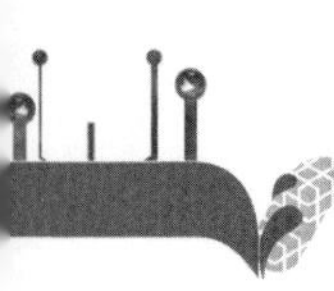

13 PLC 명령어 중에서 데이터가 붙지 않는 명령은?

(1) 블록접속 명령이다.

(2) 블록접속이란 2개의 병렬회로를 직렬접속하거나 2개의 직렬회로를 병렬접속하는 명령이 있으며, AND LOAD(ANB), OR LOAD(ORB)로 나타낸다.

14 PLC 프로그램에서 ADD로 표현되는 명령의 의미는?

(1) 피산자의 데이터를 더한다.

(2) PLC의 산술연산 명령은 기종에 따라 +. −, ＊. /의 기호를 사용하거나 ADD(더하다), SUB(빼다), MUL(곱하다), DIV(나누다) 등의 명령으로 표시하기도 한다.

15 PLC에서 정전기억 데이터란?

(1) 정전기억이란 PLC가 운전 중에 정전사고가 발생되면 PLC는 정지된다. 정전 후 다시 전원이 투입되어 복전되었을 때 정전이전의 상태로 회복하는 요소를 정전기억 메모리, 정전기억 데이터라고 한다.

(2) 대표적 정전기억 요소가 키프 릴레이며, 다르게는 래치 릴레이라고도 한다,

(3) 그밖에도 기종에 따라서는 데이터 레지스터나 스텝 컨트롤러 요소도 정전기억하는 기종도 있다.

16 백업용 배터리란?

PLC 프로그램 메모리로 RAM을 사용할 때 전원모듈의 전원이 차단되면 RAM에 저장된 프로그램 내용이 삭제된다. 이를 방지하기 위해 사용하는 것이 백업용 배터리이며, 전원모듈의 전원이 끊기는 순간 RAM에 전기를 공급하여 데이터를 보존하는 역할을 한다.

17 데이터 처리 명령이란?

(1) PLC의 데이터란 타이머나 카운터 값의 수치정보나 입출력 On−Off값의 비트정보를 말한다.

(2) PLC에서는 이러한 데이터를 전송하거나 데이터 이동, 데이터 비교, 데이터 변환, 산술연산시키는 명령을 데이터 처리명령이라 한다.

(3) 시험에는 다음 중에서 데이터 처리명령이 아닌 것은 형태로 많이 제시된다.

18 스캔타임이란?

(1) CPU가 프로그램 전체를 1회 연산하는 시간을 말한다.

(2) 1스캔 타임은 프로그램 어드레스 수 × CPU의 처리속도로 계산한다.

(3) PLC가 정상적으로 연산하기 위한 입력 지속시간은 1스캔타임 이상이어야 한다.

(4) 예로 프로그램 어드레스 수가 1,000스텝이고, CPU의 처리속도가 0.1μs/step이라면 스캔타임은 100μs, 또는 0.1ms가 된다.

19 펄스(Pulse) 출력이란?

(1) 펄스란 짧은 주기의 On-Off신호를 말한다.

(2) PLC에서 1펄스 시간은 1스캔타임이 된다.

(3) PLC에서는 안정된 신호처리 목적으로 1스캔 시간만 입력신호를 이용하는 펄스 접점명령이 있고, 입력신호 여부에 따라 출력값을 1스캔타임만 On시키는 펄스 출력명령이 있다.

20 PLC 응답시간 산출인자는?

(1) PLC 응답시간이란 입력부에 지령신호가 주어지고 나서 출력부 출력단자에 전기 신호가 나올 때까지의 시간을 말한다.

(2) 따라서 응답시간 산출인자는 입력부 신호처리 시간(입력모듈 응답시간) + CPU 프로그램 실행시간(1스캔 타임) + 출력부 신호처리 시간(출력모듈 응답시간)이 된다.

21 메모리로 ROM을 사용하는 가장 큰 목적은?

(1) ROM은 Read Only Memory의 약자로 읽기전용의 메모리, 또는 비소멸성 메모리라고 한다. 즉 ROM은 전원이 차단되어도 데이터가 삭제되지 않기 때문에 백업용 배터리가 필요 없다.

(2) 다만 PLC에서 프로그램 메모리로 ROM을 사용하는 가장 큰 목적은 메모리부에 대한 노이즈 대책이다.

(3) ROM은 데이터의 기록, 삭제가 전기적으로 이루어지는 것이 아니므로 어떠한 노이즈도 프로그램 변경이나 삭제가 불가능하며, 작업자의 실수에 의한 프로그램 변경도 이루어지지 않는다.

22 1k 스텝의 프로그램 어드레스 길이는?

(1) PLC 메모리용량의 단위로는 Byte를 사용하기도 하지만 대다수 PLC는 스텝이란 단위를 많이 사용한다.

(2) 디지털에서 k는 10^3이 아니고 2^{10}이므로 1,024스텝이다.

23 PLC 입력부에 접속되는 기기는?

(1) PLC 입력부에 접속되는 기기는 크게 조작부(O, P)에 장착되어 운전, 정지 등의 명령을 지령하는 각종 스위치, 기계장치에 장착되어 상태를 검출하여 정보를 전달하는 각종의 센서와 모터의 과부하 보호를 목적으로 사용되는 보호용 기기가 입력부에 접속된다.

(2) 조작부에 설치되어 PLC 입력부에 접속되는 대표적 기기로는 푸시버튼 스위치, 셀렉터 스위치, 토글 스위치, 캠 스위치, 페달 스위치 , 릴레이, 카운터의 접점 등이다.

(3) 검출용 기기로는 마이크로 스위치, 리밋 스위치, 근접스위치, 광전센서, 포토 인터럽터, 광화이버 센서, 온도센서, 압력센서, 레벨센서 등 센서라고 표현되는 기기들이다.

(4) 보호용 기기로는 열동형 계전기(THR이라고 함)와 전자식 보호기(EOCR이라고 함)가 대표적이다.

(5) 시험에서는 "다음 중 PLC 입력부에 접속되는 기기가 아닌 것은?"의 형태로 많이 제시되며, 항목에 출력부 접속기기를 넣거나 터치패널을 넣는 경우가 많다.

24 터치패널은 입력부 접속기기인가?

(1) 터치패널은 디스플레이에 표시되어 있는 버튼을 손가락으로 접촉하는 것만으로 PLC를 대화적, 직감적으로 조작함으로써 누구나 쉽게 조작할 수 있는 입력·표시장치이다.

(2) 터치패널은 PLC에 명령을 지령하거나 PLC의 운전 상태를 화면상으로 표시하는 기기이지만 PLC의 입력부나 출력부에 접속되는 것이 아니라 CPU에 접속되는 HMI기기이다.

25 터치패널 사용시 이점은?

터치패널은 많은 입력 요소를 여러 개의 화면으로 집약하거나, 상태를 알리는 표시기기를 집약시킨 것이므로 다음과 같은 장점이 있다.

① 입출력 점수를 대폭 절감시킨다.
② 입출력 배선 공사비가 적게 든다.
③ 제어반이 소형, 경량화 된다.
④ 조작의 오류가 감소된다.
⑤ 운전 데이터를 쉽게 변경시킬 수 있다.
⑥ 간단하게 직감적으로 조작 가능하다.
⑦ 운전상황의 표시로 상태파악이 용이하다.

26 PLC 입력모듈 선정시 검토항목은?

(1) 입력기기의 적용 전원과 전압, 입력전류, 절연의 유무, 입력 응답시간, 입력점수, 입력기기와의 접속방식, 증설의 용이성 등이다.
(2) 시험에는 "PLC 입력부 선정시 검토항목이 아닌 것은?"의 형태로 많이 출제되며, 항목에 출력부 선정시 검토항목을 제시된다.

27 입력기기로부터 침입하는 노이즈를 차단하기 위해 설치되는 회로부는?

(1) 절연 회로부이다.
(2) 절연 회로부는 입력부와 CPU간을 절연하기 위해 포토커플러를 주로 사용하며, 입력기기의 전기 신호를 빛으로 변환하여 CPU에 정보를 전달하므로써 입력기기에 포함된 노이즈 성분을 필터링하는 원리이다.

28 DC 입력모듈에서 콤먼의 전위가 (+)인 싱크콤먼형에 접속 가능한 센서의 출력은?

(1) DC 입력모듈에는 입력전압에 따른 종류 외에도 콤먼의 극성에 따라서도 싱크콤먼형과 소스콤먼형의 두 가지 형식이 있다.
(2) 근접스위치나 광전센서 등과 같은 반도체 출력형의 센서는 증폭소자의 트랜지스터에 따라 출력의 전위가 (+)극인 PNP오픈 콜렉터 출력형식과 (-)극인 NPN오픈 콜렉터 출력형식의 종류가 있다.
(3) 입력모듈의 콤먼의 전위가 (+)극인 싱크 콤먼형이면 입력 전위는 (-)극이어야 하므로 NPN오픈 콜렉터 출력형식이다.

29 가변식 16진수 어드레스를 사용하는 PLC에서 0번 슬롯에 32점 입력모듈 1번 슬롯에 8점 입력모듈, 2번 슬롯에 32점 출력모듈이 장착된 경우 2번 슬롯의 시작 번호는?

(1) 030이다.

(2) PLC의 입출력 어드레스에 사용하는 수에는 8진수, 10진수, 16진수를 사용한다.

(3) 어드레스 할당은 가변식 할당과 고정식 할당이 있으며, 초기값은 통상 가변식 할당을 사용하고, 고정식 할당의 경우 1슬롯당 64점이 점유된다.

30 PC와 PLC CPU간 통신할 때 점검사항은?

(1) PLC 프로그램이 작성된 PC와 PLC간 통신을 위해서는 다음의 사항을 점검해야 한다.

① On Line 모드이어야 한다.
두 단말기간 물리적 접속이 되어 있고 모두 전원이 On상태에 있어야 한다.

② 통신방식 설정이 이루어져야 한다.
PC와 PLC간 통신에는 RS232C, USB, 이더넷 통신방식이 많이 사용되고, 모뎀을 통한 통신방식 등도 사용되기도 한다.

③ 통신포트나 IP설정이 이루어져야 한다.
RS232C는 COM포트 설정이 매칭되어야 하고, USB는 드라이버 설치가 되어 있어야 하며, 이더넷 통신은 IP설정이 올바르게 되어 있어야 한다.

④ PLC 기종이 일치되어야 한다.
기종일치란 작성된 프로그램의 문법이나 언어가 맞아야 된다는 의미이다.

(2) 시험에는 “PC와 PLC간 통신이 안될 때 점검사항이 아닌 것은?”의 형태로 많이 제시된다.

31 워치도그 타이머란?

(1) CPU의 연산폭주나 연산지체를 감시하기 위한 타이머이다.

(2) 워치도그 타이머에 설정값 이상의 값이 발생되면 파라미터값의 설정으로 프로그램을 정지시키거나 프로그램 리셋의 조치가 가능하다.

32 리모트 I/O통신이란?

(1) 원격 입출력 통신을 의미한다.

(2) 1대의 PLC로 여러 대의 기계설비를 제어할 때, 기계가 멀리 떨어져 있기 때문에

PLC의 입출력 모듈만을 기계쪽에 떼어놓고, 적은 가닥수의 통신 케이블로 PLC 측과 접속하여 전체의 기계 설비를 하나의 시스템으로 제어하기 위한 시스템으로 집중 프로그램에 의한 분산 제어시스템이라고 할 수 있다.

(3) 리모트 I/O통신에 이용되는 통신방식에는 모드버스(RS422/485) 통신, 프로피버스 통신, 디바이스넷 통신, 이더넷 통신, Rnet 통신 등이 많이 사용되며, 마스터와 슬래브간 1 : 1통신인 시리얼 통신은 적합하지 않다.

(4) 리모트 I/O통신의 이점은 다음과 같다.

① 외선 공사비가 절감된다. 즉 수십, 수백 개의 입출력을 리모트 I/O가 아니면 각 I/O마다 PLC까지 배선해야 하며 그 배선, 배관 및 덕트의 재료비와 공사비는 대단한 것이다.

② 메인 제어반이 콤팩트해 진다.

③ 교류 입력의 원거리 배선으로 인한 유도 전압 문제가 없어진다.

④ CPU가 처리할 수 있는 I/O점수 이상으로 확장하여 사용할 수 있기 때문에 PLC의 비용절감효과가 발생된다.

(5) 시험에는 "리모트 I/O통신의 이점이 아닌 것은?" 또는 "리모트 I/O의 통신방식으로 적합하지 않는 것은?"의 형태로 많이 제시된다.

33 인터럽트 입력모듈이란?

(1) 디지털 입력모듈에서 응답속도가 가장 빠른 입력모듈이다.

(2) 응답시간은 0.1ms~0.2ms 정도로 고속이다.

(3) 인터럽트 연산기능이 있는 PLC에서 유효한 입력모듈이다.

34 고속 카운터 입력모듈이란?

(1) 로터리 엔코더나 리니어 스케일 등과 같이 고속의 펄스를 발생시키는 기기의 펄스 신호는 CPU의 카운터로는 계측할 수 없어 고속의 펄스를 카운트하는 특수기능 모듈이다.

(2) 카운트 속도는 100kpps에서 800kpps정도까지 정도이다.

35 출력모듈 선정시 검토항목은?

(1) 출력모듈 선정시 다음의 항목을 검토해야 한다.

① 부하의 종류는 AC부하인가 DC부하인가?

② 구동용량은 몇 A인가?

③ 돌입전류는 몇 배인가?
④ 응답시간 얼마인가?
⑤ 수명은?
⑥ 출력기기와의 접속 방식은 무엇인가?

(2) 시험에는 "PLC 출력부 선정시 검토항목과 거리가 먼 것은?"의 형태로 주로 제시된다.

36 출력부 접속기기는?

(1) PLC 출력부에 접속되는 기기에는 액추에이터를 구동하는 개폐기와, 운전상황이나 고장 표시 등의 표시경보기기, 그리고 다른 기기와의 정보를 주고 받기위한 인터페이스 기기들로 나눌 수 있다.
(2) 구동기기로는 전자밸브, 파워 콘택터, 릴레이 코일, 전자 접촉기, SSR, TPR, 외부 타이머 코일 등이 있다.
(3) 표시 경보용 기기로는 파일럿램프, LED, 벨, 부져 등이 있다.
(4) 아날로그 형태의 구동기기로는 유량밸브, AC, DC 드라이브, 아날로그 미터계, 온도 조절계, 유량 조절계 등이 있다.
(5) 시험에는 "출력부 접속기기가 아닌 것은?"의 형태로 주로 제시된다.

37 출력 증폭소자의 특징은?

(1) 낮은 CPU의 신호값을 증폭시키는 소자로서 과거에는 SSR, TTL-IC 등도 사용되어 왔으나 최근에는 릴레이, 트랜지스터, 트라이액 등이 주로 사용되고 있다.
(2) 릴레이 출력모듈은 접점 출력모듈이라고도 하며, AC부하, DC부하를 모두 직접 제어할 수 있고 구동용량도 가장 크나 수명에 한계가 있고, 응답속도도 가장 느리다.
(3) 트랜지스터 출력모듈은 TR 출력모듈이라고 호칭하고 있으며, DC부하만 직접 제어할 수 있으며 구동용량도 가장 작다. 그러나 수명이 반영구적이고 응답속도도 릴레이 출력모듈에 비해 10배 이상 빠르며, 노이즈에 가장 안정적인 모듈이다.
(4) 트라이액 출력모듈은 AC 부하만을 직접제어 가능하고, 응답속도가 0.8ms 이하로 가장 빠르며 수명도 반영구적이다.
(5) 시험에는 "PLC의 출력모듈에서 증폭소자로 사용되지 않는 것은?", "가장 큰 증폭용량을 가진 출력모듈은?", "DC부하만 직접제어 가능한 형식은?" 또는 "응답속도가 가장 빠른 출력 형식은?" 등으로 출제된다.

38 PLC 제어나 유지보수를 위한 관련 도면의 종류는?

(1) 동력 회로도
(2) 전원 회로도
(3) I/O(입출력)배선도
(4) 입출력 할당표
(5) 래더도(래더다이어그램 또는 시퀀스 프로그램이라고도 함)
(6) 시퀀스 차트(동작 조건표)
(7) 일상 점검표와 정기 점검표

39 PLC 노이즈 종합대책은?

(1) PLC 노이즈 종합대책은 다음과 같다.
① 메모리는 정상 운전단계에서 ROM메모리를 사용한다.
② 절연회로부가 있는 입출력 모듈을 사용한다.
③ 직접제어보다 중계제어를 실시한다.
④ 접점출력보다 무접점출력모듈을 사용한다.
⑤ 입출력의 이중화를 실시한다.
⑥ 배선은 그룹별 배선(루트 배선)을 실시한다.
(2) 시험에는 “PLC 노이즈 대책으로 타당하지 못한 것은?”의 형태로 주로 제시된다.

40 돌입전류란?

(1) 전자밸브나 전자 접촉기, 전자 릴레이 등의 유도부하는 전원이 투입되어 정격에 도달될 때까지 정격전류의 3배에서 40배 정도까지의 큰 전류가 흐르는데 이 전류를 돌입전류(rush current)라 한다.
(2) 이 돌입전류는 PLC 출력 증폭소자를 파괴시키거나 수명을 떨어뜨리고 전압강하를 일으켜 시스템을 다운시키기도 한다.
(3) **돌입전류 대책**
① 전동기 부하와 같이 큰 부하인 경우는 감압기동(저압기동 또는 저전압 기동법이라고도 함)을 실시하여 기동전류를 억제시킨다.
② 중계제어를 실시하여 2차 증폭을 실시한다.
③ 증폭용량이 큰 모듈을 선택 사용한다.
(4) 시험에는 “PLC 돌입전류 대책으로 타당하지 못한 것은?”의 형태로 주로 제시된다.

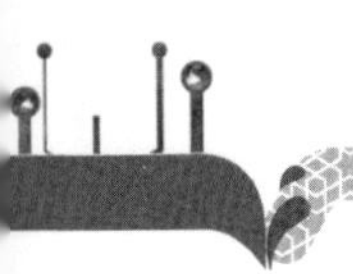

41 누설전류란?

(1) PLC 출력모듈에서 접점을 보호하기 위해 접점과 병렬로 보호회로를 사용하는 경우에 전압을 인가하면 이 보호회로를 통해 흘러나오는 전류를 말한다.

(2) 누설전류가 흘러 오출력을 일으키거나 부하가 On된 채 Off되지 않는 트러블을 일으키면 누설전류 노이즈가 되며 적절한 대책을 강구해야 한다.

(3) **누설전류 의한 오동작 현상**

① 소형 릴레이가 진동하거나 오동작 한다. 또한 릴레이를 On에서 Off로 하려고 할 때 On상태인 채 Off되기까지의 시간이 길어진다.

② 전자밸브를 On에서 Off로 하려고 할 때 밸브가 복귀되지 않거나 진동한다.

③ 전자식 타이머가 Off하거나 시간이 길어진다.

④ 네온램프가 점등해 버린다.

⑤ 모터식 타이머의 동작이 부정확하게 된다.

(4) **누설전류에 의한 오동작 방지대책**

① 출력기기가 릴레이 등과 같이 DC전원의 사용이 가능한 기기일 경우는 출력전원을 DC로 변경한다.

② 접점이나 트라이액 소자의 수명을 단축시키거나 파괴할 위험이 없는 출력기기에서는 보호회로가 없는 형식을 선택한다.

③ 출력전원을 낮추어 사용한다.

④ 누설전류가 흘러도 동작하지 않는 릴레이를 사용한다.

⑤ 더미저항을 삽입하여 출력기기로 흐르는 누설전류량을 감소시킨다.

(5) 시험에는 “PLC의 누설전류 발생원인은?” 또는 “누설전류 노이즈의 영향은?”, “누설전류에 의한 오동작 방지대책은?”의 형태로 제시된다.

42 PLC 프로그래밍 순서는?

(1) **PLC 프로그래밍 순서**

① **제어대상의 동작조건 결정** : 동력회로, 전원회로 설계, 제어조건 설정

② **PLC 하드웨어 선정** : 제조사 모델, 전원모듈, CPU모듈, 메모리용량과 종류, 입력모듈, 출력모듈의 선정

③ 입출력 할당

④ 입출력 배선도 작성

⑤ 전기배선

⑥ **데이터 메모리 할당** : 내부 릴레이, 타이머, 카운터 등의 할당

⑦ 프로그램 작성
⑧ **로딩** : PC로 작성된 프로그램을 PLC 메모리에 저장
⑨ **시뮬레이션** : 소프트웨어 시뮬레이션, 모의 입력에 의한 시뮬레이션, 강제 입출력 기능을 활용한 시뮬레이션 등으로 프로그램 테스트 및 배선 점검 등을 실시
⑩ **테스트 운전 및 정상운전** : 정상운전 단계에서 ROM메모리로의 전환 결정

(2) ①부터 ④까지의 작업을 담당하는 사람을 통상 계장공이라 하며, ⑤ 작업은 전공이 실시하며, ⑥부터 ⑩까지의 담당자를 PLC 프로그래머라고 부른다.
(3) 시험에는 시뮬레이션의 종류나, "PLC 메모리에 시퀀스 프로그램을 저장하는 작업을 무엇인가?"의 형태로 많이 제시된다.

43 입출력 할당 기준은?

(1) 입출력 할당기준은 다음과 같다.
① 동일 전압마다 정리하여 할당한다.
② 동일 종류의 기기마다 정리하여 할당한다.
③ 제어 시스템의 작동 블록으로 정리하여 인접되게 할당한다.
④ 예비접점을 할당한다.
(2) 시험에는 "PLC 입출력 할당방법으로 틀린 것은?"의 형태로 주로 제시된다.

44 노이즈를 고려한 입출력 모듈의 선정과 배열의 원칙은?

(1) 접점출력보다 무접점 출력이 노이즈 영향이 적다.
(2) 내부회로가 비절연 형식보다 절연 형식이 노이즈 내력이 높다.
(3) On전압과 Off전압의 차가 큰 것일수록 노이즈에 강하다.
(4) 입력응답시간이 긴 것일수록 노이즈에 강하다.
(5) 입출력 모듈의 배열은 노이즈를 적게 발생시키는 모듈을 CPU 가까이에 배정한다.
(6) 시험에는 "노이즈를 고려할 때 CPU로부터 가장 가깝게 또는 가장 멀리 배치해야 될 모듈은 무엇인가?" 형태로 많이 제시된다.

45 배선상의 노이즈 대책

(1) 배선상의 노이즈 대책은 다음과 같다.
① 전원선은 가능한 한 빈틈없이 골고루 트위스트 함과 동시에 최단거리의 배선이 되어야 한다.

② 노이즈 필터나 노이즈 컷 트랜스를 사용하는 경우 1차측과 2차측(PLC측)의 배선을 접근시키거나 절대로 묶어서 배선하지 않는다.
③ 전압강하를 적게 하기 위해서는 가급적 굵은 선(2.5mm^2 이상)을 사용한다.
④ 주 회로선이나 입출력 신호선과는 묶음 배선이 되지 않도록 해야 하며, 가급적 100mm 이상 격리시키는 것이 좋다.
⑤ 낙뢰에 의한 서지 대책이 필요한 경우는 낙뢰용 서지 업소버를 설치하는 것이 좋다.
⑥ 접지는 가능한 한 굵은 선을 쓰고, 제어반의 접지선까지의 거리는 되도록 짧게 한다.
⑦ AC 입출력 신호선과 DC 입출력 신호선은 별도의 덕트나 통로를 통하여 배선해야 한다.
⑧ 입출력 신호선은 주회로나 동력선 회로와는 별도의 덕트를 설치하고, 가능한 150mm 이상 떨어뜨려 배선한다.
⑨ 입력선과 출력선, 그리고 동력선은 각각 분리하여 배선하여야 하고, 가능하면 별도의 배선 덕트를 사용한다.

(2) 시험에는 "PLC 배선상의 노이즈 대책으로 틀린 것은?"의 형태로 주로 제시된다.

46 PLC 접지 기준은?

(1) 접지의 목적은 PLC와 제어반 및 대지간의 전위차가 없게 하여 전위 차이로 인한 노이즈 전류를 감소시킨다.

(2) **접지 방법**

① PLC만 접지하는 전용접지를 원칙으로 한다. 다만 전용접지가 불가능한 경우는 공용접지도 가능하나, 공통접지는 하지 않는다.
② 접지공사는 제3종 접지, 접지저항 100Ω 이하로 한다.
③ 접지선은 2.5mm^2 이상의 굵은 선을 사용하고, 접지선의 색상은 녹색을 사용한다.
④ 접지선은 가능한 한 PLC가까이에 설정하고 거리는 50m 이하가 기준이다.
⑤ PLC의 접지가 불가한 경우라도 제어반의 접지는 확실하게 한다.

47 PLC 설치시 이격거리는?

다른 기기와의 떼는 거리를 이격거리라 하며 규격화되어 있다.

① 통풍을 위해서는 50mm 이상 뗀다.
② 방사 노이즈 예방을 위해서는 아크발생 기기와는 100mm 이상 떼야 한다.
③ 유도성 노이즈 예방을 위해서는 동력기기나 동력선과는 150mm 이상 떼야 한다.

48 PLC 운전을 위한 환경조건은?

(1) PLC의 수명과 신뢰성에 영향을 미치는 환경조건은 자연 분위기적인 것, 전기적인 것, 기계적 또는 설비적인 것 등 여러 요소가 있다.

(2) 사용 온도, 보관 온도, 사용 습도, 보관 습도, 내노이즈, 진동, 충격, 주위환경, 설치높이, 냉각방식 등의 요소이다.

(3) 시험에는 "PLC의 설치 환경기준 요소는?", "PLC의 냉각방식은?" 등으로 많이 제시된다.

49 PLC 트러블 슈팅 절차는?

(1) **1단계** : 동력을 점검한다.

① 전기동력 설비의 경우는 조작반에 장착되어 있는 전원표시등이나 판넬 메타로 확인한다.

② 유압동력 설비인 경우는 유압 유닛(펌프 유닛)에 설치된 릴리프 밸브의 압력 게이지로 확인한다.

③ 공압동력 설비인 경우는 공압조정유닛(FRL세트)에 장착된 압력게이지로 확인한다.

(2) **2단계** : 전원모듈의 LED를 점검한다.

통상 적색 LED로 나타내며 점등이면 정상이다.

(3) **3단계** : CPU모듈의 LED를 점검한다.

① RUN LED가 점등이면 정상이다.

② RUN LED가 소등이면 STOP 모드이므로 RUN 모드로 전환시킨다.

③ RUN LED가 점멸인 경우는 통상 프로그램 이상이다.

(4) **4단계** : 입력모듈의 LED를 점검한다.

스위칭 조건표상의 입력접점 번호의 LED가 점등인지를 입력모듈 상단의 LED로 확인한다.

(5) **5단계** : 출력모듈의 LED를 점검한다.

① 입력모듈 점검상 이상이 없으면 해당 출력 어드레스 LED를 체크하여 LED가 점등인데 출력기기가 작동불능이면 출력기기나 배선, 또는 동력 이상 문제이다.

② 출력 LED 소등이면 프로그램 이상이다.

③ 시험에는 PLC 트러블 슈팅시 가장 먼저 체크해야 할 항목은? 또는 CPU LED가 점멸일 때 점검사항으로 적절한 것은 등으로 제시된다.

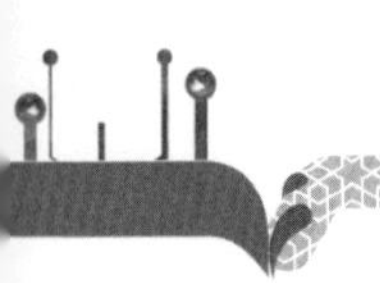

50 필드버스 통신이란?

(1) PLC의 입출력 모듈을 거치지 않고 직접 입출력기기를 통신으로 제어하는 방식을 필드버스(Field bus) 통신이라 한다.

(2) 필드 기기로는 전자밸브, 인버터, 센서 컨트롤러 등이 가장 많이 접속되고, 통신 프로토콜로는 리모트 I/O통신과 비슷하게 모드버스(RS422/484) 프로피버스-DP, 이더넷, 디바이스넷(CAN), RNet, 콘트롤넷, 인터버스 등이 사용된다.

(3) **필드버스 통신의 이점**

① PLC의 입출력 모듈을 거치지 않기 때문에 PLC 시스템이 콤팩트해진다.

② PLC의 입출력 점수를 크게 확장할 수 있다.

③ 통신모듈에서 통신선을 통해 분산된 각 부분의 기기와 연결되므로 배선의 설치비용이 대폭 절감된다.

④ 메인티넌스가 용이하고 시스템의 확장성이 우수하다.

⑤ 장거리 배선으로 인한 유도전류 노이즈 대책에도 양호한 시스템이다.

(4) 시험에는 "필드버스 통신이란?", "필드버스 통신의 이점은?", "필드버스 통신에 사용되는 통신방식이 아닌 것은?"의 형태로 많이 제시된다.

51 아날로그 입력모듈이란?

(1) PLC의 CPU는 0V와 5V의 신호구분으로 동작되는 디지털 신호처리 방식이다.

(2) 때문에 전압, 전류, 온도, 압력, 유량, 속도 등의 물리량은 PLC가 직접 처리할 수 없다.

(3) 아날로그 신호를 PLC의 CPU가 처리할 수 있도록 신호를 변환시키는 모듈을 아날로그 입력모듈, A/D컨버터 모듈이라고도 한다.

52 입출력 제어방식 중 일괄처리(리프레시) 방식에서 입력에 대한 출력의 지연시간은?

(1) PLC의 입출력 제어방식에는 일괄처리(리프레시) 방식과 직접처리(다이렉트) 방식이 있다.

(2) 일괄처리 방식은 최대 2스캔타임 이상 지연된다.

53 PLC 프로그래밍 언어의 종류는?

(1) **니모닉** : 리스트 표현 언어라고 하며, 명령어 기술방식 언어이다.

(2) **래더다이어그램** : 간단히 래더라고 하며, 릴레이 회로도를 단순히 접점논리로만 기술한 언어로서 가장 많이 사용되고 있다.

(3) **SFC** : 상태 천이도라고 하며, 공정진보 형태의 언어이다.

02 시퀀스 제어

1 시퀀스 제어의 종류

(1) **순서제어** : 센서(검출기)의 신호에 따라 제어의 각 단계를 순차적으로 제어이다.

(2) **타임제어** : 타이머의 경과값으로 제어의 각 단계를 진행하는 제어이다.

(3) **조건제어** : 입력조건에 상응된 여러 가지 패턴제어를 실행하는 제어이다.

(4) 또한 시퀀스 제어는 제어 요소나 제어 대상에 따라 릴레이(유접점) 시퀀스 제어, 무접점 시퀀스 제어, PLC시퀀스 제어, 유공압 시퀀스 제어, 전동기 시퀀스 제어로 분류되기도 한다.

2 유접점 시퀀스 제어의 장점은?

(1) **유접점 시퀀스 제어의 장점**

① 개폐부하 용량이 크다.

② 과부하에 견디는 힘이 크다.

③ 독립된 다수의 출력을 동시에 얻을 수 있다.

④ 전기적 잡음에 안정적이다.

⑤ 온도특성이 비교적 양호하다.

⑥ 입력과 출력이 분리되어 있다.

⑦ 동작상태의 확인이 용이하다.

(2) 시험에는 다음 중 유접점 제어의 장점이 아닌 것은 형태로 제시되며, 무접점 제어의 장점을 항목으로 제시한다.

3 무접점 시퀀스 제어의 특징은?

(1) 동작속도가 빠르다.

(2) 수명이 길다.

(3) 진동·충격에 강하다.
(4) 장치가 소형화된다.
(5) 소비전력이 작다.
(6) 증폭용량이 작다.
(7) 노이즈에 취약하다.
(8) 동작확인이 어렵다.

4 유접점의 신호처리 요소는?

(1) **릴레이** : 논리처리 요소이다.
(2) **타이머** : 시간처리 요소이다.
(3) **카운터** : 수의 신호처리 요소이다.

5 c접점 기기의 형식은?

(1) 접점 기기는 소형기기 때문에 구조상 만들어진 접점으로 다음과 같은 기기가 c 접점 형식이다.
① 16ϕ 이하의 누름버튼 스위치
② 16ϕ 이하의 셀렉터 스위치
③ 토글 스위치
④ 마이크로 스위치
⑤ 릴레이
(2) 시험에서는 "다음 중 c접점 형식의 기기가 아닌 것은?"의 형태로 많이 제시된다.

6 수동조작 자동복귀형 스위치는?

(1) 누름버튼 스위치이다.
(2) 현장용어는 푸시버튼(Push Button) 스위치이다.
(3) 용도는 자동회로에서 운전, 정지, 리셋 등의 명령지령용으로 사용된다.
(4) 크기는 장착 홀의 사이즈에 따라 12ϕ, 16ϕ, 22ϕ, 25ϕ, 30ϕ로 규격화 되어 있다.
(5) 시험에는 "자동회로의 명령 지령용 스위치로 적절한 것은?"의 형태로 많이 제시된다.

7 비상정지 스위치의 조건은?

(1) 누름 조작형이어야 한다.

(2) 버튼의 형상은 버섯형이어야 한다.

(3) 버튼의 색상은 적색이어야 한다.

(4) 시험에는 “비상정지 스위치의 조건으로 타당하지 않는 것은?”의 형태로 주로 제시된다.

8 수동조작 수동복귀형 스위치란?

유지형 스위치라고도 하며 다음의 종류가 있다.

(1) **셀렉터 스위치** : 조작부를 비틀어서 조작하는 형태의 스위치를 셀렉터(selector) 스위치라고 하며, 전원의 On-Off나 자동운전-수동운전 모드 선택스위치로 많이 사용된다.

(2) **토글 스위치** : 올리거나 내리는 등의 형태로 조작하는 스위치로, 시퀀스 회로에서 주로 수동조작용 조작 스위치로 많이 사용되며, 소형의 기계장치에서 셀렉터 스위치 대신에 전원 On-Off스위치로 사용하기도 한다.

9 릴레이의 대표적 기능은?

(1) 분기기능

(2) 변환기능

(3) 증폭기능

(4) 반전기능

(5) 메모리기능(신호 기억 기능)

(6) 시험에는 “릴레이의 기능이 아닌 것은?” 형태로 제시되고, 타이머나 카운터의 기능을 제시한다.

10 릴레이 선정시 검토항목은?

(1) 정격전압

(2) 접점의 수

(3) 접점용량

(4) 동작시간

(5) 설치방법 등

(6) 시험에는 “릴레이 선정시 검토사항이 아닌 것은?”의 형태로 제시된다.

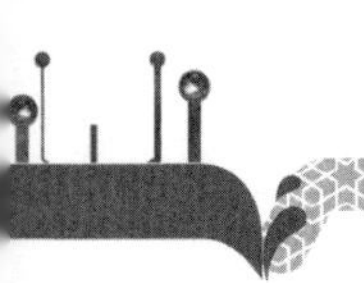

11 타이머의 종류는?

(1) 타이머에는 시간을 만들어 내는 원리에 따라 전자식, 계수식, 모터식, 공기식의 타이머가 있다.

(2) 전자식은 저항 R과 콘덴서 C의 회로에 의해 시간을 만들어 내기 때문에 CR식 타이머라고 부르며, 시간설정이 아날로그 형태이어서 아날로그 타이머라고 한다.

(3) 계수식 타이머는 주파수를 미적분하여 시간을 계측하기 때문에 시간설정 정밀도가 가장 우수하고 디지털 표시가 용이하여 디지털 타이머라고 한다.

(4) 모터식은 동기모터의 회전속도에 따라 시간을 만들어내기 때문에 장시간 설정에 적합한 타이머이다.

(5) 시험에는 "시간 정밀도가 가장 우수한 형식의 타이머는?" 또는 "장시간 설정에 적합한 형식의 타이머는?"의 형태로 많이 제시된다.

12 자기유지 회로란?

(1) 짧은 기동신호의 기억을 위해 사용되는 회로를 자기유지 회로라 한다.

(2) 자기유지는 릴레이 자신의 a접점을 기동신호와 병렬로 접속함으로써 가능하다.

(3) 릴레이의 메모리 기능이란 릴레이는 자신의 접점으로 자기유지 회로를 구성하여 동작을 기억시킬 수 있다는 것이다.

(4) 전동기의 운전-정지회로나 편측 전자밸브에 의한 실린더 구동회로에서는 반드시 자기유지회로가 필요하다.

13 인터록 회로란?

(1) 기기의 보호나 작업자의 안전을 위해 상대측 회로의 동작을 규제하는 회로를 인터록 회로라 한다.

(2) 인터록 회로는 다른 말로 선행동작 우선회로 또는 상대동작 금지회로라고도 한다.

(3) 인터록은 안전기능의 회로이다.

(4) 인터록은 자신의 b접점을 상대측 회로에 직렬로 접속함으로써 가능하다.

(5) 시험에는 "전동기 정역제어시 전자 접촉기 2개 동시에 On되어 상간 단락을 방지하기 위해 사용하는 회로는?" 또는 "안전기능의 회로로서 성격이 다른 하나는?"의 형태로 제시된다.

14 일치 회로란?

(1) 두 입력의 상태가 동일 할 때에만 출력이 On되는 회로를 일치회로라 한다.
(2) 일치 회로는 독립된 위치에서 각각 운전-정지가 가능한 회로이다.

15 체인 회로란?

(1) 직렬 우선회로라고 한다.
(2) 정해진 순서에 따라 차례로 입력되었을 때에만 회로가 동작하고, 동작순서가 틀리면 동작하지 않는 회로이다.
(3) 순서작동이 절대적으로 필요한 컨베이어나 기동순서가 어긋나면 안 되는 기계설비 등에 적용되는 회로이다.

16 시간지연 회로의 종류는?

(1) 시간지연 논리회로에는
① 온 딜레이(On Delay) 회로
② 오프 딜레이(Off Delay) 회로
③ 일정시간(One Shot) 회로
④ 플리커(Flicker) 회로 등 4가지가 있다.
(2) 시험에는 "시간지연 회로가 아닌 것은?"의 형태로 많이 제시된다.

17 일정시간 동작회로란?

(1) 입력이 On되면 출력이 곧바로 On되고, 타이머에 설정된 시간이 경과되면 스스로 출력이 Off되는 회로를 일정시간 동작회로라 한다.
(2) 타이머의 회로에서 가장 많이 사용되는 회로이다.
(3) 대표적인 사용 예가 가정의 현관등, 전자레인지, 토스터기 등이다.

18 플리커 회로란?

(1) 입력이 On하면 출력이 일정주기로 On-Off 동작을 반복하는 회로를 플리커 회로라 한다.
(2) 플리커의 목적은 상태를 강조하기 위함이다.
(3) 플리커 회로를 온 딜레이 타이머 2개가 필요하다.

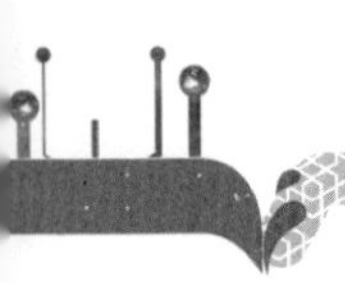

19 온 딜레이 회로란?

(1) 입력신호 On되면 타이머에 설정시간 경과 후에 출력이 On되는 회로를 온 딜레이 회로라 한다.

(2) 온 딜레이 회로는 온 딜레이 타이머의 a접점으로 회로를 구성한다.

20 오프 딜레이 회로란?

(1) 입력이 On되면 출력이 바로 On되고, 입력이 Off되면 출력이 바로 Off되지 않고 설정된 시간 경과 후에 Off되는 회로이다.

(2) 오프 딜레이 회로는 오프 딜레이 타이머의 a접점을 이용하거나, 온 딜레이 타이머의 b접점을 이용하여 회로를 구성할 수 있다.

21 전동기의 감압 기동법이란?

(1) 전동기의 제어회로에는 크게 전전압 기동(직입 기동이라고도 함)법과 저전압 기동(감압기동이라고도 함)법으로 나누어진다.

(2) 전전압 기동법이란 전동기에 직접 정격 전압, 전류를 인가하여 곧바로 정격운전으로 하는 것으로 주로 소형 전동기에 적용된다.

(3) 감압 기동법이란 기동전류(돌입전류)를 억제하기 위한 운전법이다.

(4) 전동기의 경우는 돌입전류값이 정격의 5~8배 정도 흐르기 때문에 제어기기나 설비가 돌입전류값에 충분한 용량이 되도록 하지 않으면 안되고, 전동기 기동시 주변장치나 기기의 전압강하에 대한 대책도 고려해야 한다.

(5) **감압기동법**

① Y-△기동법

② 리액터 기동법

③ 시동 보상기에 의한 기동법

④ 인버터를 이용한 가감속 기동법

(6) 시험에는 "전동기의 감압기동법이 아닌 것은?"의 형태로 제시되는 경우가 많다.

22 전자 접촉기란?

(1) 전동기나 히터부하의 개폐에 많이 사용되고 있는 플런저형 릴레이이다.

(2) 큰 개폐전류와 고빈도 작동, 긴 수명이 요구되기 때문에 전자석의 충돌시 충격 완화, 접점면에 아크(arc) 잔류방지 등의 구조상 그 배려가 되어 있는 릴레이의 일종이다.

(3) 동력 개폐 용도인 주접점과 자기유지나 인터록 용도의 보조접점이 있고, 문자기호는 MC로 표시한다.

23 전자 개폐기란?

(1) 전자 개폐기는 전자 접촉기에 과전류 보호장치를 부착한 것이다.
(2) 주로 전동기 회로를 규정 사용 상태에서 빈번히 개폐하는 것을 목적으로 사용되며, 차단 가능한 이상 과전류를 차단하여 보호하는 것을 목적으로 한다.
(3) 과전류 보호장치로는 열동형 계전기와 전자식 과전류 보호기(EOCR)의 두 종류가 주로 사용되고 있다.

24 배선용 차단기란?

(1) 저압 배선 보호를 목적으로 한 차단기이다.
(2) 과거에 주로 사용해 온 나이프 스위치와 퓨즈를 일체화시킨 기능으로 재용성과 과전류에 대한 적합한 보호 성능 산포가 적은 동작특성을 가지며 또한 큰 차단 용량을 갖는 특징이 있다.
(3) 기타 기능 용도로는 전자 접촉기만큼의 동작횟수를 가지고 있지는 않으나, 개폐를 그다지 필요로 하지 않는 시동-정지가 적은 특정 용도의 전동기의 조작 및 보호용으로서 사용되고 있다.

25 미동조작 회로란?

(1) 기계설비의 미세조정이나 부분작업, 청소 등을 위해서 짧게 전동기를 기동-정지시키는 기능의 회로를 말한다.
(2) 우리말로는 미동조작 제어회로이며, 다르게는 조그(Jog)회로, 촌동(寸動)회로라고도 한다.
(3) 미동조작 스위치는 누름버튼 스위치를 사용하여야 하며 자동회로에 병렬로 접속한다.

26 열동 계전기란?

(1) 접점식의 과부하 보호기이다.
(2) 영어로 서멀 릴레이(Thermal Relay)라고 한다.

(3) 구조는 스트립형의 히터와 바이메탈(bimetal)을 조합한 열동 소자 및 접점부로 구성되는데 히터로부터의 열을 바이메탈에 가하고, 그 열팽창의 차이로 완곡하는 작용으로 접점이 개폐되게 되어 있다.
(4) 시험에는 "열동 계전기는 무엇이 동작되어 과전류를 차단하는가?"의 형태로 제시된다.

27 CT란?

(1) 계기용 변류기(Current Transformer)로 큰 전류값을 이에 비례하는 낮은 전류값으로 변성하는 계기용 변성기를 말한다.
(2) 5A 이상의 동력라인에 직렬로 설치하여 대전류를 소전류(대체로 5A)로 강하시켜 암페어 메타를 통해 전류를 측정하는 등의 용도로 사용된다.
(3) 구조는 변압기와 같은 성층철심에 권선수가 적은 1차 코일과 권선수가 많은 2차 코일이 감겨있으며, 2차 코일에 전류계나 전력계, 계전기 등을 연결하여 목적에 맞게 사용한다.
(4) 시험에는 "5A 이상의 동력라인에서 전류의 간접측정을 위해 사용되는 소자는 무엇인가?"의 형태로 많이 제시된다.

28 근접스위치란?

(1) 검출코일의 인덕턴스 변화(전자유도작용)나 캐피시던스 변화(정전유도작용) 또는 자기장의 물리현상을 이용하여 비접촉으로 검출하는 센서를 말한다.
(2) 검출거리가 통상 검출헤드의 약 $\frac{1}{2}$로 짧기 때문에 붙여진 명칭으로 근접센서라고도 불린다.
(3) 종류에는 금속체 검출에 적합한 고주파 발진형, 금속체나 비금속은 물론 모든 유전체 검출이 가능한 정전용량형, 자성체 검출이 가능한 자기형, 장거리 검출에 적합한 차동코일형 등이 있다.

29 근접스위치의 특징은?

(1) 비접촉으로 검출하기 때문에 검출대상에 영향을 주지 않는다.
(2) 응답속도가 빠르다.
(3) 무접점 출력회로이므로 수명이 길고 보수가 불필요하다.
(4) 방수, 방유, 방폭 구조이어서 내환경성이 우수하다.
(5) 검출대상의 재질이나 색에 의한 영향을 받지 않는다.(정전용량형)
(6) 물체의 유무 검출뿐만 아니라 재질 판단도 가능하다.(고주파 발진형)

30 직류 3선식 센서의 색상은?

(1) +V는 갈색, 0V는 청색, 출력선은 흑색이다.
(2) 시험에는 직류 3선식 센서의 출력선은 무슨 색상인가 형태로 많이 제시된다.

31 센서의 응차거리란?

검출물체가 검출면에 접근하여 출력신호가 On하는 점에서 검출물체가 검출면에서 멀어지면서 출력신호가 Off하는 점까지의 거리를 응차거리라고 한다.

32 센서의 응답 주파수란?

검출물체를 반복하여 근접시켰을 때 오동작 없이 동작 가능한 횟수를 말한다.

33 센서의 분해능이란?

인접된 2개의 물리량을 구별할 수 있는 센서의 최소량을 말한다.

34 센서의 유효 검출거리란?

(1) 센서 설치시 검출체의 재질이나 주위환경 등을 고려하여 센서가 검출체를 안정되게 검출할 수 있도록 설정한 검출거리를 말한다.
(2) 일반적으로 표준검출 거리의 약 60 ~ 80%가 적당하다.

35 광전센서의 특징은?

(1) 광전센서의 특징

① 비접촉방식으로 물체를 검출한다.
② 검출거리가 길다.
③ 검출물체의 대상이 넓다.
④ 응답속도가 빠르다.
⑤ 물체의 판별력이 뛰어나다.
⑥ 자기(磁氣)와 진동의 영향을 적게 받는다.
⑦ 색체 판별이 가능하다.

(2) 시험에는 “광전센서의 특징과 거리가 먼 것은?”의 형태로 제시되며 근접스위치의 특징을 제시하는 경우가 많다.

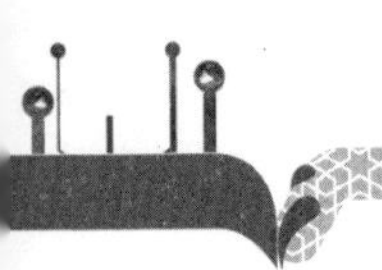

36 시퀀스 회로도 작성 규정은?

(1) **시퀀스 회로도 작성 규정**

① 제어전원 모선은 수평 평행(종서방식)하게 2줄로 나타내거나 수직 평행(횡서방식)하게 나타낸다.

② 모든 기능은 제어전원 모선 사이에 나타내며, 전기기기의 기호를 사용하여 위에서 아래로 또는 좌에서 우로 그린다.

③ 제어기기를 연결하는 접속선은 상하의 제어전원 모선 사이에 곧은 종선(세로선)으로 나타내거나, 또는 좌우의 제어전원 모선 사이에 곧은 횡선(가로선)으로 나타낸다.

④ 스위치나 검출기 및 접점 등은 회로의 위쪽에(횡서일 경우는 좌측에) 그리고, 릴레이 코일, 전자 접촉기 코일, 솔레노이드, 표시등 등은 회로의 아래쪽(횡서일 경우는 우측에) 그린다.

⑤ 개폐 접점을 갖는 제어기기는 그 기구 부분이나 지지, 보호부분 등의 기구적 관련을 생략하고 단지 접점, 코일 등으로 표현하며 각 접속선과 분리해서 나타낸다.

⑥ 회로의 전개순서는 기계의 동작 순서에 따라 좌측에서 우측(횡서일 경우는 위에서 아래로) 그린다.

⑦ 회로도의 기호는 동작전의 상태, 즉 조작하는 힘이 가해지지 않은 상태나 전원이 차단된 상태로 표시한다.

⑧ 제어기기가 분산된 각 부분에는 그 제어기기명을 나타내는 문자기호를 명기하여 그 소속, 관련을 명백히 한다.

⑨ 회로도를 읽기 쉽고 보수 점검을 용이하게 하기 위해서는 열번호, 선번호 및 릴레이 접점번호 등을 나타내도 좋다.

⑩ 전동기 제어의 경우, 전력회로(동력회로, 또는 주회로라고도 함)는 좌측(횡서일 경우는 위쪽)에, 제어회로는 우측(횡서일 경우는 아래쪽)에 그린다.

(2) 시험에는 시퀀스 작성 규정으로 타당하지 못한 것은 형태로 많이 제시된다.

37 전선의 호칭은?

(1) KS나 IEC에서는 도체의 단면적이 호칭이며 mm^2로 나타낸다.

(2) 전선의 정격은 도체에 흐르는 전류용량을 A로 나타낸다.

(3) AWG는 미국전선 규격이며, 번호체계로 나타낸다.

(4) 시험에는 "전선의 호칭은 무엇인가?", "접지선의 색상은?", 또는 "미국전선 규격체계는 무엇인가?" 등의 형태로 많이 제시된다.

38 광전센서의 형식은?

(1) **투과형**

검출거리가 가장 길다.

(2) **미러반사형**

광축 조정이 용이하다.

(3) **직접 반사형**

① 검출거리가 짧다.

② 색채 판별이 가능하다.

(4) **광 화이버형**

① 앰프 분리형이라고 한다.

② 좁은 장소 설치에 유리한 형식이다.

③ 시험에서는 "광전센서의 형식 중 검출거리가 가장 긴 것은?", "색채 판별이 가능한 형식은?", "좁은 장소에 설치가 용이한 형식은?" 등으로 많이 제시된다.

39 시퀀스의 동작상태를 알리는 표시 경보용 기기는?

(1) 표시용 기기로는 파일럿램프, LED, 타워램프, 판넬 메타 등이 있다.

(2) 경보용 기기로는 부저, 벨 등이 있다.

(3) 시험에는 "표시경보용 기기가 아닌 것은?"의 형태로 제시된다.

40 접점식 검출기기는?

(1) **마이크로 스위치** : 소형의 기계위치 검출센서이다. 접점기구가 플라스틱으로 보호된 구조이어서 물이나 기름등으로부터 전기적 보호되지 않는다.

(2) **리밋 스위치** : 견고한 다이캐스트 케이스에 마이크로 스위치를 내장시켜 밀봉한 구조로 내수(耐水), 내유(耐油), 방진(防塵)구조이기 때문에 내구성이 요구되는 장소나 외력으로부터 기계적 보호가 필요한 생산설비와 공장 자동화 설비 등에 사용된다. 따라서 리밋 스위치를 봉입형(封入形) 마이크로 스위치라 한다.

(3) 시험에는 마이크로 스위치의 내환경성을 개선시킨 검출기기는 무엇인가? 형태로 주로 제시된다.

41 인버터란?

(1) 사전적 정의는 직류전력을 교류전력으로 변환시키는 전력 변환기이다.

(2) FA 인버터는 유도전동기의 속도제어장치이다.
(3) FA 인버터는 다른 명칭으로 AC Drive, VFD(Variabal Frequency Drive), VVVF (Variable Voltage Variable Frequency), VSD(Variable Speed Drive) 등으로 불린다.
(4) FA 인버터는 컨버터부, 평활회로부, 제어부, 인버터부가 일체화되어 유도전동기를 속도제어하기 위해 사용된다.
(5) 시험에는 “유도전동기의 속도제어 목적으로 사용되는 것은?”의 형태로 많이 제시된다.

42 인버터 사용시 얻어지는 이점은?

(1) **인버터 사용의 장점**
① 에너지 절약
② 최적 제어로 제품 품질의 향상
③ 생산성 향상
④ 고속 운전으로 설비의 소형화
⑤ 가감속 운전으로 승차감의 향상
⑥ 보수성의 향상
⑦ 시동전류 억제
⑧ 전기적 제동 가능
(2) 시험에는 “인버터 사용시 얻어지는 이점이 아닌 것은?”의 형태로 많이 제시된다.

43 3상 유도전동기의 회전방향을 바꾸는 방법은?

(1) L1(R)상을 전동기의 U단자에, L2(S)상을 전동기의 V단자에, L3(T)상을 전동기의 W단자에 접속하면 전동기는 시계방향으로 회전한다.
(2) 회전방향을 바꾸기 위해서는 한상을 바꾸어야 하므로 결국 2상이 서로 바뀌게 된다.
(3) 현장에서는 전자 접촉기 2차측에서 주로 L1(R)상과 L3(T)상을 바꾸어 실시한다.

44 전자유도 작용의 기기는?

(1) 전동기, 솔레노이드, 전자밸브, 전자 접촉기, 전자 클러치, 전자 브레이크 등이다.
(2) 시험에는 “전자유도작용 기기가 아닌 것은?”의 형태로 많이 제시된다.

45 피상전력이란?

(1) 교류회로에서 전압의 실효값과 전류의 실효값의 곱을 말한다.
(2) 입력에 대한 출력 값이 아무런 감소 없이 100% 일을 한다는 것이 피상전력이다.
(3) $W = V$(전압)$\times I$(전류)

46 유효전력이란?

(1) 교류회로에서 부하에 유용하게 사용되는 전력을 말한다.
(2) $W = V$(전압)$\times I$(전류)$\times \cos\theta$

47 역률이란?

(1) 피상전력에 대한 유효전력의 비율을 말한다.
(2) 선로의 전기저항과 부하의 C, L의 성분으로 인해 교류의 위상각에 차이가 발생하게 되는데 이 이상각의 차이를 역률이라고 하며, $\cos\theta$라고 한다.
(3) 피상전력에 역률을 곱한 값이 유효전력이다.

48 리플률이란?

(1) 리플 전압, 맥률이라고 부르는 것으로 직류전압에서 교류성분인 사인파의 파고폭이 정격전압에 대한 백분율을 의미한다.
(2) 반도체 스위칭용 DC전원은 리플율이 5% 이하이어야 한다.

49 트랜스듀서란?

(1) 물리량의 절대값 또는 변화를 감지하여 이를 사용 가능한 전기신호로 변환하는 장치를 트랜스듀서라 한다.
(2) 센서라는 용어와 유사하게 쓰이는 것으로, 센서는 목적대상의 상태에 관한 정보를 채취하는 장치이고, 트랜스듀서는 목적대상의 상태량을 측정 가능한 물리량의 신호로 변환하는 장치인 것이다.

50 SMPS란?

(1) Switching Mode Power Supply의 약자로서 반도체 스위칭용 DC 전원 공급장치라고 한다.

(2) 반도체 소자의 스위칭 프로세서를 이용하여 전력의 흐름을 제어함으로 종래의 전원 공급 장치에 비해 효율이 높고 내구성이 강하며, 소형, 경량화에 유리한 안정화 전원 장치이다.

51 AVR이란?

(1) Automatic Voltage Regulator의 약자로 입력전압 변동시에 자동적으로 출력전압을 일정하게 유지하여 부하에 안정된 전원을 공급하는 자동전압 조정기이다.
(2) 주로 입력전압이 불안정한 경우 변동이 없는 전원을 사용하고자 할 때 설치하며 정전보상은 되지 않는다.

52 SSR이란?

(1) SSR(Solid State Relay)은 기계적인 접점 구조가 없는 무접점 릴레이로서 스위칭 반도체 소자를 사용하여 케이스에 수지 몰딩된 상태로 스위칭이 이루어지는 방식으로 완전히 고체화된 전자 스위치이다.
(2) SSR은 전자 릴레이에 비해 신뢰성이 높고 수명이 길며, 노이즈(EMI)와 충격에 강하고 작은 신호로 동작하며 응답 속도가 빠른 특성을 가지고 있다.

53 UPS란?

(1) UPS란 Uninterruptible Power supply System의 머리글자로서 무정전 교류전원 장치를 뜻한다.
(2) UPS는 교류전원을 수전하여 입력전원의 전압 및 주파수 변동과 순간적으로 발생하는 정전 및 각종 전원 장애에 관계없이 항상 부하에 안정된 전원을 공급할 수 있는 장치로서 정전압, 정주파수, 무정전 상태의 전력을 공급한다.

03 유공압

1 공압의 기본법칙은?

(1) 보일의 법칙이다.

(2) 보일의 법칙은 온도가 일정할 때 압력과 체적은 서로 반비례한다는 원리로서 공압 에너지 발생의 기본원리이다.

2 유압의 기본법칙은?

(1) 파스칼의 원리이다.

(2) 밀폐된 용기 속에 정지 유체의 일부에 가해지는 압력은 유체의 모든 부분에 동일한 힘으로 동시에 전달된다. 이것을 파스칼의 원리라고 하는데 이것을 요약하면 다음과 같다.

① 경계를 이루고 있는 어떤 표면 위에 정지하고 있는 유체의 압력은 그 표면에 수직으로 작용한다.

② 정지 유체 내의 점에 작용하는 압력의 크기는 모든 방향으로 같게 작용한다.

③ 정지하고 있는 유체중의 압력은 그 무게가 무시될 수 있으면, 그 유체 내의 어디서나 같다.

3 공압기술의 장점은?

(1) 동력원인 압축공기를 쉽게 얻을 수 있다.

(2) 압축공기를 먼 거리까지 수송 가능하다.

(3) 힘의 증폭이 용이하다.

(4) 속도변경이 용이하다.

(5) 제어가 간단하고 쉽다.

(6) 취급이 간단하다.

(7) 탄력이 있다.

(8) 에너지 저장이 용이하다.

(9) 인화나 폭발의 염려가 없다.

(10) 안전하다.

4 공압기술의 단점은?

(1) 큰 힘을 얻을 수 없다.

(2) 중간정지가 곤란하다.

(3) 정밀한 속도제어가 곤란하다.

(4) 효율이 나쁘다.

5 유압기술의 장점은?

(1) 높은 압력을 이용하기 때문에 작은 크기로 큰 힘을 낼 수 있다.
(2) 유압유가 윤활유 역할까지 하므로 윤활할 필요가 없다.
(3) 비압축성의 유체를 이용하기 때문에 정확한 위치 제어가 가능하다.
(4) 힘과 속도를 무단으로 정확하고 쉽게 조절할 수 있다.
(5) 과부하에 대한 방지 대책이 간단하다.
(6) 전 부하상태에서도 시동이 가능하다.
(7) 압력의 전달 속도가 빨라 빠른 반전과 원격 제어가 가능하다.

6 유압기술의 단점은?

(1) 고압에서 사용되어야 하기 때문에 부품의 크기가 크다.
(2) 부품의 가격이 비교적 비싸다.
(3) 유압 시스템은 온도 변화에 민감하고, 특히 유압유의 오염과 이물질은 기기의 성능과 수명에 큰 영향을 미친다.
(4) 작업 속도가 느리다.
(5) 작동유는 오래 사용하면 열화되기 때문에 주기적으로 교환해 주어야 한다.
(6) 높은 압력을 이용하기 때문에 취급에 주의를 요하고, 밸브 등이 빠르게 스위칭 될 때에 순간적 이상 압력(surge pressure)이 형성될 수 있다.
(7) 복귀 라인이 필요하여 배관이 복잡하다.
(8) 캐비테이션 현상이 생길 수 있다.

7 공압 시스템의 작동압력을 설정하는 밸브는?

(1) 공압조정 유닛에 설치된 감압밸브이다.
(2) 감압밸브는 통상 압력 조절밸브, 레귤레이터라고 많이 부른다.

8 유압 시스템의 작동압력을 설정하는 밸브는?

유압 유닛(펌프 유닛)에 설치된 릴리프 밸브이다.

9 유공압에서 액추에이터의 속도는 무엇으로 제어하는가?

(1) 유량을 제어하여 속도를 조절한다.

(2) 유량을 조절하는 밸브를 통틀어 유량제어 밸브라고 하며, 가장 많이 사용되고 있는 것은 일방향 유량조절밸브이다.

10 공압 시스템에서 액추에이터의 속도를 향상시킬 목적으로 사용되는 밸브는?

(1) 급속 배기 밸브이다.
(2) 급속 배기 밸브는 실린더 포트 가까이에 설치하여 배기저항을 감소시키는 기능을 한다.

11 공압 조정유닛의 구성요소는?

(1) **필터** : 이물질 제거가 주목적이고 큰 수분도 분리·제거한다.
(2) **레귤레이터(감압밸브)** : 공압장치의 작동압력을 설정한다.
(3) **루브리케이터** : 윤활을 목적으로 사용한다.
(4) 공압 조정 유닛의 다른 용어는 서비스 유닛, FRL세트, 3점세트, 콤비네이션 세트 등으로 불린다.

12 압력의 국제 단위는?

(1) 파스칼(Pa)이다.
(2) 1Pa은 N/m^2이므로, 미터법 공학단위 압력 $1kgf/cm^2$는 98,000Pa이 된다.

13 유공압의 3대 제어밸브는?

(1) **압력제어 밸브** : 일의 크기를 결정한다.
(2) **유량제어 밸브** : 일의 속도를 제어한다.
(3) **방향제어 밸브** : 일의 방향을 제어한다.

14 공압 실린더의 종류는?

(1) **단동 실린더** : 한 방향의 운동에만 공압 에너지를 사용한다.
(2) **복동 실린더**
① 양 방향의 운동 모두에 공압 에너지를 사용한다.
② 표준 실린더는 복동 편로드형을 말한다.

(3) **양로드 실린더** : 양쪽 모두에 피스톤 로드가 있는 실린더이다.
(4) **탠덤 실린더** : 동일 실린더에 비해 2배의 추력을 얻을 수 있다.
(5) **텔레스코프 실린더** : 긴 행정거리를 얻을 수 있다.
(6) **로드레스 실린더** : 설치면적을 극소화시킬 수 있다.

15 공압 실린더가 내는 추력은?

(1) 피스톤 단면적에 가해지는 압력의 크기이다.
(2) 기호로는 $F=A\times P$이다.

16 실린더 고정방식은?

(1) **푸트형** : 경부하용이다. 수평 설치시 용이하다.
(2) **플랜지형** : 가장 견고한 고정방식이다, 수직 설치시 용이하다.
(3) **클레비스형** : 실린더의 축심이 움직일 때 고정방식이다.
(4) **트러니언형** : 실린더의 축심이 움직일 때 고정방식이다.

17 속도제어 3형식은?

(1) **미터 인 제어 방식**
액추에이터로 유입되는 공급 유량을 조절하여 속도를 제어하는 회로이며, 다음과 같은 특징이 있다.
① 실린더의 초기속도에서는 미터 아웃 회로보다 안정적이다.
② 실린더의 속도가 부하상태에 따라 크게 변하는 단점이 있다.
③ 부하가 불규칙한 곳에는 사용할 수 없다.
④ 인장하중이 작용하면 속도조절 기능이 없어진다.
⑤ 실린더의 직경이 작은 소형의 실린더에 제한적으로 사용된다.

(2) **미터 아웃 제어 방식**
① 액추에이터로부터 유출되는 유량을 조절하여 속도를 제어하는 방식이다.
② 속도제어가 안정적이어서 실린더의 속도제어는 주로 이 방식에 의해 제어한다.
③ 미터 아웃 방식의 속도제어회로는 다음과 같은 특징이 있다.
- 인장하중이 작용하는 실린더에도 안정적이다.
- 부하변동이 있어도 영향을 받지 않는다.
- 미터 인 방식에 비해 초기속도가 다소 불안정하다.

(3) **블리드 오프 제어 방식**

① 대구경 유압 실린더의 속도제어에 한정적으로 사용되는 속도제어회로로서 액추에이터와 방향제어 밸브 사이에 바이패스용 유량조정 밸브를 설치하여 펌프의 공급유량 일부를 기름 탱크로 복귀시켜 속도를 조절하는 방식이다.

② 블리드 오프 방식의 속도제어회로는 다음과 같은 특징이 있다.

- 공압에는 적용이 곤란하다.
- 대구경 유압 실린더의 속도제어에 적합하다.
- 펌프효율을 향상시키기 위한 속도제어법이다.

18 공압 압력제어 밸브의 종류는?

(1) **릴리프 밸브** : 초과압력을 제거하여 안정화시키는 기능을 한다,
(2) **감압 밸브** : 시스템을 작동 압력을 설정한다.
(3) **시퀀스 밸브** : 액추에이터의 순차제어 기능을 한다.
(4) **압력 스위치** : 공압 압력에너지를 전기 신호로 변환시키는 기능을 한다.

19 공압 유량제어 밸브의 종류는?

(1) **교축 밸브** : 양 방향 유량조절 기능의 밸브이다.
(2) **속도제어 밸브** : 일 방향 유량조절 기능의 밸브이다.
(3) **급속배기 밸브** : 배기저항을 감소시켜 액추에이터의 속도를 향상시키는 기능의 밸브이다.
(4) **배기교축 밸브** : 소음기와 유량조절 밸브를 일체화시킨 구조의 밸브이다.
(5) **쿠션 밸브** : 관성부하의 행정끝단에서 배압을 걸어 충격을 흡수시키는 기능을 한다.

20 유압 압력제어 밸브는?

(1) **릴리프 밸브** : 펌프의 송출압력을 제어하여 시스템의 작동압력을 설정한다.
(2) **감압 밸브** : 특정 회로의 작동 압력을 시스템 압력보다 낮게 설정한다.
(3) **시퀀스 밸브** : 액추에이터의 순차제어 기능을 한다.
(4) **언로드 밸브** : 펌프의 송출 압력을 전량 탱크로 되돌려 펌프의 동력소비를 억제하기 위한 밸브이다. 고압 소용량 펌프와 저압 대유량 펌프를 조합하여 사용할 때에 유용하다.
(5) **카운터 밸런스 밸브** : 수직방향으로 설치된 유압 실린더에서 하강행정일 때 중력

이나 자중에 의해 실린더가 자주낙하를 방지하도록 실린더의 귀환측에 배압을 걸어 자주낙하를 방지하기 위해 사용되는 밸브이다.

(6) **압력 스위치** : 유압 압력에너지를 전기 신호로 변환시키는 기능을 한다.

21 유압 유량제어 밸브는?

(1) **교축 밸브** : 양 방향 유량조절 기능의 밸브이다.

(2) **속도제어 밸브** : 일 방향 유량조절 기능의 밸브이다.

(3) **속도조정 밸브** : 부하변동이 있더라도 오리피스 전후의 압력차를 항상 일정하게 유지하는 압력보상기구를 설치하여 일정한 유량을 얻도록 한 밸브이다.

(4) **분류 밸브** : 공급된 작동유를 비례적으로 배분하는 역할을 하는 기능의 밸브이다.

(5) **디셀러레이션 밸브** : 행정속도 조절 밸브이다. 고속이송, 저속이송 등의 2단 속도 제어 목적으로 사용된다.

22 탠덤 실린더란?

(1) 두 개의 복동 실린더가 직렬로 결합된 복합 실린더로서 동일 직경의 실린더에 비해 추력이 2배이다.

(2) 좁은 공간에서 큰 힘이 필요로 하는 곳에 적합하다.

23 텔레스코프 실린더란?

긴 행정거리를 얻기 위해 다단 튜브형 로드를 갖춘 구조의 실린더이다.

24 액추에이터의 순차제어 목적으로 사용되는 밸브의 명칭은?

시퀀스 밸브이다.

25 실린더의 귀환측에 배압을 걸어 자주낙하를 방지하기 위해 사용되는 밸브는?

카운터 밸런스 밸브이다.

26 동기회로란?

여러 개의 액추에이터를 동일한 속도로 동시에 작동시키는 회로를 동기회로, 동조회로라고 한다.

27 차동회로란?

피스톤의 면적비가 2 : 1인 실린더를 차동 실린더라 하고, 실린더 후진측의 유량을 전진측에 더해서 작동시키는 회로를 차동회로라 하며, 후진운동 속도가 전진운동 속도의 2배가 된다.

28 펌프의 운전효율을 향상시킬 목적으로 사용되는 속도제어회로는?

블리드 오프 제어 회로이다.

29 밸브의 정격은?

유효 단면적이다.

30 용적식 공기 압축란?

체적 변화를 일으켜 압력에너지를 발생시키는 압축기로, 왕복 작동식에는 피스톤형과 다이어프램형이 있고, 회전식에는 스크류식, 베인식, 루트블로워 등이 있다.

31 가변용량형 펌프로 제작 곤란한 형식은?

기어 펌프이다.

32 가장 높은 압력을 얻을 수 있는 펌프는?

피스톤 펌프이다.

33 메인라인 필터의 설치 위치는?

공기 압축기 다음 단과 후부 냉각기 전단이다.

34 공기압축기의 설치 장소는?

(1) 가능한 한 온도가 낮은 곳에 설치하여 드레인 발생량을 적게 한다.

(2) 유해 가스, 유해 물질이 적은 장소를 선정하여 설치하여야 한다.

(3) 빗물 직사광선을 받지 않도록 하고 소음의 차단을 위한 방음벽도 고려한다.

(4) 공냉식 압축기는 압축기실에 팬을 설치하여 통풍시키고, 수냉식 압축기의 경우에는 펌프로 냉각수를 공급·순환시켜 압축기 본체 및 후부 냉각기 등을 냉각 시켜야 하며 냉각수 입구와 출구의 온도차는 10℃ 이하가 되도록 한다.

35 압축 공기 중에 함유된 수분을 제거하는 장치는?

에어 드라이어(공기 건조기)이다.

36 공압 실린더의 표준 사용속도는?

50～750mm/sec이다.

37 스틱 슬립 현상이란?

(1) 공압 실린더를 저속으로 작동시킬 때 실린더의 운동이 원활하지 않고 불규칙하게 가다 서다를 반복하는 현상을 말한다.

(2) **발생 원인**

① 실린더를 저속, 특히 50mm/sec 이하로 작동시킬 때

② 실린더의 속도제어를 미터-인 방식으로 제어할 때

③ 압력변동이 있거나 부하율이 클 때

④ 부하변동이 있을 때

(3) **방지 대책**

① 실린더의 작동속도를 50mm/sec 이상으로 높인다.

② 실린더의 속도제어를 미터 아웃으로 변경한다.

③ 하이드로 체커 실린더를 사용한다.

④ 작동압력을 높이거나 부하율을 낮게 한다.

38 데드 타임이란?

(1) 방향제어 밸브가 작동한 후 공압 실린더의 피스톤이 움직일 때까지 지연되는 시간을 말한다.

(2) 유체 에너지가 전달되는 특성 때문에 발생되므로 공압이나 유압과 같이 유체 에너지 방식에서만 작용된다.

(3) 신뢰성있는 시스템이라면 데드 타임이 극히 작아야 한다.

(4) **데드 타임을 줄이는 대책**

① 부하율을 낮게 한다.

② 실린더와 방향제어 밸브 사이의 배관길이를 최대한 짧게 한다.

③ 배관의 직경을 굵게 한다.

④ 유효 단면적이 큰 방향제어 밸브를 사용한다.

39 요동형(Rotary) 액추에이터란?

(1) 공압이나 유압 에너지를 회전운동 에너지로 변환하여 일정각도 사이를 왕복 회전운동시키는 액추에이터로 출력축의 회전각도가 제한되어 있는 유공압 모터이다.

(2) 요동 모터라고도 한다.

40 공압 방향제어 밸브의 분류는?

(1) **포트의 수에 따라** : 2포트, 3포트, 4포트, 5포트 밸브

(2) **제어위치의 수에 따라** : 2위치, 3위치 밸브

(3) **조작방식에 따라** : 인력, 기계력, 파일럿, 전자석 등

(4) **복귀방식에 따라** : 스프링 복귀, 공압 복귀, 디텐드식 등

(5) **초기상태에 따라** : 열림형(NO형), 닫힘형(NC형)

(6) **중앙위치에 따라** : 클로즈드 센터형, 이그저스트 센터형, 프레셔 센터형

(7) **주 밸브의 구조에 따라** : 포핏밸브, 스풀 밸브, 미끄럼식 밸브

41 주 밸브란?

방향제어 밸브 내에서 실제로 유로를 전환시키는 기구를 주 밸브라 한다.

(1) **포핏식** : 밸브 몸통이 밸브 자리에서 직각방향으로 이동하는 구조이다.

① 구조가 간단하다.

② 실(seal)성이 양호하고 스프링이 파손되어도 유체압에 의해 닫힌다.

③ 가동부분의 이동거리가 짧아 개폐 속도가 빠르다.

④ 유량조절이 가능하고 대구경 밸브에도 적합하다.

⑤ 밸브의 조작력이 유체압에 비례하여 커진다.

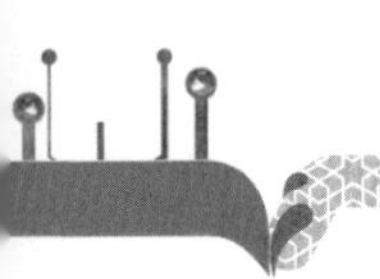

(2) **스풀식** : 빗 모양의 스풀이 축방향으로 미끄럼 이동하는 구조이다.

① 구조가 간단하고 고정밀도 제작이 용이하다.
② 밸브의 조작력이 작다.
③ 고압력용이나 자동 조작밸브에 적합하다.
④ 리프트량이 커서 응답성이 떨어진다.

(3) **미끄럼식** : 평면형의 조작체가 회전미끄럼 운동하는 구조이다.

① 공기 누설이 거의 없다.
② 이동거리가 길고, 섭동저항이 크다.
③ 수동 조작밸브에 주로 이용한다.

42 체크 밸브란?

(1) 한 방향으로의 흐름은 허용하나 반대 방향으로의 흐름은 차단하는 기능의 밸브이다.
(2) 속도제어 밸브에서 교축 밸브와 조합되어 역류 방지용으로 사용되다.
(3) 클램프나 리프팅 실린더에서 압력저하에 따른 위험 방지용으로 사용된다.

43 고압 우선형 셔틀 밸브란?

(1) 두 개 이상의 입구와 한 개의 출구를 갖춘 밸브로서 입구 중 어느 하나나 둘 모두에 압력이 작용되면 출력이 나오는 밸브이다.
(2) 논리적으로 OR 작동이므로 OR 밸브라고도 한다.
(3) 두 개의 체크 밸브가 조립된 형태이어서 더블 체크 밸브라고도 한다.
(4) 동일 압력일 때 선입력과 후입력이 작용하면 선입력이 출력되므로 선입력 우선형 셔틀밸브라 한다.

44 저압 우선형 셔틀 밸브란?

(1) 두 개의 입구와 한 개의 출구를 갖춘 밸브로서 입구 모두에 압력이 작용될 때에만 출력이 나오는 밸브이다.
(2) 주된 용도는 두 신호 이상이 모두 만족될 때에만 작동되어야 하는 신호에 사용된다.
(3) 논리적으로 AND 작동이므로 AND 밸브라고도 한다.
(4) 두 개 입구에 압력이 작용될 때 저압이 출력되므로 저압 우선형 셔틀밸브라 한다.
(5) 동일 압력일 때 선입력과 후입력이 작용하면 후입력이 출력되므로 후입력 우선형 셔틀밸브라 한다.

(6) 안전제어, 연동제어, 검사기능, 로직작동 등에 사용된다.

45 진공 이젝터가 진공을 만들어 내는 원리는?

벤츄리 원리이다.

46 파일럿 체크 밸브란?

(1) 체크 밸브에 파일럿 라인을 추가하여 파일럿 신호가 입력되면 역류를 허용하는 밸브이다.
(2) 안전을 위해 체크 밸브로 실린더를 잠근 후 파일럿 신호로 해제하도록 하는 용도로 사용된다.

47 실린더 고정형식 중 가장 견고한 고정방식은?

플랜지 방식이다.

48 캐비테이션 현상이란?

(1) 유압 시스템에서 유로의 단면이 좁아지면 유체의 속도가 빨라지게 되고, 유체의 속도가 빨라지면 베르누이의 정리에 의하여 운동 에너지가 증가하는 대신에 압력 에너지가 감소하게 된다.
(2) 즉, 유로의 단면이 아주 좁아지게 되면 발생되는 압력 강하는 진공 범위에 속하게 되고 기포가 발생되게 된다. 만약 이 유압유가 좁은 단면을 지난 다음 넓은 단면적으로 나가게 되면 압력이 다시 상승하게 되고 기포가 급작스럽게 수축되면서 캐비테이션을 발생시키게 된다.

49 유압 에너지 저장장치는?

축압기(어큐뮬레이터)이다.

50 유압 동력은?

(1) 동력이란 일의 시간에 대한 비율이다.
(2) 유압 동력은 압력×유량이다.
(3) 유압 동력[kW]= $\frac{P \cdot Q}{612}$ 이다.

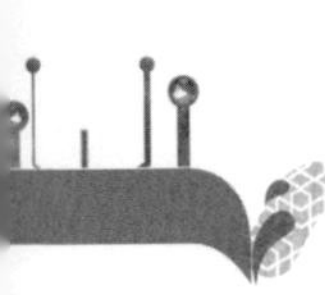

[참고문헌]

1. PLC응용기술 [김원회 외, 성안당]
2. 전기제어 설계 제작기술 [김원회 외, 성안당]
3. XGB 명령어 설명서_V3.1 [LS Electric]
4. 공압 시스템 기술 [김원회, 성안당]
5. XG5000 사용설명서_V2.8 [LS Electric]
6. PLC제어기술 이론과 실습 [김원회 외, 성안당]
7. QCPU(Q모드) 프로그래밍 매뉴얼 [Mitsubishi Electric Corporation]
8. GX Works2 Version1 오퍼레이팅 매뉴얼 [Mitsubishi Electric Corporation]
9. XGT Serise_Catalog_kr_202205 [LS Electric]
10. Autonics 종합카탈로그 [Autonics]
11. TPC공압솔루션 [TPC메카트로닉스]
12. Koino 종합카탈로그 [건흥전기주식회사]
13. 연우뉴매틱 [종합카탈로그]
14. KG Auto 카탈로그 [주식회사 케이지오토]

찾아보기

쉽게 배워 알차게 쓰는
PLC제어 이론과 실습

2023. 7. 5. 초 판 1쇄 인쇄
2023. 7. 12. 초 판 1쇄 발행

會金印原

지은이 | 김원회, 김수한
펴낸이 | 이종춘
펴낸곳 | BM (주)도서출판 성안당
주소 | 04032 서울시 마포구 양화로 127 첨단빌딩 3층(출판기획 R&D 센터)
10881 경기도 파주시 문발로 112 파주 출판 문화도시(제작 및 물류)
전화 | 02) 3142-0036
031) 950-6300
팩스 | 031) 955-0510
등록 | 1973. 2. 1. 제406-2005-000046호
출판사 홈페이지 | **www.cyber.co.kr**
ISBN | 978-89-315-2851-0 (13560)
정가 | **28,000원**

이 책을 만든 사람들
기획 | 최옥현
진행 | 박경희
교정·교열 | 최주연
전산편집 | 유해영
표지 디자인 | 박원석
홍보 | 김계향, 유미나, 정단비, 김주승
국제부 | 이선민, 조혜란
마케팅 | 구본철, 차정욱, 오영일, 나진호, 강호묵
마케팅 지원 | 장상범
제작 | 김유석